江西绿色生态农业理论与实践

唐安来　黄国勤　吴登飞　主编

中国环境出版集团·北京

图书在版编目（CIP）数据

江西绿色生态农业理论与实践/唐安来，黄国勤，吴登飞
主编. —北京：中国环境出版集团，2019.5
ISBN 978-7-5111-3978-8

Ⅰ．①江… Ⅱ．①唐… ②黄… ③吴… Ⅲ．①生态
农业—研究—江西 Ⅳ．①S-0

中国版本图书馆 CIP 数据核字（2019）第 088435 号

出 版 人　武德凯
责任编辑　孔　锦
责任校对　任　丽
封面设计　岳　帅

更多信息，请关注
中国环境出版集团
第一分社

出版发行　中国环境出版集团
　　　　　（100062　北京市东城区广渠门内大街 16 号）
　　　　　网　　　址：http://www.cesp.com.cn
　　　　　电子邮箱：bjgl@cesp.com.cn
　　　　　联系电话：010-67112765（编辑管理部）
　　　　　　　　　　010-67112735（第一分社）
　　　　　发行热线：010-67125803，010-67113405（传真）
印　　刷　北京建宏印刷有限公司
经　　销　各地新华书店
版　　次　2019 年 5 月第 1 版
印　　次　2019 年 5 月第 1 次印刷
开　　本　787×1092　1/16
印　　张　19
字　　数　340 千字
定　　价　69.00 元

《江西绿色生态农业理论与实践》

编 委 会

主　编：唐安来　黄国勤　吴登飞

编　委：唐安来　黄国勤　吴登飞　赵　梅　龙　兵

　　　　刘　凯　夏建华　余福姑　袁　芳

各章执笔人：

第一章　黄国勤　钱晨晨

第二章　黄国勤　孙　松

第三章　黄国勤　钟　川

第四章　黄国勤　崔爱花

第五章　黄国勤　苏启陶

第六章　黄国勤　王志强

第七章　蒋海燕　夏建华

第八章　黄国勤　邓丽萍

第九章　钱海燕　袁　芳

第十章　黄国勤　张颖睿

第十一章　王礼献　黄国勤

第十二章　黄国勤　王　兰

第十三章　马艳芹　余福姑

统稿人：黄国勤

定稿人：唐安来　吴登飞

前　言

　　党中央提出包括"绿色发展"在内的五大新发展理念（创新、协调、绿色、开放、共享），极大地促进了农业的绿色发展，尤其是绿色生态农业的发展。2016年4月8日，江西省人民政府办公厅发布《关于推进绿色生态农业十大行动的意见》，有力地推动了江西绿色生态农业向前发展。

　　为了全面梳理和总结近年来江西绿色生态农业发展及取得的成效，以便今后更好地实现江西绿色生态农业高质量发展，我们组织江西省农业厅、江西农业大学等单位科技人员共同编写了《江西绿色生态农业理论与实践》一书。

　　全书共分十三章。第一章，绿色生态农业概述，主要对绿色生态农业的提出、意义、国内外进展，以及概念、内涵、模式、特征等进行了分析。第二章，发展绿色生态农业的基础和条件，对江西发展绿色生态农业的自然基础、优势条件及其特色等进行了简述。第三章，绿色生态农业发展成就，从经济、生态、社会三个方面梳理和总结了江西省发展绿色生态农业取得的显著成就。第四章至第十三章，重点对江西各地推进绿色生态农业十大行动（十个方面）——绿色生态产业标准化建设行动、"三品一标"农产品推进行动、绿色生态品牌建设行动、化肥施用零增长行动、农药施用与零增长行动、养殖污染防治行动、农田残膜污染治理行动、耕地重金属污染修复行动、秸秆综合利用行动、农业资源保护行动所取得的成效、面临的问题及应采取的对策和措施等进行了调查、分析和研究。全书以绿色发展为主线，紧扣江西各地生产实际，理论与实践相结合，既具有理论性、学术性，更具有实践性、区域性和可操作性。

全书由唐安来、黄国勤、吴登飞主编，各章具体执笔人员如下：第一章，黄国勤、钱晨晨；第二章，黄国勤、孙松；第三章，黄国勤、钟川；第四章，黄国勤、崔爱花；第五章，黄国勤、苏启陶；第六章，黄国勤、王志强；第七章，蒋海燕、夏建华；第八章，黄国勤、邓丽萍；第九章，钱海燕、袁芳；第十章，黄国勤、张颖睿；第十一章，王礼献、黄国勤；第十二章，黄国勤、王兰；第十三章，马艳芹、余福姑。黄国勤负责全书统稿，唐安来、吴登飞负责审稿、定稿。

该书的出版得到了国家重点研发课题（2016YFD0300208）、国家自然科学基金项目（41661070）、江西省农业厅科技教育处课题"绿色生态农业研究"的资助；得到了江西省农业厅、江西农业大学等单位领导的大力支持，得到了中国环境出版集团的大力支持，在此一并致以衷心的感谢！

因时间仓促，加上笔者水平所限，全书难免有错误和疏漏之处，敬请广大读者批评指正。

主　编

2018 年 9 月 16 日于南昌

目　录

第一章 绿色生态农业概述[①]

我国是发展中国家，也是农业大国，农业是我国的基础产业，农村社会经济的发展与整个国民经济的发展是密切相关的，促进社会经济的发展绝不能抛开稳定农业、发展农村经济和改善农民生产生活条件。农村经济又好又快发展有利于增强国家产业基础，农民收入的提高有利于增加国家的财富，农村社会的稳定有利于维持社会的安定。党的十六届四中全会召开以后，党中央将"三农"问题看作是全党工作的重中之重，提出了一定要妥善解决农业问题的要求，并且对建设社会主义新农村的基本任务进行了规划。

第一节 绿色生态农业提出的背景与意义

一、绿色生态农业提出的背景

近年来，我国农业发展遇到了一定的"瓶颈"，处于停滞不前的时期。我国人多地少，且耕地面积一直处于不断减少的趋势，据 2015 年国土资源部发布的调查数据显示，截至 2014 年年底，全国共有耕地 13 505.73 万 hm^2，因建设占用、灾毁、生态退耕、农业结构调整等原因减少耕地 38.80 万 hm^2，我国耕地中 70.6%为中低产田。因此，合理有效地利用农业资源显得非常迫切。

改革开放以来，农业生产环境受到工业发展的影响，为了增加农业产量，大量施用化肥农药，导致农业环境受到严重的污染。我国是世界上施用农药、化肥等污染农资品数量最多的国家，低效率、高污染现象屡屡出现，我国农业快速发展的同时，伴随着化肥、农药、农膜使用过量的现象；促进土地资源充分利用的同时，大气环境、土壤及水体的污染也在严重威胁着我国农产品质量安全。与此同时，农村乡镇企业的快速发展和城市化进程的加快推进，也导致了农村和农业的生态环境遭到严重破坏。

随着国民经济的不断发展，人们的生活质量不断提高，食品安全成为大家关注的重

---

① 本章作者：黄国勤、钱晨晨（江西农业大学生态科学研究中心）。

要话题。传统农业由于受到化肥农药的污染，使农产品质量的安全性问题屡遭挑战。新提出的绿色生态农业，可以生产出安全可靠的绿色食品，有效地解决食品安全问题，让绿色生态农业这一崭新的农业发展模式迅速地落地生根，积极地推广、传播，全面提升农产品的质量，提高全社会人们的生活质量。

绿色生态农业的发展不能仅停留在理论基础上，还应将理论研究和示范试验有效地结合起来，各个组织和有关学者不断进行探讨和交流，从农业发展的全方位考虑，形成切合实际的、科学的、完整的绿色生态农业综合体系。绿色生态农业模式是一种农业新模式，绿色农业应采取绿色的经营管理理念来促进农业发展、提高农产品的竞争力。

二、发展绿色生态农业的意义

1. 有利于实现农业绿色"转型"

我国自实行"强农、惠农、富农"政策以来，"三农"（农业、农村、农民）工作已经取得了卓著成效，全面促进了农业的发展。但在实际发展进程中仍面临一些新的矛盾和挑战，主要有以下几点：第一，我国的耕地面积虽然相对辽阔，但人均耕地少，农业资源紧张，配套的农田水利灌溉设施不完善；第二，农业耕地中，高产田较少，中、低产田占据耕地总面积的大部分，土地因工业中的"三废"排放无序、农化物质滥用，造成重金属污染严重，致使其性质发生改变，或不能产粮，或生产出来的粮食不安全；第三，一家一户的小规模经营，导致增加农产品产量在短期难以奏效等问题。

以上存在的种种问题表明，农业现状亟须改善，创新农业发展模式迫在眉睫。绿色生态农业的推行，可以有效地保护资源、改善生态环境，为我国农业的可持续发展创造天时地利的条件。现代科学技术为绿色农业发展提供了技术支撑，绿色生态农业在政府和社会各界的支持下实行试点示范，在试点区，不仅终端产品有绿色的商标，而且一切农业生产、组织与管理都带有"绿色"的内涵，绿色已经融入农业生产的全过程。绿色生态农业新模式的目标就是让农业实现绿色"转型"，促进美丽乡村建设与发展。

2. 有利于保护农村生态环境

众所周知，现代农业主要依靠化肥、农药的大量投入，这就会打破生态系统原有的平衡，农药在杀死害虫的同时，也使有益生物特别是鸟类、鱼类等遭受灭顶之灾。近几十年来出现的全球范围的生物多样性退化也与农药的使用有很大关系。土壤被誉为"万物之母"，它是多种生物栖息的场所。研究表明，现代农业土壤中的生物活性占传统农业土壤的 1/10。土壤有机物的耗竭，使其保水、保肥能力大大下降，这就加剧了水土流失。严峻的环境形势迫切要求转变经济增长方式，就是要解决环境与发展之间的矛盾。绿色生态农业正是实现这些规划和目标的新型农业主导模式。绿色生态农业通过建立和恢复农业生态系统的良性循环，维持农业可持续发展。从已通过认证的绿色农业生产基地来看，农田生态环境普遍好转，各种有益生物种群明显增加，农业废弃物得到了充分的利用。可以说，绿色生态农业产业的发展将对农村环境污染控制、特殊生态区的生态保护与恢复、资源的合理利用起到示范和促进作用。发展绿色生态农业完全符合国家关于污染防治与生态保护并重的环保战略。

3．有利于保障农产品有效供给和确保农产品质量安全

在实施绿色生态农业的过程中，可以确保农产品的整体质量，以此保证提供的产品是绿色的、无害的。现阶段，我国的农产品生产速度惊人，化肥、农药和各种添加剂的广泛应用，虽然使农产品提高了产量，但质量也受到了严重的影响，农药、抗生素和添加剂残留等不仅让农产品存在安全性，也直接对人类健康甚至生命安全构成了潜在的威胁。所以，当前农业工作中一个重要的问题就是农产品的安全问题，这也是研究绿色生态农业的主要课题之一。我国是一个人口大国，绿色农业在保证农产品数量供应的同时，也要考虑农产品的质量安全。发展绿色生态农业，有步骤地改善农业基础条件，将种植结构调整，采用一些先进的技术水平来提高粮食单产和品质，在粮食稳步生产的同时，从根本上可以解决农产品的质量安全问题。

4．有利于促进农民增收

发展绿色生态农业不仅要保障农产品的质量问题，还要增加农民收入。农民增收是全面小康社会建设的难点和重点。要解决好农民增收的问题，在农业内部必须要挖掘潜力，让农民生产初级产品转向重点生产加工品，拉长产业链，形成生产和加工销售一体化的产业化经营模式，并以市场为导向，调整农业生产结构，切实把发展绿色农业作为重要的措施或载体。在保障农产品供给的基础上，开发安全优质农产品是一个基本趋势。现在，绿色农业品牌已在广大消费者心目中有较好的可信度，市场价值不断提升，是农业生产发展和结构调整优化的最佳机遇。因此，紧紧抓住发展"绿色生态农业"这一理念，优化农业产业，农民的增收才有保障。充分运用农业科学技术知识发展绿色农业，可以增加农民收入，有效地解决农民收入低的问题。绿色生态农业必将成为我国农村经济发展的新希望，必将带动整个农业生产和农村经济的蓬勃发展，成为农业可持续发展的一个新亮点。

5．有利于促进整个国民经济的发展

发展绿色生态农业，有利于促进农业及整个国民经济的发展。绿色 GDP 的比率代表农产品的绿色程度，绿色 GDP 占据 GDP 的比率越高，就代表国民经济增长的正面效应越高。绿色农业作为第一产业对绿色 GDP 做出了巨大的贡献，利用第一产业拉动第二、第三产业发展，通过产业链延伸，第一、第二、第三产业均能促进国民经济中绿色 GDP 的增长。

6. 有利于提高农产品国际竞争力

加入 WTO 后，给我国带来发展机遇的同时，也迎来了严峻挑战。突出表现为我国农产品市场已成为整个世界农产品市场的有机组成部分，生产与市场国际化已是一个不争的事实，绿色食品成为"入世"后的农业竞争焦点，而绿色壁垒将成为最难突破的贸易壁垒。随着关税的逐步降低和国内农产品市场的逐渐开放，我国农产品所面临的"卖难"问题将更加突出。目前，世界上大多数国家都非常重视进口食品的安全性，对药残等检测指标的限制十分严格。检验手段已经从单纯检测产品发展到验收生产基地，只要发现残留有害物质超标，就将毫不留情地予以查处，我国农产品向国外输出常因"绿色壁垒"而受阻。据悉，最近欧盟正式禁止多种农药在欧盟销售，其中涉及我国正在生产、使用和出口的农药有多个品种，我国很多食品、土畜产品出口企业受到国际技术贸易壁垒的限制。怎样才能使我国农业经受住严格的"绿色"检测、如何提高我国农产品的国际市场竞争力，这是摆在我们面前的难题。我国农产品要真正在国际市场上占有一定份额，必须跨越国外越来越苛刻的农产品技术标准这一"门槛"，而大力推进绿色农业的生产，走绿色农业之路，才是破解"门槛"、增强我国农产品"绿色壁垒"的免疫力，提升国际竞争力的重要措施。

第二节　国内外绿色生态农业进展

一、国外绿色生态农业进展

农业发展规划方面。美国农业部的 King 于 1909 年对中国农业进行了考察，并于 1911 年完成了著作《四千年的农民》，在书中介绍了从整个世界来看，农业发展经历了原始农业、传统农业、现代农业等几个历史阶段。20 世纪五六十年代以来，西方国家在农业发展问题上走了一条先发展后治理的弯路，即西方发达国家起初过度重视农业经济增长，以农业工业化为增长的支撑点。而这种高度工业产业化的农业发展模式注重在农业中大规模应用化肥、农药、农工机械等现代工业成果。从 30 年代开始，英国、美国的一些学者先后针对西方的常规农业的弊端提出有机农业的理念与实施方案；到 40 年代，有机农业在瑞士、英国及日本等国家得到发展。英国的植物病理学家 A. Howard 对中国农业经验进行了深入研究，大力倡导发展生态农业，于 1940 年完成著作《农业圣典》，直到现在仍然被国内外学术界作为生态农业运动的经典著作。美国的 Rodale 受到他的影响，于 1945 年创办了世界上第一个有机农场，并积极从事生态农业的研究。日本在 40 年代开始出现绿色生态农业的概念，提倡环保型农业，促进农副产品的质量的提升。日本对绿色生态农业的支持力度很大，在绿色生态农业技术研发等方面的投入十分显著。此后，澳大利亚、加拿大、欧洲各国等地纷纷开展了生态农业运动，许多国家和农业组织都制定和颁布了生态农业的国家标准和国际标准，并制定发展生态农业的政策法规，对于世界生态农业发展起到重要的促进作用。同时，为了进一步促进绿色生态农业，各国设立了自己的认证机构，为绿色生态农业的发展提供了很好的政策环境，给他们的农业可持续发展指向了新途径。英国的 D. Rigby 和阿根廷的 D. Caceres 等认为：一方面，确实创造了农业发展史上奇迹，大规模提高了农业生产率，世界粮食增长的速度前所未有；另一方面，由于对农业生态环境进行了过度开发，资源与能源过度消耗，因此生态环境严重恶化，人类所赖以生存的环境遭到严重破坏。例如，生物多样性不断减少、土地沙漠化严重、大量污染物产生、水土流失严重等。这些全球性的重大环境问题，日益受到人们的关注。

生态农业影响因素方面。Masil Khan 等研究了下水道污水中所含的重金属对农业生态系统的不良影响，认为重金属能够抑制土壤微生物的活性及矿质营养的有效化。瑞典的 Evkasia Debose 等就生活固体垃圾、下水道污水对生物性质和土壤理化的影响进行了研究，认为有机废弃物能起到肥土的良好作用，但作用大小因废弃物用量和土壤类型有所差别。法国的 James Stuart Schepers，J. M. Lynch 发表并提出了"可持续土壤与植物系统的创新性措施"。比利时的 Ingrid Takken 等对水土流失与少耕、免耕的关系进行了研究，认为少耕、免耕对防止水土流失有着良好的效果。法国的 G. Richard，Defossez 就机械耕作对土壤的压实作用和评价模型进行了研究，提出了如何选择耕作机具的建议。保加利亚的 Slavka S. Georgieva 等研究认为，使用下水道污水长期灌溉农田后，土壤线虫活动受到 Ni、Zn、Cu 等重金属的影响，特别是 Cu 具有比较明显的危害性。基于以上研究分析，目前世界上生态农业类型可以分为两种：一种是西方生态农业类型。该类型以欧美等发达国家为典型代表，旨在保护农业生态环境和资源，主张少用或不用人工性化学品、机械等，力求使农业生产建立在生态型循环的基础之上，以促进农业的可持续发展。另一种是替代农业类型。该类型以中国、印度等发展中国家为典型代表。这些国家面临的问题和发达国家有所不同，既要努力发展本国经济，又要应对资源短缺和环境污染等问题，在农业生产过程中不排斥农药和化肥等化学制品的使用，更多的是借助农业生态系统"整体、协调、循环、再生"的原理，结合传统农业技术与现代科技，以达到高产高效的目的。

二、国内绿色生态农业进展

20 世纪 80 年代，以中国生态学家马世骏教授为代表的一批科学家提出了"中国生态农业"概念。如今，我国生态农业的研究及绿色生态农业示范园区建设模型等试验很多。但是，目前我国农业结构的复杂等原因生态农业的规模仍较小，技术等方面没有成熟。进入 21 世纪以来，我国农业资源的有效利用研究日益受到提倡，绿色生态农业体系及模式的研究得到很大支持。《中国 21 世纪议程》提倡我国农业可持续发展的绿色生态农业的发展。与此同时，在党的十八大及全国"两会"的影响之下，很多地方政府提出发展绿色生态农业的发展战略措施，实施大力推进绿色生态农业行动。很多高校或研究机构开始了绿色生态农业的研究，为国家和地区的农业可持续发展探索了新途径。

在我国生态农业宏观战略选择与政策取向这一问题上，目前学术界看法较为一致，他们普遍认为，绿色生态农业是我国在现阶段以及未来农业发展的必然选择与政策取向，是我国实现农业现代化的必经阶段，是推动农业可持续发展的必由之路。相比国外的研究，国内似乎更重视对绿色生态农业的发展技术和模式进行研究与实践，且研究的重点也相对集中。第一，区域发展模式研究。学术界观点较为一致，认为要根据一定区域的自然环境和资源条件，因地制宜地提出区域内的绿色生态农业的发展模式。如李梅等认为，农业生态模式就是遵循"3R"原则（Reduce，减量化；Reuse，再利用；Recycle，再循环），通过农产品从生产至消费整个产业链结构的优化，实现物质的多级循环使用和产业活动对环境有害因子零排放的一种农业生产经营模式。何尧军等认为农业生态模式是把生态模式理念应用于农业系统，在农业生产过程和农产品生产周期中尽量减少资源和物质的投入量，减少污染物的排放量，从而实现农业经济和生态环境"双赢"。段亚利根据汾河流域农业生态功能区与农业经济板块的对应关系，分析了不同生态功能区适宜的资源节约型高效生态农业模式的建立模式，提出了汾河流域应建立不同生态功能区资源节约型高效生态农业模式类型。陈永金等建立了"行为—压力—效果—冲击"模型的农业生态模式发展模式。李明认为，长沙市应构建可持续循环生产链，建立"产量—环保—科技—效益"可持续生态农业的发展模式。第二，基于总体考虑进行模式研究。如张琳琳建立了农业生态模式发展的评价模型，他们认为应该先对该区域农村经济生态模式发展状况作出评价，再对农村生态模式发展进行考察。刘艳认为，现阶段我国要着力推进与培育城镇近郊多功能都市生态农业发展模式、农产品主产区规模化生态农业发展模式、生产条件较差农业区综合效益优化生态农业发展模式三大生态农业模式。陆林针对我国农业发展实际，分析了我国生态农业发展的模式及新思路，并认为无论哪一种生态农业发展模式，都是建立在资源有效利用的基础上，在我国农村发展生态农业主要的方式就是可再生资源的利用。余光通过研究分析国外生态农业模式，认为瑞典"轮作型生态农业模式"、美国"低投入可持续农业模式"、德国"绿色能源农业模式"、日本"环保型可持续农业模式"、以色列"无土农业模式"的经验对我国发展生态模式具有重要借鉴意义。第三，对具体技术和模式进行研究。如张华认为，"林—蛙—鱼"立体种养生态农业模式经济效益明显。刘山认为，日本稻作生态农业发展途径与模式，对我国水稻生态种植生产具有重要的参考和借鉴意义。刘小萍通过实地调研郫县（现已更名"郫都区")安龙村生态农业，认为安龙村"粮蔬种植+沼气池+家用污水处理池"的生态农业模式、农产品生产者和城市消费者直接合作的模式，具有一定的示范性。

第三节 绿色生态农业的内涵、模式与特征

一、绿色生态农业的内涵

绿色生态农业，实际上是由"绿色+生态+农业"几个名词叠加而成，其包括绿色农业和生态农业两个方面。"绿色农业"是 1986 年由中国农业科学院植物保护研究所包建中研究员首先提出来的，之后诸多学者对此进行了描述和研究，尤其是 2003 年 10 月，在"亚太地区有机农业与绿色食品市场通道建设"国际研讨会上，中国绿色食品协会首次在公开的国际会议场合提出了"绿色农业"的概念。目前，关于"绿色农业"这一概念的讨论很多，从本质上说，我们倡导的绿色农业模式是用绿色农业的理念来发展现代农业，赋予了人与自然和谐、经济与社会和谐和生态环境可持续发展的内涵。它是指充分运用先进科学技术、先进工业装备和先进管理经验，以促进农产品安全、生态安全、资源安全和提高农业综合经济效益的协调统一为目标，以倡导农产品标准化为手段，推动人类社会和经济全面、协调、可持续发展的农业发展模式。绿色农业是广义的"大农业"，包括绿色动植物农业、白色农业、蓝色农业、黑色农业、菌类农业、设施农业、园艺农业、观光农业、环保农业、信息农业等。目前，积极发展绿色农业，已成为迎接国际挑战的战略举措。

生态农业是以生态原理和经济原理为指导，根据社会的需要，应用现代技术方法（包括系统工程方法、化肥、农药、农业机械的应用）组织生产，调控系统的结构与功能，从当地资源结构出发，建立充分利用当地各种资源实现经济效益、生态效益和社会效益相统一的农业体系。生态农业不仅可以避免石油农业带来的弊病，而且可充分合理利用自然资源及提高农业生产力，维护自然界的生态平衡。生态农业的主要内容包括：根据生态经济学原理规划与布局农业；通过先进的科学技术提高太阳能的利用率，提高农业生态系统的输出；适量使用化肥和农药，以提高产品的输出，但要在环境承受的范围之内，即前提是不破坏环境，切忌滥用化肥农药，保护生态环境；按照食物链及其营养级的量比关系安排与调整产业结构，在永续利用资源的原则下开发农业资源。

"绿色生态农业"即是以发展农业为出发点，以全面、协调、可持续发展为基本原则，以保护和改善农业生态环境为前提，以促进农产品安全（包括农产品数量安全和质量安全）、生态安全、资源安全和提高农业综合效益为目标，结合传统农业技术和现代农业技术，充分利用当地自然和社会资源优势，因地制宜地规划和组织实施的综合农业

生产体系，对农产品安全及对农业多功能提出了更高要求。绿色生态农业在充分运用先进科学技术、先进工业装备、先进管理理念的基础上，汲取人类农业历史文明成果，严格遵循循环经济的基本原理，把标准化贯穿到农业整个产业链条中，有效地延长了产业链，延伸了价值链，促进了农业生态系统物质、能量的多层次利用和良性循环，是实现生态、社会、经济、文化协调统一的新型农业发展模式。

二、绿色生态农业的典型模式

绿色生态农业作为一种新的农业发展模式，与生态农业、循环农业、有机农业、可持续农业、低碳农业等多种绿色、生态农业发展模式存在着一定的联系，是在它们的基础上进一步发展，是农业发展的最佳模式，也是现代农业发展的最佳选择。或者可以认为，绿色生态农业就是多种绿色、生态农业的"组合体""综合体"，是各种绿色、生态农业模式的"总称"。

1. 生态农业

生态农业（Ecological Agriculture）是 20 世纪 80 年代所推崇的一种农业发展模式。对生态保护有着积极的作用，其对应产品是原生态产品，无产品标准（个别非但不是营养食品还可能是有毒食品），无法与商品市场对接，产品的价值链在此终结，其市场价值得不到体现，产量不高，发展缓慢。

2. 循环农业

循环农业（Circular Agriculture）是指在保护农业生态环境和充分利用高新技术的基础上，调整和优化农业生态系统内部结构及产业结构，延伸产业价值链，节约资源，提高农业生态系统物质和能量的多级循环利用，严格控制外部有害物质的投入和农业废弃物的产生，最大限度地减轻对生态环境的污染和破坏，真正做到把农业生产经济活动纳入农业生态系统循环中去，实现生态的良性循环和农业的可持续发展。

3. 有机农业

有机农业（Organic Agriculture）是一种农业发展的方向，遵照有机农业生产标准，它排斥现代科技成果的应用，不允许农药、化肥、生长调节剂、饲料添加剂等物质的投入，采用一系列有利于农业生态系统可持续发展的农业技术，保障农业生产体系的持续稳定。该模式综合效益不高，仅能满足极少数人的需求，忽视了急剧增加的人口对农产品需求的现状。

4. 可持续农业

可持续农业（Sustainable Agriculture）要求对农业资源的利用不仅能"持续满足目前和世世代代的需要"，而且要"不造成环境退化，技术上恰当，经济上有活力，社会上能接受"。可持续农业虽然在观念上强调了资源的可持续利用，但缺乏明确的标准体系和产品目标，其综合经济效益也不高。

5．低碳农业

低碳农业（Low-carbon Agriculture）是一种生物多样性农业，是在低碳经济发展的背景下出现的，以"低能耗、低物耗、低排放和低污染"为特征，以提高碳汇能力和减弱碳源能力为突破口，实现经济、生态和社会的协调统一发展。

6．立体农业

立体农业（Stereoscopic Agriculture）是指在一定的空间范围内（土地或水域），将生物与时空进行合理搭配，循环利用物质与能量，建立起整合多种资源，各种生物同生的一类立体种植业、立体养殖业及立体种养相结合的优质、高产、低耗、高效的集约型农业，是一种大幅度提高物质转化率、资源利用率的现代生产方式，是在空间、时间和功能上的多层次综合利用的优化高效农业结构。

7．设施农业

设施农业（Facility Agriculture）是指通过实施现代农业工程、机械技术和管理技术改善局部环境，并在一定程度上摆脱对自然环境的依赖，在充分利用土壤、气候和生物潜能的基础上，能够使用较少劳动力在有限的土地上获得较高的收益，以生产出速生、高产、优质、高效的农产品。

8．精准农业

精准农业（Precision Agriculture）是通过精细准确的信息和先进技术（全球卫星定位系统、遥感技术、地理信息技术、自动化控制技术等）进行田间管理，做到精确配方施肥、定点施药，在减少投入的情况下，能够增加或维持产量、提高农产品质量、降低成本、减少环境污染、节约资源及保护生态环境。

9．休闲观光农业

休闲观光农业（Leisure and Sightseeing Agriculture）是以农业活动为基础，依托农业生产，将农业与旅游业相结合的一种发展形式，它主要向社会提供具有一定特色的观光休闲、风情感受、文化欣赏、农事体验、科普教育等休闲服务及农产品。这种新型产业不仅可以发展农业生产，而且改善与保护了自然环境，提高了农业效益，促进了经济发展，繁荣了农村经济。

10．都市农业

都市农业（Urban Agriculture）是指充分利用大城市各种资源，并紧密服务于城市的现代化农业，具有城乡融合性、功能多样性、现代集约性、高度开放性等特征。对内为现代化都市经济发展提供服务功能，对外为农业和农村经济的现代化发挥示范带头作用。

11．白色农业

白色农业（White Agriculture）是以蛋白质工程、基因工程和酶工程为基础，通过微生物资源产业化进行生产，它依靠人工能源，突破了气候限制，可常年在工厂进行大规模生产，是一种节约型、环保型以及资源可循环利用的农业生产方式。

12．蓝色农业

蓝色农业（Blue Agriculture）是指通常以海洋为生产载体，利用海域种植或者捕捞海洋生物资源，以发展海洋农业、海洋种植、海洋养殖和海洋捕捞进行农业生产，蓝色农业是大农业的重要组成部分，在国民经济中占有不可缺少的地位。

三、主要特征

绿色生态农业模式的内在特性，可以从以下 5 个方面理解。

1．绿色生态农业就是资源节约型农业

资源节约主要体现在两点上：一是节地，即集约利用土地，提高土地利用率和产出率。二是节水，一方面，绿色生态农业打造"四季常青"的绿色景象，一年四季地面都是被"绿色"覆盖，显著地减少了水分蒸发，涵养了水源，保持了水土；另一方面，通过利用先进的"绿色技术"提高水资源利用效率，也起到了"节水"的效果。它主要包括发展多熟种植，提倡立体多层农业，采取先进的灌溉制度、灌溉技术和科学的施肥制度等，是一种节时、节地、节水、节能、高效、低耗的农业发展模式。

2．绿色生态农业就是环境友好型农业

绿色生态农业不是完全摒弃化学物质，而是提倡适度使用化学物质，以及循环利用生产和生活上的废弃物，实现农产品的清洁生产和资源的循环利用。绿色生态农业要求各种农业活动要在环境承载力范围内，强调发展的可持续性，以绿色科技为动力，建立以清洁生产为中心的农业生产体系，积极转变农业生产方式，包括减量使用农药、化肥和地膜，改进种植、养殖技术，发展农业生态工程、健康养殖工程、废弃物循环再利用工程，实现农业生产无害化和农业废弃物的资源化。绿色农业不仅倡导农产品的绿色天然，还倡导在生产农产品过程中对资源的保护，对生产废弃物的科学绿色处理。

3．绿色生态农业就是生态保育型农业

生态保育主要是从生态学的角度，结合其他学科的技术来维系生态系统功能，"保育"包含了"保护"与"培育"两个内涵。绿色生态农业的发展不仅能够保存与维护生物物种及其栖息地，还能恢复、改良、重建和培育已退化的生态系统。

4．绿色生态农业就是经济高效型农业

绿色生态农业不仅节约资源、保护环境、保育生态，而且兼顾提高农业的综合经济效益。一是绿色农产品的市场广阔，消费者比例逐年递增；二是绿色农产品的需求价格

稳定且较高。与此同时，绿色生态农业还提升了农业土地生产率、劳动生产率，有效改善农产品供给结构，全面提高了农业的经济效益。事实证明，绿色生态农业正在成为农业增效、农民增收的有效途径之一。

5. 绿色生态农业就是绿色安全型农业

绿色生态农业模式的目标是提供营养合理、卫生安全和数量充足的食物。绿色生态农业的终端产品是安全、营养的绿色食品。虽然现阶段居民的营养水平良好，营养均衡性也有所改善，但由于化肥农药的使用，食物安全问题仍然存在。绿色生态农业的发展，不仅可以提升国民的整体营养水平，由于其生产工艺的严谨，从而也从根本上保证了食品质量的安全。

第四节　我国发展绿色生态农业的优势条件和制约因素

一、优势条件

实施绿色农业，生产绿色食品，已经引起了我国政府的高度重视。我国具有开发绿色农业得天独厚的条件和优势。

1. 环境资源的优势

我国广大农村离城镇工厂较远，不少地方的水质、空气、土壤污染程度小，农药残留含量低，为发展绿色食品提供了有利的条件。广大山区是发展绿色食品的重要资源。我国山区面积占国土面积的 69%，具有发展绿色食品得天独厚的优势。山区多处于河流上游，工业落后或远离工业集中地区，水源、土壤、空气等很少被污染，动植物种类繁多，种群间的制衡机制完备，病虫害较轻，可以不用化学农药或仅用生物农药即可控制，作物及畜禽品种多为优质抗病强的。在山区积极发展绿色食品业，可以将山区的自然资源优势和生态环境优势转化为商品优势和经济优势。

2. 生产技术优势

我国自古以来就有使用农家肥的习惯。近年来，虽然我国农业高产区普遍使用化肥和农药，但与发达国家相比，受污染的程度还不算严重。民间有不少防治作物病虫害的方法，若应用中草药制剂的原理，辅以现代的制备工艺，生产植物性杀虫剂、灭菌剂，将成为我国生物防治的一大特色。绿色食品生产过程以传统的农业栽培方法为主，农民对其熟悉，易于接受和理解。我国仍有不少地方，特别是山区、边远贫困地区的农民很少或完全不使用化肥、农药，甚至还有许多野生的没有污染的天然产品，这些农产品，只要对其生产过程和管理方法进行认证，事实上就是绿色食品。

3. 社会环境优势

近年来，绿色观念正逐步确立，很多农产品生产加工企业也开始注重选择那些产品或产品原料产地符合绿色食品标准要求的生态环境，力求农作物种植、畜禽饲养、水产养殖及食品加工符合绿色食品生产操作规程，进而使最终产品符合国家制定的绿色食品的质量卫生标准。当前我国人民的生活水平正从温饱向小康迈进，居民的食物消费目标正从吃饱向着吃好、营养、保健的方向转变。与此同时，由于农产品的品种结构和品质结构不能适应市场需求而导致的"卖难"问题，农业效益下降问题，以及滥施化肥农药造成的环境污染、农产品的残毒问题日益突出，市场和环保呼唤优质农产品。可见，发展绿色生态农业的宏观经济环境已经具备。

二、制约因素

1. "绿色生态农业"意识不强，主体发展定位不明确

我国绿色生态农业的发展不是完全建立在现代生态农业和可持续发展的基础之上。一方面，生产者的观念滞后，而且缺乏从事绿色农业所应具备的素质，生产习惯于利用化肥、农药，由于化肥、农药的不当使用，导致产品与环境污染的事件屡有发生；另一方面，消费者对绿色食品的了解还很少，直接影响了绿色食品应该有较高价值的实现。从绿色生态农业的经营者来看，发展绿色生态农业多是从促销手段上考虑，他们在生产过程中较少地注意节约资源和减少环境污染等环保要求。绿色生态农业观念滞后的又一体现是消费者本身对绿色食品的认识上。绿色食品在我国起步晚，规模相对较小。对于消费者来说，往往对一种产品有了相当的认知程度，才会产生持久稳定的购买行为。由于我国对绿色食品的宣传力度不够，致使许多消费者对"绿色食品"的了解还很少，以为绿颜色的食品或纯天然的食品就是绿色食品，还有人认为保健食品就是绿色食品。同时，消费者对绿色食品价值缺乏进一步的感知，未能形成稳定的绿色食品消费信念，造成绿色食品有效需求不足。消费者对绿色食品的关心也多出自食品卫生和健康方面，环境意识的消费心理还没有完全建立。特别是对绿色食品的经济及环保效益所知甚少，市场观念淡薄，市场信息贫乏。在生产中，不是主要利用生物内在机制来取得增长，而且主要依赖农药和化肥来取得农业增长，对化肥、农药的不恰当使用，导致产品与环境污染的事件屡有发生。产品残留有毒物质，农民自身也处于增产不增收的境地。这就制约了绿色食品市场的进一步拓展，直接影响了绿色食品所应该有的较高价值的实现。在绿色农业的链条中，虽然农户、农村合作组织和工商企业等都不同程度地肩负着生产性和经营性任务，但谁是绿色农业中的产业化主体还没有理清。这主要是我国绿色产品远未开发与规范，绿色农业产业链组织混乱，尤其是农户与市场经营者之间没有形成合理、稳定的契约关系，使得在诸多利益相关者中产业化主体不明确。

2．农业环境污染比较严重，且相关体系和机制不健全

我国农业资源总量大，但人均相对不足、分布不均、资源质量不高占多数，开发利用难度大。在这样的农业资源条件下，人们不适当的行为方式、生活方式，使生态环境日益恶化，环境污染加深，农业生态环境已成为发展绿色农业的"瓶颈"，畜禽类粪尿污染仍然相当严重，尤其是规模养殖场排放量大、处理率低，造成了对水域的严重污染，农业及生活废弃物污染、工业污染、水产养殖过程中的污染等都严重制约着绿色农业的发展。一是相当严重的畜禽类粪尿污染，农业及生活废物污染，工业污染，水产养殖过程中的污染等，造成了对水域的严重污染。二是盲目引进发达国家转移的高耗、高污染产业，盲目发展采矿业、化工业、造纸业等，对生态环境造成巨大威胁性。三是农业生态条件恶化，农产品质量较差。受农用工业发展落后的制约，目前农业生产对化肥、农药的依赖性依然很强，生产的 200 种农药中产量最高的 21 种（40 万 t 农药，占总产量的 40%）都是国际上已限制使用的高毒性农药。有些国家已明令禁止生产和使用的农药，如两类高毒农药甲胺磷、氧化乐果，在个别地方仍然生产和使用。在农药残留抽检时，两种农药残留的检出率依然很高，农田重金属污染普遍存在，有机氯农药检出率较高，远远高于绿色食品对绿色农业的环境的要求，在一定程度上影响了我国绿色农产品的质量。另外，绿色农业的全程质量监控由于相关法规制度、管理体制、检测体系、执法体系等问题，还难以统一协调解决。监督检测技术的实用性、可推广性不强，使绿色农业的发展过程的配套体系缺乏，导致绿色农产品与普通农产品从外观上无法区别，绿色与普通农产品的质量区别还难以及时地展示在消费者面前。这不仅模糊了消费者的辨别力，也使得人们对绿色农业的认识度不高，阻碍了绿色生态农业的进一步发展。

3．绿色农业资源优势未能转化为产业优势

绿色食品的市场开发起步较晚，营销网络和市场体系不够健全。我国绿色生态农业的规模仍然很小，目前绿色农业的播种面积仅占耕地面积的 21.3%，绿色农业规模占农业总规模不到 10%。绿色生态农业还没有成为我国农业的成长型产业，没有充分发挥出对农村产业结构调整和农村经济社会发展中的促进作用。由于绿色食品对产地和环境都有特殊要求，因而绿色食品大多分布在交通不变的偏远的地区。而绿色食品的主要消费者又多集中在城市，这就给绿色食品市场的扩展带来困难，营销网络和市场体系滞后，物流、资金流、信息流不畅。而且，许多鲜销产品由于运输困难，储藏期短，且包装手段落后，导致产供销脱节，也影响了绿色食品市场的拓展。我国绿色生态农业主要为绿色食品产业提供原料，由于绿色食品生产经营规模小，资金投入能力低，出现了加工能力弱、贮运条件差和销售手段落后的问题，使绿色食品生产与绿色生态农业生产相脱节，产品深加工程度低，许多绿色农产品尤其是天然绿色农产品多以初级产品的形式进入市场很难满足不同层次消费者的需求，产品的附加值也很低。

4．生产经营规模较小

目前，我国绿色生态农业尚处于发展的初期阶段，缺乏全面性总体规划。绿色生态农业生产许多沿用的是传统的农业生产方式，生产基地多分布于比较边远地区，规模化、专业化、集约化程度不高，绿色农产品的产量所占农产品总量的比重还很低，且品种比较单一，无法满足消费者多样化的市场需求。出于经济目的主要出现在两类地区：一是邻近消费中心、资金技术条件较好的城市郊区；二是生态条件较好而经济落后的边远地区，而自然资源丰富的广大农村腹地开展绿色农业相对较少。

在经济利益的驱动下，各地纷纷开展绿色生态农业生产。由于缺乏科学的论证和规划，低水平的重复性建设较多，没有形成明显的区域性主导绿色生态农业部门，使本地区绿色农业资源和原有农业基础优势未能充分发挥，限制了全国绿色农业分工体系的形成。绿色农业地域布局分散，农村家庭联产承包制及人多地少的矛盾，使我国现行农业的经营规模普遍较小再加上绿色食品生产企业数量少，且多为乡镇企业，加工能力有限，很难带动绿色农业规模生产的形成。地方政府重视程度不够，使绿色农业生产出现产地分散、结构单一、产量低、市场狭小等问题，难以形成规模优势。

5．投入不足，缺乏财力支持

绿色生态农业刚刚起步，绿色食品产业是一个大的系统工程，从育种、栽培、加工、仓储到运销等各个环节要求严，成本高，仅靠农民自身的投入是不够的，而且绿色食品加工也需要先进的工艺和设备，即使是一些龙头企业，也因资金不足，技术改造无法进行，严重影响了绿色食品的加工。

综上所述，我国绿色生态农业开发具有广泛的前景和内容，但迫于国际国内各种主客观因素影响，发展速度在一定程度受到限制。应在总体规划的基础上、立足本国资源，因地制宜，突出特色，发挥优势，使中国绿色生态农业有步骤、有目的的健康发展。

第五节　推进我国绿色生态农业发展的对策与措施

一、加强宣传教育

牢固树立发展绿色生态农业的新观念。①教育广大农村领导干部认清建设绿色生态农业是农业发展的必然趋势。以加快农业结构调整和市场化农业、国际化农业为目标，以科技创新和体制创新为动力，推进绿色农业的发展。②要让农民认识到化学农业、"黑色农业"已走到了尽头，而发展绿色生态农业是未来农村经济的支柱产业和重要增长点，是农民增收的根本途径，是未来农业的发展方向。③培育一批绿色园区起示范、带头作用，从而带动广大农民积极、主动、自觉地发展绿色农业产业。依托大专院校、科研院所、农业技术部门等单位，开展绿色生态农业技术培训，进行操作技术指导，使农民熟练地掌握绿色生态农业技术。

二、倡导绿色消费观念，规范绿色消费市场

尽管绿色消费已开始成为一种趋势，但并不意味着每个人都有这种意识。这是由于知识水平、收入水平、社会阶层等的差别，导致人们在消费上也存在很大的差异。以"绿色"为核心的绿色农业的营销活动，必须对生产者利益、消费需求、环境保护三者的关系进行正确的处理，统筹兼顾，力求达到经济效益、社会效益、环境效益的统一。在营销过程中，应使产品推广、分销渠道、承销商广告等具有鲜明的特征，有着区别其他产品营销的特点，以给人全新的感觉。绿色营销强调的是自然、健康、绿色，因而在进行包装处理上也应该是绿色的，即不能污染环境，以实现保护环境的目的。与此同时，以绿色食品专业化流通为主，建立适应绿色食品的专卖店，同时还可兼营普通食品。这种绿色食品市场专营的形式为各部门的消费观念向成熟期过渡创造了条件，并建立了良好的营销渠道，从而促进绿色生态农业的发展。

三、建立绿色农业技术标准和技术体系

农业发展模式要达到指导生产实践的目的，不仅要求有完善的理论基础和理论体系，更重要的是建立的技术体系和标准体系都必须具有可操作性。所以，要对当今的先进科技成果充分吸收，借鉴有机农业、生态农业等先进模式及世界农业标准化的经验，把对绿色生态农业发展有利的先进技术规范转化为绿色生态农业的标准。建立一个包括产地环境标准、生产技术标准、产后加工与包装标准等绿色生态农业标准化体系，从而实现科技成果对绿色生态农业贡献率的提高，绿色生态农业的产量水平也随之提高，确保绿色生态农业体系的产品质量安全。

四、规范绿色农产品标准

为保证绿色农产品，特别是绿色食品的特色和质量，应逐步按照国际标准，对不同绿色食品及其他绿色产品制定严格的标准，并在有关权威部门验证之后，对其发放绿色标志才准予生产和销售。饲养制度和绿色生产耕作是推行绿色农业的关键，包括使用无公害优良种子、种畜禽、肥料、饲料制度，规范无公害的大气环境、水资源、土壤环境的标准，推广绿色生产技术或清洁生产农艺。在流通领域，运用严格的安全卫生分级、加工、包装、储运操作制度等。

五、调整产业结构

在对粮食综合生产能力进行保护与稳定提高的基础上，着力优化食物品种、食物品质、食物生产布局，促进食物生产效益大幅度增长。种植业要由传统的粮食作物—经济作物的"二元结构"向粮食作物—经济作物—饲料作物的"三元结构"转变。大力发展名、特、优农产品，形成各具特色的优质农产品产业带及其加工专用生产区，建立优质食品加工专用原料生产基地，大力发展适合食品加工业需要的标准化农产品的生产。对草地、农作物秸秆等资源合理和充分利用，建立一定规模的养殖场，加快对牛、羊、禽，特别是奶畜的发展。在合理保护渔业资源和水域生态环境的前提下，加快对水产养殖业的发展，积极开发远洋渔业资源。

六、建立产业一体化链条

针对产业一体化的产前、产中、产后环节，我国分别实施了更紧密的横纵向协调，各个环节制定统一标准，以提高产业化衔接效率，减少中间环节。在收购农产品时，企业和农户双方应签订合同，形成订单农业，使企业和农户形成利益联结机制，以确保收购的产品质量符合企业标准；在销售农产品时，为了达到促销、交换信息和形成合力的目标，供应链中各个环节的企业都要互相配合，公开承诺所生产的农产品质量安全，建立企业诚信制度。目前，我国农产品消费市场大多集中在城市，流通环节较多，流通线路长，流通参与人员复杂，流通模式较多。而农产品是鲜活的产品，具有易腐败变质、保鲜难、品种复杂的自然属性。因此，为了建立科学、合理的绿色产品市场供应营销网络体系，可以通过创建专销网点、专卖店、各大超市、农贸市场开设专柜或发展连锁店的方式来进行。这样不仅使绿色农产品方便进入市场，还能保证绿色产品能够及时地销售出去，快速实现其价值。

七、培育扶持"龙头"企业

培育一批经济技术实力雄厚、市场影响力大、能带动一方经济发展的龙头企业是推进农业产业化的关键。应对各领域中具有"龙头"作用和具有发展绿色生态农业推进农业产业化结构调整发展潜力的企业给予一定的重视，对其进行政策、资金、技术、物资等方面的倾斜扶持，让一些经济实力雄厚、带动能力强、经营机制灵活、有较强市场竞争力的"龙头"企业从众多的企业中脱颖而出，并在以后的发展中发挥带动作用。当前我国须适应市场需求，突出区域特色，重点培育农产品加工和流通企业。在部分地区，可围绕玉米深加工、水稻深加工、农业剩余和废弃物加工、水产品精深加工、畜禽产品精深加工、苇草柳工艺编织等方面，精心对一些加工能力强、带动能力大的农产品加工

"龙头"企业进行规划。

八、实施政策扶持

绿色生态农业是一项巨大的系统工程，需要大量的资金投入。大力推进我国绿色生态农业发展，离不开资金和政策的扶持。

一是全国应积极调整农业相关投资政策，把建设绿色生态农业作为农业投资的重点，加大公共财政的投资力度，保障绿色生态农业的健康快速发展；二是按照"重点产品、重点区域、重点技术"的原则，建立和完善资源节约型和环境友好型技术的税收政策，对采用绿色技术的农业生产者进行补贴或者一定程度地减免其所得税；三是大力扶持绿色生态农业科技创新，为绿色生态农业的发展提供坚强的科技支撑，绿色生态农业是高科技的产业，要加大对绿色生态农业科学技术研发的资金支持力度；四是加强绿色生态农业基础设施建设，为绿色生态农业的发展提供良好的物质基础和环境条件；五是鼓励和扶持市场前景好、科技含量高并已形成规模效益的绿色农产品高新技术企业上市，从而加速推进绿色生态农业的发展；六是对广大农民进行绿色生态农业知识和技术的相关培训，农民是发展绿色生态农业的主体，而当前我国广大农民缺乏对绿色农业的认识和了解，同时也没有掌握发展绿色生态农业所必需的相关技术。通过提供有力的财政支持，我国的绿色生态农业发展必定能再上一个台阶。

九、实现开放性的农业生态系统

在总结经验的基础上，把绿色生态农业由试点示范向产业化方向发展。结合优质农产品基地建设，确保粮油、水果、畜禽、茶叶、蔬菜、水产等大宗农产品的大面积生态化生产；对传统的耕作制度进行改革，把握因地制宜的原则，推广成功的生态农业模式。如在林区，天然林区主要承担生态保护功能，对林业要实行分区指导和分类经营，商品林区主要发展人工林，用人工林取代天然林满足工业用材的需要；在平原地区推广林农复合、草田轮作等用地与养地相结合的耕作制度；在丘陵地区推广千烟洲模式；在滨湖地区推广避洪农业模式、"三水"农业（水产、水禽、水生作物结合）模式等。在广大的农村地区，特别是在欠发达地区农村，大力推广猪—沼—果—菜—渔的模式。生活能源主要是利用沼气的综合功能来替代薪柴，有效地进行封山育林、保护植被。利用沼液对土壤进行改良，节约化肥；利用沼气池实现对生活污水和人畜粪便的无害化处理，改善环境。

十、结语

发展绿色生态农业，推进农业产业化结构调整，合理开发和保护自然资源，保障农业生态安全。坚持可持续发展战略，运用生态学原理、系统工程方法和循环经济理念，以促进经济增长方式的转变和环境质量的改善为前提，充分发挥区域生态、资源、产业优势，大力发展生态经济、改善生态环境、培育生态文化，基本实现区域经济社会与人口、资源、环境的协调发展。加大环境污染治理力度，保障农业生产环境安全和农产品质量安全。坚持以循环经济理念为指导，走生态效益型经济发展道路。充分发挥现有生态、资源优势和后发优势，大力发展绿色农业、绿色工业、绿色林业和绿色旅游业，大力发展有机食品、绿色食品和无公害农产品，打好绿色品牌，推进生态家园建设，达到家居温暖清洁化、庭院经济高效化和农业生产无害化的目标。

参考文献

[1] 薛丽敏. 生态农业发展模式研究[D]. 济南：山东农业大学，2014.

[2] 赵建中. 绿色生态农业新模式探究[J]. 现代农村科技，2016（7）：75.

[3] 陈洪卫. 绿色生态农业新模式[J]. 北京农业，2015（12）：336.

[4] 毕晓梅. 关于绿色农业的调研与思考[J]. 科协论坛（下半月），2007（4）：201.

[5] 冯海发. 发展现代农业的几个重点[J]. 红旗文稿，2007（2）：19-21.

[6] 柯炳生. 加快推进现代农业建设的思考[J]. 红旗文稿，2007（2）：16-18.

[7] 周理盛，蔡珍贵. 绿色贸易壁垒对中国农产品出口影响及对策——以日本的《肯定列表制度》为例[J]. 商场现代化，2008（31）：24-25.

[8] 宝龙，阿都沁. 先进国家绿色生态农业给我们的启示——从 EM 益生菌试验中看到的未来生物农业[J]. 考试周刊，2016（2）：192-193.

[9] Masil Khan，John Scullion. Effects of metal[Cd，Cu，Ni，Poor En] enrichment of sewage-sludge on soilicro-organisms and their activities，Applied Soil micro-organisms and their activities[J]. Applied Soil Ecology，V. 20，Issue 2，2002（May）：145-155.

[10] Evkasia Debosz，Soren O. Peterson，Liv K. Kure，et al. Aluating effects of sewage sludge and house hold compost on soil physical，chemical and microbiological properties[J]. Applied Soil Ecology，V. 19，Issue 3，2002（March）：237-248.

[11] Jmlynch，Fames Sturt Schepers. Innovative soil-plant systems for sustainable agricultural practices[J]. Izmir：Proceedings of an international workshop，2002 .

[12] Ingrid Takken，Gerard Govers，Victor Jetten，et al. Effects of tillage on runoff and erosion patterns[J]. Soil and Tillage Research，V. 61，Issues 1-2，2001（August）：55-60 .

[13] Defossez，G. Richard. Models of soil compaction due to traffic and their evaluation[J]. Soil and Tillage Research，V. 67，Issue 1，2002（August）：41-64 .

[14] Slavka S. Georgieva，Steve P. Mc Grath，J. Hooper. Nematode communities under stress：the long-term,

effects of heavy metals in soil treated with sewage sludge[J]. Applied Soil Ecology，V. 20，Issue1，2002
（April）：27-42.

[15] 李梅. 江西发展现代农业生态化模式的研究[J]. 江西农业学报，2009（12）：131-134 .

[16] 何尧军，单胜道. 循环型农业发展模式与保障机制初探[J]. 浙江林学院学报，2007（3）：247-253.

[17] 段亚利. 汾河流域资源节约型高效生态农业模式研究[J]. 科技创新与生产力，2011（2）：53-60.

[18] 陈永金，石浩鹏，尹芳海，等. 聊城市生态农业模式与对策研究[J]. 聊城大学学报（自然科学版），
2012（2）：56-65.

[19] 李明. 长沙市可持续农业生态化模式发展的 SWOT 分析[J]. 农业科技管理，2012（2）：19-21 .

[20] 张琳琳. 论农业生态化模式的基本类型[J]. 中国农业生态化学报，2009：5-15 .

[21] 刘艳. 我国农业生态化发展模式初探[J]. 生态经济，2011（10）：113-116 .

[22] 陆林. 我国农村农业生态化发展模式探究[J]. 吉林农业，2011（8）：12.

[23] 余光. 国外循环农业发展模式及对我国的启示[J]. 广东农业科学，2012（4）：189-190，200 .

[24] 张华. "林—蛙—鱼"农业生态化模式研究[J]. 中国农业生态化学报，2008（1）：189-192.

[25] 刘山. 日本稻作农业生态化发展途径与模式[J]. 经济地理，2011（11）：133-138.

[26] 刘小萍. 农业生态化模式探究——以郫县安龙村为例[J]. 旅游纵览行业版，2012（3）：104 .

[27] 黄国勤. 江西绿色农业[M]. 北京：中国环境科学出版社，2012：1-2.

[28] 刘志明，沈光荣，冷文明. 用绿色农业理念发展现代农业[J]. 四川农业科技，2010（5）：7-9.

[29] 刘思华. 当代中国的绿色道路[M]. 武汉：湖北人民出版社，1994.

[30] 王春玲. 积极发展绿色生态农业 推进农业产业化进程[J]. 江西食品工业，2008（11）：9-11.

[31] 黄国勤. 绿色农业及其若干特征探讨[J]. 中国食物与营养，2005（12）：55-58.

[32] 杨兰根，张爱民，郑立平. 绿色农业及其发展对策[J]. 江西农业学报，2006，18（5）：157-160.

[33] 崔楠，侯素霞. 发展绿色生态农业推进农业产业化结构调整[J]. 安徽农业科学，2010（3）：
1468-1470.

[34] 唐安来，黄国勤，吴登飞，等. 绿色生态农业——江西绿色崛起的必然选择[J]. 农林经济管理学
报，2015（5）：538-545.

[35] 张宝生. 大伙房水库流域发展绿色生态农业研究[J]. 价值工程，2010（12）：145-146.

[36] 唐安来，占志祥. 绿色农业是江西农业发展的必然选择[J]. 江西政报，2006（23）：42-43.

[37] 唐安来，占志祥. 绿色农业是江西农业发展的必然选择[J]. 甘肃农业，2007（6）：9-10.

[38] 尹昌斌，唐华俊，周颖. 循环农业内涵、发展途径与政策建议[J]. 中国农业资源与区划，2006，
27（1）：4-8.

[39] 张士功，任天志. 循环农业及其对我国农业发展的启示[A]. 中国农学会. 循环农业与新农村
建设——2006 年中国农学会学术年会论文集[C]. 中国农学会，2006：3.

[40] 陈志. 我国农业可持续发展与农业机械化[J]. 农业机械学报，2001，32（1）：1-4，15.

[41] 肖元安. 绿色农业——我国现代农业发展的方向[J]. 江西农业大学学报（社会科学版），2008，7（3）：27-29，39.

[42] 王昀. 低碳农业经济略论[J]. 中国农业信息，2008（8）：12-15.

[43] 鱼欢，邓文明，邬华松，等. 海南省立体农业的发展与思考[J]. 热带农业科学，2010，30（10）：61-65.

[44] 苗永山. 浅析立体农业及其生态优势[J]. 黑龙江农业科学，2010（3）：124-125.

[45] 何芬，马承伟. 中国设施农业发展现状与对策分析[J]. 中国农学通报，2007，23（3）：462-465.

[46] 侯建平. 精准农业发展模式选择与评价研究[D]. 天津：天津大学，2007.

[47] 王远路，栾淑丽，姜仁珍，等. 几种新型农业发展模式简析[J]. 现代化农业，2003（12）：32-35.

[48] 郭焕成，刘军萍，王云才. 观光农业发展研究[J]. 经济地理，2000，20（2）：119-124.

[49] 孔祥智，钟真，原梅生. 乡村旅游业对农户生计的影响分析——以山西三个景区为例[J]. 经济问题，2008（1）：115-119.

[50] 方志权. 都市农业：一种发达形态的农业[J]. 学术研究，2000（12）：38-39.

[51] 方志权. 城市化进程与都市农业发展[M]. 上海：上海财经大学出版社，2008：9-10.

[52] 尹浩洋，张广文. 论白色农业发展的意义和途径[J]. 北方经贸，2011（11）：29-30.

[53] 曾呈奎. 寄语21世纪的中国海洋科技[J]. 科学与管理，2003（3）：20-24.

[54] 胡建. "两型农业"发展与农产品质量安全体系建设[J]. 企业家天地：理论版，2011（3）：7-8.

[55] 蒋莉. 建设环境友好型农业初探[J]. 新疆农垦经济，2006（8）：1-3.

[56] 王雅鹏. 农业技术经济学[M]. 北京：高等教育出版社，2003：99-100.

[57] 易青松. 浅议湖区旅游开发的生态保护与建设——以重庆长寿湖风景区为例[J]. 重庆建筑，2012，11（3）：11-13.

[58] 靳明. 绿色农业产业成长研究[D]. 杨凌：西北农林科技大学，2006.

[59] 武志杰，梁文举，李培军，等. 我国无公害农业的发展现状及对策[J]. 科技导报，2001（2）：47-50.

[60] 金国良，相亚年，徐建珍. 加入WTO后，对发展绿色农业的思考[J]. 上海农业科技，2003（3）：8-9.

[61] 彭小丁，黄祥湖. 我国发展绿色农业的必然趋势和基本思路[J]. 云南财贸学院学报，2003（2）：73-75.

[62] 李晓明. 绿色农业与其发展对策探析[J]. 华中农业大学学报（社会科学版），2005（3）：23-26.

[63] 余艳锋，邓仁根. 我国绿色农业构建的可行性分析[J]. 新疆农垦经济，2007（9）：34-37.

[64] 张爱民. 关于绿色农业发展若干关键问题的思考[J]. 中国食物与营养，2007（3）：61-64.

[65] 查明庆. 绿色农业模式与发展对策探讨[J]. 安徽农业大学学报（社会科学版），2005（6）：43-46.

[66] 张春生，张灿权. 江西省绿色农业的现状及发展对策[J]. 现代农业科技，2009（16）：263-264.

[67] 王庭芳. 发展绿色农业与建设生态文明[J]. 商场现代化，2010（30）：109-110.

[68] 翁伯琦，张伟利. 试论生态文明建设与绿色农业发展[J]. 福建农林大学学报（哲学社会科学版），2013（4）：1-4.

[69] 张志能. 发展绿色生态农业 生产开发绿色食品是实现巴盟农业可持续发展的重要途径[A]. 内蒙古自治区农业厅. 内蒙古自治区发展无公害农产品及绿色食品学术研讨会论文集[C]. 内蒙古自治区农业厅，2001：3.

[70] 刘伟明. 中国绿色农业的现状及发展对策[J]. 世界农业，2004（8）：20-22.

第二章　发展绿色生态农业的基础与条件[①]

第一节　基础良好

一、自然基础

江西省位于长江中下游南岸，地处东经 113°34′—118°28′、北纬 24°29′—30°04′。东邻福建、浙江，南连广东，西接湖南，北毗湖北、安徽，北控长江，上接武汉三镇，下通南京、上海，南倚梅关、俯瞰岭南，沟通广州，是粤、闽、沪、浙等沿海经济发达区的前沿腹地。

江西地处北回归线附近，全省气候温暖，光照充足，雨量充沛，无霜期长，非常适应农作物生长。全境土地肥沃，水资源丰富，有大小河流 2 400 余条和全国最大的淡水湖鄱阳湖。全省森林覆盖率达 63.1%，位居全国第一。

二、生态环境

江西生态环境优美，处处可见秀丽的山峦、清澈的河流、古朴的乡村，犹如一幅美丽的山水画卷。庐山、三清山、井冈山、龙虎山世界知名，武功山、明月山、大觉山等各具特色。鄱阳湖是中国最大的淡水湖、世界第三大淡水湖，也是国际重要湿地、世界候鸟越冬的天堂。江西还有 4 000 多种种子植物，470 多种蕨类植物，100 余种苔藓植物，拥有红豆杉、银杏树等十分珍贵的稀有植物，是中国亚热带地区是世界植物起源的中心之一。

三、农业资源

江西是农业大省，农业资源丰富，生态优势明显。地形地貌大致为"六山一水二分

---

① 本章作者：黄国勤、孙松（江西农业大学生态科学研究中心）。

田，一分道路和庄园"。全省耕地面积 308.9 万 hm², 水面面积 166.7 万 hm²。总人口 4 565.6 万人，其中农业人口 3 670.7 万人。乡村户数 923.2 万户，乡村劳动力 2 096.7 万人，其中农业从业人员 846 万人。农民外出从业人员 842 万人，其中省外务工 561 万人。

江西省农业资源丰富，发展绿色农业潜力巨大。粮食、茶叶、淡水产品、生猪、茶油、柑橘等主要农产品的生产量位居全国前列，农产品商品率达 70%。淡水面积 166.67 万 hm²，占全国淡水面积的 9.5%，居全国第 3 位，其中，位于江西省北部的全国最大淡水湖——鄱阳湖，是江西省水产业发展的重要资源，也是全国有名的鱼库。江西地处亚热带植物分布中心区，特色物种资源富集，野生植物达 5 000 种以上，世界众多名优产品在江西能找到适合种植的区域。

经过几年发展，江西绿色农业已有一定规模。截至 2015 年年底，全省绿色食品产品数量达 945 个，居全国前列；有机食品数量 415 个，连续 5 年居全国第 1 位；江西省有 25 个县的 27 个生产基地成为全国绿色食品原料标准化生产基地，占全国总数的 1/8。绿色耕地面积进入了加速增长期，截至 2016 年 3 月底，江西绿色农业生产基地面积达 36.2 万 hm²，耕地面积的"绿化率"超过 10%，进入全国先进行列。

江西绿茶、赣南脐橙、南丰蜜橘、广昌白莲、泰和乌鸡、鄱阳湖大闸蟹等久负盛名，"三品一标"（是无公害农产品、绿色食品、有机农产品和农产品地理标志的统称）拥有量居全国前列。初步形成了粮食、油料、蔬菜、柑橘、茶叶、猕猴桃、生猪、水禽、大宗淡水鱼、特种水产十大主导产业和特色产业。年产粮食 210 kg、油料 120 万 t、蔬菜 1 300 万 t、水果 440 万 t、茶叶 5 万 t、肉类 350 万 t、水产品 260 万 t 左右。

第二节　历史厚重

江西绿色生态农业的历史悠久、厚重，从以下三个方面可见一斑。

一、农耕文化

江西是道教的发源地之一，倡导"天人合一""道法自然"。自古以来，无论是万年的"稻作文化"，还是江西的茶文化、农耕文化，讲求的都是"天、地、人、稼"融为一体的耕种制度，提倡的是农业与自然和谐发展。目前，江西已有"万年稻作文化系统""崇义客家梯田系统"（"中国南方稻作梯田系统"，包括福建尤溪联合梯田、江西崇义客家梯田系统、湖南新化紫鹊梯田和广西龙胜龙脊梯田）入选中国重要农业文化遗产和全球重要农业文化遗产。现在，我们发展绿色生态农业，更加注重农业生态环境保护与治理，更加注重可持续的集约发展，秉承的理念一脉相承。可以说，在江西广大农民群众心中，农业绿色发展已经成为一种习惯、一种生产方式。

二、生态农业

鄱阳湖是江西人民的"母亲湖"。鄱阳湖流域几乎涵盖了江西省全部国土面积。鄱阳湖流域自古以来被誉为"鱼米之乡"。自隋唐以来，江西"稻云烘日"，成为国内重要的粮食与农产品生产、供应基地，在中国古代经济中占据重要地位。深受我国古代"天人合一"的哲学思想及其指导下的"天、地、人、稼"的农学理论的影响，江西传统生态农业发展历史源远流长。自宋代以来，出现了许多符合生态学原理的"原始"的生态农业模式与技术，明清时期得到进一步发展。为了汲取传统农业的精华，促进现代生态农业的发展，我们有必要进一步挖掘传统农业的实践方法，并利用现代多学科知识对其进行效果筛选、机理分析和科学改造，为鄱阳湖生态经济区发展高效生态农业提供有益素养。

三、传统耕作制度

以复种、轮作（尤其是水旱轮作）和间作模式为主体的耕作制度，在宋元明清时期已在江西出现。明代时，鄱阳湖流域"原始"生态农业模式和技术进一步发展，《天工开物》记载了多种水稻与其他作物之间水旱轮作、复种和间作模式，就是利用了生态学上的种群演替规律，从而对自然资源更加充分而持续地利用。如稻—麦（菽、麻、蔬菜等）模式："假如有牛者供办十亩，无牛用锄而勤者半之。既已无牛，则秋获之后，田中无复刍牧之患。而菽、麦、麻、蔬诸种，纷纷可种，以再获偿半荒之亩，似亦相当也"。表明当时鄱阳湖流域许多地方存在水稻与"菽、麦、麻、蔬诸种"等作物之间复种，以提高复种指数，从而得到更多的农业收入，以弥补无牛所带来的生产损失。另外，又有稻—绿肥等模式："南方稻田，有种肥田麦者，不冀麦实，当春小麦、大麦青青之时，耕杀田中，蒸罨土性，秋收稻谷必加倍也"。明清时期，鄱阳湖流域地区人民大量利用山地、丘陵、河谷等土地，种植经济作物如棉花、苎麻、茶叶、蓝靛、甘蔗、油茶、水果等，土地利用率提高较大，还表现在各地商品农业得到一定发展。宋元时期，江西已逐渐由广种薄收式的粗放经营向精耕细作式的集约经营转变，使农作物的产量得到了较大提高。陆九渊曾描述他的家乡抚州金溪的耕作方式："每用长大镢头，两次锄至二尺许，深一尺半许，外方容秧一头。久旱时，田肉深，独得不旱。以他处禾穗数之，每穗谷多不过八九十粒，少者三五十粒而已。以此中禾穗数之，每穗少者尚百二十粒，多者至二百余粒，每一亩所收比他处一亩，不啻数倍。盖深耕易耨之法如此"。

第三节　特色明显

一、战略地位

江西农业在全国具有得天独厚的优势和非常重要的地位，是长三角、珠三角和闽三角等地优质农产品重要供应基地。主要农产品在全国的排位总体靠前，居 9～12 位。每年外调粮食 100 亿斤、水果 100 万 t、生猪 1 200 万头、水产品 100 万 t 以上。江西是粮食大省，以占全国 2.3% 的耕地和 3.3% 的人口，生产了占全国 3.5% 的粮食，是新中国成立以来全国两个从未间断输出商品粮的省份之一，粮食产量位居全国第 12，稻谷产量位居全国第 3，中部地区第 2。柑橘产量位居全国第 4、中部地区第 2，其中赣南脐橙种植面积世界第 1、产量世界第 3。水产品产量位居全国第 9、内陆省第 2，出口居内陆省第 1。肉类产量位居全国第 13，生猪出栏量位居全国第 10，供沪生猪居全国第 1、供港生猪全国第 2。蔬菜产量位居全国第 21，供港叶类蔬菜占全国 1/3。棉花产量位居全国第 9。油料产量位居全国第 11。茶叶产量位居全国第 12。农村居民人均可支配收入位居全国第 12、中部地区第 2。

二、优势品牌

目前，江西省是全国唯一的"全国绿色有机农产品示范基地试点省"，拥有大批农业特色县，先后荣获"中国葛根之乡""中国猕猴桃之乡""中国生态蔬菜之乡""中国百合之乡""中国白莲之乡""中国贡米之乡"等称号，不仅特色鲜明，而且个个都能形成大产业；拥有"三品一标"（无公害农产品、绿色食品、有机农产品和农产品地理标志）农产品达 3 234 个，其中绿色农产品 598 个、有机产品 658 个、农产品地理标志 73 个。

全省现有国家级现代农业示范区 11 个、省级现代农业示范区 66 个，建设初具规模的示范核心园 121 个，每个县（市、区）至少建有一个园区。这些园区都是绿色生态农业发展的主阵地和有效载体。当前，全省"三品一标"农产品达 3 234 个、位居全国前列，其中绿色有机农产品 1 256 个、位居全国前 10，农产品地理标志 73 个、位居全国第 6。江西绿色生态农产品，不仅在国内有市场、有口碑，在国外也有不小的名气和声誉。

江西形成了以柑橘、大米、茶油、水产、茶叶、禽畜 6 个在全国甚至世界具有一定影响力和竞争力的绿色食品主导产业。在 14 家国家级农业产业化龙头企业中有 10 家是绿色食品企业，省级农业产业化龙头企业构成的主体也是绿色食品企业。绿色农业把各地零散的地方优势品种小生产基地有序地引导成为大规模的生产基地，使基地规模化、区域化、专业化、标准化、商品化、效益化。2014 年，江西有 24 个县的 27 个基地被农业部授予全国绿色食品原料标准化生产基地，占全国基地总数的 16.6%，列全国第二位，基地面积达 34.2 万 hm²，带动农户 100 多万户。有 24 个县（场）被认定为国家"绿色农业示范区建设单位""绿色农业示范基地建设单位"。绿色食品已经成为江西农产品走出省门拓展国际市场，推销江西绿水青山的"卖点"；"绿色品牌"已经成为有效宣传江西优美生态环境和优质农产品的"名片"。

三、发展潜力

江西农业注重发挥优势，创造特色，打造品牌，积极推进优势产业向优势区域集中，形成了"三区一片水稻生产基地"（鄱阳湖平原、赣抚平原、吉泰盆地粮食主产区和赣西粮食高产片）、"一片两线生猪生产基地"（赣中优势片和浙赣、京九沿线）、"沿江环湖水禽生产基地"（赣江沿线、环鄱阳湖）、"环鄱阳湖渔业生产基地""一环两带蔬菜生产基地"（环南昌、大广高速沿线带、济广高速沿线带）、"南橘北梨中柚果业生产基地""四大茶叶生产基地"（赣东北、赣西北、赣中、赣南）。江西区位优势明显，交通物流便利，农产品市场空间巨大，生态环境优美，非常有利于发展绿色高效农业。目前尚有低产田、低产园、低产水面约 106.7 万 hm²，开发潜力较大。农业旅游资源丰富，发展休闲农业前景广阔。

以绿色食品产业实现中部崛起新跨越为标志的"绿色发展"浪潮，正在赣鄱大地汹涌澎湃，绿色农业、绿色产业、绿色产品、绿色品牌、绿色家园，这"五大绿色"正诱导江西"三农"的"六大变革"，即生产方式的变革、经营方式的变革、组织方式的变革、金融方式的变革、产权制度的变革及生活方式的变革。可以说，江西绿色生态农业发展潜力巨大，前景十分广阔。

第四节　领导重视　成效显著

一、中央领导高度重视

习近平总书记在江西视察时指出，绿色生态是江西的最大财富、最大优势、最大品牌，一定要保护好，做好治山理水、显山露水的文章，走出一条经济发展和生态文明水平提高相辅相成、相得益彰的路子，打造美丽中国的"江西样板"。我们以建设国家生态文明试验区为契机，厚植生态优势，发展生态产业，深化生态改革，弘扬生态文化，继续保持生态环境质量全国领先，迈出打造美丽中国"江西样板"的坚实步伐。

二、省委、省政府高度重视

江西省委、省政府高度重视发展江西绿色生态农业。自绿色生态农业起步以来，一直备受省委、省政府关心和重视。2001 年省委、省政府确立了"依托全省丰富的生态资源和良好的生态环境，重点抓好绿色农产品的开发生产和深度加工，大力发展生态农业"的战略思想，提出了绿色有机食品要成为"把江西建设成为沿海发达地区与城市的优质农副产品供应基地"突破口的发展方向，并把绿色有机食品发展纳入全省国民经济和社会发展"十五"规划；此后，江西省委、省政府制定的《江西省中长期科技发展规划纲要（2006—2020 年）》和《江西省科技"十一五"专项规划》，将绿色农业关键技术研究与开发列入了 16 个重大科技专项之首，搞好绿色农业区划是重要内容之一；2006 年 6 月江西省发展绿色食品领导小组会同省发展改革委员会联合发文，要求在"十一五"期内，全面启动全省绿色农业的区划工作，并由省发展改革委员会牵头，江西省绿色食品办公室、江西省绿色食品协会及江西省绿色农业研究中心具体承办，分期、分批组织实施，通过绿色农业环境资源普查与监测，摸清各地绿色农业发展的家底，确定绿色农业的适宜发展区域或不适宜发展区域及其范围，以科学的发展观指导绿色农业发展。政府重视为绿色农业的发展奠定了良好基础。

2016 年是江西绿色农业发展史上具有重大意义的一年：3 月，农业部将江西列为"全国绿色有机农产品示范基地试点省"，全国独此一省；8 月，江西省被中央确定为建设国家生态文明试验区的三个省份之一；11 月，举办了"建设全国知名绿色有机农产品基地战略峰会"，向全国宣传展示了绿色农业发展的"江西方案"；江西省委、省政府也及时作出了"打造全国知名的绿色有机农产品基地""建设现代农业强省"的决策部署，出台实施了《关于推进绿色生态农业十大行动的意见》，这足以看出江西省委、省政府对江西绿色农业发展的重视、肯定和支持。

三、各地成效显著

江西全省从上到下，不仅领导重视发展绿色生态农业，而且各地群众积极参与，且取得了显著成效。赣州市以"猪—沼—果"传统生态循环农业模式的基础上，探索出了定南岭北 N2N 区域生态循环农业发展模式；开辟了以赣县"指尖农业"、上犹"互联网+私人订制茶园"为代表的"互联网+"农业新模式。抚州市绿色生态农业不断壮大规模、提升质量，南丰蜜橘、广昌白莲、崇仁麻鸡、资溪白茶等众多绿色农产品美誉度影响力不断攀升，全市绿色生态农业生产基地和现代农业示范园区绿意盎然。2017 年抚州市"三品一标"农产品已达 530 个，有力地推动了农业增效、农民增收，全年全市农村居民人均可支配收入达 13 567 元，增长 9.0%。九江全市共创建"三品一标"农产品 443

个，其中无公害农产品 218 个、绿色食品 43 个、有机食品 177 个、地理标志农产品 5 个、农产品质量追溯产品 102 个。共有中国驰名商标 5 家，著名商标 98 个、知名商标 82 个；瑞昌山药、庐山云雾茶、宁红茶 3 个品牌入选"2017 最受消费者喜爱的中国农产品区域公用品牌"。2017 年，全市先后有永修县获全国休闲农业与乡村旅游示范县，湖口县、彭泽县获全国渔业健康养殖示范县。

参考文献

[1] 杨智钦. 加快发展绿色农业，助推江西现代农业崛起[J]. 江西农业，2016（19）.

[2] 涂起红，雷建国. 江西绿色农业的现状及发展对策[J]. 江西农业学报，2006，18（5）：161-162.

[3] 胡琳菁. 江西绿色农业正乘势腾飞[J]. 江西农业，2016（1）：22-23.

[4] 魏建美，吴罗发，徐光耀，等. 江西省绿色农业 SWOT 分析[J]. 河北农业科学，2010，14（1）：110-112.

[5] 张春生，张灿权. 江西省绿色农业的现状及发展对策[J]. 现代农业科技，2009（16）：263-264.

[6] 唐安来，占志祥. 绿色农业是江西农业发展的必然选择[J]. 江西政报，2007（6）：10.

[7] 唐安来，黄国勤，吴登飞，等. 绿色生态农业——江西绿色崛起的必然选择[J]. 农林经济管理学报，2015，14（5）：538-545.

[8] 胡汉平. 推进绿色生态农业十大行动打造美丽中国"江西样板"[J]. 江西农业，2016（5）：10-12.

[9] 姜玮，施由明. 江西农业的发展现状与趋势分析[J]. 农业考古，2016（6）：257-262.

[10] 黄国勤，毛学东. 论江西生态农业[J]. 江西农业大学学报，2000，22（2）：178-184.

[11] 童军，付昕，金国花，等. 对江西生态农业建设的思考[J]. 农业网络信息，2008（10）：151-153.

[12] 肖运萍，袁展汽，陈述. 江西发展农业生态经济的有利条件与对策[J]. 农林经济管理学报，2003，2（2）：57-60.

[13] 颜浩. 唱响"生态农业"戏，打好"绿色食品"牌[J]. 农村发展论丛：理论版，2000（6）：16-18.

[14] 唐安来，陈伟. 以生态农业为基础、以绿色食品为导向，提高江西农业经济的国际竞争能力[J]. 当代蔬菜，2000（8）：24-28.

[15] 戴天放，李林，麻福芳，等. 传统生态农业发展概况及现代启示——以江西为例[J]. 中国农业文摘——农业工程，2016，28（4）.

第三章 绿色生态农业发展成就[①]

绿色生态农业是按照生态学原理和经济学原理，运用现代科学技术成果和现代管理手段，以及传统农业的有效经验建立起来的，能获得较高的经济效益、生态效益和社会效益的现代化高效农业。绿色生态农业是世界农业发展的重要模式和未来方向。江西是我国南方地区重要的农业省份之一，自然条件优越，生态环境良好，发展绿色生态农业历史悠久、效益显著，尤其是创造的"饲—猪—沼—果"绿色生态农业模式，被原农业部誉为"赣南模式"或"南方模式"。本章拟对新中国成立以来江西绿色生态农业发展所取得的成就进行简要总结，以期为新阶段江西绿色生态农业的发展提供有益参考。

第一节 经济成就

一、农产品产量增加

从表 3-1 可以看出，1949 年江西粮食产量仅 387.65 万 t，棉花仅 0.16 万 t，油料 8.75 万 t，甘蔗 17.75 万 t，水果 1.04 万 t；到 2016 年，粮食达到 2 148.71 万 t，棉花达 11.52 万 t，油料 123.96 万 t，甘蔗 65.82 万 t，水果 443.25 万 t；1949—2016 年，粮食、油料、甘蔗产量分别增长了 5.54 倍、14.17 倍、3.71 倍，水果和棉花产量增长达到 72 倍和 426.20 倍。

表 3-1 江西省主要农产品增长情况   单位：万 t

年份	粮食	棉花	油料	甘蔗	水果
1949	387.65	0.16	8.75	17.75	1.04
1954	575.14	0.51	9.99	14.22	2.96
1959	627.16	2.40	11.64	49.37	8.35
1964	700.43	3.25	12.51	37.33	4.00

[①] 本章作者：黄国勤、钟川（江西农业大学生态科学研究中心）。

年份	粮食	棉花	油料	甘蔗	水果
1969	866.19	4.00	14.44	44.19	6.00
1974	986.38	4.28	12.73	60.49	3.50
1979	1 296.50	4.35	19.92	79.08	6.02
1984	1 549.18	6.91	24.53	149.99	8.95
1989	1 589.62	5.01	37.65	149.49	22.97
1994	1 603.50	17.47	83.61	204.15	30.37
1999	1 732.70	6.34	94.38	172.01	70.39
2004	1 803.40	8.48	74.52	85.72	102.37
2009	2 002.56	12.51	102.02	62.20	327.08
2014	2 143.50	13.37	121.71	64.66	441.34
2016	2 148.71	11.52	123.96	65.82	443.25
2016 年较 1949 年增长/倍	5.54	72.00	14.17	3.71	426.20

1949 年粮食作物亩产只有 104 kg，到 2008 年达到 372 kg，增加了 268 kg，年均增长 2.2%，2016 年，江西的粮食作物亩产高达 387 kg，部分生态高产示范区更是突破 500 kg。由此可见，在这 60 多年，江西绿色生态农业取得了迅猛的发展。

二、建成绿色生态农业示范区并形成生态产业

目前，全省有国家级现代农业示范区 11 个、省级现代农业示范区 66 个，建设初具规模的示范核心园 121 个，这些园区都是绿色生态农业发展的主阵地和有效载体。如"中国葛之乡""猕猴桃之乡""生态蔬菜之乡"等大批特色农业县，个个都能形成大产业。

1. 中国葛根之乡

鹰潭市余江县是我国著名的"葛之乡"，如今葛根已成为当地一张亮丽的明信片。

余江县地处赣东北腹地，宜人的气候适合多种药材的种植和生长，特别是地产药材夏天无、葛根、穿心莲、杏香兔耳风等品种，在当地有多年的种植历史。余江县是"中国葛之乡"。该县葛种植通过"公司+农户+基地"的发展模式，带动全县开发建设 10 万亩高产葛基地，使该县葛业产值达到 5 亿元以上，农民年人均纯收入增加 400 元。

2. 中国猕猴桃之乡

奉新县从 1978 年起开始对野生猕猴桃进行良种选育，并发动农民种植猕猴桃，于是猕猴桃果园如雨后春笋般出现在奉新的大地上。现在，奉新的猕猴桃基地面积已达 3 万亩，2006 年产量逾 2 万 t，通过贮藏鲜销和加工转化实现产值 1.2 亿元，成为名副其实的猕猴桃资源和生产大县，被原林业部授予"中国猕猴桃之乡"的称号；同时，广大果农收益颇丰，每亩可获纯收入 1 500 多元，随着大批果园陆续进入盛产期，产量还将显著提升，收入还将大幅提高。并且奉新县 2006 年引进红阳猕猴桃，2009 年试种成功，红色遗传性状表现稳定，当时每千克红阳猕猴桃鲜果卖出了 30 元的高价，盛产

果园每亩经济效益达万元以上，而且本地红阳猕猴桃销售相对于四川、陕西等地更具区位优势，物流成本低。2008年年底开始，本地果农在县果业办、猕猴桃研究所技术人员的指导下，有序开发红阳猕猴桃，通过新建果园和老果园低产改造两种方式迅速扩大红阳猕猴桃种植面积，截至目前，该县红阳猕猴桃新建果园面积3 000亩，老果园低产改造面积达到1 800亩。2017年已租赁山地拟开发面积3 000亩。红阳猕猴桃品种突出的特点是鲜果横剖面沿果心有紫红色线条呈放射状分布，似太阳光芒四射，色彩鲜美，赏心悦目，极具商品价值，是当前猕猴桃良种之一。

3. 生态蔬菜之乡

2011年，中国园艺学会长江蔬菜协会授予江西省永丰县"生态蔬菜之乡"荣誉称号。已是全国绿色食品原料（蔬菜）生产基地县的永丰，先后建成了6个蔬菜科技示范园、30多个无公害蔬菜生产基地，发展蔬菜23万亩，全年总产量46万t，总产值超过5亿元。在发展生态蔬菜的过程中，永丰县十分注重生态技术的推广和应用，制定和颁布了一系列蔬菜生产管理规章与标准，加强蔬菜产品质量安全监测，确保生态蔬菜的可持续发展。由于产品质量高、品牌响，永丰蔬菜及其加工产品已销售到长江流域及华南等十几个省市，并销往韩国、中国台湾、中国香港等地。

各示范区的建设都起到了示范作用、辐射作用和带动力作用，由点带面，真正带动了地方经济的发展。加之政府大力推动、市场正确引导、农民积极实施、龙头企业带动并起到关键作用，使得江西省生态示范区建设真正起到了"标准""示范"作用。

第二节 生态成就

一、创立绿色生态农业模式

据调查和估计，截至目前，江西各地广泛推广的生态农业模式至少有100种以上，其中，比较有特色的有以下几种。

1. "饲—猪—沼—果"模式

"饲—猪—沼—果"模式通过沼气建设，将种植业（果）、养殖业（猪）和农村能源建设（沼）等有机地结合起来，进行资源的合理利用。它是一种相对简化的生态模式，通过沼气为纽带，带动畜牧业、林果业等相关农业产业共同发展，达到"一户建一口沼气池，人均年出栏2头猪，人均种好一亩果"的效果。通过山顶育林、山腰种果、山下养猪、水面养鱼、沼气煮饭、沼液施肥，有效实现了资源反馈式循环利用，有效控制了农业面源污染。这种模式已成为联合国亚太经济合作社向亚太地区国家推广的典型范例，也在江西本省和全国得到了大规模的推广。到目前，江西沼气池保有量达 103.87

万户，列全国前五位，每百户拥有沼气池的比例列全国第三位，并涌现出大批"饲—猪—沼—果（鱼、菜）"生态果园、生态养殖小区、生态渔场、观光生态农业园及设施农业等多种生态农业模式。

2. "稻—蛙—鱼"模式

该模式中水稻为青蛙和鱼提供阴凉、潮湿的地理气候环境，同时青蛙为水稻捕捉害虫，鱼粪便为水稻提供肥料。模式内通过沼气既提供了农民的生活能源又实现了生态大循环。根据典型调查，一般每亩稻田可增收稻谷 80 kg，收获蛙 80～100 kg，鱼 100～120 kg，比单一种植水稻每亩增加经济收入 2 000 元以上。

3. 农牧业与渔业的互补性生态农业模式

农牧业与渔业的互补性生态农业模式主要应用于鄱阳湖区域。根据鄱阳湖水质特征发展以水为依托的综合型现代农业模式。它的垂直方向为"草业—养殖业—渔业—沼气"模式，实行食物链间联系过程。通过纵向联系将实行各层次之间能源传输；水平方向为"渔业—牧业—农业综合发展型"模式。以渔业为主，根据各地的具体条件可以发展适量的牧业和农业为补充的生态模式。

水泊型生态农业要充分考虑江西鄱阳湖的生态特征，其主要功能也是从这些特征出发的：

（1）其主要功能是以水为重要载体来发展各相关产业。以鄱阳湖渔业为主体，利用鄱阳湖边的各种小池塘或鱼塘进行农牧业与渔业的互补性生态农业模式。如可以"鱼—虾—鹅"的生态模式，虾粪和遗留下来的各种残渣有利于牧草生长，牧草作为鹅的饲料。同时塘内也可以养鱼，虾和草又可以做鱼的食物。最后实现鱼、鹅双丰收。

（2）在渔业基础上发展生态旅游。鄱阳湖的名气本身就是资本，依托鄱阳湖的人文和历史气息，将鄱阳湖旅游业和生态农业结合起来，如鄱阳湖的生态观鸟等。

（3）以鄱阳湖的特色主体来发展加工业。通过"公司+农户"的模式来生产鱼、鸭之类的食品。在这方面做得很成功的有彭泽县的彭泽鲫、余干县的银鱼、进贤县的军山湖螃蟹等。

二、节约资源

绿色生态农业的实质是"资源节约型"农业。江西省推广绿色生态农业，大力节约了各种农业资源，提高了农业资源的利用率和生产率。

（1）推广生物养地技术、配方施肥技术、作物秸秆还田技术等，大大减少了化肥投入，节约了肥料资源；

（2）推广应用生态减灾、绿色防治病虫害技术，可少用或不用农药，不仅有效地减少了农药资源投入，还保护了生态环境；

（3）推广科学灌溉技术，实行滴灌、微灌、管灌、渗灌等节水农业技术，因时、因地、因作物灌溉，可大大节约水资源，缓解区域水资源紧张状况；

（4）推广农作物间、混、套作和立体复合种养技术，提高了土地资源利用率，使"一田多用，一地多产""一年四季，季季高产"，这实际上是对土地资源最大的节约，是中国特色的具有精耕细作优良传统的生态农业发展之路。

三、保护农业生态环境

（1）发展沼气生态农业，保护农村生态环境。发展农村沼气，处理人畜粪便及污水产生沼气，可以减少粪便产生的甲烷（CH_4）排放，同时利用收集的沼气替代生活用化石能源，从而避免相应的燃煤所造成的 CO_2 排放。

江西省在 2000 年实施"生态家园富民计划"以来，农村沼气建设得到中央及各级政府的大力支持。尤其是 2003 年开始实施沼气建设国债项目以后，国家对沼气示范推广给予了高度的重视，投入了大量的专项建设资金。据不完全统计，13 年间，全省农村沼气共投入建设资金 35.3 亿元，中央投资 12.3 亿元，地方各级政府配套建设资金 4.01 亿元，农民自筹资金 18.99 亿元。农村沼气建设成了全省民生工程的主推工程，农业面源污染控制的主要工程，新农村建设的重点工程，循环农业的示范工程，生态文明建设的精品工程，户用沼气建设保有量连续突破 100 万户和 200 万户的二次大跨越，沼气普及率高达 21%，取得了显著经济效益、生态效益、社会效益。截至 2014 年，全省农村沼气用户保有量达 196 万户，小型沼气工程（养殖小区和集中供气）累计达 5 793 处，大中型沼气工程 1 278 处，总容积达 132 万 m^3，年产沼气 6.2 亿 m^3，折算标准煤 44.4 万 t，减排 CO_2 110 万 t。

（2）秸秆综合利用，保护生态环境。实行秸秆综合利用，一方面是减少秸秆就地焚烧而产生的甲烷（CH_4）、氧化亚氮（N_2O）的排放；另一方面是形成秸秆固化成型燃料和秸秆气化能源化，替代化石燃料，减少 CO_2 排放。利用 1 t 秸秆可节省标煤 0.5 t，可减少化石燃料燃烧造成的二氧化碳排放 1.135 t。江西省积极推动秸秆的"五化"——肥料化、基料化、能源化、饲料化、原料化综合利用。据江西省农业厅提供的资料，2016 年全省农作物秸秆可收集总量为 2 408 万 t，秸秆综合利用总量为 2 079 万 t，秸秆综合利用率为 86.33%，全国排第 15 位。2017 年全省农作物秸秆可收集总量为 2 468.61 万 t，秸秆综合利用总量为 2 194.81 万 t，秸秆综合利用率为 88.91%，较 2016 年提高了 2.58 个百分点。

（3）推广节肥技术，保护农田环境。通过科学施肥，合理养分配比，肥料深施，有机肥与化肥配施等减少肥料损失，提高氮肥利用率，从而减少 N_2O 排放。测土配方施肥技术减少氮肥用量 10% 以上，全区农田减少 N_2O 排放 2.8 万 t，相当于减排 CO_2 890 万 t。

（4）推行复合种养，优化农田环境。江西省推广"猪—沼—果"模式、稻田养鱼、稻鸭共育、林地养鸡等生物共生、互补、复合生态农业技术，既减少了农药的施用量，又保护了生态环境，还节省了生产成本，可谓"一举多得"，对生产无公害农产品、绿色产品、有机食品均十分有利。

第三节　社会成就

江西绿色生态农业发展取得的社会成就，主要体现在以下三个方面。

一是通过大力发展绿色生态农业，有效地增加了农产品数量，改善发农产品品质，从而更好地满足了全省人民群众的生活需求。

二是通过发展普及绿色生态农业模式和技术，可以大力提升广大农民的科技文化素质。首先，生态农业模式就是现代农业科技知识的载体，生态农业模式与技术的推广应用，实际上就是宣传、示范、普及农业科技知识的过程；其次，为了创新生态农业模式与技术，必须掌握现有生态农业的理论、模式与技术，并在此基础上，进一步发挥、提升、创造，这实际上又是一个全面提升农民科技文化素质的过程；最后，已有实践证明，凡是绿色生态农业搞得好的地方，农民的科技文化素质都比较高；凡是科技文化素质都比较高的农民，才有可能在发展绿色生态农业的过程中大显身手。江西省近 70 年来建设和发展绿色生态农业，已经全面提升农村干部、群众的科技文化素质。当前农村所发展的新型智慧农业，新型生态农业模式，以及农村所使用的先进农业机械化设备，完善的农业基础设施，无不体现出了当前农村干部和群众的智慧。

三是通过广泛推行绿色生态农业模式和技术，优化了江西省农业农村生态环境，对当前实施的乡村振兴战略起到了积极的推动作用。

参考文献

[1]　江西省统计局，国家统计局江西调查总队. 江西统计年鉴（2016）[M]. 北京：中国统计出版社，2016.

[2]　彭崑生. 江西生态农业[M]. 北京：中国农业出版社，2007.

[3]　黄国勤. 江西农业[M]. 北京：新华出版社，2000.

[4]　黄国勤. 江西生态安全研究[M]. 北京：中国环境科学出版社，2006.

[5]　黄国勤. 江西生态系统研究[M]. 北京：中国环境科学出版社，2016.

[6]　黄国勤. 江西绿色农业[M]. 北京：中国环境科学出版社，2012.

[7]　黄国勤. 崛起中的江西绿色经济[M]. 北京：中国环境出版社，2017.

[8]　黄国勤. 发展中的江西生态经济[M]. 北京：中国环境科学出版社，2009.

[9]　郑海金，左长清，奚同行，等."猪—沼—果"水土保持治理模式效益分析[J]. 水土保持应用技术，2008（1）：46-48.

[10]　余进祥，王军，俞莹，等. 江西农村沼气可持续发展的展望[J]. 能源研究与管理，2015（4）：3-5.

第四章　绿色生态产业标准化建设行动[①]

第一节　绿色生态产业标准化建设的意义和必要性

一、引言

在我国农业发展遇到了一定"瓶颈"，农业环境遭到污染，农业资源利用不合理，亟须新的农业发展模式来改变农业现状的背景下，绿色生态农业被提出来了。绿色生态农业，实际上是由"绿色+生态+农业"几个名词叠加而成。"绿色生态农业"即是以全面、协调、可持续发展为基本原则，以保护和改善农业生态环境为前提，以促进农产品安全、生态安全、资源安全和提高农业综合效益为目标，对农产品安全及对农业多功能提出了更高要求，在充分运用先进科学技术、先进工业装备、先进管理理念的基础上，汲取人类农业历史文明成果，严格遵循循环经济的基本原理，把标准化贯穿到农业整个产业链条中，实现生态、社会、经济、文化协调统一的新型农业发展模式。2016 年江西省出台的《关于推进绿色生态农业十大行动的意见》将绿色生态农业定义为：集资源高效利用、生态系统稳定、产品质量安全、综合经济高效为一体的具有江西特色的现代农业，是绿色生态基地、绿色生态产业、绿色生态产品、绿色生态品牌、绿色生态家园和绿色生态制度的集聚。

绿色生态农业的推进需要加强绿色生态产业标准化建设。《关于推进绿色生态农业十大行动的意见》中制定了江西省农业标准化建设的目标任务，即"农业标准化建设全国一流。建设高标准农田 2 825 万亩，促进粮食生产综合能力稳步提升，全国粮食主产省地位进一步巩固；全省农业标准化实施率 65%以上，基本实现主要农产品生产有标可依；农产品质量安全合格率持续稳定在 96%以上。"

[①] 本章作者：黄国勤、崔爱花（江西农业大学生态科学研究中心）。

二、绿色生态产业标准化建设的必要性

绿色生态产业标准化建设是对江西省农业经营理念、运行机制、生产手段、经营模式等进行的一次重大变革，是通过农业产前、产中、产后各个环节标准体系的建立和实施，把先进的科学技术和成熟的经验推广到农户，转化为现实的生产力，从而取得经济、社会和生态的最佳效益，达到高产、优质、高效的目的，是推动江西省绿色生态农业发展的重要措施。

1. WTO 规则中的农业标准协议对我国农产品的质量产生重要影响

农业标准化是当今世界农业发展的潮流和趋势，是现代农业的重要标志。当前，国际农业标准化发展迅速，众多从事农业标准化工作的国际组织都制定了组织成员必须遵守的农业生产标准。最具权威性的是国际标准化组织（ISO），颁布近千项关于农业方面的国际标准，其中"农产食品"的标准最多。2001 年 12 月 11 日，中国正式成为世界贸易组织（WTO）的成员。这意味着在与其他成员国的农产品贸易中，中国必须遵守相关农业标准协议，按照协议的内容制定本国农产品的标准。WTO 的农业标准协议从外部要求我们必须进行农业标准化的研究和实践。然而江西省绿色生态农业标准化体系不健全，其建设也有待进一步加强。不健全的标准化产业体系将阻碍绿色农产品迈出国门，走向国际市场。尽管江西省在绿色农业标准化方面取得了一定程度的进步，但与国际先进水平以及 WTO 的要求相比，标准依然落后。一些绿色农产品生产和加工过程不合理科学，甚至严重偏离标准化规范。

2. 绿色贸易壁垒对我国农产品的出口形成巨大挑战

农产品出口是江西省出口创汇的重要来源之一。由于江西省农业劳动力成本低，在猪肉、禽肉、水产和蔬菜、水果和花卉等产品的出口上具有优势，但是江西一些产品的质量还不能达到国际标准和一些国家的进口标准，部分农产品出口受阻，许多出口产品只能以较低的价格出售，影响了江西省农业生产优势的发挥和出口创汇的提高。而国外许多国家也正是把农产品质量标准作为技术壁垒或者绿色壁垒来保护本国农产品的生产。

3. 标准化有利于提高农产品市场竞争力

加入 WTO 后，农产品市场面临发达国家农产品的激烈竞争，西方发达国家已经实现了农业机械化、集约化、标准化生产，农产品生产成本低，质量较高，市场竞争力相对较强。农产品出口数据表明，在其他省份地区的农产品出口快速增长的同时，江西省却下降了，这将会进一步拉大江西省农产品出口与发达农业省份的差距。依靠农业标准化实现农业产业化，才能使农业结构调整在不断变化的市场经济中立于不败之地。

4．加强农业执法规范化的要求

随着社会主义市场经济体制的逐渐完善，我国法制化进程明显加快，农业法制是我国社会主义法制建设的重要组成部分，是农村小康社会建设的保证条件。农业行政执法是农业法制建设的重要内容。农业标准化工作能够把先进的科学技术变为通俗易懂的标准，在标准的指导下规范农业生产的每一个行为，连接农业生产的每一个环节，使农产品有了生产、加工及产品标准，使市场经济有法可依。

三、标准化在绿色生态产业发展过程中的重要作用

标准化在绿色生态产业发展过程中有以下几方面的重要作用。

1．制定生产标准，有利于实现"变废为宝"

通过制定标准可以使我们转换思路、视角，转变生产经营模式。2008年，江西省各级农业部门组织制定了300多项省级标准、200多项市县标准、460多项农业企业标准，确保全省各类大宗农产品、特色农产品的生产和产品质量监督有标可依。在科学的生产标准中，所谓"废物"，不过是放错了位置的资源。例如，农业企业里面的农牧废弃物和下脚料，在人们惯常印象中通常是导致环境污染和生态灾害的"废物"，但只要利用合理，在清洁生产标准的指导下，通过资源化处置的途径，将其实现无害利用和产业开发，变为创造效益的宝贵资源。企业得到了切身实惠，标准化的生产模式也能得到进一步推广。

2．制定生产标准，有利于加快产业结构优化升级和强化源头控制

标准化是经济和社会发展的重要技术基础之一，其对经济发展的贡献主要体现在它对产业结构调整的影响力。通过标准可以加快产业结构优化升级，强化源头控制，控制高耗能、高污染行业过快增长。农业标准化把农业生产中各产业链有机地结合起来，通过龙头企业对农户进行农业标准化知识的普及，快速提高农民的科技意识和生产水平；各农业企业可以在相关标准的指导下，改造和淘汰高消耗、低产出、重污染的生产工艺和产品，及时调整传统产业结构、优化产品。

3．制定生产标准，有利于加快先进适用技术研发推广和设施改造

通过标准可以加快先进适用技术研发推广和设施改造，淘汰落后的生产工艺与设备，这是发展绿色生态农业的关键。江西农业历史悠久，农产品品种繁多，标准化的生产技术和模式也在不断变化和发展。标准的不断丰富和发展，生产模式的总结和推行，促使江西省积极开展农业标准化理论与方法的研究：研究进一步完善有关农产品质量标准体系和标准化工作水平；研究体现市场对农产品优质要求的质量等级划分的科学依据和方法；研究确定农产品中有毒有害物质残留等涉及质量安全方面的限量标准及配套的检测分析方法；研究开发适用于现场应用的快速检测技术和设备；研究农业标准化示范

的理论与技术途径；研究世界各国农业标准体系以及我国农业标准体系如何与国际接轨等内容和问题。

第二节　绿色生态产业标准化建设现状

认清江西省绿色生态农业标准化建设的现状，解决农业标准化中存在的问题，协调好人口、资源、环境和发展的关系，走农业资源可持续利用的道路，是江西省农业发展的战略选择。

一、江西绿色生态产业标准化概况

江西省是一个农业比重较大的省份，农业在全省国民经济中占有重要地位。粮、猪、油、菜、果、茶、药、桑等主要农产品产量在全国占有重要地位。"十五"期间，江西省各地在保证粮食生产能力的基础上，结合自身资源优势，进一步调整农业产业结构，大力推进农产品区域布局，全省农业优质化、商品化、市场化、区域化水平明显提高。以赣南脐橙为主的果业基地、以草食动物为主的畜禽基地、以环鄱阳湖地区蟹虾为主的水产品基地等十大优质农产品基地建设渐成规模。南丰蜜橘、碧云大米、鄱阳湖清水大闸蟹等20个优质农产品品牌效应日趋明显。

2001年，江西省政府出台了关于制定和完善农业行业标准、创建农业标准化示范区和农产品标准化示范基地的政策。随后，在农业经济发展中，江西省大力推行农业标准化工作，引导农民积极采取先进标准，通过标准化手段把资源优势转化为经济优势，既提高了农产品的质量，又促进了农民增收，取得了显著成效。目前，江西省农业标准化生产基地占全国基地总数的16.6%，居全国第二。为了保证标准化工作的开展，江西省各级农业部门还组织制定了300多项省级标准、200多项市县标准、460多项农业企业标准，确保全省各类大宗农产品、特色农产品的生产和产品质量监督有标可依。

1. 农业标准化体系初步建成

截至2003年年底，全省已有农业方面的省地方标准191项，市、县级农业标准规范120项，农产品企业标准500余项。一大批以国家标准为基础，行业标准和企业标准相配套的农产品质量标准已在全省农业生产中实施，粮、油、棉、麻、烟、畜、禽、水产、水果、茶叶、蔬菜等主要农产品基本实现有标准可依。南丰蜜橘、信丰脐橙、广昌白莲、崇仁麻鸡等一批地方特色产品实现了综合标准化管理。江西先后确立的50多个农业标准化示范区项目中，有28个已经被列为国家级示范项目。水稻、油茶、畜产品、水产品、水果、蔬菜、茶叶及食用菌等主要农产品，都有了标准规范。2007年，江西有23个县的25个基地被农业部授予全国绿色食品原料标准化生产基地，占全国基地总数的 16.6%，列全国第 2 位，基地面积达 34.2 万 hm²，带动农户 100 多万户。有 24 个县（场）被认定为国家"绿色农业示范区建设单位""绿色农业示范基地建设单位"。

2．占有国际市场份额加大

通过加快推行农业标准化生产，加大农业投入和产品质量监管力度，积极探索市场准入制度，江西绿色食品、有机食品大批量进入国际市场。截至 2004 年年底，全省绿色食品总数 302 个，位列全国前 8 名；AA 级绿色食品、有机食品 98 个，继续保持全国第一；环境监测面积达 83.3 万 hm²；绿色食品、有机食品销售收入逾 62.6 亿元，出口创汇 5 411 万美元。

3．与其他省份之间存在差距

江西省农业标准化建设经过这些年的努力虽然取得了一定成效，但与国内一些发达省份以及欧美部分国家相比，还存在不小的差距，主要表现在两个方面：

（1）绿色农产品总量小，标准化生产基地规模小，集约化程度低，以大米、蔬菜、茶叶为例，全国同类绿色产品中，黑龙江、江苏两省的"绿色"大米占 50%；湖南、福建两省"绿色"茶叶占 50%；山东、福建、北京 3 省市"绿色"蔬菜占 72%。

（2）出口农产品质量标准与国际标准差距很大。欧、美、日等农业现代化高度发达的国家和地区食品消费市场无不是以高度的标准化为基础的，农产品从新品种选育的区域试验到播种、收获、加工整理、包装上市都有严格的标准。而目前江西省农业标准中采用国际先进水平的估计仅为 10%左右，由于部分农产品理化指标不符合当地市场标准，造成农产品出口量减少，反映了江西省农产品生产、销售标准化不能满足国际市场需要的问题。

二、江西各地绿色生态产业标准化建设现状

1．南昌市绿色生态产业发展标准化建设现状

南昌市紧紧抓住鄱阳湖生态经济区建设这一历史机遇，围绕粮油、畜禽、水产、蔬菜等主导产业，强合作、优模式，挖资源、增特色，保生态、打基础，大力发展高效生态农业，进行标准化生产，取得显著成效。目前，全市已培育标准化优质绿色水稻基地 0.4 万 hm²，食用菌示范基地 80 多万 m²，标准化绿色蔬菜基地 0.02 万 hm²，名优药材种植示范基地 0.03 万 hm²；南昌县水稻绿色食品原料生产基地 5.63 万 hm²，新建县藠头绿色食品原料生产基地 0.79 万 hm²，进贤县黑芝麻绿色食品原料生产基地 1 万 hm²、大闸蟹绿色养殖示范基地 2.13 万 hm²。

在标准化绿色蔬菜基地建设项目上，全市重点推进南昌县林生堂、新建县绿恒和、进贤县鄱湖实业、安义县南昌菜园、五星垦殖场绿滋肴蔬菜基地等 10 个标准化示范蔬菜基地建设。为此南昌市一方面将不断完善蔬菜基地基础设施，推进集中连片、具有一

定规模和档次的设施农业发展，发展日光温室、钢架大棚和连栋大棚。对土地流转面积在 200 亩以上及设施蔬菜面积占比不低于 30%的基地，配套园内水、电、路设施，确保涝能排、旱能灌、主干道硬化，为蔬菜等农产品离乡进城打通"最后一公里"，并配建大型蔬菜基地等农产品冷藏冷冻设施，完善鲜活农产品冷链物流体系；另一方面，扶持壮大蔬菜种养农民专业合作社和产业化龙头企业，提高蔬菜生产经营组织化程度。积极引进蔬菜加工企业，提高果蔬汁加工、果蔬罐头加工、脱水果蔬加工、果蔬速冻加工水平。建设反季节大棚蔬菜基地及加工生产线，扩建出口蔬菜生产加工线，加快蔬菜出口企业的改造升级进度。

2. 九江市绿色生态产业发展标准化建设现状

九江市积极开展农业标准化示范基地建设，建立畜牧、水产、粮油、茶叶等多个示范片，提升农产品质量安全生产水平，从生产环节保障农产品质量安全。按照"稳步发展无公害农产品、加快发展绿色食品、因地制宜适度发展有机食品、规范有序发展农产品地理标志"思路，发展"三品一标"产品。截至 2016 年 6 月，申报无公害农产品 193个，绿色食品 41 个，有机产品 101 个。

以茶叶产业标准化建设为例，九江市整合其优质资源，加强科技合作，提高产品质量，做好品牌宣传，推动产业规模化、标准化、品牌化发展。2016 年，先后承（举）办了全省"四绿一红"茶叶品牌整合工作调度会和第三届庐山问茶会暨全省茶叶评比，启动了庐山云雾小镇规划建设。目前，全市已完成老茶园低产改造提升 1 万亩，新建标准茶园 1 万亩，建设良种繁育基地 120 亩，茶叶种植面积 23 万亩，总产量为 8 600 t。庐山云雾茶品牌价值 17.86 亿元，排全省第一。宁红茶品牌价值 11.18 亿元，排全国第 54位。另外，九江市以"一虾一蟹"为重点，着力打造"鄱阳湖"水产品牌。重点建设了永修青墅、彭泽凯瑞和共青金华 3 个鄱阳湖大闸蟹生态养殖基地，新建"鄱阳湖大闸蟹"品牌专卖店 39 家、水产品牌综合店 1 家、电商旗舰店 1 家、电商交易平台 41 家，全市名优特水产品实现质量、规模双提升。

3. 新余市绿色生态产业标准化建设现状

近年来，新余市在稳定粮食、生猪、水产等传统农业的基础上，加快推进农业供给侧改革，加快产业结构调整，大力发展绿色生态产业，形成了新余蜜橘、优质葡萄、麒麟西瓜、早熟梨等有影响力的拳头产品。

（1）无公害葡萄标准化种植

新余市葡萄栽培历史悠久，异军突起，经过 20 多年的发展，新余葡萄发展走上了科技发展之路，种植规模和栽培技术水平跃居全省第二位。2011 年列入国家农业标准化无公害葡萄种植示范区，实现了葡萄标准化生产，葡萄避雨设施栽培、两次挂果等技术的全面推广，优质品种葡萄在第二年平均亩产就达到 750 kg 以上，亩产值可达 7 500 元，第三年亩产可达 1 000 kg 以上，亩产值可达万元，高的亩产值可达 2 万元，经济效益显著提高。

新余市在葡萄标准化生产中特别注重以下几点：一是品种筛选、种质保护。主打推出了 10 个以上精品葡萄品种，把葡萄采收上市期延长到了每年 10 月，高品质率达到 85%。全市先后引进国内外优良葡萄品种 40 多个，形成早、中、晚合理搭配的品种结构，果品品质高、上档次。二是开发应用先进的科学技术。新余市的葡萄种植在江西省起步较早，葡萄栽培技术成熟，栽培水平已达到省内领先水平。在全省率先推行避雨设施栽培、平衡树势栽培和肥水一体化等设施栽培管理技术，设施栽培率达到 85% 以上。三是规模化种植模式。新余葡萄已形成以公司、合作社、葡萄山庄、家庭农场等模式开展规模种植经营，50 亩以上葡萄园 40 多家，规模经营程度高。四是推动葡萄产业向生态旅游、休闲农业发展。新余葡萄产业立足区位优势和传统的葡萄种植基础，突出设施栽培和采摘观光两大特色，大力推动产业向生态旅游、休闲农业发展，发展家庭农庄、观光园、葡萄山庄、生态庄园、农家乐等休闲农业，并开发葡萄酒加工，延长葡萄产业链。近年来，通过整合资源优势，指导建立葡萄专业合作社 10 多家，实现了社内统一品牌、统一包装、统一销售，"新余葡萄"开始销往省内外。

（2）无公害早熟梨标准化建设

新余市早熟梨是江西省"南橘北梨"赣西示范区，被列入全省优势农产品区域规划，是赣西部地区早熟梨最大的基地，是第五批国家无公害早熟梨生产标准化示范区，在全省有一定的知名度。新余市早熟梨现有种植面积 867 hm^2，年总产可达 1.5 万 t 以上。当地农技人员和种植户在长期实践中总结了一套南方熟梨优质高产栽培技术，平均亩产量为 2 000 kg。在早熟梨的标准化生产中，主要采取以下措施：一是精细的管理技术。通过施肥、病虫害防治、修剪、疏果、套袋等精细管理，生产品质优良的果品；二是加大新品种引进，调优产业结构。目前，新余种植以翠冠为主的早熟梨品种，同时大力引进国内其他品种的梨，避免采摘期和销售期集中，造成销售压力大、采后商品化处理能力不强、产业化水平不高的后果。新余现有引进的早熟梨品种有"初夏绿""翠绿"等，并且在标准化生产基地中进一步筛选实行早、中、晚品种，合理搭配进一步调优早熟梨品种结构。

4. 赣州市绿色生态产业标准化建设现状

农业要实现现代化，标准化是基础。赣州市是农业大区和经济作物主产区，具有实行农业标准化的独特优势。近年来，该市大力发展特色产业，各地因地制宜，组织农业科技工作者对农作物生长的环境进行调研，对特色农产品制定统一的种植标准、种植体系和技术规范，改变农产品无标准生产、无标准上市和无标准流通的状态。目前，全市已制定了信丰脐橙、寻乌蜜橘等 28 个农产品标准，南康甜柚、上犹四元杂交猪等 213

项农业种植与养殖地方标准。

（1）赣南脐橙生产标准化

赣州市是全世界种植面积最大，年产量世界第三的脐橙产地。一直由农户种植为主，由于农民文化程度低，管理水平差异大，赣南脐橙规范化生产和标准化管理相对滞后。为改变这种情况，赣州市农业部门积极发展赣南脐橙标准化种植。2008 年 2 月 15 日由赣州市起草的脐橙 GB/T 21488—2008 国家标准获得国家质检总局和国家标准委批准发布。目前，赣南脐橙标准化栽培技术体系已经构成，主要包括以下几点：一是通过一系列培训，显著提高全市果技人员和果农的标准化意识；二是全市不断引进新品种、新技术、新设施。在开发建园上，大力推广"五统一分""三大一篓""三保一防"的成功做法；三是在生产模式上推广"猪—沼—果"工程，并且在总结经验和吸收国外先进技术的基础上，改革"矮—密—早"栽培模式，全面推广"七改"技术。

（2）金边瑞香农村标准化种植

有"中国瑞香之乡"之称的大余是种植金边瑞香的黄金地域。在建设金边瑞香农村标准化示范区之前，由于缺乏标准化意识，金边瑞香的栽培技术水平难以提高，成品花卉的品级难以达到出口要求。从 2004 年开始，在南安镇花卉世界、新余村、新珠村、黄龙旱地花卉基地建立金边瑞香农村标准化示范区，分别对金边瑞香盆花、种苗的质量要求、检验方法、验收规则、种苗繁育、盆花生产、栽培、病虫害防治、控花、整形及包装运输等方面制定统一标准。该县先后投放资金 50 万元用于制定实施标准、人员培训。2016 年该项目已经验收。近 4 年，该县实施金边瑞香农村标准化示范平均单产增长11%，总产量达 2 500 万盆，顺利出口到韩国、日本及欧洲部分国家。

5. 瑞金市绿色生态产业标准化建设现状

瑞金位于江西赣南东部，气候湿润，土地肥沃，独特的地理环境孕育出茶叶、脐橙、烟叶、蔬菜、鳗鱼、生猪等一大批独具地方特色的农产品。近年来，瑞金市质监局紧扣当地经济发展中心，在质量兴市中大力实施农业标准化战略，极大地提升了特色农产品的质量，促进了农业增效、农民增收。其中，蔬菜和烟叶的标准化种植经验值得推广。

（1）标准化蔬菜种植

大棚蔬菜是瑞金市叶坪乡的主要产业之一，以前菜农都是凭传统经验种植，产量不高、质量不优、效益不好，菜农积极性受到很大挫伤。为确保"菜篮子"工程的顺利实施，瑞金市质监局联合农粮局、科技局，在建立无公害标准化蔬菜种植示范户的基础上，每月利用科技夜校组织菜农进行标准技术培训，大力推广沼肥浸种、滴灌喷灌、测土配方施肥、频振式杀虫灯等新技术 10 多项；并帮助菜农引进美国南瓜、以色列番茄、澳大利亚菜心等新品种多个，标准技术人员还在蔬菜生产的各主要环节深入田间地头，指导菜农严格按标准化种植管理，使蔬菜产量和品质大幅度上升。如今，蔬菜无公害标准化种植已辐射至云石山、泽覃、象湖等各乡镇的 50 多个村，种植面积达 13.5 万亩，产值达 1.5 亿元，瑞金因此成为江西省商品蔬菜标准化生产示范县（市）。

（2）标准化烟叶种植

瑞金市的烟叶生产有 100 多年历史，21 世纪初，全市烟叶种植面积只有 3 600 多亩。为促进当地特色农业的发展，瑞金市质监局携烟农粮部门，在新技术开发，烟叶品种的引进、改良和开发等方面给予大力扶持，经过不懈地努力，按标准先后选育出产高、适应性广、味道醇香，抗病虫害强的云烟 87、K326 两个烟叶新品种在全市推广种植，同时制定出《烟叶栽培技术轮理规范》在九堡、壬田、日东等乡镇建立烟叶标准化生产示范站地，每个基地都派驻名技术人员，负责指导实施烟叶标准化生产。基地烟叶平均亩产 151 kg，优质烟叶达到 92%，比传统种植分别提高 50.2% 和 46.5%。

第三节　绿色生态产业标准化建设存在的问题及对策

一、绿色生态产业标准化建设过程中存在的问题

江西省农业标准化建设经过这些年的努力虽然取得了一定成效，但受一些不利因素的制约，仍存在一些问题，具体表现在以下几个方面。

1. 标准化知识尚未普及，全民标准化意识不强

目前的农民素质状况不利于农业标准化的实施，农产品生产者年龄结构偏大，文化程度偏低，缺乏农产品质量安全方面的知识；尤其是现在农村千家万户分散经营，农事活动早迟不一，病虫害发生频繁，以致常年用药不断，见虫就打，剧毒、禁用农药施用现象经常发生，农产品质量安全无法保障，实施标准化生产还不能成为农民的自觉行动。不少人还不知道什么是农业标准化，市场出售的基本上是普通的蔬菜，消费者和批发商绝大多数都没有意识到去检测一下农产品的质量，有些甚至还不清楚有"无公害农产品""绿色食品""有机食品"。

2. 农产品质量标准、检测监督体系和市场监督体系不够完善

目前，江西省的绿色生态农业标准制定没有使产前、产后、产中等各环节相配套，尚未围绕绿色生态产业的全过程详细制定完整的农业标准。完整的绿色生态农业质量标准体系没有能够形成，相应的检测监测功能不完善，从标准的形成到应用还没有保障。

具体来说，江西省的农产品质量检验检测基础设施不完善，手段较落后，对农产品的农药残留、畜药残留以及种子、化肥等农业生产资料质量未能全程监测，农业监测多数还停留在感官评价阶段。农产品的上市没有实施详细的市场准入制度，群众对上市的

农产品质量不够放心。同时，由于目前农业科技人员待遇较低，工作条件又比较艰苦，导致严重缺乏专业人员。而且农业技术部门的检测设备简陋落后，根本无法适应农业标准化的需要。

3. 领导重视不足、经费严重不足

一些部门及领导还没有真正将绿色生态产业标准化工作列入重要议事日程。因缺乏统一规划，部分地区制定和实施标准还处于分散状态，针对性不强，导致标准的重点不突出；主导产品缺少配套技术和完整的生产标准，不适应当前江西省绿色生态农业发展的要求。另外，由于绿色生态农业在江西省的兴起时间较短，目前绿色生态产业标准化建设工作所需的经费，例如，用于绿色生态农产品质量安全管理与检测的费用尚未列入省、市、县各级财政的经常性预算，经费保障只能每年通过报告请示，安排预算外资金解决，有很大的随意性和时间滞后性。经费不足问题已经成为未来江西省推进绿色生态产业标准化建设工作中必须解决的一个难题。

4. 农业标准化技术推广队伍不健全，推广力度不够

目前，江西省大部分市、县基本上没有农业标准化管理人员。县、乡级农业标准化技术推广主要依靠农业技术推广中心（站），但县、乡农业技术推广中心（站）队伍力量较弱，难以满足更大范围内农民在农业标准化生产中所需的技术服务指导。同时，由于农业标准化技术推广队伍不健全，以及其他原因，江西省的绿色生态产业标准化推广力度也不够。

5. 标准化绿色生态产业发展技术不配套，收益风险较大

目前，绿色、有机等生态产业生产的关键技术尚未得到有效的解决，传统农业向绿色生态农业转换中，许多农产品生产转换技术不成熟，造成产量低。加上生物肥料、生物农药、生物饲料的开发和生产体系还未形成，绿色生态产业生产的配套服务体系有待建立。在这种背景下，农户从事绿色生态产业的生产活动，收益风险较大，绿色生态产业的推广受到一定阻碍。

二、加快绿色生态产业标准化的对策与建议

1. 加强对农业标准化的组织领导，增加投入

绿色生态产业标准化建设是一项涉及部门多、专业性强、技术要求高的系统工程，需要包括质监部门在内的政府相关职能部门通力合作，尤其需要得到各级党委、政府的高度重视和支持。因此，需要加强领导，成立绿色生态产业标准化示范工作领导小组，协调解决工作中的各种矛盾和问题。对尚未建立农产品检测站的市（县），应加快基础设施建设，配备必要的仪器设备，保证工作正常开展。为保证绿色生态产业建设的顺利进行，各市（县）还要加大资金投入力度，例如，采取示范区建设、直接补贴、科技培

训、考核激励等多种形式，对标准化工作进行有效地推动；财政部门根据农业、质监主管部门提交的年度工作方案和所需经费，安排专项资金并在编制财政预算时列入预算，优先考虑，重点安排；在积极争取财政及项目支持的同时，鼓励和支持民间资本、外来资本投入绿色生态农产品的开发，形成多元化的投入机制。

2．加强宣传培训，提高标准化普及程度

通过广播、电视讲座、报纸、网络等各种宣传媒体，宣传农产品质量安全、农业标准化、无公害、绿色、有机农产品及标准化的相关知识，大力宣传绿色生态产业标准化示范区建设的重要意义、建设经验和建设成效，以点带面，树立典型，增强农民标准化生产意识，激发农民农业标准化生产积极性；质监、农林主管部门要切实搞好宣传教育、知识普及以及咨询服务，充分发挥新闻媒体和信息网络的舆论宣传和监督作用，提高农业标准在农产品生产经营企业、专业合作经济组织和广大基层群众中的普及程度，使农业标准化走向社会；利用农业院校、科研单位、技术机构的技术推广和培训力量，加强对从事农业标准化、农产品质量安全人员的培训；建立全省绿色生态产业标准化示范区信息管理平台，及时发布各项绿色生态产业技术标准信息。

3．加强绿色生态农业标准化理论和技术的研究

江西农业历史悠久，农产品品种繁多，标准化的生产技术和模式也在不断变化和发展。要不断丰富和发展标准，实施推广模式的总结和推行，这就需要积极开展农业标准化理论与方法的研究：要研究进一步完善有关绿色生态农产品质量标准体系和标准化工作水平；研究体现市场对农产品优质要求的质量等级划分的科学依据和方法；研究确定农产品中涉及质量安全方面的限量标准及配套的检测分析方法；研究绿色生态农业标准化示范的理论与技术途径；研究世界各国农业标准体系以及我国农业标准体系如何与国际接轨等内容和问题。

4．加强农业标准化队伍建设

根据《关于推进绿色生态农业十大行动的意见》和开展绿色生态产业标准化工作的需要，必须建立起覆盖全程、综合配套、便捷高效的农业服务体系，必须培养一批服务基层、服务农民的农业技术推广专业队伍。在绿色生态产业标准化工作中，积极组织农业技术人员开展以标准化知识为主要内容的教育培训，尽快培养一批既懂标准化知识，又懂农业生产技术干部队伍，提高他们指导开展农业标准化工作的能力，让他们带领农民实施标准化工作；进一步充实完善地区标准化专家人才库，发挥学术带头人作用，提高标准化工作人员的整体素质；要注重对农民的教育培训，把农业标准化有关知识宣传到户，特别是从示范户中培养应用标准的示范带头人。

5．大力培植农民专业合作组织

建立农民专业合作组织，可以在市场和小规模农户之间建立起一座桥梁。农民专业

合作组织应该由农户自愿组建，同时坚持多元化，即由农业规模经营大户或农业龙头企业牵头，与农民合伙兴办的种植业合作社；由村集体经济或集体企业参与创办的农民合作社；由基层农技人员或村干部带头领办的农业经济合作社；由社会团体围绕产业建立的专业合作社。另外，标准化建设过程中需要的农民专业合作组织还应该满足以下条件：①合作组织应该建立一套详细的管理制度，确保基地（农户）严格按标准化要求生产；②对内向基地统一供应品种、统一供应生产资料、统一技术规程、统一收购、统一加工、统一销售并进行监督；③对外统一和供销商交易。农民专业合作组织和龙头企业要利用标准化示范区农产品基地，大力推进"公司—农户—标准（科技）基地"等多种形式的农业产业化经营，引导基地进行强强联合、技术联合、产业联合和营销联合，既保证农产品质量安全，又降低农民的生产、交易风险，解决农民的后顾之忧。

第四节　未来绿色生态产业标准化建设的重点

农业标准化是农产品质量安全工作的基础和重要组成部分，是现代农业的重要标志，是传统农业向现代农业转变的动力之源。在推行农业标准化工作中，各地应当立足实际，从优势产业和主导产品入手，并逐步扩大范围，提高水平。江西省未来绿色生态产业标准化建设的重点应该在以下几个方面：

一、加快修订符合江西实际的绿色生态农产品生产标准

没有标准，就谈不上标准化。无论是种养业还是加工、流通业，都必须严格执行现有的产业标准，并参照国际标准进一步修订完善；没有标准的应坚持高起点，抓紧研究制定标准。江西省应该紧扣粮食、油料、蔬菜、柑橘、茶叶、猕猴桃、生猪、水禽、大宗淡水鱼、特种水产等十大主导及特色产业，加快制定或修订符合江西实际的绿色生态农产品生产标准。在标准的制定过程中，要注意收集整理相关的国家标准、行业标准、地方标准和目标市场标准，使修订的标准更加科学合理，易于实施。

二、制定生产技术操作规程，推进农业生产规范化

制定生产技术操作规程，推进农业生产规范化是绿色生态产业标准化建设的一个重要内容。制定生产技术操作规程可以明确地指导操作工进行正规操作，保证农产品质量，避免违规操作带来的安全隐患，包括人身安全和设备安全。另外可以为督察人员提供督察考核依据。

制定生产技术操作规程时需要注意以下问题：首先当地政府推广示范的生产技术操作规程应当具备简明易懂的特点。例如，将产前、产中、产后各环节的技术与管理要求，

集中转化为通俗易懂、实用好用管用，真正符合江西省绿色生产实际的简明操作手册、生产日历、挂图等。进行农业生产活动的主体是广大农民，然而目前江西省的农产品生产者年龄结构偏大，文化程度偏低，对新事物的接受能力和学习能力较差。简单化的生产技术操作规程更容易在农户中进行推广；利用农业院校、科研单位、技术机构的技术推广和培训力量，加强对从事农业标准化、农产品质量安全人员的培训，以保证各个环节都能严格按标准组织生产。

三、继续创建一批标准化农产品生产基地

一家一户分散经营，良种、技术、管理难以统一，不利于实施标准化。应在一定层次上适当集中，严格按标准发展种养小区，推行规模化经营。继续创建一批标准化农产品生产基地，实现生产设施、生产过程标准化。建设标准化农产品种植基地不仅能够增加种植户的经济收入，提高种植户的生活水平，还能够有效提高农产品种植质量与农产品市场竞争力。除此之外，种植户能够从标准化种植基地的建设过程中学习到农产品种植中一些先进的科学技术以及管理方法，提高自身的综合素质。

标准化农产品生产基地必须达到以下条件和标准：①基地必须有龙头带动。充分发挥龙头企业、行业（产业）协会和农民专业合作组织在标准化示范中的带头作用和辐射效应。浮梁县已发展农业产业化龙头企业 247 家，拥有农业产业化省级龙头企业 13 家、市级龙头企业 29 家；通过"公司+基地+农户"的运作模式，农业龙头企业带动农户 3.9 万户，占全县农户总数的 71.6%。②基地应当具有一定规模。瓜菜、果品露地种植面积不少于 100 亩，设施栽培面积不少于 60 亩，粮食、花生、茶叶种植面积不少于 200 亩，食用菌栽培面积不少于 1 万 m^2，有明确的界限，集中连片，水、电、路基础设施配套完善。③基地产地环境应达到无公害以上标准，即基地及周边农业生态环境良好，没有工业"三废"、农业废弃物、医疗污水和废弃物以及生活垃圾污染，环境条件符合无公害农产品以上产地环境标准。④基地应统一供应农业生产资料，统一生产技术指导，即必须做到由基地统一采购和发放农药、肥料、种苗等农业生产资料，并做好农业生产资料的采购、发放记录；而且必须做到配备专业技术人员，统一指导用药、施肥、浇水、锄草等农业生产技术措施，定期开展农业生产技术指导和培训，指导科学合理使用化肥、农药等农业投入品，将农产品生产标准和生产技术规程落到实处。例如，在茶叶标准化种植基地的建设中，农户能在农技人员的指导下运用科学合理的措施对茶叶种植的土壤进行保护，防止土壤遭到侵蚀，有效地防止茶叶种植中的环境遭到破坏，提高茶叶产业中的种植效率与水平，有效地促进茶叶产业的发展。

四、继续推动农产品加工标准体系建设

农产品加工标准体系建设是农业标准体系的重要组成部分，也是促进江西省绿色生态产业发展的一项重要工作。然而我国农产品加工标准体系建设中长期以来存在缺乏系统性、基础研究薄弱、针对性不强、结构不合理等问题。为推动江西省农产品加工业快速发展，增强农产品加工行业国际竞争力，江西省应以现有的农产品加工标准为基础，结合国际标准要求和当地实际情况，重新制定粮食、油料、果品、蔬菜、肉蛋、茶叶加工标准。

在农产品加工标准的制定过程中，应该坚持突出重点与统筹兼顾相结合、科学性与适用性相结合、标准制定与基础研究相结合的原则，完成主要农产品采后预处理、贮藏保鲜标准、分等分级标准、商品化处理等标准的制（修）订；完成重要新型农产品加工制品标准的制（修）订；完成与原料控制、产品质量控制相关的检测方法标准的制（修）订；制定一批传统主食产品加工标准。最终使农产品加工标准体系进一步完善，标准质量水平明显提高，标准实施效果显著增强。

五、加快绿色生态农业品牌建设

江西省绝大多数农产品品牌市场知名度较低，现有的品牌农产品大部分是鲜活产品和初加工品，科技含量低，附加值不高。然而早在 20 世纪 90 年代末，我国加入了 WTO后，浙江省就开始了围绕发展高产、优质、高效农业，提高农产品市场竞争力，强化农产品质量安全，培育农业名牌产品的农业标准化工作，加快了各类农产品标准和技术规范的制定步伐，加大了标准化推广实施的力度，有效地拓展了农业标准的实施领域和覆盖面。这说明与浙江等发达省份相比，江西省的农产品品牌建设工作还远远不够。

江西省要加快农产品品牌建设，树立品牌意识，创造品牌效益。政府相关部门要积极组织对农产品品牌的申报、认定工作，设立无公害农产品、绿色食品、有机食品认证和各级农业品牌认定等奖励范围；通过农业标准化基地，大力提升农产品品质保证，完善农产品安全生产体系，推广应用优新、实用技术，培育绿色、有机、无公害农产品；对农产品进行深度包装开发，通过有效的市场营销策略，扩大农产品品牌的知名度；对已有的品牌要重点加以保护，并充分发挥其品牌效应，继续扩大其在同类产品中的市场份额，有效提高经济效益；积极探索农产品分等分级，促进一、二、三产业融合，拉长产业链、提升创新链、提高价值链。

六、结语

绿色生态产业标准化建设是发展绿色生态农业的一个重要方面。长期以来，人们关

注更多的是农业领域的增产增收，往往忽视了农业领域生产标准方面存在的问题。加之，农业领域标准化的制定以及执行存在一定的困难，使得农业企业在标准化建设上与其他行业还存在一定差距。当前要加快标准化的制定与执行，按照标准化发展绿色生态农业。

在江西省进行绿色生态产业标准化建设具有重要意义。2001 年，江西省政府就出台了"加快建立农业质量标准和农产品质量检测体系，尽快制定和完善农业行业标准和重要农产品质量标准，创建一批农业标准化示范区和农产品标准化示范基地"政策。通过组织实施后，全省绿色生态农业标准化有了较大的发展。一大批以国家标准为基础，行业标准和企业标准相配套的农产品质量标准已在全省农业生产中实施，粮、油、棉、麻、烟、畜、禽、水产、水果、茶叶、蔬菜等主要农产品基本实现有标准可依。目前，江西省的绿色生态产业标准化建设已经取得一些成就，但是还存在不少问题，例如，标准化知识尚未普及，全民标准化意识不强；农产品质量标准、检测监督体系和市场监督体系不够完善；领导重视不足、经费严重不足；农业标准化技术推广队伍不健全，推广力度不够；标准化无公害农业发展技术不配套，收益风险较大。未来，江西省应该从修订绿色生态农产品生产标准、推进农业生产规范化、创建标准化农产品生产基地、推动农产品加工标准体系建设以及农业品牌建设这几个方面着手，加快推进江西省的绿色生态产业标准化建设，继而推动全省绿色生态农业的发展。总之，应当在标准化的指导和指引下，加快农业标准化工作，建立绿色生态农业。

参考文献

[1] 陈洪卫. 绿色生态农业新模式[J]. 北京农业，2015（12）：336.

[2] 唐安来，黄国勤，吴登飞，等. 绿色生态农业：江西绿色崛起的必然选择[J]. 农林经济管理学报，2015，14（5）：538-545.

[3] 陈华. 生态农业是农业标准化建设的重要途径（上）[J]. 广西农学报，2005（2）：30-33.

[4] 罗海军，余辉. 加强农业执法规范化，推进现代农业发展[J]. 现代园艺，2015（21）：110-111.

[5] 刘敏，陈卫彬. 利用标准化加快建立绿色生态循环农业[J]. 质量与标准化，2011（2）：32-35.

[6] 尚杰. 中国农业资源可持续利用的途径研究[J]. 黑龙江工程学院学报，2000（16）：3-6.

[7] 高平. 江西发展现代农业研究[J]. 中国农学通报，2007（10）：58-61.

[8] 李霏. 构建农业标准化 加快江西现代农业发展[J]. 理论导报，2009（2）：25-27.

[9] 张春生，张灿权. 江西省绿色农业的现状及发展对策[J]. 现代农业科技，2009（16）：263-264.

[10] 新余市三个国家级农业标准化示范区顺利通过考核[J]. 质量探索，2010（11）：8.

[11] 邹志强，曹建祥，黄道千，等. 新余早熟梨生产中存在的问题与对策[J]. 现代园艺，2014（21）：16-17.

[12] 朱云生，朱科亮. 吹响农业崛起的冲锋号——江西瑞金大力推广农业标准化生产纪实[J]. 质量探

索，2013（11）：13.

[13] 李瑾. 现代农业是实现全面建设小康社会目标的战略基础[J]. 理论与现代化，2004，9：31-35.

[14] 胡汉平. 推进绿色生态农业十大行动打造美丽中国"江西样板"[J]. 江西农业，2016（10）：10-12.

[15] 肖群. 江西宜春4项举措促进农业标准化[N]. 中国质量报，2008-05-29（03）.

[16] 程关怀，刘建堂，邱流文，等. 鄱阳湖生态经济区农产品标准化建设现状及其对策[J]. 价格月刊，2011（10）：33-36.

[17] 于志国，方继伟. 浅谈农业标准化与农产品质量安全[J]. 农业质量标准，2009（13）.

[18] 王小鹤，于淼，鲁明. 我国农产品加工标准体系发展探讨[J]. 农业科技与装备，2013（7）：60-62.

[19] 金仁耀，汪钢. 浙江省农业标准化发展现状与对策建议[J]. 浙江农业科学，2011（2）：231-235.

第五章 "三品一标"农产品推进行动[①]

  随着农业科技的进步，我国的农产品在总数、产品结构和市场结构上有了很大的变化。首先在农产品总量上，从绝对总数来看，我国的农产品总数量在全世界遥遥领先，而且规模和贸易都在不断地扩大；从相对数量来看，我国的农产品贸易顺差不断地缩小，从农产品出口国变成进口国。其次是产品结构的变化，从出口来看，农产品依然集中在劳动密集型产品上，主要以水产品及制成品份额最高；从进口来看，油料，油脂及制成品和畜产品占主要份额。最后是农产品贸易的市场结构的变化，我国农产品出口地以亚洲为主，如日本、韩国等，进口地主要集中在北美和南美洲。

  随着粮食数量供应状况的改善，食品技术的发展和饮食习惯的改变，以及食品质量安全问题频发，如我国出口食品经常因农药、兽药残留超标和使用禁用化学品遭受贸易壁垒，因农药污染造成的食物中毒事件频频发生，农产品质量安全问题日益突出。主要体现在：一是随着城镇化、工业化进程的加快，以及大量农用化学品的使用，水、土、气等面源污染呈现日趋严重的情况；二是在物质总量不足的年代，农业生产的主要任务是生产足够数量的农产品，满足食物需要，在生产环节大量使用肥料、农药、生长激素等，以及流通、储运环节中使用各种防腐剂、保鲜剂，造成农业生产环境的污染及农产品质量安全事件；三是由于我国农产品生产多是一家一户的分散经营，生产经营主体小、数量多、分布零散，并且农业生产、流通、加工、销售环节多、路径长，农产品监管难度较大，保证农产品质量安全监管的任务重、难度大、成本高；四是由于我国统一的农产品质量安全体系及市场准入机制建设滞后，在管理体制、技术法规、认证认定、信息标识、追溯系统等方面还存在许多问题和不足，亟须加强和完善。因此，推进农产品"三品一标"工作是保障农产品质量安全的基础，意义重大，需要全社会的参与。

[①] 本章作者：黄国勤、苏启陶（江西农业大学生态科学研究中心）。

第一节　"三品一标"农产品的概念及其意义

一、"三品一标"农产品的概念

"三品一标"农产品，是指无公害农产品、绿色食品、有机农产品和农产品地理标志的统称，是政府主导的安全优质农产品公共品牌，是当前和今后一个时期内农产品生产消费的主导产品，是我国在不同发展阶段、针对特定形势、立足各自侧重点发展起来的国家安全优质农产品的公共品牌。

无公害农产品：无公害农产品发展是从 21 世纪初开始的。无公害农产品是指产地环境、生产过程和最终产品符合无公害食品标准和规范，经过专门机构认证，许可使用无公害农产品标识的农产品。

绿色食品：绿色食品发展于 20 世纪 90 年代初期。绿色农产品是指遵循可持续农业发展原则和产品生态环境要求，按照特定生产方式和操作规程生产，经过专门机构认证，许可使用绿色食品标识的无污染、安全、优质、营养的农产品。

有机食品：有机食品是指来自有机农业生产体系，根据国际有机农业生产要求和相应的标准，在原料生产和加工过程中不使用农药、化肥、生长调节剂、化学添加剂、化学色素和防腐剂等化学物质，不使用转基因工程技术。通过专门机构认证，使用特殊标志的农产品。

农产品地理标志：农产品地理标志是指标示农产品来源于特定地域，产品品质和相关特征主要取决于自然生态环境和历史人文因素，并以地域名称冠名的特有农产品标志。农产品地理标志是借鉴欧洲发达国家的经验，推进地域特色优势农产品产业发展的重要措施。

"三品一标"之间各有侧重，协调推进。无公害农产品是市场准入的基本条件，核心是要解决质量安全，重点要强化质量安全考核，要按照产地准出、市场准入管理的目标来谋篇布局；绿色食品要立足精品定位，突出全程控制，体现优质产品形象，抓好品牌引领工作，持续健康发展；有机食品要坚持因地制宜，注重生态安全，推进有机农业基地建设；地理标志农产品要彰显地域特色，保持特定品质，传承农耕文化，强化精品培育，促进区域经济发展。"三品一标"之间既有联系又有区别，其核心主线是安全优质，品牌和信誉是其立足、发展的根本。制度安排是其核心竞争力所在，体系运作是发展"三品一标"最大的优势。

二、加快发展"三品一标"农产品的重要意义

2009 年，发展绿色食品、有机食品被写入党的十七届三中全会《中共中央关于推进农村改革发展若干重大问题的决定》；中央 1 号文件对绿色食品和有机食品基地建设提出了明确要求；原农业部党组对绿色食品、有机食品工作做出了一系列决策和部署，为发展绿色食品、有机食品创造了难得的政策环境和条件。2012 年《全国现代农业发展规划》（2011—2015）提出了"加快发展绿色食品"的要求。习近平总书记 2013 年年底视察山东时指出："要以满足吃得好、吃得安全为导向，大力发展优质安全农产品。"2014 年中央 1 号文强调"以满足吃得好、吃得安全为导向大力发展优质安全农产品，努力走出一条生产技术先进、经营规模适度、市场竞争力强、生态环境可持续的中国特色新型农业现代化道路"。国务院办公厅印发《中国食物与营养发展纲要（2014—2020 年）》提出："要大力发展无公害农产品和绿色食品生产、经营，因地制宜发展有机食品，做好农产品地理标志工作"。原农业部指出，发展"三品一标"是中央明确的一项任务，是政府主导原农业部实施的一项国家安全优质农产品公共品牌。农业部 2016 年在《农业部关于推进"三品一标"持续健康发展的意见》中明确发展目标：力争通过 5 年左右的推进，使"三品一标"生产规模进一步扩大，产品质量安全稳定在较高水平。"三品一标"获证产品数量年增幅保持在 6%以上，产地环境监测面积达到占食用农产品生产总面积的 40%，获证产品抽检合格率保持在 98%以上，率先实现"三品一标"产品可追溯。加快推进"三品一标"事业发展是当前和今后一个时期农产品安全生产消费的必然要求，应用"三品一标"引领农业品牌化，通过大力实施农业品牌化战略带动农业标准化生产，促进农产品质量安全水平提升，提高优质农产品市场竞争力和市场价值，进而推进农业环境保护和可持续发展，推进农业现代化建设，实现农业提质增效、农民增收致富。

"三品一标"是农产品质量安全工作中不可分割的重要组成部分，是我国重要的安全优质农产品公共品牌，它倡导绿色、减量和清洁化生产，遵循资源循环无害化利用，严格控制和鼓励减少人工合成的农业投入品使用，注重产地环境保护，推行标准化生产和规范化管理，通过品牌带动，推行基地化建设、规模化发展、标准化生产、产业化经营，有效提升农产品品质和市场竞争力，在推动农业供给侧结构性改革、现代农业发展、农业增效农民增收等方面具有重要的促进作用。这些年来，"三品一标"保持了一个很好的发展势头，制度体系日益完善，数量、质量协调发展，综合效益稳步提高，国际合作成果斐然。"三品一标"事业的发展，为实现"努力确保不发生重大农产品质量安全事件"的目标、提升我国农产品质量安全水平发挥了十分重要的作用。

三、全国"三品一标"农产品发展概况

经过国家和各级政府多年的积极推动,"三品一标"农产品有了一定的总量规模和发展基础,各自形成了一套行之有效的生产方式和发展模式,呈现以下几个特点。

(1)发展速度快。自 2001 年"无公害食品行动计划"实施以来,"三品一标"工作呈现出快速、健康的发展势头,特别是最近几年发展速度加快。2009 年年底,认证无公害农产品已达到 49 000 个,认定无公害农产品产地已超过 51 000 个;认定的种植业产地面积 6.7 亿亩,占全国耕地面积的 35%左右。经农业系统认证的有机生产基地(企业)1 000 余家,产品接近 5 000 个,实物总量 210 多万 t,生产面积 280 多万 hm^2。已获国家农产品地理标志登记保护产品有 211 个。截至 2015 年年底,全国有效使用绿色食品标志的企业有 9 579 家,获证产品有 23 386 个,年均分别增长 8%和 6%。中绿华夏有机食品企业达 883 家,产品达 4 069 个。产地监测面积为 2.6 亿亩,农作物种植面积 1.7 亿多亩,产量达 1.06 亿 t,带动农户 2 130 万户,对接企业 2 488 家,年销售额达 4 383.2 亿元,出口额达 22.8 亿美元。全国"三品一标"产品总数达 10.7 万个,与 2008 年启动之初相比,登记的速度快、质量高、效果好,深受各地政府高度重视和生产者欢迎。

(2)产品质量有保障。近年来,各省市相关部门逐步完善了以企业年检、标志市场监察、质量抽检、颁证前告诫性谈话、企业内检员培训、专项整治、协会引导行业自律等多项制度为主要内容的监管长效机制。通过健全问题发现机制,强化淘汰退出和企业自律机制。加强风险预警,打好证后监管"组合拳"。2016 年,印发了关于推进"三品一标"持续健康发展的意见,稳步发展无公害、绿色、有机和地理标志农产品,在严格把关的基础上新认证产品 1.3 万个,"三品一标"抽检合格率为 98.8%。其中,原农业部果品及苗木质量监督检验测试中心(郑州)在郑州召开的我国无公害农产品跟踪监测工作总结会中通报了本年度无公害农产品跟踪监测及"中秋、国庆"总体抽检合格率为99.58%,种植业产品合格率为 99.76%,畜牧业产品合格率为 98.89%,渔业产品合格率为 99.50%。从抽检结果中可以看出,无公害农产品质量安全可靠、有保障,合格率始终保持较高水平。各级"三品一标"工作机构认真贯彻落实农业部相关规定,对产地环境、生产过程、产品质量进行全方位管控,在审查把关、监测抽检、标志管理等方面不断强化,确保产品质量经得起各方检验。"十二五"期间,中国绿色食品发展中心和各地绿色食品办公室平均每年抽检绿色食品产品 3 470 个,抽检覆盖率超过 20%,合格率保持在 99%以上。每年对全国 90 个大中城市的 180 多个各类市场进行产品用标检查,有效地促进了企业规范用标。5 年内全国共撤销 392 个绿色食品标志使用权,查处假冒案件 211 例,协助行政执法部门处理违规案件 317 件。全国共对 570 个不符合要求的"三品一标"撤销了证书,维护了"三品一标"的品牌信誉。

（3）品牌知名度上升。"三品一标"作为安全优质农产品的代表和政府公共品牌，权威性已基本建立，品牌公信力已基本形成，品牌认知度全面提升。无公害农产品已成为安全农产品的代名词和各级政府推动农产品质量安全监管的重要抓手，西安、郑州、武汉、大连等城市已把无公害农产品作为农产品质量安全市场准入的基本要求，积极推行查标验证的快捷市场准入。绿色食品作为安全优质精品品牌，推行标准化生产，倡导健康消费，品牌形象深得社会各界的推崇，美誉度不断地增强。农产品地理标志作为推动特色农业和区域优势经济发展的载体，已成为各级政府保护产地环境、传承农耕文化、彰显区位优势、营销特色产品、壮大产业集群、提升市场竞争力的重要途径，深得广大农产品生产者与消费者的青睐。

"三品一标"是国家培育起来的安全优质农产品品牌。如何使这块牌子干净、没有水分，真正叫得响、过得硬，原农业部部署了"三品一标"品牌提升行动。一方面，全系统依法履职、依规办事，严格认证程序，强化证后监管，及时清理不合格产品，确保产品公信力；另一方面，切实加强品牌宣传，组织《农民日报》等媒体进行专题推介。两个中心（中国绿色食品发展中心与中国质量安全中心）还通过出书、办展、拍片子、建网站等多方式加强"三品一标"推介。全国各省市通过各种政策、形式，大力推广"三品一标"农产品。福建、江西、四川、内蒙古、辽宁等地落实属地责任，引入追溯手段，有力推动了监管工作；山东、江西、宁波等省市深入开展各类专题调研，指导推动工作；北京制作动画宣传片、浙江开展宣传月活动、四川举办国际研讨会、甘肃制作绿色食品系列出版物，均取得很好的宣传效果；黑龙江、四川、青海坚持在北京举办绿色食品、有机食品市场推介活动，大连长期与大商集团合作开展绿色食品线上线下营销等。各省市采取各种形式，积极营造良好发展氛围，赢得了消费者的口碑，提升了品牌知名度，也打造了"三品一标"产业精品形象。"三品一标"正成为引领安全优质农产品生产和消费的"风向标"。截至2015年年底，消费者对"三品一标"的综合认知度已超过80%。许多省市已将"三品一标"证书作为农产品入市销售的便捷条件，部分大中城市已建立一批"三品一标"专销网点，越来越多的绿色食品、有机食品进入国际市场，2015年仅绿色食品的出口额高达22.8亿美元。

（4）农民收益增加。"三品一标"通过抓标准、保质量、创品牌，绝大多数获证单位实现了管理规范、效益增加，从而带动农民增收。"三品一标"产品与普通农产品相比，表现出明显的市场优势和价格优势。加贴无公害农产品标志产品，绝大多数实现了从农贸市场、批发市场进入超市和连锁直销配送，售价得到明显改善和提高。据调查，无公害农产品认证产品市场售价比同类未认证产品要高出10%左右，而且好销售。企业通过绿色食品认证，增强了市场竞争力，大多数产品价格有了明显提高，无公害和地标农产品的价格平均增长5%～30%。2015年全国665个绿色食品原料生产基地带动2 130

多万个农户开展绿色食品生产，直接带动农民增收。有机农产品大多出口和供应高端市场，价格提升更加明显，部分产品市场售价甚至高出常规产品好几倍。地理标志农产品要求特殊，通过品牌挖掘、培育和登记保护，市场价格和品牌价值得到大规模、全地域的双重提升。

（5）制度规范日益健全，生产发展标准化。在生产方面，"三品一标"品牌注重顶层制度设计，在操作规程、投入品使用、检验检测、包装标识、基地建设等方面推行标准化技术措施，形成了一套有效的管理制度和标准规范体系。"十二五"时期，绿色食品事业发展带动了农业生产标准化，提升了农产品质量安全水平，促进了农业增效、农民增收。近年来，又在示范创建、一体化管理、复查续展、标志使用推广等方面出台了一系列新的制度措施，有力助推了"三品一标"的发展活力。绿色食品、有机食品先后被纳入"全国现代农业示范区""农产品标准化示范区""全国农产品质量安全示范县"等创建活动中，成为重要评价指标。目前，超过绿色食品总产量1/3的产品来自国家现代农业示范区，40%左右的产品来自各级农业产业化龙头企业。黑龙江、江苏、山东、安徽、湖北、宁夏等地积极推动将绿色食品纳入本地农业重点工作，列入省政府考核指标，并出台相应支持政策，取得显著的发展成效。在自身队伍建设方面，原农业部颁布了《绿色食品标志管理办法》，制定"三品一标"技术标准255项，两个中心制定制度规范数十项，各省也制定了具体的实施细则，工作制度化、规范化水平不断提高。"三品一标"体系队伍是事业发展的最大优势和根基所在。体系队伍不断壮大，部省地县"三品一标"工作体系基本建立，共培训检（核）查员4.2万人次，企业内检员16.4万人次。无公害农产品省、地、县工作机构分别达到68个、604个、5 312个，绿色食品省、地、县工作机构分别达到36个、308个、1 558个，基本覆盖全国所有农业市县。同时，检测机构、技术专家、检查人员等支撑体系不断扩充和完善，绿色食品协会也在行业自律、诚信体系建设等方面发挥了积极作用。内部和外部力量的不断强化，为"三品一标"事业发展提供了强大支撑。

第二节　"三品一标"农产品发展与成效

一、全省"三品一标"农产品总体发展状况

江西是农业大省，自古就是"鱼米之乡"，农业资源丰富，生态优势明显。全省土地总面积16.69万 km^2。地形地貌大致为"六山一水二分田，一分道路和庄园"。2016年，全省粮食总产达427.6亿斤、蔬菜总产1 800万t、水果总产397.6万t、肉类总产357万t、水产品总产271.6万t。为保障粮食安全和农产品的有效供给，全省大力推动

绿色农产品政府属地管理责任、生产企业主体责任、农业部门监管责任落实。近年来,全省建立完善了3个部省级、11个地市级和90个县级农产品质检项目,并实现了省、市、县、乡四级农产品质量安全监管、检测机构全覆盖。

近年来,在各级党委和政府的重视下,在各级农业部门的共同努力下,江西省"三品一标"工作取得了很大的发展,在推进农业品牌化、标准化和提高农产品质量安全水平方面起到了明显的作用。2017年1月24日,由江西省政府新闻办、省农业厅联合召开的唱响江西优质农产品品牌新闻发布会上公布,目前江西省有"三品一标"(无公害农产品、绿色食品、有机农产品和农产品地理标志)农产品3 657个,全国绿色食品原料标准化生产基地41个、省级绿色有机农产品示范县15个。

为加强农产品生产源头治理,全省加快完善农业地方标准体系,严格管控乱用、滥用农业投入品行为;加快蔬菜水果茶叶标准园、水产健康养殖场、畜禽标准化养殖示范场建设。截至目前,全省建立农业地方标准293项,创建部省级畜禽标准化养殖场511个、部级水产健康养殖示范场528个、部级菜果茶标准园154个。据统计,目前全省有绿色食品590个;有机产品1 024个,居全国第4位;农产品地理标志产品75个,居全国第6位。

2015年,江西省创新性地提出了"四区四型"园区建设路径。四区,即农业种养区、农产品精深加工区、商贸物流区和综合服务区;四型,即绿色生态农业、设施农业、智慧农业和休闲观光农业。全省已创建国家级现代农业示范区11个、省级现代农业示范区66个,建设初具规模的示范核心园105个,核心区建设面积80万亩,凤凰沟、青原区、丰城市、乐平市、永修县5个省级重点园区核心区农业现代化已基本形成。75个农业产业集群实现销售收入1 673亿元,同比增长8.6%,其中产值超100亿元的集群4个、超50亿元的10个。以"四区四型"的方式促进"三品一标"的发展。全省规模以上龙头企业实现销售收入4 320亿元、增长9.7%,省级龙头企业销售收入3 000亿元以上、增长10%,农产品加工率达53%。直接带动农户400万户左右,户均增收突破3 200元。

2016年在北京召开全国"三品一标"工作会议,农业部质量安全监管局局长称,要将"三品一标"纳入首批追溯工作试点,保障"舌尖上的安全"。随着"互联网+"的广泛应用,如"二维码"的运用,全面推进追溯管理时机已经成熟。农业部正在抓紧建设覆盖全国的追溯信息平台,指定追溯管理的指导意见和管理办法,争取2018年年底前启动全国统一试点。农业部农产品质量安全监管局呼吁各地方及早做好准备,及时将"三品一标"纳入首批试点,实现从生产到市场全程可追溯。江西省积极响应国家号召,据省农业厅所言,在未来3~5年实现全省农产品质量追溯的全覆盖是江西农业工作的目标,要重点对省级以上龙头企业、专业合作社以及"三品一标"企业加大追溯体系的覆盖和监管，对省级以上没有建立农产品质量追溯体系的龙头企业的补贴支持实行"一票否决"。

近年来，省市相继出台了一些对"三品一标"的扶持政策，如申报省级龙头企业、省级优秀专业合作社要求必须是"三品一标"单位，申报省部级标准示范场、"菜篮子"产品基地等均对"三品一标"企业进行加分，省里对申报成功的单位给予产品检测费补助，各市财政对"三品一标"农产品进行奖励，如南昌市每成功申报1个无公害、绿色农产品奖励1万元、有机农产品奖励1.5万元、地理标志农产品奖励10万元。这些奖励措施极大地调动了农产品龙头企业、种养大户、农民专业合作社等申报"三品一标"农产品的积极性。

二、南昌市"三品一标"农产品发展状况

通过举办相关"三品一标"培训班，加大"三品一标"的财政扶持等手段，加快南昌市"三品一标"的发展。根据江西省农业厅关于印发《2016年"三品一标"认证补助及证后监管工作方案》的通知，南昌市农产品质量安全检测中心工作人员对2015年12月1日—2016年11月30日通过"三品一标"认证的生产单位和个人，共涉及61家企业，202个产品，补助金额96.3万元。

近年来，南昌县紧紧围绕发展生态环保型效益农业，充分发挥资源、环境和特色优势，加大财政投入、强化激励措施，大力促进"三品一标"农业健康发展。截至2015年，该县已拥有"三品一标"企业46家，产品284个。为加快壮大"三品一标"农产品规模，南昌县出台了《农业产业化专项资金管理办法》，对家庭农场、粮食生产、农产品生产示范基地、农业龙头企业、农民合作社、"农家乐"经营体等创建优质品牌和产品以及商标等进行奖励。仅2014年，该县用于"三品一标"发展的扶持资金就将近100万元。同时，该县将"三品一标"工作体系队伍建设纳入农产品质量安全监管体系建设范围，确保"三品一标"组织申报、现场检查、日常监管等工作的顺利开展。该县还将"三品一标"工作纳入农业农村经济发展规划中，明确规定未获得"三品一标"的企业不能申报市级、省级龙头企业。据统计，目前该县有机农产品企业共8家、产品102个，绿色农产品企业10家、产品48个，无公害农产品企业28家、产品134个。

南昌市安义县五措并举，大力开展"三品一标"农产品推进行动。一是加大宣传引导，提高思想认识。认真执行省农业厅关于农产品质量安全信息公开制度，积极宣传，科学宣传，对农产品质量安全突发事件及时上报，实地调研，迅速处理，将问题化解在源头。二是加强体系队伍能力建设。结合乡镇农产品质量安全监管体系建设，把"三品一标"工作体系队伍建设一并纳入农产品质量安全监管体系建设范围，在职能、人员和条件等方面予以加强。三是加快推进标准化生产。高度重视，强化政策推动营造良好环

境，积极扩大农业标准化示范，推动农业标准化进程。四是发挥龙头企业的带动引领作用。出台激励政策，动员龙头企业加大技改投入，扩大产能，提升档次，延伸产业链，提高市场竞争力。五是强化证后监管，提升品牌公信力。监督"三品一标"获证单位开展经常性自查活动，加强对获证单位的实地督导，严格执行退出机制，建立举报投诉制度。

三、赣州市"三品一标"农产品发展状况

为进一步发挥市农业优势，提升农产品发展水平，赣州市奏响"绿色发展"主旋律，加快发展"三品一标"。一是加大支持力度。2016 年对 2015 年取得"三品一标"证书的 41 个产品生产经营主体发放奖补资金 25.9 万元，分别对"三品一标"农产品给予 0.3 万元/个、1 万元/个、2 万元/个补助。二是积极宣传培训。先后通过送科技下乡、"3·15"活动、食品安全宣传周等活动向广大消费者宣传"三品一标"知识，发放各类宣传资料 5 000 余份。先后组织了 160 人参加全省第一、第二期无公害内检员培训班、全省绿色食品内检员培训班。举办了金农系统操作培训班，提高认证效率。三是充分发挥农业技术推广机构的优势和职能，大力推广农业标准化生产技术，按照无公害农产品、绿色和有机食品生产技术标准和技术规范，指导农产品生产企业、种养大户进行标准化生产。目前，全市已审核上报无公害申报材料 37 家，绿色食品 2 家。

通过三品认证工作，助推了农业生产加工企业产业化水平的提高，产品市场竞争力大大增强，涌现出了鹭溪农场、赣州永青果菜有限公司、赣州庚艺农业有限公司等一些农业龙头企业，改变了以往小打小闹的家庭式农户生产方式，呈现出公司化、产业化现代农业生产方式，综合效益明显增强。

四、上饶市"三品一标"农产品发展状况

作为我国中部典型的农业大市，上饶拥有万年贡米、玉山茶油、铅山红芽芋、弋阳年糕、横峰葛粉、广丰马家柚、婺源绿茶、余干辣椒、鄱阳湖藜蒿、德兴覆盆子等一大批享誉海内外的优质特色品牌农产品，它们犹如一长串的珍珠，在上饶市蓬勃发展的现代农业中闪闪发光。截至 2015 年年底，上饶市"三品一标"总数达 409 个，其中无公害农产品 266 个，绿色食品 84 个，有机食品 37 个，农产品地理标志 22 个。全市规模以上农业企业已达 706 家，其中国家级龙头企业 4 家、省级龙头企业 109 家、市级龙头企业 318 家，龙头企业拥有的"三品一标"总数达 290 个。

近年来，上饶市不断创新工作方法，积极推进农产品"三品一标"认证，提高农产品市场竞争力。一是抓宣传，增强认证积极性。通过农业信息网站等媒体，加大农业"三品一标"认证重要性的宣传力度，提高各涉农企业对"三品一标"的认识，扩大人民群

众对"三品一标"的认知度。二是抓服务，提高"三品一标"工作主动性。三是抓指导，加强基地建设。四是抓监管，规范企业管理和用标行为。为提高全县农产品的质量安全水平，切实维护农产品生产者和消费者合法权益，上饶市上饶县在"3·15 国际消费者权益日"期间对全县"三品一标"生产基地（企业）与市场的产品质量安全和标识规范使用情况等进行一次专项检查，并组织消协理事成员单位集中开展"三品一标"使用宣传，强化获证单位依法用标意识，发放宣传资料 1 000 余份，引导广大消费者和市场经营主体正确识别、选购"三品一标"产品，为"三品一标"农产品生产和消费营造良好的氛围，进一步提升了全县"三品一标"的社会公信力和"三品一标"的产业发展。

五、萍乡市"三品一标"农产品发展状况

萍乡市在"三品一标"开展方面，以积极推进无公害农产品、绿色食品、有机食品认证和农产品地理标志登记，以绿色食品、有机食品为重点，2016 年全年计划新增"三品一标"产品 20 个（其中芦溪县 4 个、莲花县 4 个、上栗县 4 个、湘东区 4 个、安源区 2 个、开发区 1 个、武功山景区 1 个）。2016 年上半年又有 16 个企业 16 个产品获无公害产品认证、1 个企业 1 个产品获有机产品认证。至此，该市累计通过"三品一标"认证企业 62 家、产品 82 个。

萍乡市农业局加强"三品一标"获证企业生产过程监督检查和标志使用管理，加强绿色食品原料标准化生产基地监督管理。按照建立"完善的质量管理体系、科学的生产技术体系、严格的质量追溯体系"要求，强化对生产基地环境、生产投入品、生产管理、质量控制、档案记录等环节的监督检查，提升标准化生产水平，积极推广示范基地管理模式，扩大示范基地的带动作用，鼓励和引导基地与农民产业化龙头企业或农民专业合作组织的产销对接，大力推动"三品一标"农产品生产。

六、九江市"三品一标"农产品发展状况

九江市借助其地理优势，大力发展绿色农业产业，取得显著成效。目前，该市已有茶叶、山药、水产、水梨、柑橘等通过"三品一标"认证的农业产品成功地打入国外市场。近年来，全市"三品一标"的发展呈现了良好的态势，产业规模快速增长。其中农业产业化龙头企业和专业合作组织占"三品一标"认证单位总数比例上升到 63%。"三品一标"产品认证呈现持续递增的态势，在新产品认证有效推进的同时，复查换证和续展工作也同步推进，实现了拓增量、保存量的目标任务。截至 2014 年年底，九江市有效期内获得"三品一标"的企业有 143 家，产品共有 249 个，其中无公害农产品产地认定 116 个，产品认证 193 个；绿色食品 43 个；中绿华夏有机农产品 8 个；登记农产品地理标志产品 5 个。绿色食品水稻、油菜基地原料基地有 3 个，水稻面积 42.7 万亩，油

菜面积 21.9 万亩,有效地推动了该市农业产业的持续发展。

七、宜春市"三品一标"农产品发展状况

近年来,宜春市农业局通过政策引导、资金扶持、典型示范、培训带动等途径,推动农民合作社加快发展、规范发展。同时,大力推动"三品一标"创建工作,2016 年新增"三品一标"认证数 68 个,居全省第一。市级以上农业产业化龙头企业突破 350 家,注册农民合作社 6 450 家。截至 2017 年 2 月,宜春市共有"三品一标"认证产品 819 个,其中绿色食品认证 147 个;有机产品认证 408 个;无公害农产品认证 254 个;农产品地理标志登记保护 10 个,绿色食品原料基地认证面积达到了 135.9 万亩;有机农产品认证面积达到 116.4 万亩(其中有机种植面积 28.2 万亩,野生采集面积 88.2 万亩)。1 月,袁州有机食品新认证 2 个,樟树有机食品新认证 16 个,万载有机食品新认证 2 个,袁州油茶、樟树花生先后通过农产品地理标志现场核查和专家鉴评会,并获得中国农产品地理标志登记,万载还被国家认监委批准为"国家有机产品认证示范创建县",宜丰、奉新、靖安先后被原农业部授予"全国绿色农业示范县"。

2015 年 7 月,宜春市委、市政府专门下发《关于对农业和农村工作认识再提高落实再加力的意见》,要求精心培育一批农业产业化龙头企业,吸引市内外民间资本投资农业,做大做强油茶、肉牛、有机绿色、富硒、生态休闲农业五大特色优势产业,加快现代农业发展升级步伐。2016 年 4 月,宜春市出台了《昌铜高速生态经济带有机绿色农业发展规划(2016—2020)》,拟在昌铜高速沿线重点打造有机农业带,推进铜鼓、靖安整县建设有机农业县,奉新、宜丰、万载等县的山区乡镇发展有机农业,在其他县市区建立以绿色农业为主、有机农业为辅的农业发展格局。宜春市还通过支持龙头企业、产业大户租赁建设基地,以农民土地入股经营合建基地等方式,加快基地集中连片、规模经营,致力于发展"龙头企业+农民合作社+基地+农户"的农业新模式。据介绍,为支持民间资本投资有机农业,宜春市相关部门还充分利用国内外大型会展、"互联网+电子商务"等多个平台,组织生产经营主体"走出去",不断拓展市场销售网络。同时,把品牌建设作为发展核心,规范有机绿色产品的生产、认证、经销等系列行为,着力打造一批知名、著名品牌。

八、新余市"三品一标"农产品发展状况

近年来,全市紧紧围绕省委、省政府"加快推进现代农业强省建设"战略部署,贯彻"创新、协调、绿色、开放、共享"五大发展理念,在稳定粮食、生猪等传统产业的基础上,大力发展特色农业、绿色生态循环农业和休闲农业,推进农业标准化建设。渝水区、分宜县先后建成全国商品粮生产基地县(区),新余市被命名为"中国蜜橘之乡",

分宜县被命名为"中国夏布之乡"。在农业生产方面，新余市着力抓好农业标准化生产，新余蜜橘、苗木花卉、商品蔬菜等都制定了生产管理规程或栽培模式，创建标准化商品蔬菜基地 3 万亩，新余蜜橘"猪—沼—果"标准化生产基地 10 万亩，高标准农田 40 余万亩，标准化猪场 57 个，改造标准化鱼塘 7 900 亩。通过推行农业标准化生产，促进企业对"三品一标"农产品认证力度，建立自主品牌，截至 2016 年 5 月，全市有中国驰名商标 4 个、省著名商标 35 个、省名牌产品 12 个、认证无公害食品 84 个、绿色食品 24 个、有机食品 17 个、地理标志农产品 2 个。

新余市人民政府在《新余市人民政府办公室关于加快推进绿色生态农业发展的实施意见》中指出，在 2020 年前，依托农业废弃物资源化利用中心，选择一批水土环境好且具有一定规模的龙头企业、合作社、种植大户，严格按绿色、有机农产品生产标准，建立果树、水稻、油茶、蔬菜、中药材等绿色生态农业示范基地 300 个，面积 40 万亩，加大新余蜜橘、仙女湖有机鱼、界水有机蔬菜、茶油等区域品牌宣传推介和以恩达家纺、谷韵米乳、百乐大米等为代表的企业自主品牌创建，争创绿色有机产品。鼓励新型农业经营主体参与"三品一标"农产品认证，到 2020 年，实现全市国家级、省级优质名牌农产品基地面积占全市农产品基地面积 50%以上，无公害农产品数 110 个，绿色农产品数 50 个，有机农产品数 40 个，"三品一标"农产品总量占全市农产品商品量的 60%以上。

九、抚州市"三品一标"农产品发展状况

抚州市农业部门加快转变农业发展方式，大力推进农业标准化，以"三品一标"认证和标准园建设为重点，扩大"三品一标"农产品认证数量与规模。目前，全市"三品一标"农产品总数达 425 个。在 425 个"三品一标"农产品中，2016 年新增无公害农产品 33 个，总数达到 303 个；新增绿色食品 6 个，总数达到 33 个；新增有机农产品 10 个，总数达到 68 个；新增麻姑茶、东乡王桥花果芋两个农产品地理标志登记保护产品，总数达 21 个，居全省第二位。拥有省著名商标 62 个、国家驰名商标 5 个。

20 世纪 90 年代起，抚州市就着手开展无公害绿色食品以及农产品地理标志保护的监测认证工作，通过"公司+农户+基地""公司+农户+合作社+基地"等联结机制，推进农业标准化建设，促进生产技术和产品质量显著提高。通过制定农产品标准和生产操作规程、开展质量体系认证、建设农业标准化示范区，推动规模化和集约化生产、建立农产品监管和追溯体系等措施，有序、高效推动"三品一标"农产品生产工作。

十、其他地级市"三品一标"农产品发展状况

截至 2016 年 12 月，吉安市全市累计获得"三品一标"农产品 268 个。景德镇市"三

品一标"农产品总存量达到 194 个,其中 2016 年新增无公害农产品 46 个、新增有机农产品 22 个。鹰潭市积极做好"三品一标"认证工作,多次组织企业参加省、市"三品一标"培训工作达 50 家企业,2015 年全市共组织企业参加省"三品一标"认证工作,并经省农产品质量安全中心认证无公害达 21 家,27 个品种,续展一家,认证一家,有机认证企业达 6 家 6 个品种,全面完成省、市下达的"三品一标"认证工作。

今后通过开展农产品质量安全方面的法律法规的宣传和培训,增强"第一责任人"的农产品质量安全意识和法制观念,充分调动广大农产品生产企业发展"三品一标"农产品的积极性;要充分发挥农业技术推广机构的优势和职能,大力推广农业标准化生产技术,按照无公害农产品、绿色和有机食品生产技术标准和技术规范;积极引导农村土地流转,促进农业规模化生产、产业化经营,按照工业化发展的理念来经营农业。同时加快农产品产销队伍建设,扶持和鼓励以农产品经纪人为龙头,基地生产大户为成员的农民合作经济组织。制定相关政策,吸引社会闲散资金投入农业开发,依托自然资源和产业优势,培育更多经济实力雄厚的农业"三品一标"生产企业,促进江西省"三品一标"产业持续健康发展。

第三节 "三品一标"农产品发展面临的问题与挑战

一、区域发展不平衡

部分地区由于政策支持不足、工作力度不够,发展绿色食品的环境条件、资源优势和市场潜力还没有充分发挥出来,没能将生态优势转化为产品优势和经济优势,少数地区仍然长期徘徊不前。目前江西省中部地区"三品一标"农产品保有量明显高于南北两端。如农产品地理标志主要集中在上饶市和抚州市,占江西全省 60%;江西省北部明显多于南部等。

二、品牌的公信度和影响力有待进一步提升

一方面,随着"三品一标"的快速发展,有的企业存在"重认证、轻实施"问题,认证后没做到按标生产,个别的甚至以次充好、不讲诚信;有的对首次认证看得很重,但对标志使用或续标复审不积极;有的觉得用标收益不明显,持续发展后劲不足,引发农产品安全隐患。让消费者心存忧虑和不信任,觉着"三品一标"产品和普通农产品没什么区别。由于个别产品存在质量安全问题,少数企业用标不规范,假冒现象时有发生,一定程度上影响了绿色食品的品牌形象,要求我们必须始终严格证后监管,提升农产品安全水平。"十三五"规划强调,"加强农产品质量安全和农业投入品监管,强化产地安

全管理，实行产地准出和市场准入制度，建立全程可追溯、互联共享的农产品质量安全信息平台，健全从农田到餐桌的农产品质量安全全过程监管体系。"所以，如何保障"三品一标"农产品质量，将是"三品一标"发展中的最重要的一环。另一方面，许多消费者对"三品一标"农产品仍然缺乏科学、准确的理解，品牌形象还没有真正深入人心，部分企业还没有真正增强绿色食品品牌的意识，需要我们加强深度宣传，进一步扩大"三品一标"品牌的社会影响力，增强市场拉动力。平台体系建设有待进一步加强。虽然近几年国内对"三品一标"企业报道较多，但由于未建立完善的农产品抽检结果及价格发布机制，普通消费者对"三品一标"产品仍缺乏整体的认识，"三品一标"产品的安全性能、性价比和普通产品相比未能完全体现优质优价，产品的市场效益未充分显现，品牌影响力有待提升。

三、宣传培训力度不够，生产和消费者认知程度不高

生产者对"三品一标"的内涵和地理标志农产品保护制度的认识不充分，存在"重认证登记、轻管理"的现象，少数企业文化水平和自律意识较低，因此，主体责任意识淡薄，标准化生产措施和规范化管理制度落实难以实施，容易受到利益驱使，给农产品质量安全带来隐患。不规范或违规使用标志，导致产品质量存在风险和隐患，加上市场存在假冒产品，对"三品一标"的公信力造成负面影响。"三品一标"的宣传引导比较少，未能深入社会基层、街道、社区，许多消费者不懂，没把握选择。社会各阶层对"三品一标"产业认识具有不平衡性。从地方管理机构来看，有的确实把这项工作纳入日程，认真去抓，效果明显。从生产机构来看，部分大型企业认为我国的绿色食品标准在国际上不管用。有的企业认为自己的产品好，认不认证都无用。一些小企业则由于认证费用高，认证程序繁琐，只好放弃。从消费者来看，生活条件好的认为"三品一标"安全无污染，愿意购买。但大多数人认为价钱太高，不吃绿色食品照样活着。还有人认为，绿色是不是真绿色谁也说不准。

四、政策导向亟待完善

一是目前虽然扶持政策较多，但奖补力度不大，种植业与畜牧业奖补不平衡。如肉牛场申报认证肉牛产品时，抽样屠宰肉牛及产品、产地环境检测费成本价格在1万元以上，而申报成功后各级奖补资金共计不到2万元，"三品一标"奖励几乎是杯水车薪，对企业吸引力不大；二是奖补不平衡，由于养殖场不能畜禽混养，通常一个养殖基地只能申报1~2个产品（2个产品只有禽和禽蛋），而不能像种植业可以套种多种作物，一个产地可以申报多种产品，在以产品个数进行奖补时，往往养殖企业投入比种植业多，管理周期长，但却不如一个种植业产地奖补资金总量多；三是复查换证企业为确保畜产

品质量安全，同样需要执行严格的质量控制措施，需要建立完善的养殖档案，与非"三品一标"企业相比，既无资金奖励，也没有在市场准入方面体现政策优越性。

五、自身队伍建设不完善，产地监管力度弱

从自身工作开展看，有的地方存在"重发证、轻监管"现象，证后监管工作没有及时跟上；有的地方人员、设备、条件薄弱，监管维权的"硬手段"比较缺乏，对违规用标行为没及时"亮剑"；有的地方品牌建设手段有限，"三品一标"公共品牌没有用好。"三品一标"工作体系队伍建设还很不健全，不能满足当前产业发展需要。据了解，全省"三品一标"工作机构中，地市级农业部门大部分未成立专门的工作机构，均挂靠在其他单位，存在人员少、经费少、职能不对等的问题；县一级工作机构基本上只是明确了负责人员；这种工作体系状况，很难满足"三品一标"产业发展的形势需要。"三品一标"产地建设和管理中，盲目重建设，轻管理。为了宣传效果，很多产地的划定涉及多个村庄，可是界限不清，划定的面积大，实际种植面积小，种植分散，有些产地没有生产记录，标准化生产落实不够，产地源头和生产过程管理缺位。

第四节　推进"三品一标"农产品健康发展的对策

"中央一号"文件连续第 13 次聚焦"三农"，农业现代化是贯穿整个"十三五"规划的主题。2016 年"中央一号"文件明确指出要把提高农产品质量安全水平、恢复和增强消费者信心放在突出的位置，大力推进标准化、绿色化、品牌化生产，加强产地环境保护，实行严格的农业投入品生产使用和监管制度。"三品一标"农产品的发展，关系到我国农业发展的转型升级和食品质量安全，也是解决"三农"问题的重要抓手。因此，必须从全局的角度谋划好，要构建一个长效的机制，群策群力，发挥多重主体和多要素的作用。

一、推进"三品一标"品质建设

随着全面建成小康社会的不断深入，公众对安全优质农产品的消费需求越来越大。要始终坚持把发展放到第一位，既要增加数量，扩大市场占有率，又要更加注重质量，提高效益。一要明确发展定位。"三品一标"从整体定位上要牢牢把握安全底线，做优质安全农产品的主力军和先行者，在提升质量安全水平上发挥更大作用。从各自特色上，无公害农产品，要面上铺开、大力发展，使之成为市场准入的基本条件；绿色食品，要精品定位、稳步发展，努力实现优质优价；有机农产品，要因地制宜、健康发展，结合高端消费需求进行拓宽；农产品地理标志，要挖掘特色、深度发展，壮大地域品牌，传

承好农耕文化。二要继续扩大总量。充分争取好的产品、好的企业、好的资源用于"三品一标"品牌建设，引导其树立诚信意识和品牌观念，推动落实主体责任，严格依据规范进行标准化生产，确保"产出来"的源头安全。三要积极争取支持和补贴。抓住国家重农兴农、加大农业投入的契机，积极推动地方政府出台农产品质量安全奖补政策，为"三品一标"争取政策、资金和项目支持，带动生产经营主体重质量、保安全的积极性。加强对"三品一标"生产主体标准化生产技术培训，落实"先培训、后申报"制度，提升全程标准化生产和质量控制水平。统筹规划、分类指导，稳步推进"三品一标"工作，要按照"扶优、扶大、扶强"的思路，培育生产规模大、科技含量高、市场辐射广、带动能力强的农业龙头企业，有计划、有重点地加快发展无公害农产品、绿色和有机食品。按照"先无公害，后绿色有机""先山地作物，后大作物""先种植后养殖"的发展顺序，加快建设一批有规模、有影响、有品牌、有效益的无公害农产品、绿色食品和有机食品生产基地，以基地建设推动实施农业标准化，全面推进"三品一标"产品的品质建设。

二、坚持"严"字当头，加强审核监管

积极落实中央对农产品质量安全提出的"四个最严"（最严谨的标准、最严格的监管、最严厉的处罚、最严峻的问责）总要求，"三品一标"发展需要继续坚持"严"字当头。一要加强对"三品一标"的审查认证工作，坚持用标准说话，树立风险意识和底线意识，强化制度安排及落地，防范出现系统性风险隐患。二要建立健全"三品一标"认证后的长效监管机制，全面落实各项监管措施，加强对获证产品的质量管理和标志管理，保证无公害农产品、绿色和有机食品的质量安全水平，维护品牌农产品信誉度，提高知名度，对不合格的产品要使其坚决出局。能不能做到一经发现就立即查处和淘汰出局，这直接关系到"三品一标"的公信力。相关部门对各方面反映或曝光的问题，既要依法依规严肃查处，又要坚持信息公开，做到公开透明、及时回应。三要加强"三品一标"监督管理，开展专项检查，严查假冒伪劣，依法打击各类假冒行为，纠正不规范无公害、绿色、有机食品使用商标标志的行为，不能鱼龙混杂。对冒牌、套牌或超范围用牌等行为，内部能解决的，要主动进行处理；需要外部配合的，要用好打假平台，会同公安、工商等相关部门联合执法。努力提高农产品生产经营企业的诚信守法意识，大力维护"三品一标"生产企业的品牌地位和良好形象。

三、加大品牌宣传培育，提升品牌知名度

品牌是"三品一标"的价值所在，打品牌不能自娱自乐，关键要让生产者和消费者信得过。一要加大宣传力度。要注重对生产经营主体灌输"三品一标"的发展意义、方针政策和典型经验，充分运用市场要素，培养生产主体提高自身宣传"三品一标"的积

极性和创造性,努力让企业成为宣传的主角;要积极运用"互联网+"手段,拓开平面媒体、网络媒介等渠道,把"三品一标"的理念、标准、要求及实际实施情况更直观地宣传出去,让社会更了解、更信任;对一些不实炒作要主动发声,及时消除负面影响。通过对"三品一标"产地环境优良、认证程序严格、监管法制健全、产品安全优质的品牌形象宣传,积极引导城乡居民科学消费农产品,提高对"三品一标"品牌的信任度。二要加强品牌培育。将"三品一标"与各地品牌建设工作挂好钩,形成抓农产品品牌就是抓"三品一标"的共识和氛围;对获证主体也要做好培训和服务,让他们会用标、用好标,切实提升经济效益,提高对"三品一标"品牌建设的积极性。三要做好市场推广衔接。目前,"绿博会""有机博览会"等专业展会已经创出了牌子、搭建了平台,2015年在福州举办的第十三届中国国际农产品交易会上农产品地理标志的首次专展也一炮打响,下一步要继续巩固和提升,办出特色和水平。运用"互联网+三品一标"的理念,依托农业龙头企业和"三品一标"特色产品,积极培育绿色农产品电子商务经营主体和区域平台,实现标准化生产、品牌化发展、电商化销售"三化联动"。引导大型商业连锁企业开展"三品一标"营销,鼓励在农产品批发市场、大型超市等农产品集散地设立"三品一标"专销网点、柜台和展示区,推动优质优价机制形成。四要全力推动追溯。中央和农业农村部重视追溯工作,全国的追溯信息平台全国试点工作已经悄然开启,目前正在逐步完善整个覆盖全国的追溯信息平台,制定追溯管理的指导意见和管理办法。

四、推动工作改革创新

"三品一标"是创新的产物,发展上也要坚持与时俱进、改革创新。一要适应新的形势要求,积极融入农业农村工作大局。农业部 2015 年出台了加快转变发展方式、建设现代农业的文件,有助于推动"三品一标"品牌的发展。二要做好示范带动。目前农业农村部正在推进国家农产品质量安全县创建,在 2015 年首批 107 个县市试点的基础上,积极加强对安全县的建设。原农业部韩长赋部长对安全县提出了"五化"及"五个率先"的总要求,农产品质量安全监管局将"三品一标"列为安全县创建的重要指标。积极结合国家现代农业示范区、农产品质量安全县等农业项目创建,加快发展"三品一标"产品。"三品一标"工作自身也要通过示范样板、绿色园区、原料基地县等形式,将现有的效益再放大,辐射带动更多地区提升农产品质量安全水平。围绕国家化肥农药零增长行动和农业可持续发展要求,大力推广优质安全、生态环保型肥料农药等农业投入品,全面推行绿色、生态和环境友好型生产技术。在无公害农产品生产基地建设中,积极开展减化肥农药等农业投入品减量化施用和考核认定试点。积极构建"三品一标"等农产品品质规格和全程管控技术体系。三要用好信息化手段。加强申报、用标、监管、市场等方面的信息化管理,适应国家"简政放权、放管结合"的要求,不断提高"三品一标"管理的效率和效果。加快推进"三品一标"信息化建设，鼓励"三品一标"生产经营主体采用信息化手段进行生产信息管理，实现生产经营电子化记录和精细化管理。推动"三品一标"产品率先建立全程质量安全控制体系和实施追溯管理，全面开展"三品一标"产品质量追溯试点。

五、加强体系队伍建设

一方面，积极巩固已有体系基础，稳定好队伍，强化自身能力建设。"三品一标"工作队伍是农产品质量安全监管体系的重要组成部分和骨干力量，要将"三品一标"队伍纳入农产品质量安全监管体系统筹谋划，整体推进建设。加强从业人员业务技能培训，完善激励约束机制，着力培育和打造一支"热心农业、科学公正、廉洁高效"的"三品一标"工作队伍。"三品一标"工作队伍要按照农产品质量安全监管统一部署和要求，全力做好农产品质量安全监管的业务支撑和技术保障工作。充分发挥专家智库、行业协（学）会和检验检测、风险评估、科学研究等技术机构作用，为"三品一标"发展提供技术支持。积极完善各项规章制度和标准规范，特别是在发证审核和查处核销上要有明确、具体的规定并严格执行，按照"方便企业、简化程序、强化服务"的要求，切实做好无公害农产品认证程序简化工作，持续抓好检查员、监管员、核查员培训注册，提升服务能力。另一方面，加强科学管理，推进信息化进程。依托农业农村部"金农工程"，加快绿色食品网上审核管理信息系统建设步伐，构建从企业申报到证书颁发一体化的审核管理服务平台，提升绿色食品审核许可工作信息化水平。充分发挥专家和技术机构的"外脑"和"智库"优势，多为"三品一标"发展建言献策。同时，建立激励约束机制，加强绩效管理，用好补贴手段，充分调动工作积极性。加强"三品一标"工作队伍与质量安全监管部门的联动和衔接，对质量安全工作主动入位、积极承担，共同保障老百姓"舌尖上的安全"。

发展"三品一标"是各级政府赋予农业部门的重要职能，也是现代农业发展的客观需要。各级农业行政主管部门要从新时期农业农村经济发展的全局出发，高度重视发展"三品一标"的重要意义，要把发展"三品一标"作为推动现代农业建设、农业转型升级、农产品质量安全监管的重要抓手，纳入农业农村经济发展规划和农产品质量安全工作计划，予以统筹部署和整体推进。各地要因地制宜制定本地区、本行业的"三品一标"发展规划和推动发展的实施意见，按计划、有步骤地加以组织实施和稳步推进狠抓基础建设，强化监管力度，健全诚信体系，探索创新农产品质量安全监管新模式，农产品质量安全水平不断提高。建立健全农产品质量安全组织机制、责任机制、协作机制、考核机制等各项监管机制，要将"三品一标"发展纳入现代农业示范区、农产品质量安全县和农产品质量安全绩效管理重点，强化监督检查和绩效考核，确保"三品一标"持续健康发展，不断满足人民群众对安全优质品牌农产品的需求。搭建了农业投入品及农产品质量检测、农业生产经营主体生产档案三大网络监管平台，实行生产经营全方位控制，推进农产品质量安全可追溯管理。实现农业标准化生产深入推进，做到农产品质量安全监督抽查和日常巡查相结合，实现生产、收储运、批零市场全覆盖。

参考文献

[1] 刘学锋.关于加快推进我国"三品一标"事业发展的研究与思考[J]. 中国食物与营养，2015，21（8）：28-31.

[2] 马爱国. 新时期我国"三品一标"的发展形势和任务[J]. 农产品质量与安全，2015（2）：3-5.

[3] 马爱国. 促发展、严监管、创品牌推动"三品一标"工作再上新台阶[J]. 农村工作通讯，2016（9）：45-47.

第六章　绿色生态品牌建设行动[①]

第一节　概　述

一、绿色生态品牌的内涵

品牌（Brand）是一种识别标志、一种精神象征、一种价值理念，是品质优异的核心体现。品牌既有其外在特点，又有丰富内涵。由品牌可以引申出绿色生态品牌，即绿色生态（农业）品牌是指农业生产者或经营者在其农业产品或农业服务的名称及其标记，不仅仅是个标记，而是该品牌产品、企业，乃至行业囊括了现代绿色生态科学技术，体现了现代"五大发展理念"，体现了绿色发展要求的价值观。

绿色生态品牌实质上包括 4 个层面的品牌，分别是产品层面、企业层面、行业层面和区域层面的品牌，而此处的行业品牌是指大农业品牌，是指超过常规农、林、牧、渔行业品牌的概念，与农业核心价值相关的行业品牌都属于农业行业品牌。依品牌范畴而言，区域品牌的范畴最大，行业品牌其次，企业品牌居三，产品品牌最小。江西省提出绿色农业生态品牌建设行动实际上是指此四类品牌建设的有机统一体。

二、绿色生态品牌的分类

绿色生态品牌的分类可以从使用范围和体态上给予分类。

1．按使用范围分类

可以将绿色生态品牌分为绿色生态产品品牌、绿色生态企业品牌、绿色生态行业品牌、绿色生态区域品牌、绿色生态国家品牌和绿色生态国际品牌，当然这些品牌之间由于各种原因会存在不同程度的重叠。

绿色生态产品品牌是指使用在绿色生态农产品上，用以区分不同商品生产者或经营

---

① 本章作者：黄国勤、王志强（江西农业大学生态科学研究中心）。

者的商品的一种标记。对绿色生态商品生产者或经营者来说，绿色生态产品品牌首要的基本功能就是表明该商品系绿色生态产品，而非一般普通的农产品，表明商品的来源、品质和特有的功能。如高山牌绿色有机大米、万年贡米 1512 产品等。

绿色生态企业品牌是指使用在绿色生态农业企业名称上，用以区分不同商品生产者或经营者的一种标记。在现代市场条件下，绿色生态农业企业往往会将绿色生态产品品牌与绿色生态企业品牌统一起来使用，产品品牌就是企业品牌。如江西阳光乳业有限公司、江西省煌上煌集团有限公司、江西仙客来生物科技有限公司〔仙客来（中国驰名商标）〕等。

绿色生态行业品牌是指行业整体的品牌形象，有利于该行业整体的发展和产品销售，代表的是整个行业的核心价值。但行业品牌是一种集体的、虚拟的品牌，具有很大的外部性，同时行业品牌离不开政府的扶持和建设管理。如江西赣南脐橙、泰和乌鸡、崇仁麻鸡、宁都黄鸡等行业品牌。

绿色生态区域品牌是指一个地区内农业生产经营者所用的公共品牌标志，它是以特色化、规模化、绿色生态化的地区集聚为基础，采取绿色生态技术开发、带有鲜明地方特色的区域品牌。如江西赣南脐橙、江西余干辣椒等。

绿色生态国家品牌是指标示了"产品来源国"的品牌，这是基于消费者对过去的印象，该印象是来自某些特定国家的产品所形成的整体性认知，代表该国在该产品的国家形象，并同时配以精心设计的营销策略后所特有的核心价值的体现。如中国茅台、泰国香米、"麦当劳""人头马"等代表了各国的形象及国际品牌。

绿色生态国际品牌是指国内农业品牌进入国际市场，主要表现为在他国的投资、以自身原有农业品牌从事农业生产经营活动。

2. 按使用体态分类

可以将品牌分为实体品牌和虚拟品牌。虚拟品牌是指"看不见，摸不着"的品牌，而实体品牌是直接区分其他品牌。产品品牌、企业品牌和国际化品牌属于实体品牌，同时部分的行业品牌经过注册地理标志，如"赣南脐橙""金华火腿"等也属于实体品牌。但依据我国《商标法》原则，从法律的角度上对农业品牌进行分类，可分为商品品牌、服务品牌和地理标志三类。

三、江西绿色生态品牌建设的重要性

党的十八届五中全会提出了"创新、协调、绿色、开放、共享"的五大发展理念，江西省为进一步贯彻落实习近平总书记视察江西省重要讲话精神，推动农业发展方式转变，促进农业产业转型升级，加快建设现代农业强省，经江西省政府同意，2016 年 4 月 8 日，赣府厅发〔2016〕17 号文件提出"推进绿色生态农业十大行动"，该行动中明确提出建设江西绿色生态品牌。行动计划要求江西省实施"生态鄱阳湖、绿色农产品"品牌培育计划，挖掘一批老字号、"贡"字号农产品品牌、做大做强一批产业优势品牌、培育壮大一批企业自主品牌、整合扶强一批区域公用品牌，重点打造"四绿一红"茶叶、鄱阳湖品牌水产品等品牌。鼓励种养大户、家庭农场、合作社、龙头企业等开展紧密合作，建立基地，注册商标。引导各类市场主体申请中国驰名商标、江西著名商标认定。加大知识产权保护力度，重点维护好农产品老字号、"贡"字号和区域性公共品牌价值，提升品牌社会公信力。充分利用国内外展示展销平台，集中推介一批知名农产品品牌。

同时，2016年4月8日，江西省农业厅也印发了《关于加快推进农产品品牌建设的意见》的通知，要求为加快适应农业全球一体化，突出江西绿色生态优势，促进江西由传统农业大省向现代农业强省转变，加快农产品品牌建设势在必行。

建设江西绿色生态品牌对江西绿色经济的崛起具有跨时代的重要意义，也是江西发展绿色经济的重要环节，绿色生态品牌建设更是江西农业现代化、生态化发展的重要内容，对提升江西省农业生产质量与水平有着以下重要的作用。

第一，绿色生态品牌建设是促进传统农业向现代农业转变的重要手段。贯彻落实中央五大发展理念，创新发展模式，加快传统农业向现代农业转变是新时期农业发展面临的重点任务。农业绿色生态品牌建设是现代化农业的一个重要标志。推进农业绿色生态品牌建设，有利于促进农业生产标准化、经营产业化、产品市场化和服务社会化，加快农业增长方式由数量型、粗放型向质量型和效益型转变。

第二，推进农业绿色生态品牌建设是优化农业结构的有效途径。随着人们的生活水平的提高，社会对农产品品种、质量、安全和功能等提出了新的更高要求。推进农业绿色生态品牌建设，以市场为导向，以满足多样化、个性化、优质化消费为目标，引导土地、资金、技术、劳动力等生产要素向品牌产品优化配置，有利于推进优质资源向质量和效益优先的品牌流动，有利于推进农业结构调整和优化升级，有利于江西省农业供给侧改革目标的实现。

第三，推进农业绿色生态品牌建设是提高农产品质量安全水平和竞争力的迫切要求，也是农业企业长期安身立命的根本。自我国加入WTO以来，我国农业的国际化进程明显加快，面临的国际竞争压力进一步加大。农业企业只有将品牌建设放在企业战略突出的位置，贯彻落实公司品牌建设，通过推进农业绿色生态品牌建设，重点培育和打造农业优势绿色品牌，有利于促进农产品整体质量安全水平的提高，有利于形成一批具有国际竞争优势的品牌的农业企业和农产品。

第四，推进农业绿色生态品牌建设是实现农业增效、农民增收的重要举措。提高农业效益，增加农民收入，是农业现代化的重要内容。品牌是无形资产，打造农业绿色生态品牌的过程是实现农产品增值的过程。大力发展农业绿色生态品牌有利于拓展农产品市场，促进农产品消费，促进优质优价机制的形成，实现农业增效和农民增收。

第二节　绿色生态品牌建设成效与模式

一、江西绿色生态品牌建设成效

江西作为一个农业大省，农业资源丰富，以占全国 2.5% 的耕地，生产了全国 4% 的农产品，是全国重要的商品粮和商品棉基地。粮、猪、油、菜、果、茶、药、桑等主要农产品产量在全国占有重要地位。生态优势造就了江西省农产品大多是有机绿色农产品，各地农产品特色多、品质优，全省绿色食品、有机产品、绿色生产资料总数达 1 280 个，自 1986 年国家有关部委大力支持江西名特优农产品的开发以来，已形成了一批名特优农产品基地，并具有一定的农产品品牌规模。重点建设了一批优质农产品供应基地，扶持了一批农业产业化龙头企业，培植了一批优质农产品品牌。全省共认定无公害农产品产地 504 个，被认证为全国无公害农产品 363 个，绿色食品达到 711 个，在全国排名第六，其中有机食品 321 个，位居全国首位。2016 年，全省有中国驰名商标 38 个，中国名牌产品 8 个，中华老字号 14 个，江西省著名商标和江西名牌产品 258 个，各类农产品知名区域品牌 56 个，如南丰蜜橘、赣南脐橙、广昌白莲、余干黑乌鸡、婺源"大鄣山"牌和"天佑"牌有机茶、奉新"碧云"大米等。

二、江西绿色生态品牌建设模式与路径

江西省绿色生态品牌建设的路径选择主要依据发展的路径及方式而定，分三种路径，分别是：①绿色资源—绿色产品—绿色品牌；②龙头企业—绿色品牌—绿色原料；③生态环境建设—绿色品牌—绿色产业。三种模式与路径各具特色，现分述如下。

1. 模式一：绿色资源—绿色产品—绿色品牌

这种模式的基本途径是：立足绿色资源优势，合理开发利用资源，发展绿色产品，创建绿色生态品牌。江西省是我国的资源富集区、生态优势区，自然环境和森林面积居全国前列，各地区都具有不同的生产绿色产品，特别是某些绿色农副产品的基础条件和生产环境，这些特殊的生产环境具有其他地区不可替代的天然垄断性。因此，江西省具有开发绿色产品，发展绿色品牌的优越资源条件。江西省资源开发有悠久的历史，特别是改革开放以来，通过努力已经形成了以绿色生态有机大米、赣南脐橙（水果）、山油茶等为主的优势产业，造就了一批绿色产品的生产企业和知名绿色品牌。如大米类有"高山梯田"牌、金农米业等；水果类有"水源红""一品优""易果生鲜""农将军""全果优""兴盟果业""信必果""江南大叔""誉福园""赣南脐橙"等；油茶类有江西元博

山茶油、江西源森油茶科技股份有限公司等企业。

但是，由于对绿色产品研究重视不够，规划工作跟不上，政府对市场的规划、组织、开拓管理力度较小，政策不配套，缺乏高规格、高层次的"绿色产品标签""环境标志"认证管理机构等原因，优势资源特别是生物资源开发的潜力没有得到充分的发挥，新兴生物资源的开发比较落后，绿色产品的数量与绿色资源优势相比，数量少、档次低，绿色产业规模小，市场影响力较差。因此，立足江西省绿色资源优势，合理开发绿色资源，发展绿色产品，构建绿色品牌群落，是实现江西省经济结构调整，创建特色产业，提高竞争能力的必然选择。在大力发展以"四绿一红"茶叶品牌、"鄱阳湖"水产品品牌、赣南脐橙、南丰蜜橘、猕猴桃等为代表的传统绿色产品品牌的同时，加强大米、茶油、生猪等优势产业的主导品牌建设，开发系列绿色品牌，打造优势绿色生态农产品品牌群。同时加快无公害农副产品的发展，提高农副产品的安全性，从而把资源优势转化为经济优势。

2. 模式二：龙头企业—绿色品牌—绿色原料

这种模式的基本路径是，培养和利用强势企业，开发绿色产品，创建绿色品牌、建立绿色原料基地，带动当地资源合理开发和有序利用，促进产业结构调整和生态环境建设。近年来，农、果、卉业产业化正逐步构成江西特色产业，江西的绿色产品也绝大部分是农、果、卉产品。实践证明，这一特色产业是实现现代农业规模经营和带动农牧民脱贫致富，进入市场的切实有效的途径。而发展现代农业产业化的关键是充分发挥龙头企业的带动作用。由于龙头企业具有明显的资金、技术、人才和市场优势，所以在绿色产品开发和产业化经营中就自然担负起市场开拓、技术创新、引导和组织基地生产和组织农户经营的重任，成为推动绿色产业发展，构建绿色品牌群落，推进农业经济结构战略性调整的主力军。江西省农村由于习惯于单纯的资源开发利用，靠卖原料维持生计，品种不新，品质不高，因而导致资源严重浪费，生态恶化，效益低下，陷入"贫困—开发—更贫困"的恶性循环当中。而龙头企业恰恰可以解决这一深层次的问题。它们可以借助相对稳定的市场和销售渠道，突破市场"瓶颈"的约束，通过绿色产品的开发，把构建绿色原料基地与当地生态环境保护、建设结合起来，带动农牧民脱贫致富。

江西煌上煌集团食品有限公司创建于 1993 年，由"南昌市煌上煌烤禽社""南昌市煌上煌烤禽总社""江西煌上煌烤卤有限公司""江西煌上煌集团食品有限公司"沿革发展而来。该公司是一家以畜禽肉制品加工为主的食品加工企业，是农业产业化国家重点龙头企业，2002 年通过 ISO 9001 国际质量体系认证，是江西省唯一一家进入全国肉类食品行业强势企业的大型现代化企业。

煌上煌集团系列烤卤产品已形成五大系列（烧烤、卤制、凉拌、清蒸、炒炸）100多个品种，"皇禽"酱鸭被中国食品协会誉为"全国第一家独特酱鸭产品"，获得了"国际博览会金奖"等 20 多项省级、国家级、国际级的大奖。"皇禽"商标被评为江西省著名商标。

近年来，集团先后组建了江西煌上煌食品有限公司、江西皇禽食品有限公司、江西天龙房地产有限公司、煌上煌合味原餐饮娱乐有限公司、煌上煌饼业公司等 7 家子公司和 6 个独立的现代化烤卤加工厂，多元化经营初具规模，公司实力不断壮大。

集团公司在省内外拥有 300 多家专卖店，销售网络遍布全国大中城市。几年来，煌上煌集团坚持技术创新、管理创新、营销创新，并成立了产品研发中心、质量检测中心、员工培训中心，产品的技术研发能力和生产能力在中式行业中遥遥领先。

致富思源，富而思进，煌上煌集团投入光彩事业，捐款捐物共 800 万元，力争经过 6 年的奋斗，即到 2010 年跻身全国肉类食品行业前 20 名，成为全省食品行业中最大的外向型、科技型、集团化的民营企业，向全国民营企业 500 强进军。

煌上煌集团制定了一系列政策，采取"公司+农户"的形式，公司坚持突出"农"字头，紧扣"鸭"字业的产业发展方向，重点打造农产品深加工的产业链，以食品加工为龙头，推进肉鸭养殖建设，带动农民增收致富。公司通过建立"公司+农民专业合作社+农户""公司+养殖小区+农户"等多种利益连接机制，在江西全省带动建设肉鸭养殖专业合作社、养殖基地（小区）共 20 多个，养殖基地成了"农民长效增收点、脱贫致富示范点、一村一品样板点、绿色原料供应点"。公司得到了长足发展，农户走上了富裕之路。这一措施，不仅保证了公司的原料供应，增加了农民的收入，更重要的是为当地的生态建设做出了巨大贡献，达到了企业效益、农民增收及生态效益的有机统一。事实上，通过"公司+农户"等形式，把更多的农畜产品变成国内外消费者喜爱的绿色产品。利用各自对资源的优化配置能力和整合能力，使土地、劳力、资金、信息、人才等要素形成最佳的组合，把绿色资源的开发同生态环境保护与建设结合起来，把农业与工业、城市与农村连接起来，形成了城乡优势互补、工农比翼齐飞的良性循环。这种模式通过强势企业的示范作用促进更多的企业加入绿色资源开发利用中，从而使更多的绿色品牌形成，进而带动当地绿色原料基地的建设，促进生态环境保护和建设，形成地区经济的核心竞争力。

3. 模式三：生态环境建设—绿色品牌—绿色产业

对于生态脆弱地区，可通过生态环境建设，开发绿色产品，发展绿色品牌，带动绿色产业的发展，进而促进生态良性循环，实现生态效益、经济效益和社会效益的有机结合。近年来，国家改变由政府单一投资生态建设的旧体制，出台"谁治理、谁受益"的新政策，鼓励个人和企业参与治理荒山、荒漠，并提供配套资金、低息贷款等。江西省一些地区经济效益和社会效益兼收的绿色产业的发展，使之得到了充分的验证。

抚州以治山理水擦亮生态底色，以绿色理念发展生态经济，让绿色"底板"更鲜亮。

2018年上半年，该市经济发展趋势向好，全市实现财政总收入、固定资产投资、规模以上工业增加值分别增长15.4%、15.6%、9.5%。同时，抚州森林覆盖率达65.6%，2018年以来空气质量优良天数在99%以上。

抚州最大的资源、最好的品牌是绿色生态。为保护好、发展好绿色"家底"，使青山常在、绿水长流，该市实施"河长制"治水、"山长制"治山。2018年建立了覆盖市、县、乡、村四级的"河长制"，已有1 405名河长分段管理着308条河流。同时，实施抚河流域生态保护与综合治理工程，按照水生态文明理念，在抚河沿岸6个县（区）打造36个生态村镇示范点。还参考"河长制"做法实施"山长制"，聘请了3 000余名护林员。从2018年起，实施为期5年的全域性全覆盖封山育林，力争全市森林蓄积量每年净增率在3.8%以上，到2020年森林覆盖率稳定在66%左右。

该市擦亮生态底色，为发展生态经济提供了更加广阔的空间，现代农业、休闲旅游、现代物流、中医药、健康养老等绿色产业发展更加迅猛。发展绿色低碳循环的绿色工业，以创新驱动为引领，实施百亿企业培育工程，扶持10家成长型企业，使其3～5年主营业务收入过100亿元，目前全市工业已形成6大主导产业和10大特色产业集群，规模以上企业达903户。全市还建成休闲绿色生态农业企业390家，提升了绿色生态价值及相关企业的品牌价值。

第三节　绿色生态品牌建设存在的问题及对策

一、江西绿色生态品牌建设存在的主要问题

1. 企业经营规模较小，品牌较为分散

从数量上看，截至2016年年底，全省省级以上龙头企业761家，农业产业化国家重点龙头企业39家，占5.12%。从规模上来看，省级以上农业产业化龙头企业固定资产总额1 810亿元，实现销售收入6 060亿元，直接带动农户446万户。尽管江西龙头企业发展较快，但与中部其他省份相比仍有差距。例如，河南省农业产业化龙头企业达到5 724家，省级以上龙头企业366家；湖北省全省规模以上农产品加工企业达到2 888家，农业产业化国家重点龙头企业45家。由此可见，江西的农产品生产和加工企业的规模相对较小。目前，实行的"一村一品""一县一业"政策也造成品牌、资金、技术等相对分散，难以形成规模效益，以江西的茶油产业为例，11个地级市均有茶油加工产业，品牌也是五花八门，上饶有"红花"牌茶油，吉安有永丰的"绿海"牌茶油，萍乡有"乐今朝"牌茶油，南昌有"绿典"牌茶油，新余有"仰天岗"牌茶油，还有"赣花"茶油等。在数不胜数的各种品牌中，仅"绿海"牌茶油在省内拥有较高知名度，形成了

一定规模，但也仅限于江西省内，在省外超市了无踪迹。有很多牌子的茶油还停留在小作坊生产状态，甚至没有注册，更谈不上规模，造成资源分散，难以形成规模效益，不利于产业的整合和优势品牌的形成。这点，山东的"鲁花"模式值得我们借鉴。

2. 绿色生态品牌标准化建设有待提高

标准化生产是品牌建设的必要条件，近年来，通过不断转变增长方式，不断优化品种结构，大力推进农业标准化建设，加强农产品质量监管，全省初步构建起省、市、县三级农产品质量安全检测体系，基本实现各类大宗、特色农产品生产有标准可依。但与省外、国家和国际相比较，有些地方只注重标准的制定，而忽略标准的实施，即使是获得注册品牌农产品，其生产、加工等环节仍沿袭传统做法。仍有一些农产品至今还没有实行标准化，或者是标准已经落后，跟不上市场的需求，而且有些标准与农业新品种、新技术推广不吻合，导致农产品质量标准不高，自然削弱了这一品牌的市场竞争力。

3. 创绿色生态品牌意识有待增强

企业在市场竞争中发展，既要依靠科技、人才、项目、管理等生产内力的推动，也需要"著名商标""名牌产品"等流通外力的扩张。目前，江西的农产品企业创绿色生态品牌意识总体不强，重发展内力，轻发展外力的现象还较多地存在，虽然有些企业已经意识到品牌的重要性，创立了一些农产品绿色生态品牌商标，但还是认为品牌的培育和推广是企业实力强大后才需要做的事，企业的重心首要应偏向内力的发展壮大上，把有限的资金用于购地、建厂房、进设备等硬件上。要知道，罗马不是一天建成的，绿色生态品牌建设也不是一朝一夕能看到效果的，市场经济条件下的农产品绿色生态产品竞争，实质上是品牌竞争，如果忽视品牌，即使赢了现在，也会输了未来。

4. 绿色生态品牌发展潜力不足

品牌建设是一个耗资费时、长期性的系统工程，从农产品的相对量来看，江西省经国家认证的绿色食品、有机食品的种类数量在全国位居前茅，但在全国市场上具有影响的品牌农产品却寥寥无几，江西省"农业大省，品牌弱省"的现状难以改变。企业在做产品的同时创建了品牌，但打得出去、在全国闻名遐迩的品牌很有限。如"煌上煌"系列产品，在江西省内可以说是家喻户晓，且不说在省外的知名度如何，在省内也受到了湖北"周黑鸭"和湖南"绝味"两大品牌的冲击，可见名牌产品的力量。还有一些产品如江西萍乡"宏明"牌野山枣糕，尽管是江西省著名商标、绿色食品，但在本省省会城市南昌的各大小超市并不多见。不仅是要注册商标，更重要的是要把品牌做大、做强，发挥品牌应有的作用。另外，截至 2016 年年底，全省仅有 24 种产品获得了国家地理标志保护，这与江西农业资源大省、丰富的土特产资源极不相称，这些将大大影响农产品品牌的发展后劲，导致品牌发展的市场潜力明显不足。

二、江西绿色生态品牌建设的对策与建议

江西绿色生态品牌的建设将进一步提升品牌知名度、附加值及市场竞争力，江西省作为生态大省，应积极打造绿色生态农业品牌，以品牌促规模、以品牌拓市场，促进江西省绿色生态农业又好又快发展。

1．以产品质量积极打造品牌

质量是品牌发展的根本，是农产品创牌的源泉。任何产品的品牌效应和影响力都必须建立在过硬的质量上，质量的好坏直接影响农产品品牌的生存和可持续发展。因此，品牌建设必须以质量求生存，以质量谋发展。应按照质量有标准、生产有规程、产品有标志、市场有监测的要求，把质量管理贯穿始终，稳定农产品的内在品质，保证品牌的生命力和活力。农产品"三品一标（无公害农产品、绿色食品、有机农产品和农产品地理标志）"认证是近年来应我国农产品质量安全形势的要求，为确保农产品质量安全，促进农业增效和农民增收而发展起来的政府主导的安全优质农产品公共品牌。其目前已构成食用农产品质量安全的标志性整体品牌，赢得了市场的认同，受到消费者的青睐。所以，作为安全优质农产品的品牌象征，应把发展"三品一标"当作一项长期战略来抓，把开展"三品一标"认证作为打造品牌的基础性工作，大力推进，深入实施。同时积极推行 GAP、HACCP、ISO 9000 等认证的认可工作，全面提高农产品质量安全水平，不断提升江西省农产品品牌的认知度和公信力，扩大农产品品牌的影响力。

2．以农业标准化培育品牌

标准化生产是创品牌的前提，高质量的农产品通常有一套贯穿产中、产前、产后的农业技术标准。结合江西省的实际情况，应以农业标准化为依托，制定农业标准体系发展规划。一是以建立健全农业质量标准体系、农产品质量安全检测体系和农业标准推广应用体系为重点，加快推进农业标准化，建立结构合理、层次分明、重点突出、逐步与国际标准接轨的江西农业标准体系，通过各种信息渠道搜集国际标准和国外先进标准及有关国家的技术法规，广泛吸收先进农业技术及农副产品加工、包装、贮运等符合国际贸易需要的标准。在制定操作技术规程时，要突出提高农产品质量安全水平；在制定农产品成品标准时，要考虑农产品的质量等级，提高优质农产品在市场中的分辨率，作为实施农业名牌战略的重要依据，为农业生产和加工企业实施标准化提供技术支撑。二是突出抓无公害、绿色产品农业标准的制定，发布地方标准。通过突出主导产品，以重要农产品为突破口，围绕粮油、蔬菜、茶叶、水果、畜牧、水产等江西省支柱产业，尽快制定与国际接轨的地方标准，实行从产地到加工、销售全过程的质量安全控制，提高农产品质量，形成优质品牌，提高市场竞争能力。三是突出地方特色，对南丰蜜橘、赣南脐橙、婺源绿茶等具有地理标志保护的特色名特优产品，要因地制宜并参照国际标准修

订地方标准，积极争取实现原产地域保护，形成品牌优势。四是加强标准化示范区建设，促进特色农产品品牌发展。市场经济条件下的农产品竞争，实质上是品牌竞争，其核心是农业标准化。要着力培育一批竞争力、带动力强的龙头企业和企业集群示范基地，推广标准化龙头企业、合作组织与农户有机结合的组织形式，加快农业标准化、产业化和国际化的进程，增强品牌竞争的实力。

3．以科技创新增强品牌科技含量

对于绿色生态农产品，增加农产品附加值是核心，延长农产品产业链是主线，推进技术创新是目的。人们购买商品需要的是其使用价值，在多数农产品已形成买方市场的情况下，同类产品的质量、科技含量、附加值的高低就显得特别重要。人们的生活质量在不断地提高，市场对高、精、细、稀类农产品的需求不断增强，淘汰劣质品种，压缩常规品种，扩大名优品种。例如，大米不仅品种多，营养价值也多样化，有富硒米、有机米、保健米等，已远远超出人们普通饮食的范畴。在农产品总量平衡基本解决之后，如何生产品质优良、符合市场需求的农产品已成为目前农业科研部门面临的重要课题，也是创名牌农产品的关键。第一，应加强农业科研部门的投入力度，鼓励农业科研人员进行科技攻关，加强农业科研的实用性，结合江西省农产品的优势产业，优化品种结构，形成具有区域特色的专有性品种，提高产品价值；第二，加强科技创新，研发高品质农产品，确保生产出营养性高、安全性好的优质农产品，提高科技对品牌建设的贡献率和支撑力；第三，加强农产品的采收、包装、储藏、运输和加工技术的研究与开发，通过农产品的精加工，提高农产品的科技含量和附加值；第四，根据各县区当地的实际情况，引进先进的、适宜本地区生长的、有较好市场潜力的、各质量指标均优的新品种，培育成江西省的品牌农产品。

4．以宣传保护提升品牌

（1）对农产品品牌进行统一宣传

指导农产品行业协会、农技推广机构等组织统一品牌宣传和策划，充分运用各种媒体，推介品牌，宣传品牌，培育品牌信誉，以扩大证明商标、集体商标的知名度和美誉度，扩大江西省农产品品牌的影响力；通过有计划、有步骤地开展"培育品牌、发展品牌、宣传品牌、保护品牌"系列活动，大力推介品牌农产品、品牌商标具有地理标志的特色农产品，增强企业和社会的品牌意识，广泛动员企业参与创牌、保牌工作，使创牌工作形成热潮。

（2）加强品牌保护

一是鼓励支持农产品商标注册，增强生产经营主体的商标意识，加强无公害农产品、绿色食品、有机农产品和农产品地理标志的保护，增强品牌防御意识，提高商标防伪能力，促进农产品品牌包装上市。

二是在积极保护已有品牌的同时，加大打假制劣、查处虚假广告方面的执法力度保护注册商标专用权、农产品商标注册、地理标志商标和集体商标等，，为品牌产品和企业创造健康发展环境和公平竞争环境。

三是要吸取南丰蜜橘扩大种植规模，造成市场上产品质量参差不齐，从而砸了金字招牌，将市场拱手相让给冰糖橘的教训，杜绝傍名牌的短期发展行为，立足可持续发展，专注打造具有个性特色的农产品品牌。

5. 以政策扶持完善品牌激励机制

发展品牌农业，发展农产品品牌，既离不开市场的有效配置，更离不开政府的有力推动。政府按照优势产业、优势品牌导向重点扶持有发展潜力的企业，要给予创"品牌"农产品的企业或合作组织更多的政策支持。首先，政府应该根本转变政府职能，由行政领导者变为信息提供者和市场服务者，从而推动竞争环境的有序化；其次，在金融、税收、出口补贴等方面给予扶持性政策，支持以品牌生产为龙头的农业企业化组织建设，重点扶持龙头企业特别是销售收入上亿元的龙头企业；再次，政府应关注国际农产品市场动态，通过签订更为有利的多边和双边农产品贸易协议，为江西省农产品打入国际市场创造良好条件；最后，对主动注册农产品商标、注册农产品集体商标和证明商标的，适当给予补助；对农产品获行政认定的驰名商标和省著名商标、市知名商标分别给予一定奖励。

6. 大力发展龙头企业和专业合作组织

龙头企业、专业合作组织具有较强的市场意识和品牌意识，能按绿色生态环保的要求组织标准化生产，共同打造和维护绿色生态品牌。一是政府应大力扶持、引导农民专业合作组织和农业龙头企业的发展，采取"合作组织农户""公司+农户""订单农业"等方式，提高农业生产的组织化程度。扶持有条件的专业合作组织、龙头企业在优势产区建设农产品生产、加工、销售基地，加强基地与农户、基地与市场之间的联合与合作。二是积极引导实力强、管理先进、品牌知名度较高的企业或合作社进行联合或兼并，依托现有品牌和核心企业或专业合作社的力量，整合资源，壮大产业。

7. 以发展土特产拓展区域品牌

要按照区域化布局、规模化生产、品牌化营销、产业化经营的现代农业经营理念，立足鄱阳湖生态资源优势，面向市场需求，大力发展城市绿色生态农业，调整农业产业结构。土特产产地一般拥有深远的产品文化和众多的生产能手，为区域品牌的形成奠定深厚生态文化基础、群众基础。通过加大土特生态产品资源开发力度，对土特产生产供应环节加以引导规范，就能把土特产及其产地成功打造成集群区域品牌。当前，江西发展土特产基础上的区域品牌，首先要鼓励各地积极为土特产品申请原产地保护、地理标志注册；其次要健全土特产加工产业链条，引入现代科技和管理手段，实行专业化、标准化生产,提高土特产集群化、科学化程度;最后要积极扶植土特产品的龙头企业,引导其品牌化建设,从而实现区域特色农产品品牌发展,大力发展绿色生态产业。例如,"四绿一红"茶叶品牌建设、"鄱阳湖"水产品牌创建、"三只鸡"品牌、赣南脐橙、南丰蜜橘、猕猴桃等赣果品牌等区域绿色生态品牌建设。

8. 加大政府支持力度,营造绿色生态的品牌环境

各级政府要做好绿色生态品牌产品发展规划,并把绿色生态产品品牌化经营的发展纳入当地经济发展规划中,因地制宜确定政府重点扶持的行业和龙头企业。使绿色生态农产品品牌经营企业能够与政府规划相一致,使其绿色生态品牌经营发展之路有更好的政策支持。同时建立完善绿色生态品牌的经营保护体系和制度体系,完善相应的法律法规。只有这样才能创造出一个公平竞争的市场秩序,为绿色生态品牌农产品的生产和发展创造良好的市场环境。

第四节 绿色生态品牌建设目标与规划

一、目标与愿景

江西省农业绿色生态品牌建设的愿景是江西发展农业,尤其是绿色生态农业对绿色生态农业品牌现存价值、未来前景和信念准则的界定,是江西绿色生态农业品牌建设中不可缺少的一部分。品牌建设首先要构想出品牌愿景与目标,并使其与江西的绿色生态农业发展和经济社会发展相适应。在当前环保的大环境中,广大生产者及消费者的生态文明意识普遍增强,对产品的要求更加科学,绿色生态观为广大消费者所崇尚。绿色生态理念倡导无污染、无公害、有助于公众健康的产品;注重环保,不因农业污染环境;崇尚自然,注重生态资源节约和持续协调发展。江西绿色生态品牌建设必须符合消费者"健康生活"的绿色生态追求。

江西省"十三五"规划中明确要求,建立健全农产品从农田到餐桌的质量安全体系,打响"生态鄱阳湖、绿色农产品"品牌。持续增加农业投入,完善农业补贴政策。构建新型农业经营体系。着力培育新型职业农民,支持家庭农场、专业大户、农民合作社、农业产业化龙头企业等新型经营主体发展,发展绿色农业企业品牌。打造成一批国内领先的著名绿色生态品牌产品,促进江西绿色生态农业又好又快的发展。

在行业层面,要求把提高农业综合效益和竞争力摆在更加突出的位置。优化农业生产区域布局,大力发展特色优势产业,深入推进以"百县百园"为重点的现代农业示范园区建设,打造全国绿色食品产业基地。努力建设具有地区影响力行业品牌和现代绿色生态农业生产基地。

在区域层面，需要各地区根据地区特色和资源特征，整合地区资源，地区政府和行业协会系统规划实施，努力建设具有地区影响力地区品牌，落实投入人力、物力，打造具有国内重大形象的区域品牌。

二、建设规划

1．指导思想

以习近平新时代中国特色社会主义思想和党的十九大精神为指导，贯彻落实"创新、协调、绿色、开放、共享"新发展理念，按照江西省委十四届六次全体（扩大）会议确定的"创新引领、改革攻坚、开放提升、绿色崛起、担当实干、兴赣富民"的要求，实现江西绿色崛起和农业供给侧结构性改革目标，坚持绿色发展，推进江西绿色生态品牌建设。进一步解放思想，开拓创新，创新思路，打造"生态鄱阳湖、绿色农产品"品牌，为加快转变江西省经济发展方式，打造资源节约型、环境友好型和自主创新型绿色生态农业，加快农业资源大省向生态强国转变做出新的更大贡献。

2．主要原则

绿色生态品牌建设规划的原则主要有两个方面，一方面是企业内部如何建立生态品牌；另一方面是从江西绿色生态农业整个行业的角度建立品牌。

（1）从公司角度建立品牌规划

从公司角度建立品牌规划的主要原则有：

第一，以人为本的原则。坚持"以人为本"的原则，牢固树立并自觉践行"三个始终"，密切关注绿色生态产品的消费者、工业企业等对象的感受，切实根据不同产品对象的需求提供市场认可的个性化产品和服务。

第二，彰显特色的原则。特色，是服务品牌的个性。江西绿色生态品牌建设要依托中国传统文化、江西生态地域文化、农业行业文化及企业自身文化，吸收先进文化和优秀元素，形成具有特色的产品内涵、产品文化和服务信誉等，并通过深入而广泛的传播，让产品有亲切感，让社会大众有认同感。

第三，持续创新的原则。准确把握产品需求快速的变化，持续创新服务方式方法，不断提高产品质量，以更快的速度、更高的标准满足多元化、差异化的需求。尊重品牌建设的规律，积极借鉴行业内外品牌建设优秀成果，用科学发展、持续创新的观点对其进行整合、完善和提升，使绿色生态品牌建设更加符合江西绿色经济崛起的实际和未来发展的需求。

第四，共同发展的原则。坚持优化整合、共同发展的原则，将江西的绿色生态品牌建设与江西的生态资源和优势等有机结合起来，协同一致、相互促进、形成合力。在已有的各项服务流程、标准、规范的基础上，不断优化、整合新标准、新流程，形成统一的服务体系，更好地服务广大消费者，与其共同成长。

第五，创造价值的原则。把产品做成品牌，让品牌创造价值。在新形势下，促进传统农业向现代农业转变是江西发展现代化农业的重要使命，是转变农业发展方式的重要途径，是推动"绿色生态农业"的强大动力。建设省市一体化服务品牌，就是要促进这种转变、创造更大价值：对内主要是为员工搭建成长平台，为企业做大品牌、做优品牌，为行业树立良好的社会形象，助力江西农业提升核心竞争力，增加企业的核心价值。

第六，包容力和扩张力原则。品牌是体系产品或企业的核心价值，著名国际品牌具备很强的包容力和扩张力。品牌延伸能否成功的关键是核心价值是否包容新产品。由于无形资产的利用不仅是免费的，而且还能进一步提高，所以不少企业期望通过品牌延伸提高品牌无形资产的利用率来获得更大的利润。因此，在品牌建设规划时应充分考虑品牌的前瞻性和包容力。

（2）从行业角度建立品牌规划

从行业角度建立品牌规划的主要原则有：

第一，坚持以市场为导向。主动适应市场全球化、消费多样化、需求个性化的特点，将江西的生态优势、农产品特色优势进行整合，有效锻造农产品品牌、树立良好形象，加强宣传推广，不断提高江西农产品品牌的市场影响力和竞争力，创建独具特色的江西农产品品牌形象。

第二，坚持以企业为主体。引导农业龙头企业、农民合作社、家庭农场等新型农业经营主体，通过商标注册、标准制定、质量管理、品牌培育、文化挖掘和科技创新等手段，创建自主品牌，努力打造以品牌价值为核心的新型农业。

第三，发挥政府推动作用。在尊重市场、经营者主体作用的前提下，发挥各级政府的引导作用，积极构建政策支持体系、财政金融扶持体系、技术帮扶体系、产业支撑体系、法治保障体系，通过政策、资金、技术及市场监管等一系列工作措施，营造有利于培育和发展品牌的良好环境。

第四，坚持质效并举。质量是品牌的基础，效益是品牌的目的。坚持以质取胜，确保江西农产品绿色有机质量标准，树立江西农产品质优价实的良好形象，最大限度地实现品牌农产品的经济效益和社会效益，促进农民增收。

第五，坚持协同共建。构建"企业主动、政府推动、专家指导、部门联动、社会互动"的农产品品牌建设机制，充分发挥企业的主动作用、政府的推动作用、专家的指导作用和媒体的传播作用，鼓励和保障公众共同参与、生产者与消费者良性互动，形成齐抓共管、共建共享的格局。

三、具体内容

根据品牌的应用范围，品牌分为产品品牌、企业品牌、行业品牌、区域品牌、国家品牌和国际品牌，那么在品牌建设过程中就应该注意品牌应用的范围大小，根据品牌建设的常规性顺序原则，我们一般首先建设产品品牌，其次是建设企业品牌，而有时是先建设企业品牌，后建设产品品牌，这主要是依品牌定位模式而定。如果是以消费者为导向而建立的品牌，则是首先建设产品品牌；如果是以资源自身优势资源为导向而建立的品牌则是首先建立企业品牌，然后产出产品品牌。因此品牌建设过程中对品牌的定位十分关键。

1. 市场定位

绿色生态品牌的市场定位就是绿色生态农业企业根据品牌愿景和目标为指导，通过一系列的品牌运作活动，使企业品牌价值和内涵在利用相关者心目中占领一个独特的位置，或使企业品牌价值和内涵在利用相关者心中，形成一种独特的、正面主观联想的过程。在品牌定位建设过程中，首先要对企业内外部环境进行分析。其中内部包括自身战略、管理及人力资源等，外部环境包括政策、竞争对手品牌定位及策略，尤其是内外部利益相关者进行分析。其次要认真分析企业品牌的关键优势。主要是要认真分析企业的关键优势所在，找出这个品牌的"支撑点"，而这个点能让消费者接受和信服，同时又能强有力地区分其他竞争对手。

2. 建设进程

第一，进行市场调研与竞品分析。在市场调研方面，在绿色生态农业企业中进行调研，收集江西著名品牌在客户中的形象和认识，同时收集江西著名农业品牌在客户中的产品占比和丰富的绿色生态资源，以及其他竞争对手的市场占有与企业形象，了解著名农业品牌在市场的大致地位。在竞品分析方面，产品是品牌建设的基础，产品的好坏直接影响品牌的形象。将江西著名农业品牌产品与竞争对手产品进行对比分析，从产品的根源上分析，找出江西著名农业品牌与对手的差别，对江西著名农业品牌技术和质量不断改进，从产品上改进客户对品牌的认识。

第二，建立 CIS 系统。引入 CIS（企业识别系统）整体视觉形象的优化升级，针对企业经营理念与精神文化，运用整体传达给企业内部与社会大众，并使其对企业产生一致的认同感或价值观，从而形成良好的企业形象和促销产品的设计系统。品牌建设推进对自身的理念文化、行为方式及视觉识别进行系统的革新，统一的传播，以塑造出富有个性的企业形象，以获得内外公众认可的经营战略。目前江西省的品牌不够整体，而且许多品牌已经沿用了多年。许多其他省份农业一线品牌形象早已升级多次，江西省的品牌形象一成不变容易造成视觉疲劳。

第三，客户关系管理。农产品的销售主要以终端消费者为主，因此对于江西农业企业来说，客户是非常重要的资源。所以从客户角度提升产品的影响力和美誉度，应加强同客户关系的管理，从客户方面加强品牌的认可度和信赖程度。

第四，品牌形象与文化建设。品牌的形象与文化建设与公司产品和公司文化相关，因此在形象上的建设要从公司产品角度改进，这是一个较为长久的过程，同时也是对品牌最为重要的一点。对公司产品要严把质量关，打造优质产品的企业品牌形象；同时不断提升企业技术能力，打造技术强的品牌形象等，这需要一个长期时间去改变和提升。品牌文化从服务上体现，公司的宗旨就是让顾客满意。

第五，品牌推进方面。品牌的建设是与公司各个部门相关的，品牌的推进也需要各个部门的配合，共同建设。技术提升推进品牌建设，技术是产品提升的核心，品牌的建设最直接的媒介在于产品，品牌的竞争力在于产品的竞争力，技术是产品竞争力的重点，因此技术提升对品牌建设起到关键性作用。

3. 推广传播

江西绿色生态品牌建成之后的首要任务就是品牌推广问题了，无论品牌以哪种形式产生，都离不开品牌的推广传播，离开了传播，品牌的塑造和成长几乎是不可能的。但是品牌的传播渠道对品牌的传播效果起着至关重要的作用。

常规的传播渠道包括大众传播、分众传播、群众传播和人际转播。大众传播主要是通过主流大众媒体发布信息，包括广播、电视等电子媒体，报纸、杂志等平面媒体，信息传播较为大众化、广泛化；分众传播是以产品和市场细分为基础，以获取某些特定部分人的注意力为目标，以此来传播信息，信息传播范围特定、准确，传播的侧重点与大众传播不同；群众传播是比分众传播更具针对性的品牌传播途径，是直接面向某一类鲜明目标受众的传播，是群体内部或群体之间的信息传递；人际转播是指人与人之间的直接交流和沟通，针对性强、互动性高，是获取品牌信息、形成品牌的消费态度的重要渠道。上述四种传播渠道各有千秋，在进行品牌传播时，要灵活、综合运用各种传播渠道进行组合传播。

在利用以上几种传播渠道组合传播江西绿色生态品牌时应注意以下几点。

第一，媒体组合应该有助于扩大品牌传播的受众总量。某一种媒体的受众群体，不可能与某一种绿色生态品牌传播的目标对象完全重合，没有被包含在某一种媒体的受众中的那部分传播对象，就需要通过其他媒体来传播，这就是许多品牌采用立体式媒体组合传播的重要原因之一。

第二，媒体组合应该有助于对品牌信息进行适当重复。品牌传播受众对于品牌信息产生印象、兴趣和购买欲望需要一定的信息展露度，而受众对某一种媒体上传播的品牌信息注意程度会在信息展露度随时间的递增而出现不同程度的降低，因此需要多种媒体之间的配合使用。

第三，媒体在周期上的配合。不同的媒体有不同的时间性，因此为提高品牌传播的效果和效益，必须注意各媒体的时机和特性，进行有效整合。

第四，媒体组合应该有助于品牌信息的互补性。不同的媒体有不同的特性，在媒体组合式考虑各媒体之间的相互搭配、相互促进和相互补充。

第五，应注意效益最大化原则。在保障各媒体传播效果最佳的基础上，对各媒体传播发表的信息规格和频次进行合理组合，以尽量节省传播费用，赢得更大的品牌传播投资效益。

4．品牌的维护

品牌维护，是指企业针对外部环境的变化给品牌带来的影响所进行的维护品牌形象、保持品牌的市场地位和品牌价值的一系列活动的统称。品牌作为企业的重要资产，其市场竞争力和品牌的价值来之不易。但是，市场不是一成不变的，因此需要企业不断地对品牌进行维护。品牌维护对发挥企业核心价值具有重要作用，主要表现在以下四个方面。

第一，有利于巩固品牌的市场地位。企业品牌在竞争市场中的品牌知名度、品牌美誉度下降，以及销售、市场占有率降低等品牌失落现象被称为品牌老化。对于任何品牌都存在品牌老化的可能，尤其是在当今市场竞争如此激烈的情况下。因此，不断对品牌进行维护，是避免品牌老化的重要手段。

第二，有助于保存和增强品牌生命力。品牌的生命力取决于消费者的需求。如果品牌能够满足消费者不断变化的需求，那么，这个品牌就在竞争市场上具有旺盛的生命力。反之就可能出现品牌老化。因此，不断对品牌进行维护以满足市场和消费者的需求是很有必要的。

第三，有利于预防和化解危机。市场风云变幻、消费者的维权意识也在不断增高，品牌面临来自各方面的威胁。一旦企业没有预测到危机的来临，或者没有应对危机的策略，品牌就面临极大的危险，这无疑是对一个品牌的挑战。品牌维护要求品牌产品或服务的质量不断提升，可以有效地防范由内部原因造成的品牌危机，同时加强品牌的核心价值，进行理性的品牌延伸和品牌扩张，有利于降低危机发生后的波及风险。

第四，有利于抵御竞争品牌。在竞争市场中，竞争品牌的市场表现将直接影响企业的品牌价值。不断对品牌进行维护，能够在竞争市场中不断保持竞争力。同时，对于假冒品牌也会起到一定的抵御作用。

对于品牌维护的内容主要集中在品牌发展的自我维护、品牌发展的法律维护、品牌发展的经营维护三个方面。

品牌的自我维护手段主要渗透在品牌设计、注册、宣传、内部管理以及打假等各项品牌运营活动中。在品牌的设计、注册与宣传中渗透品牌的自我维护思想，这是在品牌创立阶段就应考虑的。因此，在我们所定义的品牌维护阶段，可以将品牌发展的自我维护定义为"企业自身不断完善和优化产品，以及防伪打假和品牌秘密保护措施"，具体包括产品质量战略、技术创新战略、防伪打假战略与品牌秘密保护战略。

品牌的法律维护包括商标权的及时获得、驰名商标的法律保护、证明商标与原产地名称的法律保护，以及品牌受窘时的反保护。"原产地名称的法律保护"也有类似情况。而"品牌受窘时的反保护"不仅因企业和产品不同而措施各异，而且使用的法律条款繁多。因此，将法律维护定义为主要通过商标的注册和驰名商标的申请来对品牌进行保护。

品牌发展进入成熟期后，不仅要通过自我维护使产品得到不断更新以维持顾客对品牌的忠诚度，采取法律维护以确保使著名品牌不受任何形式的侵犯，更应该采用经营维护手段使著名品牌作为一种资源能得到充分利用，使品牌价值不断提升。品牌的经营维护就是企业在具体的营销活动中所采取的一系列维护品牌形象、保护品牌市场地位的行动，主要包括顺应市场变化，迎合消费者需求；保护产品质量，维护品牌形象，以及品牌的再定位。

四、江西绿色生态品牌建设的重点

1. 大力实施农业标准化生产，夯实农产品品牌的质量基础

要以良种保护、良种提纯和良种推广为核心，以农产品质量标准体系、安全检测体系和标准推广应用体系为重点，加快推进农业生产标准化。广泛采用国际和国内先进标准，做到农业产前、产中、产后各环节都有技术要求和操作规范。加强农产品质量安全建设，按照《农产品质量安全法》的监管要求，结合优势农产品布局，以优势主导产业为重点，建成布局合理、职能明确、专业齐全、功能完善、运行高效的农产品质量安全检测体系。一是建立和完善农业标准化基地建设，为农业品牌提供质量保障。二是加快农产品质量安全追溯体系建设，按照农产品生产有记录、信息可查询、流向可跟踪、责任可追究、产品可召回、质量有保障的总体要求，应用现代二维码、射频码等信息技术将农产品生产、运输流通、加工的各个节点信息互联互通，实现对农产品从生产到餐桌的全程质量管控。

2. 着力推进农业产业化经营，培育农产品品牌主体

以资产为纽带积极培育一批农产品加工、流通的产业集团。鼓励龙头企业通过兼并、重组、参股、联合等方式，促进要素流动和资源整合，与上下游中小微企业建立产业联盟，与农民合作社、家庭农场、种养大户和农户结成利益共同体，创建一批农产品加工示范企业和示范单位。积极争取财税金融政策。推动企业与资本市场对接，加强上市融资服务和指导培训，与金融机构沟通协调，支持企业进行技术装备改造和产业升级。实

施质量立企、品牌强企战略。支持引导企业建立检测检验、质量标准和全程质量可追溯体系，将质量和信誉凝结成知名品牌。通过与金融机构对接进一步扩大融资的规模，支持农业产业化企业做大、做强。

3. 鼓励支持农产品商标注册，促进农产品品牌包装上市

要引导龙头企业、农民合作社等生产经营主体增强商标意识，鼓励、支持其积极开展农产品商标和地理标志证明商标、集体商标的注册，促进品牌农产品包装上市，促进农产品的品牌销售。各级都要设立品牌奖励资金，对各类农业经营主体申报成功的给予奖励。

4. 扎实开展农产品"三品一标"认证，提高农产品品牌的影响力

要按照"统一规范、简便快捷"的原则，把开展无公害农产品、绿色食品、有机食品和农产品地理标志认证作为农产品品牌培育的基础性工作，根据国内外通行规则和市场需求，提高认证科技手段，缩短认证时间，降低认证成本，依托优势农业产业和特色农产品，逐步普及农产品认证，培育众多的绿色、有机农产品。

5. 加大营销宣传力度，提高品牌农产品市场占有率

品牌是培育出来的，品牌也是推介出来的。各地要善于做品牌推介工作，采取"两手抓，两手硬"的办法推介农产品品牌。一手抓传统媒体的推介，努力在广播、电视、报纸、户外、高速、高铁等传统媒体上不间断、全覆盖推广本地、本企业的农产品品牌；另一手抓网络等新媒体推介，根据网络特点，针对网络受众，运用网络语言，大力做好网络推介。尤其是要针对微博、微信特点，开发微广告，争取微用户，扩大微影响。

6. 自觉维护品牌形象，确保农产品品牌健康发展

要加强品牌保护，努力维护品牌的质量信誉，保障农产品品牌健康发展，对恪守信用者要予以宣传表彰。品牌主体要强化自律意识，切实加强品牌质量保证与诚信体系建设，形成崇尚品牌、尊重品牌、维护品牌的良好氛围，自觉抵制傍名牌、仿品牌和假冒品牌的恶劣行为，为品牌的健康发展营造良好环境。

7. 抓好农产品品牌整合工作，打造国家知名品牌

品牌整合要坚持以"政府引导、企业主体、市场运作、产业支撑"的原则，加强同区域同类别的品牌整合。着力打造鄱阳湖水产、赣南脐橙、崇仁麻鸡、宁都黄鸡、泰和乌鸡、井冈蜜柚等区域公用品牌，以品牌为载体，将分散的千家万户联合成一个利益共同体。从整合品牌入手，放大知名产品明星效应，对已经具有一定知名度的农产品品牌，大做文章，做大文章，努力把它们打造成国家知名品牌。

8. 大力发展农产品电子商务，着力做好农产品品牌网络推介

鼓励龙头企业、农民合作社等新型经营主体，加快发展农产品电子商务，广建电商平台，广辟网络渠道，并借助淘宝、京东及赣农宝各类电商平台和网络渠道，突出做好品牌宣传。要抓住农产品电子商务刚刚兴起，大家基本处在同一起跑线的良机，引进和培养专业的网络品牌打造和推广人才，帮助龙头企业、农民合作社等新型经营主体勇于、善于在网络做好品牌策划、品牌定位、品牌文化、品牌营销等工作，积极主动争取和稳固网络消费者，使江西省农产品品牌在网络领域抢占先机。

参考文献

[1] 史亚军. 新农村可持续发展模式与农业品牌建设[M]. 北京：金盾出版社，2010.

[2] 中国钨业协会"十二五"品牌建设发展规划纲要[J]. 中国钨业，2012（5）：44-47.

[3] 李祝义. 建议从国家层面制定品牌发展战略规划——国务院参事调研组赴中国品牌建设促进会调研[J]. 中国品牌，2014（7）：20-21.

[4] 仁达方略管理咨询公司. 央企集团品牌建设之道[M]. 北京：企业管理出版社，2014.

[5] 唐红祥. 提升现代特色农业问题研究——以广西为例[J]. 学术论坛，2016（4）：62-66.

[6] 刘建华，信军. 加快发展农业特色产业的启示与思考——基于礼县苹果产业的调研[J]. 中国农业资源与区划，2015（7）：109-112.

[7] 覃泽林，李耀忠，秦媛媛，等. "十三五"广西现代农业面临的挑战与发展思路[J]. 南方农业学报，2015（5）：943-950.

[8] 张芬昀. 生态农业产业集群发展中的经济效应与政府行为探究[J]. 农业现代化研究，2013（2）：172-175.

[9] 徐元明. 关于江苏省农产品市场建设的思考[J]. 江苏商论，2005（11）：5-7.

[10] 管珊红，熊立根，曾小军，等. 关于江西农产品品牌建设的思考[J]. 江西农业学报，2010（9）：201-203，206.

[11] 李建军. 基于农业产业链的农产品品牌建设模式研究[J]. 上海对外经贸大学学报，2015（5）：14-23.

[12] 田文勇，赵圣文，张会幈. 合作社农产品品牌建设行为影响因素实证分析——基于贵州、四川部分农民专业合作社的调查[J]. 开发研究，2014（5）：30-33.

[13] 李景国，田友明. 农业科学发展战略视域下农产品品牌建设机制及其营销策略研究[J]. 安徽农业科学，2014（6）：1830-1832.

[14] 李建芳，张艳新. 农产品品牌建设问题研究——以保定市为例[J]. 商场现代化，2013（29）：56-57.

[15] 邓贝贝，颜廷武. 关于我国农产品品牌建设的思考[J]. 山东农业大学学报（自然科学版），2011（4）：622-626.

[16] 汪明萌. 我国农产品品牌建设浅析[J]. 山西农业科学，2010（3）：74-76，79.

[17] 黄蕾. 区域产业集群品牌：我国农产品品牌建设的新视角[J]. 江西社会科学，2009（9）：105-109.

[18] 张可成. 略论农产品品牌建设中的政府行为[J]. 理论学刊，2009（9）：87-90.

[19] 王文龙. 中国地理标志农产品品牌竞争力提升研究[J]. 财经问题研究，2016（8）：80-86.

[20] 郑端. 陕西省特色农产品区域品牌竞争力提升对策研究[J]. 中国农业资源与区划，2016（7）：186-191.

[21] 江洪. 农产品品牌建设中农业合作组织的角色分析[J]. 农业经济，2016（2）：136-137.

[22] 李静. 内蒙古农产品品牌发展模式与运行机制研究[J]. 中国农业资源与区划，2016（1）：202-206，212.

第七章　农田化肥施用与零增长行动[①]

　　我国是世界上化肥施用最多的国家之一，我国耕地面积占世界的 7%，施用了占世界总量 28% 的化肥。根据国家统计局数据，2013 年我国农用化肥施用量达 5 911.9 万 t，超过世界总用量的 1/3；单位播种面积化肥施用量达到 359.1 kg/hm²，是世界平均水平的 2.5 倍。研究表明，我国化肥施用量已经超过了经济意义上的最优施用量，并给农民带来了经济损失。研究数据表明，在过去的 30 年，我国单位质量化肥投入带来的实际粮食产量的增加量不断减少，单纯依靠化肥增产的空间已变得越来越有限。由于落后的施肥方式、盲目的粗放施肥和严重的偏施现象造成的我国农作物产量下降、有害物质超标、地下水源污染及土壤板结酸化、农业面源污染（以下简称"化肥面源污染"）等问题却呈现增加的趋势，相关研究也证实，在降雨和径流的作用下，粮食和蔬菜施用的氮肥一半会从农田流入江河湖泊，对当地及区域的生态系统功能产生了严重的影响，同时也影响了食品安全，极不利于我国环境友好型、资源节约型社会的构建。虽然我国单位播种面积的化肥平均施用量已经远远超过全球平均水平和最优的施用量，但依然呈现明显的上升趋势。栾江等利用"中国农业可持续发展决策支持系统"（CHINAGRO）预测了 2020 年全国和各省化肥使用量情况。模型分析结果表明如果不采取措施，我国未来化肥的使用总量和单位播种面积化肥施用量将依然呈现增长趋势，且单位面积化肥用量将长期高于 225 kg/hm² 的国际上限标准。预计到 2020 年我国化肥总施用量和单位播种面积化肥施用量比 2010 年分别提高 2% 和 4.3%。

第一节　农田化肥施用现状及存在的问题

　　江西是农业大省，大量施用化肥是促进农业增产的重要手段之一。据省统计局数据，2015 年全省农用化肥用量（纯量）143.6 万 t，其中氮肥 42.2 万 t、磷肥 22.1 万 t、钾肥 21.5 万 t、复合肥 57.7 万 t。比 2000 年（106.9 万 t）增长 34.33%，近十几年化肥用量年

[①] 本章作者：蒋海燕（江西农业大学农学院）、夏建华（江西省农业厅）。

均增长率为 2.18%（图 7-1）。

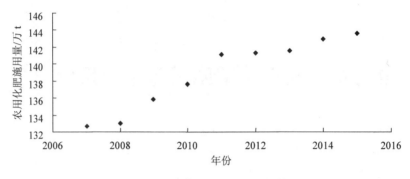

图 7-1　江西省农田化肥施用量

从图 7-1 中可以看出，江西省农用化肥施用量仍然显示出连年增长的趋势。从 2011—2015 年已连续 5 年达到了 140 万 t。

近年来，尽管加快了测土配方施肥技术推广，化肥施用量过快增长的势头得到了初步遏制，但化肥不合理施用的问题仍然存在。一是施肥结构不够平衡。重化肥、轻有机肥，重大量元素肥料、轻中微量元素肥料，重氮肥、轻磷钾肥等问题依然较为突出。二是施肥方式不够科学。传统人工施肥方式仍然占主导地位，化肥撒施、表施现象比较普遍。三是有机肥资源利用不够充分。绿肥种植利用仍需加大力度进一步恢复，畜禽粪便和农作物秸秆养分还田率还有待进一步提高。

江西的种植业以粮食作物为主，其中粮食作物又以水稻为主，占粮食作物面积的90%以上，常年水稻播种面积为 330 万 hm²。江西是我国双季稻区，种植模式主要有稻—稻、油—稻—稻、绿肥—稻—稻等。而施肥是大幅度提高水稻单产的一项重要技术措施。国家统计局调查显示，2015 年江西省早稻播种面积 139.15 万 hm²，连续 11 年维持在 133.33 万 hm² 以上，总产量连续 4 年稳定在 80 亿 kg 以上。自 2012 年以来，江西省早稻化肥亩平均施用量同比已连续 4 年维持上升，累计升幅 13.87%。

据统计，化肥对我国粮食生产的贡献率约为 46%；江西肥料对水稻生产的贡献率约为 48%，其中化肥约为 36%、有机肥约为 12%。近年来，江西水田氮肥利用率一般在28%～38%，平均约为 33%，磷肥利用率约为 20%，钾肥利用率约为 50%。由此可见，江西肥料利用率是很低的。江西双季稻施肥中存在有"五重、五轻"问题。

一、重氮、磷肥，轻钾肥

氮、磷、钾三种元素是水稻正常生长发育最重要的营养元素。根据最近几年江西农业大学水稻高产栽培研究表明，高产水稻所需氮（N）、磷（P₂O₅）和钾（K₂O）的比例以 1∶0.5∶（0.8～1.2）为佳。而在江西双季稻生产中，氮、磷肥施用量多，钾肥施用量少的现象比较普遍。一般农户水稻的施氮量（纯 N）达到 150～180 kg/hm²，高的在 225 kg/hm² 以上；磷肥（P₂O₅）施用量一般在 50～90 kg/hm²，高的在 110 kg/hm² 以上；而钾肥（K₂O）施用量往往不足 75 kg/hm²，有的农户甚至不施用钾肥。目前，导致江西双季稻氮、磷肥施用量多而钾肥施用量少的原因主要有三点：一是氮肥的作用在 N、P、K 三要素中是最大的，施氮的效果比较明显；二是磷肥的价格比较低；三是钾肥的价格比较昂贵，且施钾的效果在水稻生育前期不易表现出来。而这种施肥现象产生的后果是导致草多谷少、结实率低、病虫害多、容易倒伏、产量下降。

二、重化肥，轻有机肥

水稻施肥主要以化肥为主，平均每公顷水田年化肥用量为 902.8 kg（纯养分），其中早、晚两季水稻总施肥量平均每公顷施 N 271.4 kg、P₂O₅ 98.5 kg、K₂O 81.5 kg。除部分稻草还田外，其他如人畜粪尿、土杂肥等有机肥很少施用，冬季绿肥种植面积也很少，仅占耕地面积的 7%左右。近年来，随着机械化收割的普及，江西机械化收割率接近 70%，水稻机械化收获促进了稻草还田的发展，江西机械化稻草切碎还田约为 35%，而稻草焚烧还田现象仍比较普遍。

三、重基肥，轻追肥

据调查，江西双季稻区绝大部分农户种植水稻时所用的肥料一般分基肥和追肥两次施用，且基肥所占比重较大。基肥一般每公顷用浓度 25%的复混肥 750 kg、尿素 75～150 kg，在移栽或抛栽前施用；追肥一般每公顷用尿素 135～195 kg，在移栽或抛秧后 5～7 d 与除草剂一起施用。或者每公顷用尿素 225～330 kg、钙镁磷肥 375～750 kg 作基肥；而追肥一般每公顷用尿素 105～165 kg 和 120 kg 氯化钾。所有的尿素和氯化钾都集中在移栽至分蘖前期这几天内施用，其缺点是前期化肥（尤其是 N 肥）过多，水稻分蘖过盛，造成无效分蘖增多，养分消耗大，到成熟期出现早衰，而且氮、钾化肥容易随雨水流失，肥料利用率低、污染环境。为了提高水稻产量，必须改进现有的且较为普遍的两次施肥方法。

四、重一般肥料，轻配方肥料

据调查，目前江西双季稻区绝大部分农民习惯用尿素、钙镁磷肥和氯化钾三种单元化肥，或者用普通复混肥加化肥作基肥或追肥，而水稻专用肥和配方肥则较少施用，约占氮、磷、钾肥总养分的 26%。

五、重浅施，轻深施

据调查，江西双季稻区农民基肥一般是用机耕或牛耕整平田块后．将肥料撒施于土壤表面，再用木杆或竹竿平整一次，然后进行移栽或抛秧。水稻生长过程中的追肥，一般也是施在土壤表面。肥料施用后没有经过人工耘田等方法将肥料与土壤充分混匀。由于氮和钾在土壤中的移动性较大，氮、钾化肥施在土壤表层易造成氮、钾素流失，肥效低且不持久。

第二节　农田化肥零增长行动的必要性和可行性

一、江西农田化肥施用零增长行动的必要性

化肥施用不合理问题与粮食增产压力大、耕地基础地力低、耕地利用强度高、农户生产规模小等相关，也与肥料生产经营脱离农业需求、肥料品种结构不合理、施肥技术落后、肥料管理制度不健全等相关。过量施肥、盲目施肥不仅增加农业生产成本、浪费资源，也造成耕地板结、土壤酸化。今后相当长的一段时期，化肥在粮食和农业增产中仍将发挥重要的作用，但化肥施用效应递减的趋势越来越明显，靠大量投入化肥的发展方式将难以为继。实施化肥施用量零增长行动，是推进农业"转方式、调结构"的重大措施，也是促进节本增效、节能减排的现实需要，对保障国家粮食安全、农产品质量安全和农业生态安全具有十分重要的意义。

谷新辉等采用经济计量模型和农业生态系统的能值分析法，对江西省粮食作物化肥施用量对粮食作物产出、粮食作物的化肥施用导致环境损失进行分析研究。结果表明，化肥施用量每增加 1 个百分点，粮食作物产量增加 0.126 个百分点，环境损失将增加 1.42 个百分点。单位面积化肥施用量增速是粮食作物产量增速的 2.51 倍，粮食作物化肥施用量以年均 7.2%的速度增长。

二、江西农田化肥施用零增长行动的可行性

当前江西省化肥利用率与全国平均水平相当，经济作物和粮食作物推广科学施肥均有较大的节肥空间。通过近 10 年的测土配方施肥技术推广，全省已基本建立完善的粮食作物科学施肥指标体系，蔬菜、柑橘等经济作物施肥指标体系也在逐步建立，广大农民的科学施肥意识普遍增强，化肥使用量增幅逐步减缓。另外，江西省农民有种植利用绿肥替代部分化肥的优良传统，可用于发展绿肥生产的冬闲田面积较大，同时农作物秸秆、畜禽粪便等有机肥资源也较为丰富。实践证明，江西围绕"提质增效转方式，稳粮

增收可持续"的工作主线，不断创新工作方式方法，化肥使用量零增长行动的开展已初步取得明显成效。2016 年全省化肥使用总量（折纯）142 万 t 左右，比 2015 年化肥使用总量减少约 1%，超额完成了年度化肥使用量零增长的工作目标。如果科学施肥各项措施落实到位，各类有机肥资源得到充分利用，则耕地基础地力将不断提升，肥料利用率也将逐步提高，到 2020 年化肥使用量零增长的目标是可以实现的。

第三节　农田化肥零增长行动目标、总体思路和基本原则

一、行动目标

严格控制化学肥料总施用量。深入推进测土配方施肥，力争每年推广面积稳定在 6 500 万亩以上，技术覆盖率 90% 以上。实施耕地保护与质量提升行动，鼓励和支持应用土壤改良和地力培肥技术，力争每年绿肥种植面积稳定在 600 万亩以上。2016—2020 年，化肥施用量均不高于上一年度用量，化肥施用量实现负增长目标。

二、总体思路

以保障国家粮食安全和重要农产品有效供给为目标，牢固树立"增产施肥、经济施肥、环保施肥"理念，依靠科技进步，依托新型经营主体和专业化农化服务组织，集中连片整体实施，加快转变施肥方式，深入推进科学施肥，大力开展耕地质量保护与提升，增加有机肥资源利用，减少不合理化肥投入，加强宣传培训和肥料使用管理，走高产高效、优质环保、可持续发展之路。

三、基本原则

第一条原则是保障生产、节本增效。在减少化肥不合理投入的同时，通过转变肥料利用方式，提高肥料利用率，确保粮食稳定增产、农民持续增收、农业可持续发展。

第二条原则是因地制宜、循序渐进。根据不同区域、不同作物生产实际和施肥需要，加强分类指导，制订分阶段、分区域、分作物控肥目标任务，稳步推动各项措施落实。

第三条原则是统筹兼顾、综合施策。统筹考虑土、肥、水、种等生产要素和耕作制度，按照农机农艺结合的要求，紧密结合全省"四控一减"提质增效示范工作，综合运用行政、经济、技术、法律等手段，有效推进科学施肥。

第四条原则是政府主导、多方参与。坚持政府主导、农民主体、企业主推、社会参与，创新实施方式，充分调动推广、科研、教学、企业和农民各方面积极性，构建合力推进的长效机制。

第四节 农田化肥零增长行动措施

一、普及测土配方施肥

测土配方施肥技术是以土壤测试和肥料田间试验为基础，根据作物对土壤养分的需求规律、土壤养分的供应能力和肥料效应，在合理施用有机肥料的基础上，提出氮、磷、钾及中微量元素肥料的施用数量、施用时期和施用方法的一套施肥技术体系。通过测土配方施肥技术的应用，能够有针对性地给农作物补充养分，减少肥料的浪费，提高肥料利用率，起到节本、增收、增效的作用。

国家 2005 年起启动测土配方施肥补贴项目，加大力度推广测土配方施肥技术。同年，江西省在万年、奉新等 13 个县实施测土配方施肥补贴项目试点。之后，项目覆盖范围逐步扩大，测土配方施肥取得很大成效。今后还要继续普及测土配方施肥，并结合互联网推进测土配方施肥技术应用。

1. 采集并检测土样

如示范区以 50 亩为一个采样单元采集土壤样品，分析化验碱解氮、有效磷、速效钾、有机质和 pH 等指标。

2. 制订施肥方案并发放建议卡

根据土壤检测结果和预期产量指标，制订施肥技术方案，并发放施肥建议卡到农户。

3. 指导施用配方肥

要积极引导示范区农户选用优质配方肥，并科学施用到田。2005 年启动测土配方施肥补贴项目以来，江西省土肥系统将推广配方肥作为打通测土配方施肥技术入户"最后一公里"的重要抓手，建立了"专家配方、省级核准、统一品标、委托加工、网点供应"的配方肥生产供应模式和"大配方、小调整"的推广模式，促进了配方肥下地，推动了全省测土配方施肥工作。江西省配方肥补贴试点实践表明，实施补贴政策的项目区，农民购肥积极性实现了质的提升，农民对配方肥完全接受。因此今后要逐步提高对配方肥补贴的力度，探索合理的补贴形式。同时，积极对配方肥实行更大规模的补贴，促进测土配方施肥技术全面普及。

二、优化肥料施用方法

1. 确定目标产量和肥料用量

研究表明，双季水稻要获得高产，氮肥中基蘖肥一般占总施氮量的 70%～80%、穗粒肥应占 20%～30%，磷肥一次性作基肥，钾肥基蘖肥一般占 70%、穗肥占 30%。根据种植地点多年水稻产量水平确定区域目标产量，一般在前 3 年区域平均单产的基础上增加 10%～15%。在地力产量基础上，一般每增加 100 kg 产量，需增施用纯氮 5 kg，P_2O_5 1.5～2 kg，K_2O 3.5～4 kg。如地力产量亩产 300 kg 的田块，如果要实现 500 kg 的产量，则需施用纯氮 10 kg，P_2O_5 3～4 kg，K_2O 7～8 kg。

2. 氮磷钾合理配比

杨帆等以农业部 339 个国家级基层肥料信息网点为依托，根据我国农业生产习惯和我国政府部门统计习惯，将一年分为 3 个用肥季，1 月、5 月为春耕季，6、8 月为夏播季，9 月、12 月为秋冬种季。在 3 个肥季，每个网点随机调查 30 个农户的主要种植作物施用氮肥、磷肥、钾肥、复合（混）肥（包括配合式）量，同时，分析了主要作物、不同季节化肥施用状况以及供需平衡情况，不同季节、不同区域供肥情况和农民的购肥习惯。结果表明，2013 年我国种植业化肥施用量为 5 498 万 t（折纯下同），其中，氮肥（实物量）3 382 万 t，磷肥 1 175 万 t，钾肥 941 万 t。粮食作物化肥总用量为 2 782 万 t，占种植业化肥总用量的 50.6%；其次是果树和蔬菜，三类作物占种植业化肥施用总量的 82.8%，经济、园艺作物单位面积化肥施用量大于粮食作物。春耕、夏播、秋冬种化肥施用量分别占全年化肥施用量的 34.2%、35.6%、30.2%。复混肥料和尿素是农民最常购买的两种肥料，另外，我国氮肥、磷肥供应分别过剩 1 080 万 t、680 万 t，钾肥缺口 370 万 t，供需矛盾突出。氮、磷、钾养分配合式为 15—15—15 的复混肥样本数占农民选购复混肥总样本数的 33.3%，说明复混肥养分结构不尽合理。建议国家进一步遏制氮肥、磷肥过剩产能，优化产品结构，大力推广科学施肥技术。

江西省水稻高产栽培氮磷钾纯量（N∶P_2O_5∶K_2O）适宜比例一般为 1∶0.3—0.5∶0.8—1，单产水平越高，磷钾的比例越高，并要根据测土配方施肥测量，土壤养分不足的元素增加比重。

3. 氮肥合理运筹

施氮量对作物产量及品质有重要影响，从夕汉等以不同基因型的水稻品种日本晴、N70、N178 和 OM052 为供试品种，氮肥采用尿素，按基肥（70%）和蘖肥（30%）两次施用，设置 3 个施氮水平（N 用量设 0 kg/hm²、120 kg/hm²、270 kg/hm²）的田间小区试验，研究氮素水平对水稻产量、氮素利用效率和稻米品质的影响。结果表明：施氮能增加水稻品种产量的原因是提高了有效穗数和每穗实粒数；与对照（0 kg/hm²）相比，当施氮量为 120 kg/hm² 和 270 kg/hm² 时，OM052 籽粒产量在 4 个品种中增幅最大，分别为 41.1% 和 76.8%；品种产量增幅不同是由于氮素利用效率的差异，在 120 kg/hm²、270 kg/hm² 氮处理下，4 个供试品种中，日本晴籽粒产量和氮素农学利用率都最低，是氮低效品种，OM052 籽粒产量和氮素利用率（145.9 g/g、81.24 g/g）都最高，为氮高效品种。施氮能够增加各品种的直链淀粉和蛋白质含量，使胶稠度变长，降低垩白率、垩白度和碱消值；分析表明，低氮水平下，供试品种产量及产量构成因子与外观品质、蒸煮食味的相关性更显著。由此可见，合理施用氮肥可以显著增加水稻的有效穗数和每穗粒数，改善稻米籽粒品质，实现高产和优质的协同。氮素盈余对农业环境也有很大的影响。长期大量施用氮肥，超出作物的吸收能力和土壤固持能力，不仅不能达到增产效果，还会使氮素大量残留在土壤中。盈余的氮素绝大部分以硝态氮的形式在土壤剖面中累积，在灌溉和集中降雨时很容易引起淋洗损失，进入地下水，威胁人类健康。因此要合理施用氮肥。

如水稻种植中可改氮肥"基、蘖"两次施用为"基、蘖、穗"三次施用，氮肥基肥、分蘖肥和穗肥适宜比例为 5∶2∶3、4∶3∶3 或 5∶3∶2。磷肥一次性基施，钾肥基肥、穗肥各半施用；在基本苗足的条件下，运用"三控"绿色节本增效技术，改早施分蘖肥为适当迟施分蘖肥为保蘖肥。分蘖肥施用时期由传统移（抛）栽后 5～7 天推迟至 11～14 天（其中，早稻栽后 13 天左右，晚稻 11～14 天），以提高氮肥利用效率。保水保肥能力差的土壤，或者栽插密度和基本苗数达不到要求的田块，应在移栽后 5～7 天增施尿素 3～5 kg。

4. 看苗施用穗肥

早稻、晚稻分别于 5 月中下旬和 8 月中下旬（倒 2 叶露尖，抽穗前 20～25 天），叶色褪淡落黄（倒 4 叶叶色淡于倒 3 叶）时复水湿润施穗肥。如果生长量大的旺长群体，叶色深晒田后不褪淡的，可酌情减量施用穗肥。如果生长量不足，叶色落黄偏早的田块，应提早至倒 4 叶下半叶抽出至倒 3 叶露尖（抽穗前 30～35 天）时施穗肥，并适当增加施用量。

5. 选用合适的施肥方法

磷肥浅施有利于水稻生长前期磷的吸收，提高磷肥肥效，但水稻生长中、后期根系深入土壤，对磷肥要求深施。据研究表明，氮肥表层施用，水稻只能吸收利用 30%～50%、肥效只有 10～20 d，而深施其利用率可达 50%～80%、肥效长达 30～60 d。吴自明等研究认为，全层深施基肥、中后期补施穗肥有利于早稻产量和氮肥利用率的提高。吴敬民等研究指出，水稻基肥深施和全层湿润施用比面施增产 9%～14%，氮肥的稻谷增产量提高 55%～76%，水稻对肥料氮素当季吸收利用率提高 4.4%～13.0%。由此说明，肥料深施，不仅肥效稳长、后劲足，有利于根系发育、下扎，扩大营养面积，增加穗粒数，提高产量，而且对减少氮肥损失、减轻氮素进入稻田周围水体造成水质污染及改善水环境均有重要意义。

三、提升土壤质量，夯实生产基础

大力推广绿肥种植，推行秸秆还田，改良酸化土壤，提升土壤有机质含量，改善土壤理化性状。

1. 发展绿肥生产

江西省应力争每年绿肥种植面积稳定在 600 万亩以上。绿肥种植以紫云英为主，配合选用肥田萝卜、油菜等绿肥作物，进行 2 花或 3 花混播，以缓解紫云英种子供应不足的问题。3 花混播一般亩播种紫云英 1 kg、肥田萝卜 0.3 kg、油菜 0.1 kg。

紫云英栽培技术要点：一是种子处理。选择晴天晒种 4～5 h 后，将种子与细沙按 2：1 的比例拌匀装入编织袋，揉擦去除种子表皮蜡质，以提高种子发芽率。播前用 5% 的盐水选种，清除病粒和空秕粒，再浸种 12～24 h 后捞出晾干，用过磷酸钙和根瘤菌拌种即可播种。二是及时播种。于晚稻齐穗勾头后进行，播种时田间保持湿润，亩播种 2 kg，做到按田定量、分畦匀播、落子均匀。三是开沟排水。在低温阴雨天气，注意全面清沟排水。未开沟的绿肥田，要及时补开环沟、中心沟、分厢沟，做到沟沟相通。对已开沟的田块，也要及时清好沟，加深腰沟和围沟，做到雨停沟干，田面无积水，促进绿肥根系生长良好。水稻收割后，及时开好围沟和田间"十"字沟或"井"字沟，一般每隔 10～15 m 开一条沟，做到沟沟相通、排灌自如、大雨后 24 h 田面不积水。四是适当施肥。要适量增施春肥。对冬季未施磷肥的田块，要抓紧补施一次磷肥，一般每亩施用钙镁磷肥 20～25 kg。对绿肥生长较差的田块，要适量施一次速效氮肥，一般亩施尿素 2～3 kg，促进根瘤形成和固氮作用，以小肥换大肥。12 月上中旬，亩施过磷酸钙或钙镁磷肥 25～30 kg，增强抗寒能力，达到"以小肥养大肥"的目的。五是防止畜禽危害。要引导农民制定并执行好村规民约，推行畜禽圈养。对绿肥种植集中连片的示范区，要安排专人看护，防止因畜禽侵害影响绿肥产量。六是适时翻耕。一般在早稻插秧前 15～20 天进行压青沤田，适宜翻耕期为盛花初荚期。每亩适宜压青量 1 500 kg，可根据土壤肥力或砂、黏状况适当调整压青量。翻压时可亩撒施 15～20 kg 石灰加速紫云英腐解。

裴润根对早稻绿肥还田田块开展化肥减量施用试验的效果研究，结果表明，绿肥还田的 3 个处理表现均可延长功能叶寿命、保持早稻后期养分的正常需求、达到调运养分的效果，促使早稻青秆黄熟。绿肥还田的 3 个处理在生育特征及农艺性状表现方面，对株高、穗长影响不大，但均能增加有效穗和实粒数，提高结实率和千粒质量，达到增产的效果。并指出了绿肥还田 1 500 kg/亩时，减少 30.0% 的化肥用量，可达到产量和经济效益的持平；绿肥还田 1 500 kg/亩时，减少 20.0% 的化肥用量，可实现产量和经济效益的递增，分别增幅 8.6% 和 7.4%；绿肥还田 1 500 kg/亩时，减少 10.0% 的化肥用量，可实现产量和经济效益的更大递增，分别增幅 12.5% 和 10.6%。此次试验效果研究，为全面开展化肥零增长行动提供技术指导依据。

2. 推行秸秆还田

化肥的大量施用、有机肥施用减少，会造成导致土壤板结，农作物品质下降。另外，大量秸秆等有机肥肥源被焚烧，造成空气污染、能见度低，影响市民生活，甚至引发火灾，严重污染环境。为培肥地力，减少有机废弃物的污染，推进有机肥料资源循环再利用，应该大力推行秸秆还田。江西鹰潭市余江县 3 年来实施秸秆腐熟还田面积 1.96 万 hm²，免费应用秸秆腐熟剂 848.5 t，秸秆还田稻谷每亩增产 36.81 kg，总增产 6 552.2 t，增加产值 1 441.48 万元。扣除腐熟剂成本 320 万元，实际增加收入 1 121.48 万元，每亩增加 63 元，共计节本增效 1 625.56 万元，平均每亩节本增效 91.3 元。秸秆还田带来了良好的经济、社会和生态效益。秸秆还田不仅给农民带来了节本增效的效果，更重要的是此举还进一步减轻了土壤结构破坏，减少了水土流失，增强了土壤活性，进一步增强了土壤的肥力，培肥了地力，提高了耕地质量。

秸秆还田的注意措施：一是切碎还田。机械收获时适当低留桩，留茬高度应小于 15 cm。收割机加载切碎装置，将稻草切成 10～15 cm 的碎草均匀撒铺，亩稻草还田量以 300～400 kg（干重）为宜。二是调节碳氮比。可选择尿素等氮肥以调节碳氮比，用量要根据配方施肥建议和还田秸秆有效养分量合理确定，酌情减少磷肥、钾肥和中微量元素肥料，将碳氮比调至 40∶1～20∶1。三是合理使用秸秆腐熟剂。

3. 改良酸化土壤

在土壤酸化较重区域（pH 值为 5.5 以下），配合土壤培肥，使用石灰调酸改土，提升耕地质量。一是合理选择石灰产品。应选择重金属含量低、质量安全的石灰产品，可选用符合农用生产要求的生石灰、熟石灰或石灰石。二是合理石灰用量。一般 pH 值 5 以下的田块亩施用生石灰粉 100 kg，pH 值 5～5.3 的亩施用 75 kg，pH 值 5.3～5.5 的亩施用 50 kg。三是科学施用石灰。在播种或栽插前，将石灰均匀撒施后及时翻耕，做到与耕层土壤充分混合。注意石灰不宜与铵态氮肥、硼肥等混用。一般石灰施用有效期为 2～3 年。

4. 大力提倡多施有机肥

长期进行有机肥和化肥的配合施用，能明显改善土壤的耕作性能，提高化肥利用率，提高土壤肥力，使地力经久不衰。多施有机肥是发展无公害农产品和绿色食品、有机食品的主要措施，也是保护生态环境，减少污染的有效途径，必须大力提倡多施有机肥。政府应当加大对有机肥补贴力度，争取多方资金，对农民施用有机肥提供补助，鼓励农民施用有机肥，实现有机肥部分替代化肥的作用。

多施有机肥的技术措施有：一是施用农家肥。有条件的地区可于稻田耕整前施用充分腐熟的人粪尿，猪、牛粪和畜禽粪等农家肥，以培肥地力，减少化肥施用。如亩施人粪尿 500 kg，猪、牛粪 750 kg，可相应调减纯氮施用量 3～4 kg、P_2O_5 0.5～1.5 kg、K_2O 1～2 kg。二是推行秸秆还田。适宜稻草还田量有利于提升土壤有机质含量，改善土壤结构，提高土壤肥力。一般稻草亩产量与稻谷产量相近，每亩稻草干重 400～500 kg，以还田量 70%～75%，即亩还田 300～350 kg 为宜，可减少施用氧化钾 2～3 kg。三是冬种绿肥。如冬种紫云英，还田量按亩产 1 000 kg 计算，可调减纯氮施用量 3 kg、P_2O_5 1 kg、K_2O 2.5 kg。四是增施商品有机肥。每亩施用商品有机肥 100～200 kg，根据商品有机肥养分含量适当调减化肥用量。

四、加大对农户的培训宣传

农户是农业生产的主体，农户对施用的认知直接影响生产行为，也影响农业和农村生态环境。要实现农田化肥施用零增长，离不开广大农户的积极参与。目前江西省农业种植规模化程度不高，土肥新技术推广应用仍然存在不少困难，在农村，个体农户总体上存在年纪偏大、文化程度偏低、接受新技术积极性不够高的特点，给土肥新技术推广带来了不小的困难。肖新成对江西省袁河流域 263 个农户进行问卷调查，考察了农户对农业面源污染的认知及其施肥行为，采用双变量 Probit 模型对农户的农业面源污染认知与环境友好型生产行为的差异性进行检验。结果表明，农户对农业面源污染的认知程度较低，大部分农户在农业生产中并未考虑化肥施用行为对环境的影响。农户受教育程度、从事农业生产年限、农业收入在家庭收入中的比例等因素解释了农业面源污染认知与环境友好型生产行为的差异性。加强农业环境保护宣传和农业技术培训、促进土地的规模经营、实现规模化集约化管理，是加快环境友好型农业发展，从源头控制化肥施用、控制农业面源污染的重要举措。应当多举办培训班，培训人员、发放培训材料，举办科学施肥进万家活动。

一些学者的研究表明（熊彩云，2004；周曙东等，2005；戴迎春等，2006；应瑞瑶等，2007；周峰，2007），随着垂直协作方式对农户生产行为控制的逐渐加强，能够解决化肥农药等危害农业生态环境和消费者健康的食品安全问题。张利国以江西省 189 户水稻种植农户为研究对象，采用统计检验方法分析不同垂直协作方式下农户化肥施用的差异；采用计量经济方法分析不同垂直协作方式对农户化肥施用行为的影响。结果表明，销售合同、生产合同、合作社、垂直一体化等更加紧密的垂直协作方式下，水稻种植农户化肥施用量与市场交易方式下施用量存在显著差异；销售合同、生产合同、合作社、垂直一体化等更加紧密的垂直协作方式均能够在一定程度上减少水稻种植农户化肥的施用量；水稻种植农户对环境的关注程度、有机肥施用情况、参与农业技术培训情况对其化肥施用行为有显著影响。

史常亮等以当前最主要的农业污染源——化肥为例，基于 2004—2013 年中国 31 个省的面板数据，运用 STIRPAT 模型考察了农村劳动力转移与化肥面源污染排放的关系。结果表明，劳动力非农转移促使农户在农业生产中投入更多的化肥，加重了中国化肥施用的面源污染；由于化肥面源污染排放增加速度高于劳动力转移速度，未来劳动力转移会继续放大化肥面源污染物排放量的增加。因此，要实现农田化肥施用零增长，还应当充分考虑农村劳动力转移的影响；政府的农业治污减排政策应适应农业劳动力日益稀缺的现实，以确保政策"落地"。

五、加强农产品质量安全监督管理

农产品品质是遗传基因与环境互作的结果，不仅受遗传因素的影响，还与农作物生长期间的环境条件和栽培技术有很大关系。在诸多环境因子中，肥料对农作物品质性状的影响尤其显著。焉山等为明确不同有机肥及与化肥配施对水稻品种"空育163"品质的影响，采用随机区组设计进行试验研究。结果表明，基施甜叶菊有机肥 375 kg/hm^2 能明显改善"空育163"的外观和食味品质，可应用于优质米生产。基施腐殖酸和甜叶菊有机肥有利于降低稻米垩白粒率、垩白度、蛋白质和直链淀粉含量，但对整精米率影响不大。甜叶菊有机肥和化肥配施处理食味评分值最高，与对照达显著水平。

金平、康国战、朱宝国等研究发现有机肥的施用可以提高大豆的品质，且随着有机肥的比例增加，蛋白质含量不断增加，相应的脂肪含量不断下降。朱宝国等以不施肥和常规施用化肥为对照，研究有机肥和化肥的不同比例配合施用对大豆产量和品质的影响。结果表明，有机肥和化肥各按常规施肥量的50%混合施用时，产量最高，比不施肥增产 44.7%，比常规施用化肥增产 32.2%，与其他处理相比均达到极显著水平，单株根瘤数平均比不施肥多 16.7 个，比常规施肥多 8.4 个。有机肥高量（150%、200%）施用，与有机肥 100%施用相比产量增产不明显。随着有机肥比例的加大，与常规施用化肥相比，蛋白质与脂肪总量呈增加趋势，且有机肥 100%施用后，蛋白质与脂肪总量最高，蛋白质与脂肪总量比不施肥增加 0.46%，比常规施肥增加 0.28%。朱宝国的研究还发现随着有机肥比例的增加蛋白质和脂肪总量（蛋脂总量）相应的增加。

王树会等研究了在高肥力土壤上几种有机肥（秸秆、菜籽饼和猪粪）与化肥配施对烤烟品质及土壤的影响。结果发现有机肥与化肥配施后增加了土壤中有机质、全氮、全磷、全钾和有效锌含量，在一定程度上改善了土壤的理化性状。与单施化肥相比（对照），化肥+秸秆处理有利于烟株的生长发育和提高烟叶的产量产值和上等烟比例；而化肥+菜籽饼处理对烟株前期的生长表现不佳，尽管产量比单施化肥增加12%，但上等烟比例较低；化肥+猪粪处理处于两者之间。有机肥与化肥配施明显提高了烟叶中的总糖、还原糖、糖碱比、氮碱比以及钾含量，同时降低了烟叶中总氮、烟碱和氯离子含量，从而使烟叶中的化学成分得到协调和平衡。

由此可见，要实现农田化肥施用零增长，还要通过加强农产品质量安全监督管理，把关农产品质量安全，控制化肥滥用。可建立农产品质量安全监督管理站，开展专项整治工作。

参考文献

[1]　史常亮，朱俊峰. 劳动力转移、化肥过度使用与面源污染[J]. 中国农业大学学报，2016，21（5）：169-180.

[2]　陈金，赵斌，衣淑娟，等. 我国变量施肥技术研究现状与发展对策[J]. 农机化研究，2017，10：1-6.

[3]　谷新辉，姚永红. 江西省粮食作物生产中化肥施用的环境损失测算[J]. 宜春学院学报，2015，37（11）：35-38.

[4]　赖力，黄贤金，王辉，等. 中国化肥施用的环境成本估算[J]. 土壤学报，2009，46（1）：63-69.

[5]　栾江，仇焕广，井月，等. 我国化肥施用量持续增长的原因分解及趋势预测[J]. 自然资源学报，2013，11（28）：1869-1878.

[6]　黄青青. 江西省早稻丰收种植效益下降[J]. 江西农业，2016，12：84-85.

[7]　吴建富，潘晓华，石庆华，等. 江西双季水稻施肥中存在的问题及对策[J]. 中国稻米，2012，18（5）：33-35.

[8]　朱安繁，邹绍文，黄燕燕. 江西省配方肥推广实践与思考[J]. 中国农技推广，2015，6：32-34.

[9]　彭金梅. 高安市上湖乡蔬菜基地实行农药化肥零增长行动、保障农产品质量安全[J]. 江西农业，2016，11：58-59.

[10]　杨帆，孟远夺，姜义，等. 2013年我国种植业化肥施用状况分析[J]. 植物营养与肥料学报，2015，21（1）：217-225.

[11]　马少康，赵广才，常旭虹，等. 氮肥和化学调控对小麦品质的调节效应[J]. 华北农学报，2010，25（增刊）：190-193.

[12]　从夕汉，施伏芝，阮新民，等. 氮肥水平对不同基因型水稻氮素利用率、产量和品质的影响[J]. 应用生态学报，2017，4：1219-1226.

[13]　胡群，夏敏，张洪程，等. 氮肥运筹对钵苗机插优质食味水稻产量及品质的影响[J]. 作物学报，2017，43（3）：420-431.

[14]　聂俊，邱俊荣，史亮亮，等. 有机肥和化肥配施对抛栽水稻产量、品质及钾吸收转运的影响[J]. 江苏农业科学，2016，42（12）：122-125.

[15]　Ju X T，Xing G X，Chen X P，et al. Reducing environmental risk by improving N management in intensive Chinese agricultural systems[J]. Proceedings of the National Academy of Sciences of the United States of America，2009，106（9）：3041-3046.

[16]　Ferguson R B，Hergert G W，Schepers J S，et al. Sitespecific nitrogen management of irrigated maize：Yield and soil residual nitrate effects[J]. Soil Science Society of America Journal，2002，66（2）：544-553.

[17] 郭战玲，寇长林，张香凝．潮土区小麦高产与环境友好的施氮量研究[J]．河南农业科学，2015，44（11）：45-49．

[18] 裴润根．绿肥还田和化肥减量施用试验[J]．江西农业，2016，9：28-29．

[19] 钟海华，黄花香，邓伟明．全力推进秸秆腐熟还田、提升土壤肥力[J]．当代农机，2012，12：8．

[20] 刘浩，冯倩南，刘靖怡．施氮对普通和高油油菜品种产量、籽粒品质及氮肥利用率的影响[J]．广东农业科学，2016，43（6）：109-113．

[21] 黄小云，徐伟，苏唯．氮肥施用对小白菜产量和品质的影响分析[J]．农村经济与科技，2016，27（14）：38-39．

[22] 孙敬钊，白玉超，皮本阳．不同氮肥用量对烤烟生长发育及品质的影响[J]．安徽农业科学，2016，44（5）：42-43．

[23] 张淑娟，王立，马放，等．丛枝菌根真菌与化肥共施对水稻品质的改善作用[J]．哈尔滨工业大学学报，2015，2：19-24．

[24] 焉山，郑桂萍，马艳，等．有机肥及与化肥配施对水稻"空育163"品质的影响[J]．黑龙江八一农垦大学学报，2014，26（2）：13-16．

[25] 王家军，刘杰，张瑞萍，等．沼渣与化肥配合施用对水稻生长发育及产量和品质的影响[J]．黑龙江农业科学，2012（4）：66-70．

[26] 王树会，纳红艳，陈发荣，等．有机肥与化肥配施对烤烟品质及土壤的影响[J]．中国农业科技导报，2011，13（4）：110-114．

[27] 朱宝国，于忠和，王因因，等．有机肥和化肥不同比例配施对大豆产量和品质的影响[J]．大豆科学，2010，29（1）：97-100．

[28] 卢红良，孙敬国，闫铁军，等．农家肥与化肥配合使用对烤烟产值和品质的影响[J]．安徽农业科学，2009，37（17）：7966-7968，7974．

[29] 唐莉娜，陈顺辉．不同种类有机肥与化肥配施对烤烟生长和品质的影响[J]．中国农学通报，2008，24（11）：258-262．

[30] 李鸣雷，谷洁，高华，等．不同有机肥对大豆植株性状、品质和产量的影响[J]．西北农林科技大学学报（自然科学版），2007，35（9）：67-72．

[31] 薛红．增施氮、磷、钾和有机肥对大豆产量、品质的影响及经济效益分析[J]．安徽农学通报，2009，15（7）：109-110．

[32] 金平．有机无机营养对大豆品质的影响[J]．黑龙江农业科学，1997（2）：4-7．

[33] 康国战，翟金中，张振华，等．大豆施用有机无机复混肥的增产效果[J]．安徽农业科学，2003，31（2）：316-317．

[34] 李祖章，刘光荣，袁福生．江西省农业生产中化肥农药污染的状况及防治策略[J]．江西农业学报，2004，16（1）：49-54．

[35] 肖新成. 农户对农业面源污染认知及其环境友好型生产行为的差异分析——以江西省袁河流域化肥施用为例[J]. 环境污染与防治，2015，37（9）：104-109.

[36] 张利国. 垂直协作方式对水稻种植农户化肥施用行为影响分析——基于江西省 189 户农户的调查数据[J]. 农业经济问题，2008，3：50-54.

第八章　农业生产中农药的施用与零增长行动[①]

第一节　农药概述

长期以来，农药一直是农民从事农业生产中必不可少的重要生产资料。英国植保学家 L. Coppling 曾指出："若停止使用农药，水果产量将因此减少 78%、蔬菜产量减少 54%、谷物减产 32%"。据联合国粮农组织估计，有害生物对作物造成的直接损害占其总产量的 36.5%，加上产后损失，总损失率高达 45%。有研究发现，谷类作物、甜菜、马铃薯、葡萄、花生等农作物在不使用杀菌剂的情况下，会导致大量减产。目前使用化学农药仍是江西乃至全国防治和抵御病虫草害的主要措施之一，是控制病虫草危害发生、减少农作物产量损失，保障农作物高产稳产的重要手段。如何在保障农作物的高产稳产下合理施用农药，实现零增长呢？这就需要我们了解农药相关信息，包括农药含义、毒性分级、农药危害、农药残留、农药的科学施用等。

一、农药的概念

农药在广义上是指用于预防、消灭或者控制危害农业、林业的病、虫、草和其他有害生物，以及有目的地调节、控制、影响植物和有害生物代谢、生长、发育、繁殖过程的化学合成或者来源于生物、其他天然产物及应用生物技术产生的一种物质或者几种物质的混合物及其制剂。狭义上是指在农业生产中，为保障、促进植物和农作物的成长，所施用的杀虫、杀菌、杀灭有害动物（或杂草）的一类药物统称。特指在农业上用于防治病虫以及调节植物生长、除草等药剂。

---

① 本章作者：黄国勤、邓丽萍（江西农业大学生态科学研究中心）。

二、农药的分类与剂型

根据防治对象，可分为杀虫剂、杀菌剂、杀螨剂、杀线虫剂、杀鼠剂、除草剂、脱叶剂、植物生长调节剂等。

根据加工剂型可分为可湿性粉剂、可溶性粉剂、乳剂、乳油、浓乳剂、乳膏、糊剂、胶体剂、熏烟剂、熏蒸剂、烟雾剂、油剂、颗粒剂、微粒剂等。

根据原料来源可分为有机农药、无机农药、植物性农药、微生物农药。此外，还有昆虫激素。

农药有液体或固体形态和气体。根据害虫或病害的分类以及农药本身物理性质的不同，采用不同的用法。如制成粉末撒布，制成水溶液、悬浮液、乳浊液喷射，制成蒸汽或气体熏蒸等。

三、农药的贮藏方法

防止分解。存放农药的地方应阴凉、干燥、通风，温度不应超过25℃，更要注意远离火源，以防药剂高温分解。

防止挥发。由于大多数农药具有挥发性，贮存农药要注意施行密封措施，避免挥发降低药效，污染环境，危害人体健康。

防止误用。农药要集中放在一个地方，做好标记，瓶装农药破裂，要换好包装，贴上标签，以防误用。

防止失效。粉剂农药要放在干燥处，以防受潮结块而失效。

防止中毒。农药不能与粮油、豆类、种子、蔬菜、食物以及动物的饲料等同室存放，特别注意的是不要放在小孩可接触的地方。

防止变质。农药要分类贮存。按化学成分，农药可分为酸性、碱性、中性三大类，这三类农药要分别存放，距离不要太近，防止农药变质；也不能和碱性物质、碳铵、硝酸铵等同时存放在一起。

防止火灾。不要把农药和易燃易爆物放在一起，如烟熏剂、汽油等，防止引起火灾。

防止冻结。低温要注意防冻，温度保持在1℃以上。防冻的常用办法是用碎柴草、糠壳或不用的棉被覆盖保温。

防止污染环境。对已失效或剩余的少量农药不可在田间地头随地乱倒，更不能倒入池塘、小溪、河流或水井，也不能随意加大浓度后使用，应采取深埋处理，避免污染环境。

防止日晒。用棕色瓶子装着的农药一般需要避光保存。需避光保存的农药，若长期见光暴晒，就会引起农药分解变质和失效。例如，乳剂农药经日晒后，乳化性能变差，药效降低。所以在保管时必须避免光照日晒。

防止混放。农药分酸性、中性、碱性。酸性有敌敌畏、溴氰菊酯等；中性有三唑磷、杀虫双、螟施净、锐劲特等；碱性有波尔多液、石硫合剂、农用链霉素、噻菌铜等。这三种不同性质的农药在冬季保管时要隔开存放（相距最好在 2 m 以上），对用不完的两种农药也不能混装在一个瓶内，以免失效。

四、农药的使用方法

粉剂。粉剂不易溶于水，一般不能加水喷雾，低浓度的粉剂供喷粉用，高浓度的粉剂用作配制毒土、毒饵、拌种和土壤处理等。粉剂使用方便，工效高，宜在早晚无风或风力微弱时使用。

可湿性粉剂。吸湿性强，加水后能分散或悬浮在水中。可作喷雾、毒饵和土壤处理等用。

可溶性粉剂（水溶剂）。可直接对水喷雾或泼浇。

乳剂（也称乳油）。乳剂加水后为乳化液，可用于喷雾、泼浇、拌种、浸种、毒土、涂茎等。

超低容量制剂（油剂）。这是直接用来喷雾的药剂，是超低容量喷雾的专门配套农药，使用时不能加水。

颗粒剂和微粒剂。这是用农药原药和填充剂制成颗粒的农药剂型，这种剂型不易产生药害。主要用于灌心叶、撒施、点施、拌种、沟施等。

缓释剂。使用时农药缓慢释放，可有效地延长药物残效期，减少施药次数与药物对环境的污染，用法一般同颗粒剂。

烟剂。烟剂是用农药原药、燃料、氧化剂、助燃剂等制成的细粉或锭状物。这种剂型农药受热汽化，又在空气中凝结成固体微粒，形成烟状，主要用来防治森林、设施农业病虫及仓库害虫。

五、农药毒性分级

当前，世界卫生组织、美国、欧盟、中国等各国家地区的农药分级指标不尽相同。农药毒性分级是其安全程度的体现。由于我国农药主要由农民个人使用，不少农民知识水平较低，防护意识差，且在短期内难以较大幅度地改善这一状况，如果不加强剧毒、高毒农药的管理，在农药毒性分级和标识方面要求不高，易造成人们疏忽大意，导致中毒事件发生。农药毒性分级可以更好地保护生态与环境安全，以此预防剧毒、高毒农药在运输、储存、使用时发生污染；对农药进行分级管理，有利于加强农药生产、经营、使用等各个环节的安全管理。

1．农药毒性

毒性是指一种物质对其他生物造成毒害或死亡的固有能力。农药对人、畜、禽等动物可能产生的直接或间接的毒害作用，这种性能称为农药毒性。

毒性大小通常用 LD_{50} 或 LC_{50} 表示。LD_{50} 是致死中量（或半数致死量）的简称，是指某种药剂使供试生物群体 50%死亡的剂量。LC_{50} 是致死中浓度（或半数致死浓度）的简称，是指某种药剂使供试生物群体 50%死亡的浓度。农药毒性分级中使用致死中量这个概念，其数值越小毒性越大；反之，数值越大，则毒性越小。这里的农药毒性，是通过大白鼠这种温血动物作为试验动物即受试动物测定的，且是指急性毒性，即是指一次口服、皮肤接触或通过呼吸道吸入等途径，接受一定剂量的药剂，在短时间内引起的急性病理反应的毒性，这在毒理学上已成为决定毒性分类的标准方法。

2．农药毒性分级的必要性

对农药的毒性分级，作为衡量农药急性毒性大小的指标，可以减少人畜中毒事故的发生。农药产品的毒性分级决定着农药产品的使用范围和农药生产、销售及使用者对其的注意程度，从而影响其安全性。世界卫生组织和世界上大多数发达国家都有农药毒性分级标准，我国要有统一的毒性分级标准，且要与国际接轨，避免在国际贸易和交流中产生纠纷或误解，以促进我国农药产业的发展和农药产品的出口。

3．农药毒性分级标准的原则

我国还没有统一的农药毒性分级标准，现在农药毒性分级标准在各行各业都不统一，给农药毒性安全管理带来许多麻烦。因此，应该建立统一的执行标准，这个标准以国务院法规的形式固定下来，以便各行各业共同参照执行。笔者认为，建立这样一个"通用"标准，需要遵循以下原则。

（1）协调一致原则。首先，我国的农药毒性分级要与世界卫生组织（WHO）的要求尽可能地相匹配。目前，我国农药产品的出口量大于进口量，农药出口对我国农药工业的发展发挥着重要作用，这就要求我国的管理包括农药毒性分级要与 WHO 的要求相匹配。其次，各条例中毒性分级也要统一。如《农药管理条例》中及其配套的技术规范是根据产品的急性经口、经皮或吸入毒性结果划分产品的毒性级别。《危险化学品安全管理条例》也是根据产品的急性毒性试验结果决定产品是否为危险化学品及其所属的等级。对于一个给定的化合物或产品，其急性毒性基本是固定的，但根据两个条例可能得出不同的分级结果，从而有不同的管理要求，如两个条例不协调，农药产品的生产、经营者将经常会遇到麻烦，不知如何合法生产、经营。

（2）实用性原则。农药产品的毒性分级决定农药产品的使用范围，农药的毒性分级标准要定得宽严适当，如农药的毒性分级标准定得过严，将限制许多农药产品的使用范围，影响其生产、使用和销售，甚至影响农药行业的持续发展。

（3）安全性原则。农药产品的毒性分级决定农药生产、销售和使用者对其的注意程度，从而影响其安全性。如农药毒性分级标准定得过松，就会造成农药生产、销售、使用者对农药的毒性意识淡薄，放松足够的警惕，甚至将一些高毒、剧毒的农药产品不合理地用于蔬菜、水果、茶叶和中草药等，引起人畜中毒和环境污染。

（4）就高不就低的原则。农药的毒性有急性经口毒性、急性经皮毒性、急性吸入毒性等，现有的有关农药毒性分级方面的法规和管理文件都不是十分明确，有的将剧毒、高毒农药混为一谈，农药产品的毒性分级是按照何种毒性进行的没有明确，农药分级采用的哪个分级指标没有明确。当一个农药产品的急性经口半数致死量、经皮半数致死量和吸入半数致死浓度值属于不同的毒性级别时，其最终毒性分级及标志应与其中最高一种毒性级别相同；有一些农药产品对雄、雌性试验动物表现出不同的敏感性，有的甚至差别很大，当出现对雄、雌性试验动物的毒性试验结果分别属于不同的毒性级别时，按毒性级别高的等级进行分级。

（5）坚持实物分级为主、原药分级为辅的原则。根据我国的实际情况，按照农药产品的实际毒性进行分级，同时考虑其所使用的原药的毒性级别，即对使用剧毒或高毒农药原药加工的制剂产品，当产品的实际毒性级别与其所使用的原药毒性级别不一致时，要求在制剂的毒性标识后标明其使用的原药的毒性级别，以便使使用者引起高度的注意。我国农药毒性分级标准在各部门各行业不一，给农药毒性安全管理带来许多麻烦。因此，应该建立统一的执行标准，这个标准以国务院法规的形式固定下来，以便各行各业共同参照执行。参考国际上的做法，我国的农药毒性分级也是以世界卫生组织（WHO）推荐的农药危害分级标准为模板，并考虑以往毒性分级的有关规定，结合我国农药生产、使用和管理的实际情况制定（表 8-1）。

表 8-1　农药毒性分级标准

级别	经口半数致死量/（mg/kg）	经皮半数致死量/（mg/kg）	吸入半数致死浓度/（mg/m³）
剧毒	≤5	≤20	≤20
高毒	>5～50	>20～200	>20～200
中等毒	>50～500	>200～2 000	>200～2 000
低毒	>500～5 000	>2 000～5 000	>2 000～5 000
微毒	>5 000	>5 000	>5 000

第二节　农药与环境

农药是农业生产中常用的生产资料，又是对环境有害的有毒化学品，如何处理好这种矛盾，是保证农业持续发展和保护生态环境的重大课题。农药又是一门涉及多学科的边缘科学，只有通过多学科、多部门的共同努力，开发高效、低毒、低残留、高选择性的农药品种，制定安全的农药使用技术与管理制度，才能充分发挥农药在防治病、虫、草害中的功效，将其对生态环境的危害抑制到最低程度。

一、农药的环境行为

农药的环境行为是农药在环境中发生的各种物理和化学现象的统称，包括农药在环境中的化学行为与物理行为。化学行为主要是指农药在环境中的残留性及其降解与代谢过程；物理行为是指农药在环境中的移动性及其迁移扩散规律。

1. 农药的"3R"效应

农药的"3R"效应是指残留（residue）、抗性（resistance）、再度猖獗（resurgence）。

农药的残留性是指农药施用后在环境及生物体内残存时间与数量的行为特征，它主要取决于农药的降解性能，但也与农药的物理行为——移动性有一定关系。农药残留是农药使用后一个时期内没有被分解而残留于生物体、收获物、土壤、水体及大气中的微量农药原体、有毒代谢物、降解物和杂质的总称。施用于作物上的农药，一部分附着于作物上，一部分散落在土壤、大气和水等环境中，环境残存的农药中的一部分又会被植物吸收。残留农药直接通过植物果实或水、大气到达人畜体内，或通过环境、食物链最终传递给人畜。

农药残留期的长短，是评价农药对环境影响的重要指标，残留期越长危害性越大，但要达到有效的防治病虫草害，又要求有一定的残留期，两者必须兼得，理想农药的半衰期以 0.5～1 个月为宜。农药残留期的长短一般用降解半衰期或消解半衰期表示。降解半衰期是农药在环境中受生物或化学、物理等因素的影响，分子结构遭受破坏，有半数的农药分子已改变了原有分子状态所需的时间。消解半衰期是除农药的降解作用外，还包括农药在环境中通过扩散移动，离开了原施药区在内的，农药的降解和移动总消失量达到一半时的时间。

农药在环境中残留期的长短，受农药性质、环境条件与施药方式三种因素共同作用的影响。不同的农药品种在环境中的稳定性差异很大。汞制剂与砷制剂类农药，在环境中只能通过形态转变与移动作用，从一处向另一处缓慢移动，因此在土壤中的残留期很长。有机氯农药如艾氏剂、狄氏剂、滴滴涕、六六六等虽都有较好的杀虫效果，但其残留期长，且易在生物体内富集，其大部分品种在许多国家已被禁用。有机磷类、氨基甲酸酯类与拟除虫菊酯类农药属低残留或中残留类农药，残留期一般只有几天或数星期不等。

农药抗性是指常年使用某种农药，或施药浓度过低；有时尽管施药浓度正常，但每亩地用药量不足或过高，引起害虫产生的抗药性。病虫害在不同的生长发育阶段对药剂的抗药力是不同的，如害虫的高龄期、卵、蛹等休眠期一般抗药性较强；不同农作物或同一作物的不同品种抗药力差异也很大。禾本科作物、果树中柑橘、蔬菜中的十字花科（花椰菜、甘蓝）、茄科（番茄）等作物抗药性最强。有些情况下农药的混合使用有助于防止害虫产生抗药性。

害虫再猖獗是指使用某些农药后，害虫数量在短期内有所下降，但很快出现比未施药的对照区增大的现象。因为用农药防治有害生物而杀伤了该种群的天敌，即消除了该种群的自然控制因素，使该种群很快重新增长，以致形成猖獗为害，再度猖獗与上述抗药性常相伴而生。因产生抗药性，而加大用药量，进一步杀伤了天敌，导致更大的再猖獗，如是形成恶性循环。害虫再猖獗的原因有：①天敌区系的破坏；②杀虫剂残留或者是代谢物对害虫的繁殖有直接刺激作用；③化学药剂改变了寄主植物的营养成分；④上述因素综合作用的结果。

2. 农药的降解

农药的降解又分生物降解与非生物降解两大类。在生物酶作用下，农药在动植物体内或微生物体内外的降解属生物降解；农药在环境中受光、热及化学因子作用引起的降解现象，称为非生物降解。农药在环境中的降解方式主要有氧化作用、还原作用、水解作用、裂解作用等。一般情况下，降解产物的活性与毒性逐渐降低消失。但也有些农药降解产物的毒性与母体化合物相似或更高，如涕灭威的降解产物涕灭威亚砜和涕灭威砜的毒性都很大，而且在环境中稳定性比母体化合物更长。

农药的降解与气候、土壤条件密切相关，通常在高温、多雨、有机质含量高、微生物活性强、偏碱性的土壤中容易降解。施药方式和农药剂型对残留性的影响，通常为地面喷施、撒施，比在土壤中条施或穴施易于降解；颗粒剂在土壤中的残留期比粉剂和乳剂长；一次性高剂量施用，比分次施用易于在土壤中残留；在高温多雨季节施比在干寒季节施用易于降解。

3. 农药的移动与扩散

农药在环境中的移动性与农药的水溶性（S）和蒸气压（P）的大小关系最为密切。不同品种的农药在水中的溶解度差异很大，疏水性的有机氯农药和拟除虫菊酯类农药，在水中的溶解度只有几微克/升，而一些亲水性的农药，如涕灭威在水中的溶解度高达6 000 mg/L 以上。水溶性大的农药易随水移动，流入江河、湖泊或被渗入地下水中，一些水溶性小的农药，虽随水移动性弱，但它可吸附在土壤颗粒表面，伴随着泥沙，随地表径流流入江河湖海。农药的挥发作用是导致农药从水、土和植物表面损失的主要途径之一。农药施用时药粒的扩散漂移作用，影响邻近环境的安全。水气的流动，是导致农药在环境中迁移的动力，而土壤的吸附作用，是制约农药移动的主要原因。

二、农药的生态效应

农药的生态效应是研究环境中的残留农药对各种环境生物影响的剂量关系，及其对生态系统的影响。保护的重点是一些有益的昆虫与一些具有经济价值的生物，如天敌、鸟类、鱼类、蜜蜂、家蚕、蚯蚓和土壤微生物等，以及一些国家重点保护的濒危珍稀生物。保护环境中有益生物的安全，是农药使用中一项十分重要的任务。

1. 农药对土壤生物的影响

土壤微生物和土壤动物是调节土壤肥力的重要因素。农田施药时，地表耕层中的农药量通常只有几毫克/千克，对一般土壤微生物影响不大，但一些熏蒸剂（如溴甲烷等）施用后对土壤中的一些有益微生物（如硝化菌、固氮菌、根瘤菌等）都有严重的抑制作用，且抑制时间较长，因此施用这类熏蒸剂进行土壤消毒时，应相应采取恢复有益微生物的措施。多数农药在正常用量下对蚯蚓的危害不大，但有一些农药对蚯蚓毒性很大，在蚯蚓体内还有蓄积作用；蚯蚓是鸟类和小型兽类的食物来源之一，它可能通过食物链传递，进一步对鸟类和兽类产生危害，蚯蚓在土壤生物与陆生生物之间起传递农药的桥梁作用。

2. 农药对蜜蜂的毒害作用

蜜蜂不仅酿蜜，而且传粉，有助于作物的增产。农药的使用对蜜蜂有很大危害，有机磷类、氨基甲酸酯类、拟除虫菊酯类农药对蜜蜂都有一定的毒性。高毒农药在施药后数天内都不能进入施药区放蜂，中毒类农药施药时不能在施药区放蜂，低毒类农药只要按规定方法用药，对蜜蜂无危害。

3. 农药对家蚕的影响

桑蚕种养业是我国传统的名特产业，家蚕属鳞翅目昆虫，杀虫剂对家蚕都有毒性，以沙蚕毒素类农药杀虫丹、杀虫双，以及拟除虫菊酯类农药对家蚕的毒性最大。杀虫丹和杀虫双一般用于稻田治虫，由于药液漂移的影响，成为污染桑园最常见的一种杀虫剂。

4. 农药对鸟类影响

鸟类是生态系中的重要成员，也是有害昆虫的天敌，一只小鸟一年可捕食几万只害虫。很多农药对鸟类都有毒性，鸟类在施药地区误食了露于地面的药粒、毒饵或觅食了因农药中毒死亡的昆虫或受农药污染的鱼类、蚯蚓等都可导致对鸟类的危害，如有机氯农药、一些高毒的杀虫剂与杀鼠剂等。

5. 农药对鱼类的影响

水域中的农药多数是通过地表径流、漂移或地下水渗漏从农田进入水体，也有一部分来自工厂排放的农药污水，或因卫生需要直接喷洒于水域的农药。水体中的农药含量，一般都在微克/升的水平，由于有些农药对水生生物毒性很高，高毒农药一旦流入水体，就会造成对水生生物的急性危害。鱼类长期生活在水体中，如水体中存在有一些脂溶性强的农药，即使含量很微，它也会逐步在鱼体内富集，造成对水产品的污染，甚至会导致鱼类因慢性中毒而死亡。在水网地区的稻田中施用农药时，特别应注意保护水生生物的安全。

6. 生物富集

生物从环境介质或从食物中不断吸收低剂量的有毒物质，逐渐在体内积累浓缩的过程为生物富集。富集能力的大小，常用生物富集系数 BCF 表示：BCF = 生物体内的农药含量 / 环境介质中的农药含量。影响生物富集的另一种因素是生物的特性，在含脂肪高并且农药代谢能力弱的生物组织内易于富集。如滴滴涕的脂溶性很强，在生物体内不易代谢，所以很容易富集；相反的如拟除虫菊酯类农药，虽然其脂溶性不亚于滴滴涕，但它在生物体内易于代谢，所以不容易在生物体内富集。在整个生态体系中，农药不断地通过生物富集与食物链的传递，且逐级浓缩，人类处于食物链的最高位，受害最为严重。一些捕食性的猛禽类易遭受农药的危害也缘于此。

7. 除草剂对后茬作物的影响

除草剂的应用是以消灭农田杂草为主要目的，在作物与杂草共存的生态环境中，除草剂使用稍有不当，就会危及作物的安全。特别是近年来高效、超高效除草剂的不断出现，虽然用量少，但因其生物活性很高，又无专一选择性，不同作物对它的敏感性又有很大的差异，加上我国的作物品种繁多，各地的耕作制度又十分复杂，这些超高效除草剂在使用中常因土壤中的残留农药，造成对后茬作物的危害。

三、农药对人类健康的影响

所有的农药对人类健康都有一定的危害，但其危害的大小和严重程度与农药的化学结构、毒性大小，以及人类对其暴露的途径、时长、频率、暴露时是否采取防护措施等因素有关。不同的农药作用于人体的不同系统和器官，会引起多种多样的不良后果。迄今为止，通过世界各地大量的毒理学研究和流行病学研究获得的和农药有关的不良后果可分为急性中毒（甚至死亡）和慢性中毒。慢性中毒通常由长期、低剂量的农药暴露所致，包括工作环境或者生活环境中的农药暴露，其健康影响包括神经精神异常、内分泌受到干扰、癌症、慢性病、肝功能损伤、皮炎、生殖功能损伤、先天畸形等。以下分别叙述与农药有关的主要健康问题。

第一，急性中毒。急性中毒多见于农药生产工人，由于发生事故，农业工人短时间内高强度暴露于农药环境所致。即使是在美国这样的发达国家，每年也有一定数量的农业工人发生农药急性中毒。也有部分农药急性中毒是因为自杀，在我国和一些发展中国家如印度、斯里兰卡、越南等，由于农药的普遍可及，其成为农村居民自杀的常用工具。在世界范围内，使用农药自杀约占所有自杀的1/3。

第二，神经精神异常。大量流行病学的研究表明，农药暴露与帕金森病有关。研究表明，女性孕期和儿童的早期暴露于有机磷农药对儿童的神经行为发育有不良影响，而且这种影响存在一定的剂量—效应关系，研究评估了母亲产前暴露于有机磷农药对儿童神经行为发育的影响，发现认知障碍（和记忆有关）见于7岁儿童，行为障碍（和注意力有关）主要见于2～3岁幼儿，运动障碍（异常反射）主要见于新生儿。越来越多的证据表明，产前和产后暴露于有机磷农药都会导致儿童神经发育延迟和行为障碍，其可能的作用机制包括：抑制脑内乙酰胆碱酯酶，降低毒蕈碱受体，降低脑DNA合成，降低子代脑重量。

第三，癌症。大量研究发现暴露于农药与非何杰金氏淋巴瘤和白血病有关联，有的研究显示了剂量—效应关系。儿童时期、妇女怀孕期或者父母双方在工作中暴露于农药和儿童的某些癌症有积极的关联。也有很多研究显示了农药暴露与某些实体癌症的关联。最一致性的关联是脑癌和前列腺癌。儿童的肾癌与他们的父母在工作中暴露于农药有关。这些关联性在高浓度和持续时间长的暴露中表现得更明显。

第四，其他健康影响。除上面提及的健康危害以外，农药对人类健康还存在很多其他的影响，即使被认为是"低毒、低残留"的新型农药，对人类健康也有一定的影响。在种植基地打工的农业工人和在家从事种植业的个体农户中都有一定比例的人员在混配和使用农药时出现不适症状，包括打喷嚏、鼻涕增多、头晕、皮肤发痒、眼泪增多、皮肤发红、出现皮疹、恶心呕吐、心慌出汗、头疼等。

第三节　农业生产中农药施用现状

近年来，江西省农业得到了较快发展，粮食产量实现连续增长。农业的发展得益于2003年以来农业农村领域的一系列改革所释放的政策红利。另外有赖于农业生产技术的不断进步与化学投入品的大量使用。农药等生产要素的使用，为确保粮食稳定增长做出了应有贡献。与此同时，农药的不合理使用，可能导致土壤、地表水、地下水的污染，引发农产品残留带来超标风险，从而造成潜在农产品质量安全。近年来发生的许多食品安全事故，无不在提醒着我们，食品安全现状令人担忧。而农产品是人们生活中的必需品，尤其是在生活水平逐渐提高的今天，人们越来越关注与自己身体健康息息相关的蔬菜水果等农产品的质量，特别是农药残留与安全。这使得我们不得不去清楚地认识农业生产中农药的施用现状，只有这样，我们才能更好地采取措施来保障食品安全。

一、农药施用量总体变化状况

江西是个农业大省，农药施用量大，每年施用 4 万～5 万 t，农药施用量从 1990—1995 年以年增 3%的速率递增，1995—1999 年以年增 7.5%的速率递增，农药用量增加的速度越来越快。近年来，由于发展经济作物和蔬菜作物多，农药使用量更是以 8%～100%的速度递增。表 8-2 反映的是不同作物农药的使用品种及概率。水稻、莲藕、蚕桑施用高毒农药的比例占有 50%～60%，主要是甲胺磷、氧化乐果、甲基一六〇五等，水稻生产上杀虫双、甲胺磷的用量已分别明显超过 GB 4285—89 的最高用药量 3 750 mL/hm² 和 750 mL/hm²，有些地方已经超过 2～3 倍，没有做到安全合理用药。蔬菜、油菜、中药材和果树施用高毒农药的比例有 20%～30%，主要有甲胺磷、氧化乐果、克百威。棉花、大棚蔬菜、果树的农药用量均较高，特别是蔬菜和果树，应严格控制用药量，防止对人体健康和生态环境的危害。农民已广泛接受了使用除草剂，100%的农民使用除草剂，但农民使用除草剂对土壤残留污染和对地下水污染尚无认识，使用时没有选择性，如甲磺隆在土壤中的残留污染、乙草胺对地下水可能的污染，只有不足 10%的农民听说过这些知识。

表 8-2　不同作物农药使用品种和概率

作物	所有农药品种及概率	农药用量/（kg/hm²）	农药投入/（元/hm²）
早稻	甲胺磷 50%，杀虫双 90%，复配及菊酯类 80%，除草剂 90%，杀菌剂 80%	7.5	150
晚稻	甲胺磷 50%，杀虫双 80%，复配及菊酯类 80%，除草剂 80%，杀菌剂 100%	10.5	270
棉花	甲胺磷 80%，复配及菊酯类 100%，除草剂 100%，杀菌剂 100%	33.0	900
花生	除草剂 70%，杀菌剂 100%	1.5	75
露地蔬菜 1 季	甲胺磷 20%，复配及菊酯类 90%，杀菌剂 100%	7.5	300
大棚蔬菜 1 年	甲胺磷 20%，复配及菊酯类 100%，杀菌剂 100%	22.5	2 400
莲藕	氧乐果或甲胺磷 50%，菊酯类 50%	7.5	150
蚕桑	甲胺磷、乐果、敌敌畏 60%，菊酯类 50%	6.0	60
中药材	甲胺磷 20%，菊酯类及复配药 40%，杀菌剂 40%	3.0	60
果树	杀虫剂（大多数为复配药）100%，杀菌剂 100%，除草剂 80%	45	1 200
油菜	杀虫剂 20%，杀菌剂 70%，除草剂 50%	1.5	75

二、中药材生产中农药使用现状

江西省樟树市是我国著名的药都，中药材产业发展迅猛。樟树的药业源远流长，是江西乃至全国有名的药材集散地，距今已有 1 700 多年的历史。樟树以其特有的药材生产、加工、炮制和经营闻名遐迩，自古以来就有"药不到樟树不齐，药不过樟树不灵"之誉，随着中医药产业的快速发展，对中药资源的需求量日益增加，人工种植中药材是实现中药资源再生和持续利用的有效途径。

近十余年来，在中药材 GAP（Good Agricultural Practice for Chinese Crude Drugs，中药材生产质量管理规范）的推进和一大批中药材规范化生产基地的建立下，中药材生产中病虫害安全防控意识和防控水平与过去相比有了长足的进步。但在市场经济条件下，中药材的生产及销售直接受中药材市场价格的影响，种植品种和种植面积均受市场调节。在病虫害防治过程中，选择何种农药，选择何种用药方式基本上由药农及种植者自主决定，中药材生产中农药的使用存在诸多问题，主要表现在以下两个方面。

一是种植者普遍缺乏植保知识，农药滥用现象时有发生。目前我国中药材种植者以农民为主，由于文化素质和专业知识偏低，普遍缺乏基本的植保知识和常识，一旦发现药材上出现病虫害，首先想到施用农药。对农药的选择标准首先有效，其次价格便宜，很少考虑农药的安全性及其对中药材质量的影响。在不考虑中药材病虫害种类、发育阶段、危害程度的情况下，大量施用"放心药""配方药"，即盲目多次施药，或将多种杀虫剂、杀菌剂、叶面肥等混合施用，甚至盲目加倍配药，导致害虫抗药性增加，防治难度加大，产区环境遭受污染，同时易发生药害，造成不必要的损失和浪费。枸杞病虫害防治常用农药 17 种以上，全年用药 9～10 次，通常 3～4 种农药混合 1～2 种叶面肥使用；有些枸杞种植户甚至施用国家严禁在中药材上使用的高毒高残留化学农药如 3911、呋喃丹、氧化乐果。三七种植户，受经济效益驱使，农药种类日益多样，使用量日益增加，其生长期几乎每天施药。只要市场上能买到的农药，未经试验证明其有效性和安全性，便在三七种植区很快推广使用。三七种植者将农药配方和使用方法等视为绝招，互相保密，不断"创新"。

二是花果类药材及五加科等根类中药材病虫害种类多、发生危害严重，是农药污染的重灾区。花果类药材由于其花、果部位鲜嫩、营养丰富，是害虫喜食的部位，其收获期常与病虫害发生高峰期相吻合，此时若盲目施用化学农药，极易导致中药材农残超标。如金银花、菊花现蕾至开花期，正值蚜虫发生高峰期，由于蚜虫体积小，繁殖速度快，且在叶背、花蕾、花瓣缝隙等处取食为害，防治难度极大。同时由于花类药材花瓣吸附农药能力较强，药材的农残问题十分突出。果类药材如枸杞，病虫害种类达 60 余种，其中主要成灾害虫有 5～6 种（如枸杞木虱、枸杞瘿螨、枸杞红瘿蚊等），需常年进行防治。由于枸杞生殖生长与营养生长同时进行，害虫发生期与药材收获期一致，因此常规化学防治常导致枸杞子农药残留超标，出口受阻。

三、蔬菜生产中农药使用现状

蔬菜种植发展迅速，蔬菜品种越来越多，极大地满足了人民日益增长的消费需要。随着蔬菜产业的发展，病虫害种类增加，防治难度越来越大。众所周知，蔬菜生产的周期短，在适合生长的季节里要种几茬，造成蔬菜的重茬和迎茬连种在所难免。这就给虫害和病害的发生创造了十分有利的环境。为了确保蔬菜生产的高产和稳产，就必须使用大量的农药消灭虫害和病害，而害虫产生了抗药性，从而进入了一个恶性的循环过程，农药越用越多，浓度就越来越大，蔬菜中的残留物就越来越多，对人的身心健康危害也就越大。据统计，农药用量已高达 $120\sim135\ kg/hm^2$，而且还有增加的趋势。江西省使用的农药杀虫剂占 72%，其中杀虫剂中有机磷农药占 70%，有机磷农药中高毒农药占 70%，剧毒有机磷农药占整个农药产量的 35%，占杀虫剂产量的 48%。剧毒、高毒杀虫剂用量过大是造成蔬菜残留量超标而引起中毒的客观原因，此外，生产的所有农药制剂中，乳油、可湿性粉剂等剂型占到 60% 以上，成为影响环境质量和人体健康的潜在因素。

江西省蔬菜种植大多位于城镇和郊区，城市的环境污染，如废水、废气、重金属离子都给蔬菜的种植带来了巨大的污染，这些残留物被植物吸收后又对人体产生危害。可见蔬菜的残留物是双重性的，这种双重的危害直接和间接地给人的身体健康带来不可估量的影响。所谓的农药残留就是指使用农药以后在蔬菜内部或表面残存的农药，包括农药本身、农药的代谢物和降解物以及有毒杂质等。人吃了有残留农药的蔬菜后，对人体内的胆碱酯酶有抑制作用，阻断神经递质的传递，引起肌肉麻痹造成中毒而引起毒性作用。如果污染较轻，人吃的数量较少时，有头痛、头昏、无力、恶心、精神萎靡等表现；当农药污染较重、进入体内的农药量较多时，会出现明显的不适，如乏力、呕吐、腹泻、心慌等情况；严重者可能出现全身抽搐、昏迷、心力衰竭，甚至死亡的现象。残留农药还在人体内蓄积，超过一定量后会导致一些疾病，如男性不育。研究资料显示，近 50 年，全世界男性精子的数量下降了 50%，不育或不孕夫妇的比例已达到 10%～15%。造成这一切的罪魁祸首就是一些被称为环境内分泌干扰物的化学品，如"六六六""一六〇五"等农药。

四、果树种植中农药使用现状

江西省赣南脐橙、南丰蜜橘等都是有名的水果产业，但是在种植过程中经常遭遇到病虫害的威胁，严重影响果品产量和质量。病虫害有多种，每年防治病虫害所用的农药数量非常庞大，可用触目惊心来形容。在 21 世纪初，国家加快了农药生产的产能升级，关停并转了许多高毒高残留农药生产厂家，促进农药生产向生物和矿物质转型，多次明文规定生产中禁用高毒高残留农药，实行高毒高残留农药限期退出机制，从源头上杜绝高毒高残留农药的生产，有效地控制了农药污染。其中有 39 种农药国家明令禁止使用，分别是甲胺磷、甲基对硫磷、对硫磷、久效磷、磷胺、氟乙酰胺、甘氟、毒鼠强、氟乙酸钠、毒鼠硅、六六六、滴滴涕、毒杀芬、二溴氯丙烷、杀虫脒、二溴乙烷、除草醚、敌枯双、艾氏剂、狄氏剂、汞制剂、砷、铅类；苯线磷、地虫硫磷、甲基硫环磷、磷化钙、磷化镁、磷化锌、硫线磷、蝇毒磷、治螟磷、特丁硫磷、百草枯水剂、氯磺隆所有产品和甲磺隆、胺苯磺隆单剂及复配制剂、福美胂和福美甲胂。有 19 种农药品种限制使用，其中甲拌磷、甲基异柳磷、内吸磷、克百威、涕灭威、灭线磷、硫环磷、氯唑磷、疏丹、灭多威、溴甲烷被禁止在果树上使用。

第四节　农业生产中农药施用存在的问题

随着工业化大生产引入农业，其过程中大量农药的滥用导致农产品污染日益严重。目前，农户在农药的施用上仍然存在诸多问题，主要包括以下几点。

一、基层农药供应渠道混乱

我国农药生产厂家小而多、农药品种繁杂，基层农药市场难以管理，伴随着农药质量不容乐观。目前农药个体经营户已经成为农药销售的主力军，其销售额已经占据农药经营份额的 2/3 以上，甚至达到 4/5。

二、安全用药水平低

由于江西省农户文化素质普遍偏低，且缺乏农药专业知识，农民施药时通常只关心农药使用效果，而忽视安全性。调查发现，农户普遍存在施药过于频繁的问题，且所用品种多、用量大，部分禁用、高毒农药仍然常见。在农药的施用上多是依靠以往的经验累积或群体间效仿，缺乏专业化的指导。

三、施药机械化程度低

农业生产中施用农药大多是用手工撒施或是简单机械喷施的方法进行，如手动或机动式喷雾、喷粉机，容易导致施药不均匀，影响施用效果，造成药品浪费，其次药品还会对人体产生一定的毒害作用。目前常用的喷雾式施药方法，农药利用率只有 20%～30%，其余部分大多沉降到地面或漂移到空中。

四、农药施用不当或过量

江西省农户在很多情况下不能对症下药，虽然使用了农药，可没有任何防治效果的情况屡见不鲜，此种情况下，使用的农药并没有真正发挥效果，农药有效利用率趋于零，这就造成了农药的浪费。农药的过量使用也是常有发生，原因在于一是农药的使用剂量很小，需要在使用时认真计量。但由于普遍缺少计量器具，又因不少用户出于担心，唯恐农药用量太少不能保证防治效果，因而往往随意加大用药量。二是在农药使用中，混合和混配是常用的方法。但是，很多农户盲目的混配制剂后造成农药的浪费，因为很多农药混配制剂的必要性和实用性缺乏严谨的毒理学研究依据。例如，氟虫腈是γ-氨基丁酸受体（GABA）诱导电流抑制剂（GABA 拮抗剂），而阿维菌素则是 GABA 受体氯离子通道激活剂（GABA 激动剂），两者虽然都作用于 GABA，但作用机理相反，此两种杀虫剂混配在一起，就会产生拮抗作用，影响农药的利用率，导致加大农药用量。

五、用药不科学，安全隐患大

病虫害的防治多侧重于治而忽视防，施药不按防治指标防治，大多数农民重治轻防，不见虫子、不见草不打药，往往延误了喷药的最佳时间，看见病虫草大量发生了再打药，一般要加大量，增加次数，且收效甚微。导致一是不按防治指标盲目用药；二是擅自增加用药次数，滥用农药；三是随意增加用药品种、用药量或浓度；四是不按时间用药。用药极度不科学，带来的安全隐患大，且农药用后包装物随处扔掉或者剩余农药倒掉等现象也是常有。

六、农药行业成熟度低，管理体制机制落后

2014 年，国内农药制剂企业前 8 强的总销售额，占农药市场总量不足 20%（CR8＜20%），根据行业集中度分类，属于过度竞争行业。龙头企业的缺位，导致整个行业资源整合力度较差，市场渠道"小、乱、散"的特点鲜明，商业传递效率普遍较低，优良产品和新技术推广培训的难度大。

农药管理有关法律滞后，法律地位不高，以法规条例为主，并且现行农药管理条例还是 10 多年前的修订版，落后于时代发展。直至 2017 年 2 月，翘首期盼多年的新版《农药管理条例》在年初终于落地。

七、农药流失严重，有效利用率低

农药在从药液箱向作用靶体传递的过程中，有效利用率很低。在温室内采用大容量喷雾方式（施药液量 2 300 L/hm^2）喷洒氯菊酯乳油时；只有 20%的药剂沉积在植物叶

片上；比利时的科学试验结果表明，采用风送喷雾机在梨园和苹果园喷洒杀菌剂，29%～39%的药剂流失到土壤中，23%～45%的药剂飘失到非靶体区域。黄瓜苗期喷雾，流失到地面的药剂量占到61.3%；在秋季果园果树叶茂密的条件下采用担架式喷雾机喷雾，流失到地面的药液量为35.2%。考虑到农作物不同生长期的叶面积系数的差异，一般认为在春季果园或者大田作物苗期，只有20%～30%的农药能沉积分布到作物冠层区域内，即此时的农药有效利用率只有20%～30%；夏秋季果园或者大田作物中后期，树叶茂密或者作物封行后，叶面积系数显著增大，此时喷雾流失到地面的农药量显著减少，一般认为此时的农药有效利用率在50%～60%。

八、农药滥用带来的环境污染问题严重

如对周围土壤环境、空气、水、农产品的污染。过量施用的农药会附着在植物表面随着雨水落下，进入土壤或水体造成污染。将农药直接喷洒在土壤上会杀死土壤微生物，通过影响土质和结构，破坏土壤肥力，从而抑制植物生长发育。另外，飘散在大气中的农药颗粒，会通过呼吸道、皮肤、消化道，或通过食物链富集作用进入人畜体内，逐渐累积，影响人畜生理代谢，严重可能出现致癌、致畸。

第五节　全面推进农药零增长行动

农药在我国生产并投入使用已很多年，为农业生产的丰产丰收做出了巨大贡献，在当今已成为不可缺少的农业生产资料。但由于长期以来不规范使用及超量用药等，农药在给农业生产带来福音的同时，也带来了负面作用，主要包括农业环境遭受污染，农业生态环境受到破坏，农产品质量安全受到威胁。在农药用量上，呈逐年增长趋势，如果长此下去，农药的负面作用将越来越大。因此科学用药、实现农药用量的零增长已成为当务之急。在此背景下，国家日益高度重视农药合理使用，出台《到2020年农药使用量零增长行动方案》（以下简称《方案》）政策，规定坚持数量与质量并重，在保障农业生产安全的同时，更加注重产品质量的提升，推进绿色防控技术和科学用药，保障农产品质量安全；坚持生产与生态统筹，在保障粮食和农业生产稳定发展的同时，统筹考虑生态环境安全，减少农药面源污染；坚持节本与增效兼顾，在减少化学农药使用量的同时，大力推广新药剂、新药械、新技术，做到保产增效、提质增效，促进农业增产、农民增收。《方案》还提出了实现零增长的技术路线，可归纳为"控、替、精、统"，即控制病虫危害，使用高效、低毒、低残留农药替代高毒、高残留农药、大中型高效药械替代小型低效药械，推行精准科学施药，推行病虫害统防统治。要想实验农药零增长，达到科学施药，笔者认为可通过以下措施来促进。

一、合理施用农药

1. 制定农药施用标准，合理施用农药

化学农药是把"双刃剑"，在病、虫、草、害得到有效控制的同时，会导致病、虫、草害抗药性及耐药性的增强、大量害虫天敌被杀灭、农产品农药残留超标、污染环境的风险较大等诸多问题相继产生。近30年来，人们从各个学科领域研究农药的毒性、毒理，以及毒性危害与剂量的关系，力求将农药对人类及生态系统的影响剂量控制在可接受的范围内。为此，在深入研究农药的毒性与毒理的基础上，制定出农药的各种限制标准，如农药的日允许摄入量标准、最大残留限量标准、合理使用标准，以及各种环境标准等，是十分有必要的。

日允许摄入量（Acceptable Daily Intake，ADI）是指人体长期每天摄入某种农药，对健康不引起可觉察有害作用的剂量。ADI值是通过动物的慢性毒性试验求得的最大无作用剂量，除以安全系数。用相当于人体每千克体重每日允许摄入农药的毫克数，表示单位：mg/（kg·d），按以下公式计算：

$$日允许摄入量（ADI）= 动物最大无作用剂量 / 安全系数$$

一般要除以 100 的安全系数，对一些可能有特殊毒性的农药，其安全系数可定为1 000～5 000，甚至更高。有了ADI值以后，就可进一步求算农产品与食品中农药的最大残留限量。

最大残留限量（Maximum Residue Limit，MRL）是农畜产品中农药残留法定的最大允许浓度。它是根据人体对农药的日允许摄入量，人群膳食结构中每日进食各种食物的数量以及平均人体重等参数，用以下公式求得（单位，mg/kg）：

$$最大残留限量（MRL）= ADI×人体平均重（kg）/进食量（kg）$$

有了农药在各种农产品上的最大残留限量标准以后，就可通过田间农药残留试验，求得农药的安全使用条件，制定出农药的合理使用标准，对每种农药在各种作物上施用时都规定其允许施用的数量，施用次数及最后一次施药离收获期允许的时间间隔期。

在一般情况下，只要按照合理施用标准使用农药，生产的粮食、蔬菜、水果等各类农产品均可符合现行的食品卫生标准。随着科学的发展，人们对各种毒物危害性认识的提高，各种标准不断在修改，要求越来越严。但在实际操作中，受多种因素影响，用药用量过量是常有之事，这就要求我们除了制定理论农药使用标准外，还需要我们有较强的控减意识，同时也要采取合适的施药方式，避免造成农药滥用多用。

2. 加强宣传发动，增强控减意识

省政府相关部门应高度重视控害减量使用化学农药工作，将工作列为农业及植保工作的重要内容，加以部署和落实。各市、县、镇层层分解工作任务，明确工作目标，落

实工作责任。充分利用会议、电视广播、农民培训等多种形式和途径，宣传控减化学农药的重要性、紧迫性，普及农药安全、科学使用的技术，营造控减化学农药使用的氛围，使农民知晓率达 100%，从而提高控减意识。

3．建立示范基地，制定控减指标

为做好减量控害工作，可在各镇区建立示范基地，培植先进典型，全面推广高效、低毒、低残留、对环境友好的农药和新型植保器械，以求农药有效利用率提高 5%以上；全面禁止高毒、高残留农药的使用，力求化学农药的总使用量比非实施区减少 15%以上；规范病虫害防治技术，开展全程统防统治，提高技术到位率，确保农作物病、虫、草、鼠所造成为害损失控制在经济阈值以内，农产品农药残留控制在国家标准以下。

二、减少农药用量

毋庸置疑，农药的施用对江西省粮食安全做出了巨大贡献，未来还将不可避免地继续使用相当数量的农药。同时，也不能忽视农药对健康和环境的影响，需要尽量减少和控制农药的不合理使用。农药减量控害的根本是把不合理使用的部分减下去，其隐含的政策指向是更加科学有效地使用农药，把农业生产的效率和效益提上来。从这个层面来讲，农药减量是转变农业发展方式、提高农业可持续性的抓手。只有从这个高度来认识农药减量，才能避免就农药说农药，也能保持对这项工作持久的积极性。农药的减量控害，要在产、销、用，乃至农产品消费等各环节发力。

第一，在供给上，要严控高毒、高残留、禁用农药的生产，鼓励生物农药、低毒高效农药生产。抓住生产就是抓住了源头，加强农药生产企业监管，严厉打击非法生产，逐步淘汰高毒、高残留的农药生产，除非用途必需，最大限度地杜绝禁用农药的生产。

第二，在流通销售环节，目前农资店（尤其是村级农资店）发挥着重要的技术指导功能，因此有必要为农资店经营者提供更多相关的培训，使他们在信息传递中更加有自信，以减少信息的失真。逐步实行农药经营许可制度，经营人员要持证上岗。

第三，在使用环节，要加强技术和服务的有效供给。农技推广力量需要进一步、全方位加强。例如，招募更多的年轻专业人员进入农技推广队伍、对现有农技人员的知识进行定期更新、增加相应的设备配置等。另外，可以结合大学生村官项目，对农学、植保等农业生产密切相关的专业毕业生给予重点考虑。农民专业合作社可能是减少农药使用的办法之一，因此应当加强对合作社的支持。例如，强化合作社与农技推广系统的对接，使合作社成为环境友好型农业技术推广、应用和示范的一个平台。

第四，还应从农产品消费环节间接推动，倒逼生产端减量控害。加强农产品质量监管，维护优质农产品良好市场环境，倡导消费者采纳可持续的、健康的、对环境友好的消费行为，购买蔬菜水果时不片面追求外观，使绿色、安全、优质的农产品获得应有的市场溢价，倒逼生产端的农药减量控害。

三、提高农药利用率

在江西，由于施药方法的不恰当、施药仪器水平落后等原因造成在农业生产过程中农药的很大浪费，不仅降低了农药的利用效率而且还污染环境，给农业生产和人们生活造成了大量损失。农药的施用受环境条件影响较大，如温度、湿度、光照、土壤、水质、风速和田间植物群体分布等，要根据不同的环境条件采用不同的施药技术，提高施用效果。为此，我国科学家经过多年研究创立了"农药对靶喷洒"理论及应用新技术。实践证明这项新技术可使农药在作物上的有效沉淀率由原来施药方法的 30%左右提高到 60%以上，进入环境的农药量减少 1/2，节省农药 50%～90%，节省用水 90%左右。现将几种先进的施药新技术简介如下：

低容量喷雾技术是指单位面积在施药量不变的情况下，将农药原液稍加水稀释后使用，用水量相当于常规喷雾技术的 1/10～1/5。此技术应用十分简便，只需将常规喷雾机具的大孔径喷片换成孔径 0.3 mm 的小孔径喷片即可。使用这一技术可大大提高作业效率，减少农药流失，节约大量用水，显著提高防治效果，有效克服了常规喷雾给温室造成的湿害。这一技术特别适宜温室和缺水的山区应用。

静电喷雾技术是通过在喷药机具上安装高压静电发生装置，作业时通过高压静电发生装置，使雾滴带电喷施的药液在作物叶片表面沉积量大幅增加，农药的有效利用率达到 90%，避免了大量农药无效地进入农田土壤和大气环境。

"丸粒化"施药技术适用于水田。对于水田使用的水溶性强的农药，采用"丸粒化"施药技术效果良好。只需把加工好的药丸均匀地撒施于农田中即可，比常规施药法提高工效十几倍，而且没有农药漂移现象，有效防止了作物茎叶遭受药害，而且不污染邻近的作物。

循环喷雾技术对常规喷雾机进行重新设计改造，在喷雾部件相对的一侧加装药物回流装置。把没有沉积在靶标植物上的药液收集后抽回到药箱内，使农药能循环利用，可大幅度提高农药的有效利用率，避免了农药的无效流失。

药辊涂抹技术主要适用于内吸性除草剂。药液通过药辊（利用能吸收药液的泡沫材料做成）从药辊表面渗出，药辊只需接触杂草上部的叶片即可奏效。这种施药方法，几乎可使药剂全部施在靶标植物表面上，不会发生药液抛洒和滴漏，农药利用率可达到 100%。

电子计算机施药技术在我国的部分科研单位已经采用，应用效果良好，具有很好的推广价值。它将电子计算机控制系统用于果园喷雾机上，该系统通过超声波传感器确定果树形状，使农药喷雾特性始终依据果树形状的变化而自动调节。电子计算机控制系统用于施药，可大大提高作业效率和农药的有效利用率。

隐蔽施药技术采用内吸性药剂拌种、种子包衣、浸种、沾根等方法，防治根部病虫害、土传病害、地下害虫、苗期病虫害，可有效减少作物苗期用药次数和使用量，提高农药的使用效率，避免将农药暴露在大气中，降低农药对环境的污染和对有益生物的杀伤作用。

以上几种施药新技术，不但防效好、工效高、大大减少了农药使用量，还保护了生态环境，显示出巨大的经济效益、生态效益和社会效益，具有广阔的应用前景，值得因地制宜大力推广。

四、推广生物农药

生物农药是利用生物活体或由生物产生的活性成分，以及化学合成的具天然化合物结构的物质，制备出的可防治植物病虫害和杂草及能调节植物生长的制剂。近年来，亦将具调节抗逆性或能抗病虫害的转基因植物列为生物农药。与传统的化学农药相比，生物农药具有对人畜和非靶标生物安全、环境兼容性好、不易产生抗性、易于保护生物多样性、来源广等优点。因此，高效生物农药的开发应用对人类健康，环境保护和农业的可持续发展都有极其重大的意义。

五、现代信息技术的应用

农作物病虫害的发生受作物布局、栽培、耕作条件、品种抗性、害虫的迁移、病害的流行及气象条件等诸多因素的影响。由于江西各地耕作条件、环境气候各有差异等原因，给农作物病虫害的预测及防治带来了极大的困难。但现代信息技术，如 GPS（全球卫星定位系统）和 GIS（地理信息系统）可以有效地用于病虫害测报，同时 GPS 和 GIS 还可以为由灾情程度决定的变喷量或变浓度农药喷洒系统提供基础信息。另外，互联网的发展也为农业信息的传播提供了良好的条件。这对于病虫害预防，灾害发生后及时采取正确的措施有至关重要的作用。所以，现代信息技术为农药的精准施用提供了前所未有的有利条件。

六、加强农药对生态环境影响的研究

在新农药开发中，必须要加强对一些高效、超高效农药对生态环境影响研究，搞清楚这些农药对各种作物的敏感性与危害剂量，及其在土壤中的降解规律与下茬作物种植前土壤中的残留剂量，再结合各地的耕作制度，研究其对各类非靶标作物的危害影响及安全使用条件。在人类生存的环境中，到处都有农药的残留物，且不断地通过各种途径对整个生态系统产生各种各样的危害影响；在人类的生活中，需要有农药来消灭病、虫、草害，以保证获取生活所必需的食物来源。因此，当今的任务是努力加强对农药环境毒理学的研究与加强农药的环境管理，力求从农药研制到农药生产和使用的全过程中，尽力将农药的危害性压低到人们可接受的最低水平，以达到保护生态环境的目的。

七、完善农药监督管理体制

农药监督管理包括多个方面，从国家政府到民间老百姓，中间多个环节都离不开农药的监督管理，这就要求我们必须要有完善的管理机制、合理的制度，才能做到有法可依、有法必依，从而杜绝滥用、乱用农药等现象。

1．进一步完善我国的《农药登记毒理学试验方法》

我国《农药登记毒理学试验方法》国家标准于 1995 年发布实施，它对规范我国农药登记试验发挥了较大的作用。但其尚存在许多不足之处，亟须完善。如急性经皮、眼睛和皮肤刺激性试验方法中未规定对农药样品如何进行处理，导致不同的试验单位采取不同的处理方法，如稀释不同的倍数，造成不同的试验单位对同一样品出具了结果差别很大的试验报告。

2．《农药管理条例》的修订

为了加强对农药生产、经营和使用的监督管理，保证农药质量，保护农业、林业生产和生态环境，维护人畜安全而制定的《农药管理条例》（以下简称《条例》）于 1997 年 5 月 8 日开始实施。直到 2001 年修订一次，到现在已实施 10 多年，条例中有些体制、制度、措施等都已落后于社会的发展。到 2017 年 2 月 8 日，多年磨一剑的《农药管理条例（修订草案）》获得国务院常务会议通过，标志着我国农药管理工作和行业发展即将面临深刻调整，进入新的发展时期。新修订的《农药管理条例》将对农药管理的体制、制度、措施等进行重要调整，包括将农药生产管理职责统一划归农业部门、取消临时登记、实施农药经营许可、明确使用者义务、加大违法惩罚力度、建立质量可追溯制度、健全召回退出机制等，责任更为明确，手段更加有力，将更好地保障农产品质量安全。

3．加快建立农药电子追溯码监管制度

国务院印发的《全国农业现代化规划（2016—2020 年）》等文件规定，要探索建立农药等投入品电子追溯码监管制度，这无疑是一项重大举措，能有效地对农药的使用进行监督与追溯。在江西，也应尽快建立农药电子追溯码监督制度，同时加强鲜食农产品生产基地安全用药工作指导和监管，督促做好全生育期用药记录，在农产品质量安全追溯体系中，要强化农药使用记录的监管和追溯，严厉打击违规使用高毒、违禁农药行为，有效防控农药残留风险。建立可追溯电子信息体系，加强农药使用监管，努力提高农药残留管控水平。

4．完善风险分析制度

在农药登记和残留限量标准制定过程中，评估农药的毒理学和环境影响，都要以风

险分析结果为依据。采用农药风险评价技术分析其产生的环境不利风险，并根据风险来选择农药品种及施用量，可对农药进行筛选替代。风险分析不仅可大大减少农药的总施用量，同时也能降低农药的环境风险商值，进而减少高环境风险农药的施用，降低水环境毒性影响，能有效地从源头控制农业面源污染中的化学污染物。不难看出，风险分析制度的完善，将更好地保障生态环境，对江西省农业的可持续发展也是十分有利的。

5. 建立健全的监督管理机制

健全的监督管理机制对各行各业的发展都是十分有必要的，如今农药在农业生产中使用越发频繁，为达到药效，农户使用过程中经常增加药量，从而导致出现一系列的生态环境问题。政府应对《农药登记管理办法》《农药经营许可管理办法》《农药生产许可管理办法》《农药登记资料规定》等规章制度进行完善，制定农药生产许可、经营许可、登记初审、市场监管等方面的实施细则，跟上时代，建立健全的监督管理机制，采取各种管理措施（图8-1），保证使用农药过程中有法可依，违法必究。

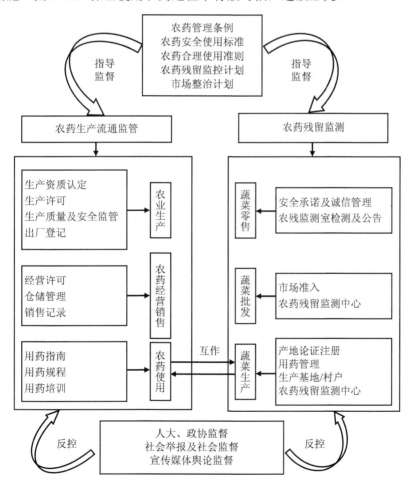

图 8-1　农药监管管理措施

八、结语

　　农药为江西省粮食生产做出了巨大贡献，是防控农作物病虫草害、夺取农业丰收的重要生产资料，但不合理的使用使生态环境遭到了严重破坏。因此，在使用过程中必须开展农药零增长行动，使化学农药减量化。实现农药用量零增长要从综合技术措施的推广应用、生物农药的替代、防治新技术推广、农药经营市场监管、项目引导等方面入手，趋利避害，科学、安全、合理地使用化学农药。具体要做到以下几点：一是强力推进统防统治，做到既节本又增效；二是从源头抓起，杜绝乱配药、乱用药；三是加强培训，全面实现科学用药。

参考文献

[1]　王晓光，宋阳. 农药的新分类及性能[J]. 林业科技，2003（6）：25-27.

[2]　刘绍仁，沈佐锐. 浅议农药毒性分级[J]. 农药科学与管理，2004（5）：33-36.

[3]　金书秦，方菁. 农药的环境影响和健康危害：科学证据和减量控害建议[J]. 环境保护，2016，44（24）：34-38.

[4]　赵紫华，张蓉，贺达汉，等. 不同人工干扰条件下枸杞园害虫的风险性评估与防治策略[J]. 应用生态学报，2009，20（4）：843-850.

[5]　李建领，徐常青，乔鲁芹，等. 宁夏枸杞红瘿蚊的发生特点与防治策略[J]. 中国现代中药，2015，17（8）：840-843，850.

[6]　袁会珠，齐淑华，杨代斌. 不同喷头对保护地黄瓜喷雾农药有效沉积率比较[J]. 植物保护，1999（1）：24-26.

[7]　袁会珠，王忠群，孙瑞红，等. 喷洒部件及喷雾助剂对担架式喷雾机在桃园喷雾中的雾滴沉积分布的影响[J]. 植物保护，2010（1）：106-109.

[8]　罗巍. 2015年全国露地蔬菜农药施用大数据分析[D]. 杭州：浙江大学，2016.

[9]　蔡道基. 农药与环境[J]. 安徽化工，2000（1）：13-18.

[10]　杨红梅. 农药的环境污染问题及治理对策研究[D]. 南京：南京农业大学，2013.

[11]　张悦. 农药残留安全性问题研究[J]. 广西质量监督导报，2010（10）：50-52.

[12]　宋仲容，何家洪，高志强，等. 农药使用中存在的问题及其对策[J]. 安徽农业科学，2008（33）：14712-14713，14750.

[13]　贾登三. "对靶喷洒"新技术大幅提高农药利用率[N]. 农民日报，2011-08-26（006）.

[14]　如何提高农药利用率？[J]. 种子科技，2014（3）：54.

[15]　洪晓燕，张天栋. 影响农药利用率的相关因素分析及改进措施[J]. 中国森林病虫，2010（5）：41-43.

[16]　曹建云. 提高农药药效和利用率的技术方法[J]. 新疆农垦科技，2016（8）：28-29.

[17] 纪明山，谷祖敏，张杨. 生物农药研究与应用现状及发展前景[J]. 沈阳农业大学学报，2006（4）：545-550.

[18] 邱德文. 生物农药与生物防治发展战略浅谈[J]. 中国农业科技导报，2011（5）：88-92.

[19] 张兴，马志卿，李广泽，等. 生物农药评述[J]. 西北农林科技大学学报（自然科学版），2002（2）：142-148.

[20] 明亮，陈志谊，储西平，等. 生物农药剂型研究进展[J]. 江苏农业科学，2012（9）：125-128.

第九章　畜禽养殖污染现状及防治行动[①]

　　养殖业发展水平是衡量一个国家和地区现代化水平的标志。养殖业的发展不仅丰富市场供应，富裕农民，更重要的是促进农村产业结构的调整，对实现农业现代化有着十分重要的作用。畜禽养殖业是江西省的一大经济亮点，江西省拥有较好的畜禽养殖业发展条件，丰富的自然资源、独特的生态环境为畜禽养殖业的发展提供基础。但是，随着畜禽养殖由传统的散户养殖向集约化、规模化方向转变，畜禽粪污也由传统的散户自然消纳转变为集中大量式消纳。以生猪养殖为例，截至 2014 年年底，江西省出栏 500 头以下集约化养猪场 87 万户，1 000 头以上集约化养猪场 5 694 户，3 000 头以上集约化养猪场 1 440 户，5 000 头以上集约化养殖场 737 户，10 000 头以上集约化养猪场 314 户，每年产生粪污 1 000 多万 t，严重超出了养殖场附近土地（水体）的承载力，成为农村环境污染的主要来源之一。在某些农村地区，规模养殖污染物对环境的影响已经超过了生活污染、农业面源污染、乡镇工业污染和餐饮业污染等对环境的影响，成为导致农村环境污染的重要原因之一。畜禽养殖业发展与环境污染的矛盾日益凸显，畜禽养殖污染已成为农村环境的一大污染源。畜禽养殖污染物的处理与处置已经成为农村迫切需要解决的环境问题。

第一节　畜禽养殖污染现状

一、畜禽养殖业发展现状

1. 畜禽养殖数量

　　根据统计资料，以年出栏量为计算，2005—2014 年，江西省畜禽养殖数量呈现逐年增加趋势，畜禽养殖业综合生产能力显著提高（表 9-1）。截至 2014 年年底，江西省生猪、肉牛、肉羊、肉兔、肉禽年出栏量分别为 3 315.66 万头、149.76 万头、93.49 万只、

---

① 本章作者：钱海燕（江西省山江湖开发治理委员会办公室）、袁芳（江西省农业厅）。

371.39 万只、45 855 万羽（表 9-2）。其中，生猪养殖 2014 年较 2005 年增长了 42.1%，年均增长率为 4.0%左右；肉牛养殖 2014 年较 2005 年增长了 47.6%，年均增长率为 4.6%；肉兔养殖数量 2014 年较 2005 年增长了 55.3%，年均增长率为 5.1%；肉禽养殖数量 2014 年较 2005 年增长了 25.4%，年均增长率为 2.6%。

表 9-1　2005—2014 年江西省主要畜禽养殖数量

畜禽	单位	2005 年	2006 年	2007 年	2008 年	2009 年	2010 年	2011 年	2012 年	2013 年	2014 年
生猪	万头	2 333	2 357	2 388	2 537	2 815	2 898	2 962	3 131	3 230	3 316
肉牛	万头	101	117	113	119	138	140	139	144	146	150
肉羊	万只	103	114	72	84	91	90	88	89	90	93
肉兔	万只	239	243	273	275	296	319	328	345	367	371
肉禽	万羽	36 558	36 807	34 769	36 197	37 975	40 049	413 954	43 277	44 532	45 855

表 9-2　2014 年江西省畜禽养殖数量（年出栏量）

县（市、区）	生猪/头	肉牛/头	肉羊/只	肉兔/只	肉禽/万羽
南昌市	3 586 330	62 548	22 457	16 630	5 034
景德镇市	583 943	21 983	12 024	122 019	545
萍乡市	1 441 394	15 742	229 615	18 285	1 052
九江市	2 216 371	26 830	177 696	101 748	1 924
新余市	929 040	55 526	11 627	—	473
鹰潭市	1 361 488	31 313	17 544	316 580	1 042
赣州市	6 425 342	320 548	80 555	1 746 686	10 741
吉安市	4 090 931	511 929	38 257	84 660	8 454
宜春市	6 650 284	285 386	210 870	1 239 183	4 338
抚州市	2 903 476	50 288	14 705	17 652	8 527
上饶市	2 968 009	115 519	119 518	50 420	3 725
全省	33 156 608	1 497 612	934 868	3 713 863	45 855

从全省各市畜禽养殖业发展情况来看（表 9-2），2014 年，生猪和肉牛年出栏量以宜春市位居首位，为 $6.650×10^6$ 头，其次是赣州市和吉安市，分别为 $6.425×10^6$ 头和 $4.091×10^6$ 头；肉牛年出栏量以吉安市、赣州市和宜春市位居前三位，分别为 $5.12×10^5$ 头、$3.21×10^5$ 头、$2.85×10^5$ 头；肉羊以萍乡、宜春和九江市位居前三位，分别为 $2.30×10^5$ 头、$2.11×10^5$ 头、$1.78×10^5$ 头；肉兔以赣州、宜春位居前两位，分别为 $1.747×10^6$ 只、$1.240×10^6$ 只；肉禽以赣州、抚州、吉安位居前三位。

2．畜禽养殖规模

根据统计资料和实地调查，根据生猪、肉牛、肉羊、蛋鸡、肉鸡年出栏量规模，统计出 2010—2014 年全省畜禽规模养殖场及养殖户数（表 9-3）。

表 9-3　2010—2014 年江西省生猪养殖情况

畜禽	指标	2010 年	2011 年	2012 年	2013 年	2014 年
生猪	养殖场总数/万个	137.3	107.6	89.3	88.6	79.8
	>500 头规模养殖场数/万个	1.02	1.10	1.23	1.31	1.37
	规模化养殖比例/%	0.74	1.03	1.44	1.48	1.72
	总出栏量/万头	2 910	2 984	3 130	3 230	3 316
	>500 头规模养殖场出栏量/万头	1 741	1 828	1 932	2 019	2 108
	规模化养殖场出栏量比例/%	59.81	61.27	61.73	62.51	63.57
肉牛	养殖场总数/万个	59.21	58.24	38.87	53.91	51.45
	>50 头规模养殖场数/个	1 360	1 527	1 492	1 637	2 171
	规模化养殖比例/%	0.230	0.262	0.384	0.304	0.422
	总出栏量/万头	138.2	138.1	143.8	146.3	14.0
	>50 头规模养殖场出栏量/万头	15.90	16.61	17.23	18.39	17.56
	规模化养殖场出栏量比例/%	11.51	12.03	11.98	12.57	12.43
肉羊	养殖场总数/万个	7.08	9.06	7.61	8.57	8.58
	>100 头规模养殖场数/个	916	935	1 125	1 179	1 406
	规模化养殖比例/%	1.294	1.032	1.479	1.375	1.638
	总出栏量/万头	90.74	91.19	88.72	90.30	93.26
	>100 头规模养殖场出栏量/万头	21.95	23.69	22.36	23.65	24.42
	规模化养殖场出栏量比例/%	24.20	25.97	25.20	26.19	26.18
肉鸡	养殖场总数/万个	85.68	59.79	66.56	70.35	63.67
	>2 000 只规模养殖场数/万个	1.102	1.195	1.062	1.111	1.002
	规模化养殖比例/%	1.287	1.999	1.595	1.579	1.573
	总出栏量/万个	1.83	1.95	1.99	2.02	2.13
	>2 000 只规模养殖场出栏量/万个	1.45	1.57	1.65	1.72	1.75
	规模化养殖场出栏量比例/%	79.30	80.58	83.21	85.24	82.54
蛋鸡	养殖场总数/万个	61.10	66.08	66.46	94.67	49.25
	>2 000 只规模养殖场数/个	2 141	1 569	1 652	1 698	1 741
	规模化养殖比例/%	0.350	0.237	0.249	0.179	0.354
	产蛋量/万 t	25.42	26.80	28.52	32.25	32.82
	>2 000 只规模养殖场产蛋量/t	13.63	14.95	16.10	18.21	18.23
	规模化养殖场产蛋量比例/%	53.62	55.77	56.45	56.45	55.55

2014 年，全省生猪、肉牛、肉鸡、蛋鸡养殖场及养殖户分别为 79.8 万个、51.45 万个、8.58 万个、63.67 万个、49.25 万个，比 2010 年分别下降了 41.9%、13.1%、25.7%、19.4%。其中，生猪大于 500 头规模化养殖数 2014 年为 1.37 万个，比 2010 年增加了 35.3%，规模化养殖出栏比例由 2010 年的 59.81% 上升到 2014 年的 63.57%；肉牛大于 50 头规模

养殖数 2014 年为 2 171 个，比 2010 年增加了 59.6%，规模化养殖比例由 2010 年的 0.74% 上升到 1.72%，规模化养殖出栏比例由 2014 年的 11.51% 上升到 2014 年的 12.43%。说明集约化、规模化畜禽业养殖逐渐成为主流。

3. 畜禽养殖饲料投入及兽药种类

畜禽的养殖过程中，养殖投入品的安全问题越来越受到重视。其中，畜禽饲料和兽药是畜禽养殖过程中的主要投入品，而畜禽养殖污染物中的氮磷等来自投入的饲料。2014 年，全省饲料约投入 1 000 t，其中，生猪饲料占饲料总投入的 77.43%，占据主要地位。

根据鄱阳湖第二次科学考察，畜禽兽药使用方面，各畜禽养殖场的药品使用情况基本类似，主要有消毒药品，如火碱、生石灰、福尔马林、漂白粉、高锰酸钾、酒精、碘酒等；抗菌消毒药品，如磺胺类药、恩诺沙星、庆大霉素、卡那霉素、青霉素钾、氟苯尼考、地塞米松磷酸钠注射液等；抗寄生虫药品，如伊维菌素、阿维菌素、左旋咪唑、丙硫苯咪唑、吡喹酮、地克珠利、妥曲珠利、盐酸氨丙啉、孔雀石绿、克死螨等，其中生猪和肉牛养殖过程中使用生殖系统疾病相关药品较多，如黄体酮、促性腺激素释放激素类似物、缩宫素等。

二、主要畜禽养殖粪便及污染物状况

1. 畜禽养殖粪便产生量

生猪、肉牛和禽类是江西省畜禽粪便的主体。根据原环境保护部给出的畜禽养殖污染物产生系数（表 9-4），对全省 2014 年生猪、肉牛、禽类等畜禽品种养殖过程中的粪便产生量及污染物含量进行估算（表 9-5、表 9-6 和表 9-7）。

表 9-4　畜禽粪便及污染物产生系数

动物种类	污染物	计量单位	产污系数
生猪	粪便量	kg/（头·d）	0.80
	COD	g/（头·d）	241.78
	TN	g/（头·d）	17.59
	TP	g/（头·d）	2.23
	Cu	mg/（头·d）	174.19
	Zn	mg/（头·d）	210.82
肉牛	粪便量	kg/（头·d）	14.80
	COD	g/（头·d）	3 114
	TN	g/（头·d）	153.47
	TP	g/（头·d）	19.85
	Cu	mg/（头·d）	102.95
	Zn	mg/（头·d）	468.41

动物种类	污染物	计量单位	产污系数
禽类	粪便量	kg/（头·d）	0.15
	COD	g/（头·d）	18.50
	TN	g/（头·d）	1.06
	TP	g/（头·d）	0.51
	Cu	mg/（头·d）	1.95
	Zn	mg/（头·d）	11.35

注：数据来源于江西省科技重大项目《鄱阳湖第二次科学考察》，其中，生猪、肉牛、肉鸡、蛋鸡的产污系数来源于第一次全国污染源普查领导小组办公室给出的华东区畜禽养殖产物系数，其中生猪、肉牛按 180 d 出栏计算，禽类按 90 d 出栏计算。

表 9-5　2014 年江西省主要畜禽粪便产生量（以年出栏量计算）　　　单位：万 t

主要畜禽	生猪	肉牛	肉禽
南昌市	72.09	29.52	27.56
景德镇市	11.74	10.38	2.98
萍乡市	28.97	7.43	5.76
九江市	44.55	12.66	10.53
新余市	18.67	26.21	2.59
鹰潭市	27.37	14.78	5.70
赣州市	129.15	151.30	58.81
吉安市	82.23	241.63	46.29
宜春市	133.67	134.70	23.75
抚州市	58.36	23.74	46.69
上饶市	59.66	54.52	20.39
全省	666.45	706.87	251.06

2014 年，全省累计产生粪便量 $1.624\,38\times10^7$ t，其中生猪、肉牛、肉禽产生粪便量分别为 $6.664\,5\times10^6$ t、$7.068\,7\times10^6$ t 和 $2.510\,6\times10^6$ t，分别占累计粪便量的 41.0%、43.52% 和 15.45%（表 9-5）。其中，生猪和肉牛养殖粪便量均以吉安市、赣州市和宜春市为最多。

2. 畜禽养殖粪便污染物产生量

2014 年，江西省主要畜禽粪便污染物 COD 累计产生量为 307.66 万 t，生物、肉牛、肉禽分别占 11.27%、7.13% 和 81.60%；BOD 累计产生量为 66.68 万 t，生物、肉牛、肉禽分别占 57.04%、26.01% 和 16.94%；$NH_3\text{-}N$ 累计产生量为 4.48 万 t，生物、肉牛、肉禽分别占 46.26%、26.88% 和 26.86%；TP 累计产生量为 4.46 万 t，生物、肉牛、肉禽分别占 51.03%、18.72% 和 30.25%；TN 累计产生量为 9.48 万 t，生物、肉牛、肉禽分别占 41.36%、32.58% 和 26.06%（表 9-6）。从各市来看，粪便污染物 COD、BOD、$NH_3\text{-}N$、TP、TN 产生量均以吉安市、赣州市和宜春市位居前三位，说明这 3 个县粪便污染较为严重（表 9-7、表 9-8、表 9-9）。

表 9-6 2014 年江西省主要畜禽养殖粪便污染物产生量 单位：t

污染物	COD	BOD	NH₃-N	TP	TN
生猪	346 818	380 373	20 690	22 745	39 224
肉牛	219 207	173 456	12 021	8 345	30 902
肉禽	2 510 561	112 987	12014	13 481	24 716
累计	3 076 586	666 816	44 725	44 571	94 842

表 9-7 2014 年全省生猪养殖粪便污染物产生量 单位：t

污染物	COD	BOD	NH₃-N	TP	TN
南昌市	37 513	41 142	2 238	2 460	4 243
景德镇市	6 108	6 699	364	401	691
萍乡市	15 077	16 536	899	989	1 705
九江市	23 183	25 426	1 383	1 520	2 622
新余市	9 718	10 658	580	637	1 099
鹰潭市	14 241	15 619	850	934	1 611
赣州市	67 209	73 712	4 009	4 408	7 601
吉安市	42 791	46 931	2 553	2 806	4 840
宜春市	69 562	76 292	4 150	4 562	7 867
抚州市	30 370	33 309	1 812	1 992	3 435
上饶市	31 045	34 049	1 852	2 036	3 511

表 9-8 2014 年全省肉牛养殖粪便污染物产生量 单位：t

污染物	COD	BOD	NH₃-N	TP	TN
南昌市	9 155	7 244	502	349	1 291
景德镇市	3 218	2 546	176	122	454
萍乡市	2 304	1 823	126	88	325
九江市	3 927	3 108	215	149	554
新余市	8 127	6 431	446	309	1 146
鹰潭市	4 583	3 627	251	174	646
赣州市	46 919	37 127	2 573	1 786	6 614
吉安市	74 932	59 293	4 109	2 852	10 563
宜春市	41 772	33 054	2 291	1 590	5 889
抚州市	7 361	5 824	404	280	1 038
上饶市	16 909	13 380	927	644	2 384

表 9-9　2014 年全省肉禽养殖粪便污染物产生量　　　　　　　　　单位：t

污染物	COD	BOD	NH₃-N	TP	TN
南昌市	275 612	12 404	1 319	1 480	2 713
景德镇市	29 839	1 343	143	160	294
萍乡市	57 597	2 592	276	309	567
九江市	105 339	4 741	504	566	1 037
新余市	25 897	1 165	124	139	255
鹰潭市	57 050	2 567	273	306	562
赣州市	588 070	26 466	2 814	3 158	5 789
吉安市	462 857	20 831	2 215	2 485	4 557
宜春市	237 506	10 689	1 137	1 275	2 338
抚州市	466 853	21 011	2 234	2 507	4 596
上饶市	203 944	9 178	976	1 095	2 008

三、主要畜禽养殖污水及污染物状况

1. 畜禽养殖污水产生量

根据第一次全国污染源普查领导小组办公室给出的畜禽养殖污水污染物产生系数（表 9-10），计算得出了鄱阳湖区 2012 年生猪和肉牛养殖污水产生量及各县（市、区）污染物产生量。

表 9-10　鄱阳湖区畜禽养殖污水污染物产生系数

动物种类	污染物指标	计量单位	产污系数
生猪	尿液量	L/（头·d）	1.70
	COD	g/（头·d）	53.01
	TN	g/（头·d）	9.55
	TP	g/（头·d）	0.54
	Cu	mg/（头·d）	17.16
	Zn	mg/（头·d）	43.37
肉牛	尿液量	L/（头·d）	8.91
	COD	g/（头·d）	141.15
	TN	g/（头·d）	55.24
	TP	g/（头·d）	3.20
	Cu	mg/（头·d）	0.12
	Zn	mg/（头·d）	0.93

注：产污系数来源于第一次全国污染源普查领导小组办公室给出的华东区畜禽养殖专业户排污系数，其中生猪按 180 d 出栏计算，禽类按 90 d 出栏计算。

表 9-11 2014 年江西省主要畜禽尿液产生量（以年出栏量计算） 单位：万 t

主要畜禽	生猪	肉
南昌市	119.03	14.77
景德镇市	19.38	5.19
萍乡市	47.84	3.72
九江市	73.56	6.33
新余市	30.84	13.11
鹰潭市	45.19	7.39
赣州市	213.26	75.68
吉安市	135.78	120.86
宜春市	220.73	67.37
抚州市	96.37	11.87
上饶市	98.51	27.27
全省	1 100.49	353.56

2014 年，全省养殖累计产生污水量 1.45×10^7 t，其中生猪、肉牛产生污水量分别为 1.10×10^7 t、3.54×10^6 t，分别占累计污水产生量的 75.68%、24.32%，说明养殖污水产生量主要来源于生猪养殖（表 9-11）。说明生猪养殖是养殖污水产生的主要来源。

2. 畜禽养殖污水污染物产生量

2014 年，全省污水生猪、肉牛污染物 COD、BOD、NH_3-N、TP、TN 累计产生量分别为 120 252 t、69 182 t、27 793 t、7 150 t、64 566 t，其中生猪养殖污水分别占各污染物累计产生量的 82.36%、79.56%、55.47%、80.23%、56.23%，说明污水污染物产生量主要来源于生猪养殖（表 9-12、表 9-13）。

表 9-12 2014 年全省生猪养殖尿液污染物产生量 单位：t

污染物	COD	BOD	NH_3-N	TP	TN
南昌市	10 712	5 953	1 668	620	3 927
景德镇市	1 744	969	272	101	639
萍乡市	4 305	2 393	670	249	1 578
九江市	6 620	3 679	1 031	383	2 427
新余市	2 775	1 542	432	161	1 017
鹰潭市	4 067	2 260	633	236	1 491
赣州市	19 192	10 666	2 988	1 112	7 036
吉安市	12 220	6 791	1 902	708	4 480
宜春市	19 864	11 039	3 092	1 150	7 282
抚州市	8 673	4 820	1 350	502	3 179
上饶市	8 865	4 927	1 380	513	3 250
全省	99 039	55 040	15 418	5 736	36 306

表9-13　2014年全省肉牛养殖尿液污染物产生量　　　　　　　单位：t

污染物	COD	BOD	NH$_3$-N	TP	TN
南昌市	886	591	517	59	1 180
景德镇市	311	208	182	21	415
萍乡市	223	149	130	15	297
九江市	380	253	222	25	506
新余市	787	524	459	52	1 048
鹰潭市	444	296	259	30	591
赣州市	4 541	3 027	2 649	303	6 049
吉安市	7 251	4 834	4 230	483	9 660
宜春市	4 042	2 695	2 358	269	5 385
抚州市	712	475	416	47	949
上饶市	1 636	1 091	955	109	2 180
全省	21 214	14 142	12 375	1 414	28 260

四、畜禽养殖污染特点及问题

1．畜禽养殖污染特点

根据鄱阳湖第二次科学考察，全省畜禽粪便基本实现了资源化利用，畜禽养殖污染物排放主要是养殖污水中污染物的排放。调查显示，全省畜禽养殖污染主要呈现以下特点。

第一，畜禽养殖业从分散的农户养殖转向集约化、工厂化的养殖，不仅畜禽粪便污染量大幅度增加，而且在各地出现了许多类似于工厂企业的新的大型"污染源"。

第二，畜禽养殖场布局欠佳，选址不当。

第三，对畜禽养殖的环境污染管理粗放，治理不力，畜禽养殖业正逐渐成为当地水体的最大污染源。

第四，畜禽养殖业集约化的程度越来越高，专业化特征越来越明显，最终导致了养殖业与种植业的日益分离。畜禽粪便用作农田肥料的比重大幅度下降。畜禽粪便被乱堆乱排的现象越来越普遍，增加了环境的压力。

2．畜禽养殖污染产生的问题

（1）畜禽养殖对大气的污染

粪便对大气的污染主要来源于畜禽舍外的粪堆和粪池，粪便有机物分解产生恶臭以及有害气体和携带病原微生物的粉尘。恶臭除直接或间接危害人畜健康外，还会引起畜禽生产力下降，使畜牧场周围生态环境恶化。

畜禽养殖业生产中，产生大量的甚至带有病原微生物、寄生虫卵污浊气体和飘尘，对大气环境造成污染。

（2）畜禽养殖对土壤的污染

据调查，由于部分大型养殖和专业户建有贮存舍内排出的畜禽粪尿和污染的贮粪池底部不防水，其中的粪尿水和污水渗入地底下的土层中，有的贮粪池盛满时不进行净化处理，随意排出场外，也有的在养殖场清除舍中粪尿和垫草，随意堆放在舍周围，贮粪池未采用防水材料来修建，污水和尿液也能渗入地下，并且不具备净化措施，对土壤造成了污染。

一些新型饲料添加剂中含有铜、砷、汞、硒等重金属元素，此外，畜禽日粮中，由于大量添加钙磷等矿物质以及铜、铁、锌、锰等微量元素，使得未被畜体吸收的过量矿物质又从畜粪便中排出体外污染环境，造成土壤有害元素超标。

土壤受污染后，其化学成分和物理性状也相应地发生改变，使自净能力受到破坏，也为蝇类和寄生虫等提供了寄生场所，给健康畜禽和人类生活带来严重的危害。

（3）畜禽养殖对水体的污染

畜禽粪尿及废弃物所产生的污染物随径流或贮粪尿池渗透污染地表水和地下水。受有毒有害物质污染的水体，可使饮用该水的人或家畜中毒或发生严重的传染性疾病，从而影响健康甚至危及生命安全。粪便污染会导致水源水质和生活环境恶化，造成污染区水质恶化，不能饮用，甚至水源污染不能使用，引起供水困难。

（4）畜禽产品安全受到威胁

兽药残留污染。在畜禽养殖过程中，为了防治畜禽的多发性疾病，多在饲料中添加抗菌素，而大多数饲料用抗菌素都有残留，只是残留量大小不同。随着药物的经常性使用，微生物的耐药性加强。为了防治疾病，药物的用量逐渐加大，药物在动物体内的转化和积累必将导致药物残留的增加，形成恶性循环，最终导致食用畜禽产品的人体受到一定程度的伤害。

微生物污染。畜禽体内微生物主要是通过消化道排出体外，粪便是微生物的主要载体。根据湖区粪污水检测，在 1 g 猪场的粪污水中，含有 83 万个大肠杆菌，69 万个肠球菌，还含有寄生虫卵、活性较强的沙门氏菌等。这些有害病菌，如果得不到妥善处理，将污染环境，这不仅直接威胁畜禽自身的生存，还会严重危害人体健康。

第二节　畜禽养殖污染防治

2009 年，江西省启动了"爱我美好家园千场万户畜禽清洁生产行动"。该行动坚持发展与保护并重的原则，结合全省畜牧业生产实际，以"五河一湖"和畜禽养殖主产县为重点区域，以污染最为严重的生猪产业为突破口，以粪污无害化处理与废弃物资源化利用为关键，在全面完成规模养殖场摸底调查工作，了解和掌握全省规模养殖产业结构、养殖动态及生猪产业化发展趋势的同时，对生猪养殖污染无害化处理与资源化利用方面进行了积极探索。截至目前，关于生猪养殖粪污处理和利用的新工艺、新成果、新设施得到广泛应用，成熟模式和示范典型不断涌现。

2016 年，江西省被列入首批国家生态文明试验区。实施畜禽养殖污染防治工程，推进畜禽养殖场粪污治理专项行动，推进标准化养殖场创建工作，启动病死畜禽无害化集中处理体系建设，是生态文明建设的重要内容。但是，畜禽养殖防治工作普遍起步晚、起点低，管理基础薄弱，与规模化畜禽养殖的快速发展严重脱节，同时受到处理模式灵活多样、所在地区普遍经济水平和管理水平较低等多种因素制约。目前，尽管有很多处理畜禽养殖污染的先进技术，但是畜禽养殖业是一个低利润行业，一般无法承受耗费较高的养殖污染处理工艺。处理成本已成为畜禽养殖污染处理的制约因素，推进标准化养殖，探寻设施投资少、运行费用低和处理高效的养殖业污染处理方法并进行资源和利用，已成为解决养殖业污染的关键所在。

一、国内外畜禽养殖防治

1. 国内外畜禽养殖防治措施

对于畜禽养殖业带来的环境问题，国外认识较早。日本于 20 世纪 60 年代就提出了"畜产公害"问题，之后当地政府开始重视农业的环境保护，倡导循环环保型农业的应用和发展，并且随之制定了一系列关于农业生态环境保护的条例法则，如《恶臭防止法》《废弃物处理与消除法》《防止水污染法》《家畜排泄物法》等，这些条例法规都在政策措施上有关于畜禽污染管理的规定。此外，养殖企业如果建设有配套的污染治理设施，日本政府都给予资金上的鼓励，这些鼓励资金主要来源于政府的专项污染治理经费。同时，投入大量人力物力对现有的养殖业污染进行治理以及可持续发展方面的科学研究。欧盟制定了《农村发展战略指南》《欧共体硝酸盐控制标准》等控制养殖业污染的政策，并把这些政策放在欧盟环境政策的宏观战略的范围内，保证此政策的发展力。欧盟将农业补贴的标准与环境保护补偿的标准结合，从经济的角度上加强补偿政策的实施，不断加强对环境的行政监管能力。同时，提高农户们对环境保护的积极性和环保行为的意识，让农户们自发地积极参加和配合到环保活动中去。此外，在欧盟共同农业政策的大框架内，落实各成员国自己应承担的责任，各个成员国采取各种生态补偿的政策对农业发展和环境进行保护。美国主要将环境政策的重点放在养殖业的污染防治方面，首先，通过立法，将养殖业污染分成点源性污染和非点源性污染两大类，采用相结合的方式进行污染治理；其次，推崇种植业与养殖业相结合发展模式，处理养殖业污染；再次，政府通过制定资金补偿政策给予高额的财政补贴，如农业税收、信用担保贷款、农业养殖补贴、财政转移支付及补偿等；最后，政府始终坚持实施无公害、无污染、标准化的全方位生态畜牧业的可持续发展战略，大力发展生态畜牧业，从根本上解决污染源。同时，政府采取一系列强制性和干预性的政策与措施治理畜牧业环境污染。此外，通过制定相关管理政策，建立畜产品生产质量保证体系，实施疾病监控，加强饲料用药管理等，有效保证饲料的安全生产和质量控制。

我国畜禽养殖业起步较晚，但发展迅速，其随之带来的生态环境问题也日益突出，尤其是 20 世纪 90 年代中后期，畜禽养殖污染防治的重要性和必要性日益凸显，已经成为中国农业面源污染的主要来源。为了加强对畜禽养殖业污染排放的控制，我国先后发布了《畜禽养殖业污染物排放标准》（GB 18596—2001）、《畜禽养殖业污染防治技术规范》（HJ/T 81—2001）、《规模化畜禽养殖场沼气工程设计规范》（NY/T 1222—2006）、《畜禽养殖污染防治管理办法》（国家环境保护总局令　第 9 号）、《畜禽规模养殖污染防治条例》（国务院令　第 643 号）等文件，对畜禽养殖场污染物排放总量及各种污染物的浓度进行了严格的规定，并制定了相关的防治技术规范。《国家中长期科学和技术发展规划纲要（2006—2020 年）》规定，加强农村生活污染防治，提高农村污染物无害化和资源化水平，开展农村环境综合治理，建设绿色乡村，是该国家战略的重要内容之一。同时，治理环境污染，改善人居环境，建设优美乡村也是社会主义新农村建设国家战略举措。《国务院关于落实科学发展观　加强环境保护的决定》（国发〔2005〕39 号）中要求全国各地要"结合社会主义新农村建设，实施农村环保行动计划""妥善处理好农村生活垃圾和污水污染问题，以创建环境优美、生态文明农村"。针对畜禽养殖造成的环境污染，在政府部门开展调研工作的同时，我国学者不断创新思路，对各地区畜禽养殖污染现状和治理方法进行了大量研究，探索生态养殖新模式并加以推广。

2. 国内外畜禽养殖污染治理技术研究进展

国际上对畜禽养殖业污染治理技术的研究较多，全球范围内在这方面开展研究、开发及应用比较发达的地区在欧美。德国、奥地利、法国以及瑞典等国都拥有先进的技术和应用经验。

目前，国际上对畜禽养殖业污染物处理技术的研究较多，畜禽养殖污染物的处理多采用沼气、堆肥等资源化手段，也有采用氧化塘等污水自然处理技术。沼气技术被认为是最有效的畜禽养殖污染物处理技术，在治理畜禽养殖污染中起着重要的作用。国内对畜禽养殖污染治理的立法及政策正在逐步完善，对畜禽养殖业污染治理的研究多集中在环境管理、技术等方面，对处理技术的适应性及可行性的分析总结较多。畜禽养殖污染物处理多采用厌氧发酵、好氧堆肥等资源化技术。

（1）畜禽粪便的厌氧发酵技术研究进展

利用厌氧发酵技术处理畜禽养殖废弃物，不仅减少温室气体排放、清洁环境，同时还提供优质的可再生能源。目前，全球范围内在这方面开展研究、开发及应用比较发达的地区在欧洲。德国、奥地利、法国以及瑞典等国都拥有先进的技术和应用经验。在奥地利，对其早期建成的厌氧发酵工厂进行产沼气升级，现可供给天然气 10 m³/h，相当于每年 400 MW·h 的发电量。在瑞典，汽车甚至火车已经开始使用沼气提供的燃料。在德国，计划到 2020 年建成 43 000 座沼气工厂，该数字是 2006 年的 15 倍。此外，欧洲厌氧发酵技术发展迅速的原因在于欧洲各国环境法规越来越严格，现已经禁止把可降解的有机废物直接排放或填埋。同时，政府对厌氧发酵技术提供的能源有优惠补贴政策。

就技术层面而言，全球广泛使用的厌氧发酵工艺类型主要有三类：

①单步连续化系统。分为湿法（低固含量）和干法（高固含量）工艺。

②双步连续化系统。该系统分为"干—湿法"和"湿—湿法"工艺。

③非连续化系统。该系统需要更多人工，也分为一步处理和二步处理。

单步连续化系统设计和建造都比较简单，造价便宜。但该系统的产甲烷效率会因发酵原料液化，导致 pH 值突然降低而受影响。二步发酵把最初的液化和产生酸的发酵步骤与产甲烷过程分开，从而达到更高的处理量，但是这样需要更多的设备和预处理步骤。

在欧洲，干法发展迅速，但湿法仍然占据优势；90%的处理系统是单步处理系统，10%是双步处理系统。非连续化系统减少了复杂的原料处理，但该系统产气和微生物的产生都很不稳定，不适于大规模处理。

在国内，对畜禽粪便的无害化处理主要采用堆肥（干法）和沼气工程（湿法）。

①粪便堆肥技术包括条垛堆肥、强制通风静态堆肥、仓式堆肥及槽式堆肥等多种形式，无论使用何种堆肥技术处理畜禽粪便，均应满足国家粪便无害化卫生标准 GB 7959—87 或农业行业标准《畜禽粪便无害化处理技术规范》（NY/T 1168—2006）的卫生要求。

②沼气工程是目前我国规模化养殖场处理畜禽粪便处理的主要途径。采用的工艺以升流固体床反应器（USR）、厌氧挡板反应器（ABR）和连续搅拌反应器系统（CSTR）居多，发酵温度一般以近中温（25～30℃）或中温（30～38℃）发酵为主。畜禽粪便经过带有前处理的沼气技术系统处理后，COD、BOD 和 SS 的去除率可达 85%～90%，但该系统处理并不去除氮磷，经厌氧处理后氮磷养分基本保持不变；因而经厌氧发酵后，除回收清洁能源沼气外，产生的沼渣和沼液中富含氮磷等养分。所以，此类模式要求养殖业和种植业合理配置，适用于养殖场周边有足够的农田、鱼塘、植物塘等，予以完全消纳产生的沼渣、沼液。

（2）养殖污水处理技术研究进展

养殖废水具有典型的"三高"特征，COD_{Cr} 高达 3 000～12 000 mg/L，氨氮高达 800～2 200 mg/L，SS 超标数十倍。国际上对畜禽养殖业废水处理技术的研究较多，全球范围内在这方面开展研究、开发及应用比较发达的地区在欧美。德国、奥地利、法国以及瑞典等国都拥有先进的技术和应用经验。对于畜禽养殖废水的处理，其主要的处理工艺技术有自然处理、厌氧处理技术、好氧处理技术，以及联合工艺处理法等。目前国内普遍采用生化法，常采用的工艺技术有厌氧处理、好氧处理、厌氧+好氧处理等。

①厌氧处理生物技术

厌氧处理技术即沼气发酵技术已被广泛地应用于养殖场废物处理中。目前，全球范围内在这方面开展研究、开发及应用比较发达的地区在欧洲。德国、奥地利、法国以及瑞典等国都拥有先进的技术和应用经验。用于处理养殖场废水的厌氧工艺很多，其中，较为常用的有：厌氧滤池（AF）、上流式厌氧污泥床（UASB）、厌氧折流板（ABR）、内循环厌氧反应器（IC）等。国内畜禽养殖废水处理主要采用的是 UASB 及 USR 厌氧工艺。近年来，我国学者对各种厌氧反应器研究较多，认为新型高效厌氧反应器对猪场废水处理有广阔的应用前景。膜生物反应器是目前处理出水等级最高的污水处理方法，其处理出水能达到国家标准《畜禽养殖业污染物排放标准》（GB 18596—2001），甚至《农田灌溉水质标准》（GB 5084—2005）的要求。相对于其他污水处理方法，膜生物反应器的投资和运行成本较高，且膜材料需要进行定期清洗和更换，但占地面积小、出水水质好，而且对污水中的细菌和病毒也有很好的去除效果，该技术适合于土地面积有限且对环境要求高的城市周围的养殖场。

②好氧生物处理技术

好氧处理工艺主要依赖耗氧菌和兼性厌氧菌的生化作用净化养殖污水，其方法主要有活性污泥法和生物滤池、生物转盘、生物接触氧化、序批式活性污泥（SBR）及氧化沟等。采用好氧技术对畜禽废水进行生物处理，这方面研究较多的是水解与 SBR 的组合工艺，由于 SBR 工艺在一个构筑物中可以完成生物降解和污泥沉淀两种作用，减少了全套二沉池和污泥回流设施，同时又能脱氮除磷，在好氧与厌氧工艺组合中得到了广泛的应用。日本相关学者利用富含微生物的普通污泥，在充足氧气的条件下，使禽尿污水和活性污泥混合后，经过吸着、同化和酸化复杂反应，废水中的 BOD、COD、P、N、固体悬浮物等达到排放标准。此外，其他好氧处理方法也逐渐应用于畜禽养殖废水中，如间歇式排水延时曝气（IDEA）、循环式活性污泥系统（CASS）、间歇式循环延时曝气活性污泥法（ICEAS）等。

③自然处理法

自然处理法主要是利用天然水体、土壤和生物的物理、化学与生物的综合作用来净化污水，包括过滤、截留、沉淀、物理和化学吸附、化学分解、生物氧化以及生物的吸收等。主要处理模式有氧化塘、土壤处理法、人工湿地处理法等。

利用人工湿地系统处理畜禽养殖废水来源于 1995 年的"墨西哥湾计划（GMP）"，最近几年才越来越多地用于处理养殖废水。人工湿地是一种能有效减少废水固体悬浮物、生化需氧量、氮、磷和部分重金属的废水处理系统，具有出水水质好、易运行、运行成本低、管理方便、抗有机负荷冲击力强及应用灵活等优点。人工湿地处理系统一般用于处理一级废水或二级废水，在国外已广泛应用于处理城镇生活污水、矿山废水、工业废水、奶牛场废弃物及猪场废水等。

人工湿地分表流人工湿地（FWSF）、垂直潜流人工湿地（VSSF）、水平潜流人工湿地（HSSF）和复合垂直潜流人工湿地（IVCW）等形式。人工湿地系统的建造需要一定的投资，也需要一定的土地面积，因而该技术适合于周围农田面积有限、土地面积相对较大的城市近郊养殖场使用。在养殖污水处理中，人工湿地与其他的污水处理工艺相结合可以达到很好的处理效果，河南省某牧业有限公司采用水解酸化—升流式厌氧污泥床（UASB）—接触氧化—生物氧化塘—人工湿地组合工艺对其养猪场产生的养殖废水进行处理，出水一直稳定，达到并高于《农田灌溉水质标准》（GB 5084—2005）要求，全部可用于附近农田灌溉。

④联合工艺处理法

由于自然处理法、厌氧法、好氧法各有优缺点和适用范围，取长补短，实际应用中加入其他处理单元，根据畜禽废水的特点和要求达到的排放标准，设计出由以上 3 种或以它们为主体并结合其他处理方法的组合工艺共同处理畜禽废水。这种综合处理方法能以较低的处理成本，取得较好的效果，获得良好稳定的出水水质。德国研发出氧化塘与土壤联合净化畜禽废水的净化系统，充分做到了畜禽排泄物的资源化与无害化利用。厌氧处理和土地处理相结合的方式处理养殖废水是处理成本最低的方法，在美国和欧洲耕地面积大的国家应用极为广泛。人工湿地在欧美应用比较广泛，美国自然资源保护服务组织（NRCS）编制了养殖废水处理指南，建议人工湿地生化需氧量（BOD_5）负荷为73 kg/（$hm^2·d$），水力停留时间至 12 d。墨西哥湾项目（GMP）调查研究表明人工湿地对各种污染物的 BOD_5、TSS、NH_4^+-N、TN、TP 的平均去除效率分别为65%、53%、48%、42%、42%。德国研发出氧化塘与土壤联合净化畜禽废水的净化系统，充分做到了畜禽排泄物的资源化与无害化利用。

从国内情况来看，龚丽雯等采用微电解+接触氧化池+稳定塘组合工艺处理猪场废水，实际运行效果表明，组合工艺在进水 COD 为 10 500 mg/L、NH_3-N 为 188 mg/L、TP 为 271 mg/L 的条件下，处理出水的 COD＜100 mg/L、NH_3-N＜15 mg/L、TP＜0.5 mg/L，完全达到《污水综合排放标准》（GB 8978—1996）的一级标准。陈菁针对江西赣州某标准猪场，采用酸化调节+IC+生物接触氧化+氧化塘组合工艺进行养殖废水处理，工程运行 90 天后，原水 COD、NH_3-N、TP 分别为 8 000 mg/L、800 mg/L、170 mg/L，经生物接触氧化池出水 200%回流稀释后调节池内的水质 COD、NH_3-N、TP 分别为 3 000 mg/L、320 mg/L、100 mg/L 左右，经氧化塘处理后的废水 COD、NH_3-N、TP 分别为 400 mg/L、

80 mg/L、8 mg/L 以下，出水达到《畜禽养殖业污染物排放标准》（GB 18596—2001）的要求。杨利伟针对存栏小于 200 头猪的养猪场，采用源分离技术—NBSFAOSP—人工湿地组合工艺运行结果表明出水 COD、NH_4^+-N、TP 及 SS 均优于《畜禽养殖业污染物排放标准》（GB 18596—2001）的排放标准，是一种经济高效和操作管理方便的分散式养猪废水处理工艺。万凤研发了源分离—多级厌氧—人工湿地的耦合集成工艺，经源分离技术后，分散养猪废水的污染物浓度分别为 COD 为 1 432～2 068 mg/L、NH_4^+-N 152.8～214.5 mg/L、TN 206.3～263.6 mg/L、TP 14.6～23.4 mg/L、SS 1 029～1 584 mg/L；厌氧反应器稳定运行后，对 COD、BOD_5、NH_4^+-N、TN、TP、SS 的平均去除率分别为 60.8%、63.0%、11.5%、7.9%、15.0%、78.8%，反应器对氮、磷的去除效果较差；废水经过人工湿地强化处理后，出水 COD、BOD_5、NH_4^+-N、TP、SS 的平均浓度分别为 354 mg/L、135 mg/L、69.4 mg/L、4.9 mg/L、28 mg/L，出水指标均低于《畜禽养殖业污染物排放标准》（GB 18596—2001）的规定值。河南省某牧业有限公司应用水解酸化+UASB+接触氧化+人工湿地组合工艺对养猪场废水进行处理，多年运行显示，出水一直达到甚至优于《农田灌溉水质标准》（GB 5084—1992），其 BOD、COD、TN、悬浮物的去除率分别为 98%、98%、93% 与 98%以上。李元志针对 200 头的养殖场冲洗废水，开发出一套多功能区、沸石强化脱氮的人工湿地系统作为二级处理单元，经 ABR 反应器出水经过该人工湿地系统后，TN 和 COD 去除率达到 80%以上。刘杰针对南方丘陵分散养猪废水，通过水解酸化+UASB+接触氧化+人工湿地集成工艺进行处理，处理后出水中 COD、TN、TP、NH_4^+-N 浓度平均值分别为 261.5 mg/L、64.5 mg/L、8.11 mg/L 和 68.22 mg/L，平均去除率分别为 89.76%、87.35%、92.47%和 84.06%；出水水质中 COD 和 NH_4^+-N 浓度均优于《畜禽养殖业污染物排放标准》（GB 18596—2001）的相关排放要求，TN 和 TP 基本达到上述标准的相关要求。此外，人工湿地也是生物+生态组合工艺中的常用技术。欧洲及美国较多采用人工湿地处理畜禽养殖废水。德国使用 PKA 湿地污水处理系统处理农村地区的养殖废水。廖新梯和骆世明分别以香根草和风车草为植被建立人工湿地，研究其对猪场养殖废水有机物的随季节变化的规律。结果表明，COD、BOD 去除率最高可达 90%和 80%以上。可见，生物生态组合工艺能以较低的处理成本，取得良好的污染物去除效果，获得稳定的出水水质，具有更强的适用性和应用性。

目前，国内外公认的养殖污水处理后的最终归途是还田利用，达到种养产业有机结合的目标。但具体采用哪种生物处理方法，这不仅要考虑此处理方法技术上的优势，还要考虑该方法在投资、运行费用、操作和地域方面是否方便等问题。对于处理达标排放来讲，虽然国内外所用的工艺流程大致相同，即固液分离—厌氧消化—好氧处理。但是，对于我国处于微利经营的养殖行业来讲，建设该类粪污处理设施所需的投资太大、运行费用过高。因此，探寻设施投资少、运行费用低和处理高效的养殖业污染处理方法，已成为解决养殖业污染的关键所在。

二、江西省畜禽养殖防治措施

1. 畜禽养殖区域划分

为贯彻落实国家相关文件精神，加强江西省畜禽养殖污染治理工作，保护和改善全省生态环境，江西省先后出台了《江西省畜禽养殖管理办法》《关于加强畜禽养殖污染治理工作的实施意见》。近年来，江西省已先后完成了各县市的畜禽养殖区域划定。根据《江西省农业生态环境保护条例》，畜禽养殖小区分为畜禽禁养区、限养区和可养区。其中，①在禁养区内，不得新建畜禽养殖场（小区），已经建成的，责令限期关闭或者搬迁，并依法给予补偿；②在限养区内，严格控制畜禽养殖规模，不得新建和扩建畜禽养殖场（小区）；③在可养区，建设畜禽养殖场（小区）应当符合当地畜禽养殖布局规划，并进行环境影响评价。同时，开展畜禽养殖污染防治工程。畜禽养殖场（小区）自行建设的粪便、废水、畜禽尸体及其他废弃物综合利用和无害化处理设施，应当与主体工程同时设计、同时施工、同时投入使用；禽养殖场（小区）未自行建设废弃物综合利用和无害化处理设施的，应当委托有能力的单位代为处理；自行建设畜禽养殖废弃物综合利用和无害化处理设施的畜禽养殖场（小区）或者代为处理畜禽养殖废弃物的单位，应当建立相关设施运行管理台账，载明设施运行、维护情况以及相应污染物产生、排放和综合利用等情况；排放的畜禽粪便、污水等废弃物，应当符合国家和省规定的污染物排放标准和总量控制指标。针对分散养殖户，应当对畜禽进行圈养，对畜禽粪便就地消纳；散户圈养地应当与居民集中区间隔一定距离；鼓励和支持对散养密集区畜禽粪便、污水等废弃物实行分户收集、集中处理利用。通过政策激励、资金扶持、技术指导等措施，积极引导畜禽养殖场开展以畜禽粪污处理与利用为主要内容的标准化改造，扶持畜禽养殖废弃物综合利用。

2. 畜禽养殖污染防治长效机制构建

全省各级政府和各有关部门立足当前，着眼长远，建立了畜禽养殖污染防治长效机制，编制了畜禽养殖污染防治规划，严格执行畜禽养殖环境准入。对新建、改建、扩建畜禽养殖场，执行环境影响评价制度，生猪常年存栏量 3 000 头以上、肉牛常年存栏量 600 头以上、奶牛常年存栏量 500 头以上、家禽常年存栏量 10 万羽以上的大型养殖场或涉及环境敏感区的养殖场需编制环境影响报告书，其他畜禽养殖场要填报环境影响登记表。新建、改建、扩建畜禽养殖场的污染防治工程必须与主体工程同时设计、同时施工、同时投入使用，畜禽粪污综合利用措施必须在畜禽养殖场投入运营的同时予以落实。执行备案管理，对达到法定养殖规模标准的畜禽规模养殖场要求向县级农牧部门申请备案，对场址、畜禽类别、规模、工艺、主要设施设备、业主简介等基本信息进行登记，并发放养殖场备案号，为养殖场身份识别码。同时，要求畜禽养殖场应当定期将养殖品种、规模，以及养殖废弃物的产生、排放和综合利用情况等，报当地环保部门备案。环保、农业等部门应当定期互相通报备案情况，实现信息共享，及时掌握污染防治动态。

3．规模养殖场标准化创建

标准化畜禽养殖小区建设是我国畜禽养殖由农户散养向规模化发展的一种过渡形式。在我国畜牧业生产方式转变的现阶段，与畜禽散养相比较，畜禽养殖小区的发展可以加快农业经营方式转变，提高农民组织化程度，加强动物疫病和畜产品质量安全防控，促进先进畜牧科技的推广应用，改善养殖生态环境，推进现代畜牧业的持续稳定发展。随着畜牧业的快速发展，畜禽规模化养殖程度不断提高，养殖小区这种"农户小规模、生产大群体"的饲养方式逐步成为农村畜禽规模化养殖的发展方向。

近年来，为促进畜牧业生产方式的转变，建设现代畜牧业，国家大力提倡发展标准化规模养殖，坚持把发展标准化规模养殖作为建设现代畜牧业的工作着力点。2010 年出台《关于加快推进畜禽标准化规模养殖的意见》，启动全国畜禽养殖标准化示范创建活动，3 年共创建 3 178 个国家级标准化示范场，发挥了良好的示范带动作用。2015 年"中央一号"文件发布，畜牧业养殖重点加大对生猪、奶牛、肉牛、肉羊标准化规模养殖场（小区）建设的支持力度，实施畜禽良种工程，加快推进规模化、集约化、标准化畜禽养殖，增强畜牧业竞争力。

江西省是全国畜禽养殖标准化示范创建的 12 省份之一，始终坚持走标准化道路，大力发展健康养殖，提升标准化生产水平。根据《江西省现代农业体系建设规划纲要（2012—2020 年）》和《〈江西省现代农业体系建设规划纲要（2012—2020 年）〉实施意见》，江西紧紧围绕优质畜产品开发工程，以"一片两线"（赣中片和京九、浙赣沿线）为重点，大力实施生猪、奶牛标准化规模养殖场（小区）建设项目，严格按照《畜禽养殖场污染物排放标准》，建设畜禽养殖场。目前，全省 1 800 多家畜禽养殖场获得国家生猪标准化养殖场（小区）建设及大中型沼气项目扶持，带动 7 000 多家养殖场开展标准化改造和实施畜禽粪污处理与利用，总投资达 10.75 亿元，其中中央投资 5.42 亿元，自筹资金 5.33 亿元。通过标准化及大中型沼气项目的建设实施，切实加强了规模猪场基础设施建设，改善了饲养环境和条件，提高了生猪标准化生产水平，取得了良好成效。

同时，在畜禽养殖较为集中的区域，合理规划建设了一批畜禽粪污集中处理中心和有机肥加工厂，为无法自行建设无害化处理和综合利用设施的畜禽养殖场，开展社会化畜禽粪污处理服务。要求各地要结合当地畜牧业发展实际，在编制种植业、林果业发展和农田基本建设规划中，把田间畜禽粪污储存与利用设施设备纳入设计建设内容，形成畜禽养殖场处理设施与田间利用工程相互配套的粪污处理与利用系统。

全省积极推进"三品一标"认证，促进畜禽产业发展升级。通过鼓励和引导标准化示范场加强生产环境控制，提高畜产品质量水平，大力推动开展无公害、绿色、有机和地理标志产证，打造畜产品品牌，提高市场竞争力。

4. 畜禽养殖小区标准化改造

养殖废水的水量、污染物质的成分、污染物浓度除了与当地的饲养方式、生产管理水平和冲洗猪舍所用的水量有关，废水水质还受到当地经济发展水平、清粪方式等多方面的影响。各养殖场生产方式和管理水平不同，废水排放量存在较大差异。目前生猪养殖场主要使用三种清粪方式：干清粪、水冲粪和水泡粪。干清粪是指使用机械或人工收集、清扫、运走畜禽粪便，尿液及冲洗水则由下水道排出。该工艺产生的废水中悬浮固体含量低、水量小，易于处理，是目前对环境影响最小的清粪方式。其缺点是劳动量大、生产率低，如果使用机械则一次性投入较大、维护费用高。水冲粪和水泡粪比较相似，主要是使用大量水冲洗棚舍。其优点是劳动强度小、劳动效率高，缺点为耗水量大、废水产量大，且污染物浓度高。不同的清粪工艺会导致废水量和水质发生变化，三种不同清粪工艺的猪场污水量和水质比较见表 9-14。

表 9-14　生猪养殖场不同清粪方式下冲洗水量及水质指标

清粪方式	冲洗水量		水质指标						
	平均每头/(L/d)	猪场/[m³/(万头·d)]	COD$_{Cr}$/(mg/L)	BOD$_5$/(mg/L)	NH$_4^+$-N/(mg/L)	TP/(mg/L)	TN/(mg/L)	SS/(mg/L)	pH值
水冲粪	20~25	200~250	11 000~23 000	4 500~9 600	130~1 780	30~290	140~1 970	5 000~13 000	6~8
水泡粪	15~20	150~200	12 000~42 000	6 200~18 000	360~1 550	35~164	450~1 930	8 000~25 000	7~9
干清粪	6~12	90~120	2 500~5 000	1 100~2 100	230~290	20~150	320~420	1 000~3 500	6~8

以环保角度而言，干清粪可有效实现畜禽粪便的分类处理和利用。如采用干清粪分离，用水量最少，其水质污染物负荷也较水冲粪、水泡粪低许多（表 9-14）。由于冲洗是在短时间内完成的，即与尿液相比，冲洗水流量集中且水量大，同时，可考虑进一步分离尿液和冲洗水，将分离的猪粪堆肥，尿液进入有机肥化生物垫料池，只对冲洗水进行后续处理。既能降低废水中的污染物负荷浓度，使其易于处理，经济上又有效，适宜于农村推广采用。日本多采用这种工艺，欧美等国家也已开始采用这种方式。在我国北京、天津、上海等一些地方的养殖场也已经得到广泛应用，并显示出其明显优越性。因此针对畜禽养殖发展迅速、污染排放大的特点，按照《畜禽养殖污染防治工程技术规范》（HJ/T 81）的有关规定，畜禽养殖业污染治理应改变过去的末端治理观念，首先从生产工艺上引入清洁生产的理念，强调污染物减量化，要求新建、改建、扩建的养殖场采用

用水量少的干清粪工艺，已建养殖场逐步进行工艺改造实现干清粪；使固体粪污的肥效得以最大限度地保留；同时要求做到畜禽粪污日产日清，并通过建立排水系统，实现雨污分流等手段减少污染物产生和数量，降低污水中的污染物浓度，从而降低处理难度和处理成本。

2009 年，江西省正式启动了畜禽清洁生产行动，以"五河一湖"为重点、以生猪养殖为突破口、以粪污治理为主要环节，对规模养殖场实施标准化改造。其主要内容是改水冲粪为干清粪、雨污分流管道改造等。采取有效的防渗措施，建设处理场所，推广干法清粪工艺，并将产生的粪渣及时运至贮存或处理场所，实现日产日清，降低粪便流失率，同时进行雨污分流管道改造，建设沉淀池、调节池、原料分配以及土石方工程池，防止蓄禽粪便污染地下水。调查显示，目前 90%以上的规模猪场采用干清粪方式，配合使用漏缝地板（半漏缝或全漏缝），做到干湿分离，有效减少废水产生量，节约水资源。

三、江西畜禽养殖污染治理

1. 畜禽养殖废水无害化处理

根据鄱阳湖第二次科学考察，畜禽养殖场污水处理方式基本相同，主要为还林处理、还田处理、三级沉淀自然发酵处理、沉淀—沼气发酵处理、沉淀—沼气发酵—沉淀—水生植物塘处理以及粪水沉淀（水生植物塘）后直接排放养鱼处理等方式。其中生猪、肉鸡、蛋鸡、鸭规模化养殖场的处理方式主要为三级沉淀自然发酵处理、沉淀—沼气发酵处理、沉淀—沼气发酵—沉淀—水生植物塘处理及粪水沉淀（水生植物塘）后直接排放养鱼处理等，占据了绝大部分比例，合作社养殖户和散养户主要采用还田还林和养鱼，少部分存在直排现象。以生猪养殖为例，针对规模化养殖和中小型养殖，根据一些文献资料，简要介绍几种生猪养殖废水无害化处理模式。

（1）规模生猪养殖场废水无害化处理

①水解酸化+中温 UASB+生物接触氧化+人工湿地组合工艺处理养殖废水。水解酸化+中温 UASB+生物接触氧化+人工湿地组合工艺是目前规模猪场广泛应用的技术模式，主要构筑物为酸化调节池、增温计量池、中温 UASB 反应器、混凝沉淀池、生物接触氧化池、氧化塘、污泥浓缩池。其中，酸化调节池主要是调节水质、水量，同时进行水解酸化；增温计量池主要用于增温经水解酸化后的酸化液，泵入厌氧发酵池；厌氧发酵通常采用并联进水模式的 UASB 工艺，污水上向流经厌氧微生物污泥床时，污水中有机物被厌氧微生物进行降解，转化为 CH_4、CO_2 和 H_2O；厌氧发酵产生的沼气经脱硫、干燥后作为燃料为厂区供热，剩余的沼气经沼气发电机组转化为电能后并入电网；厌氧发酵后的废水（沼液）经混凝沉淀处理后部分通过管道直接输送至厂区配套的果园和稻田中的贮液池作为农肥综合利用，剩余的沼液进入生物接触氧化池进行深度氧化。李晓

婷（2013）针对江西年存栏量 2 万头的规模化猪场，对水解酸化+中温 UASB+生物接触氧化+人工湿地组合工艺的工程实践进行研究，结果表明，采用生物接触氧化池出水回流至 UASB 方式实现系统硝化与反硝化脱氮，氨氮去除率可达 85.6%；采用化学除磷和生物处理相结合，系统对总磷的去除率可达 90.7%。经该工艺处理后，出水水质可以达到《畜禽养殖业污染物排放标准》，且吨水处理费用仅为 0.85 元。

②升流厌氧污泥床/生物滴滤池/兼性塘处理养殖废水。升流厌氧污泥床/生物滴滤池/兼性塘处理养猪废水，主要是针对目前养猪场普遍采用的厌氧好氧处理效果差而无法达标排放的问题，采用配水工艺处理达到良好处理效果的一种养殖废水处理模式，主要构筑物为格栅井、调节缺氧池、UASB 反应器、生物滴滤池、沉淀池、兼性塘、污泥池、石灰池等。其工艺流程为：废水经厂区排水管收集后进入格栅井，通过粗细格栅去除废水中较大的悬浮物或漂浮物，防止水泵及管道堵塞；经过固液分离机后，出水自流入调节缺氧池，通过泵输送到 UASB 反应器，大部分有机物被降解，并产生沼气；UASB 反应器出水进入生物滴滤池进行后续处理，部分有机物和大部分 NH_3-N 被降解；滴滤池出水部分经石灰池调节 pH 值后，回流至调节缺氧池。由于滴滤池出水部分指标还较高，因此采用兼性塘做进一步处理，满足达标排放要求。针对沉淀池和 UASB 池系统产生的污泥，其处理工艺流程是污泥通过静压排入污泥池，再由板框压滤机脱水处理，脱水后泥饼外运处置；污泥池上清液及板框压滤机滤液返回调节缺氧池；经格栅及固液分离产生的粪渣与猪舍的干清粪一起生产。朱乐辉等针对猪养殖规模为 1 万头的养猪场，采用升流厌氧污泥床（UASB）/生物滴滤池/兼性塘作为主体处理工艺，研究 UASB 池采用消化污泥接种，滴滤池采用自然挂膜法启动，经 3 个月的运行，对 COD、BOD、NH_3-N、SS 的去除率分别达到了 95.0%、99.8%、86.7%、97.5%，出水各项指标都达到《畜禽养殖业污染物排放标准》。

③QIC 有机废水处理技术处理养殖废水。QIC 有机废水处理技术是在对 IC 厌氧处理技术、工艺、装置进行不断改进后凝练出的有机废水处理新技术，主要构筑物为斜筛、预沉池、水解酸化池、泵、QIC 厌氧反应罐、二沉池、SBR 反应池、污泥干化池等。其中，QIC 厌氧反应器装置是工程关键技术，以 IC 厌氧反应器的技术原理为基础，由混合区、第一厌氧区（颗粒污泥膨化区）、第二厌氧区（深处理区）、沉淀区和气液分离区五部分组成。污水从反应器下部布水器进入污泥床，并与污泥床污泥混合。有机废水在进入反应器底部时，与气液分离器回流水混合，混合水在通过反应器下部的颗粒污泥层时，将废水中大部分有机物分解，产生大量沼气。同时，通过下部三相分离器的废水由于沼气的提升作用被提升到上部的气水分离装置，将沼气和废水分离，沼气通过管道排出，分离后的废水再回流到罐的底部，与进水混合；经过下部气液分离器的废水继续进入第二厌氧区（深处理区），进一步降解废水中的有机物。最后废水通过反应器上部三

相分离器进入分离区将颗粒污泥、水、沼气进行分离，污泥则回流到反应器内以保持生物量，沼气由上部管道排出，处理后的水经溢流系统排出。江西正邦集团凤凰父母代猪场采用该技术处理养猪废水，效果显著。经处理后，废水中的 COD、BOD、氨氮及悬浮物等污染指标均得到大幅削减，出水水质稳定，污染物浓度均远低于《污水综合排放标准》二级标准。同时，该工程技术成本低，运行费用为 0.5～1.5 元/t（废水）。

④规模生猪高床养殖清洁生产技术及序批 A/O 生化系统废水处理技术。2013 年，江西省畜牧技术推广站通过试验总结出规模猪场高床养殖清洁生产技术，通过改进栏舍设计，将"2/3 漏缝地板""斜坡集粪槽""饮用余水导流设计"三者有机结合，从源头上减少了废水的产生，较全省规模猪场平均水平减少排水 72%左右，实现了存栏 8 000 多头猪，每天排放废水量为 40 m³ 左右，节水效果明显，有效降低粪污处理后续压力，并提高畜舍内空气质量。该技术已在全省部分区域逐步推广，仅赣州市已有 30 多家养殖场已建成或正在兴建节水栏舍，推广面积达 22 万 m²。截至 2015 年，全省累计推广高床节水栏舍面积达 101.22 万 m²，减排污水 2 415.76 万 m³，对促进生猪生产方式转变、推进江西绿色生态文明建设发挥了重要作用。

在废水排放量减量化的基础上，采用序批 A/O 生化系统废水处理技术进一步处理猪场废水，其工艺技术的核心是通过两级固液分离、沉淀分离工序将废水中的粪渣分离后，采用序批 A/O 生化系统进行处理，采用间歇曝氧的方式，使生化池内交替出现好氧、厌氧环境，实现废水脱氮、除磷的目的；其工艺特点是废水不经过厌氧发酵处理，直接进行间歇曝氧处理，有效解决经深度厌氧发酵后的猪场沼液中碳氮比严重失调而引起的出水水质不达标的问题。由于序批 A/O 池在停止曝气的条件下，废水中的溶解氧浓度迅速降低，废水中的反硝化细菌以及其他兼氧甚至厌氧微生物开始工作，将好氧条件下硝化反应产生的硝基亚硝基还原成氮气去除。同时，废水中的有机物在兼氧微生物的作用下，分解成小分子有机物，部分降低了废水中的有机物含量，更有利于后续的好氧处理。研究表明，猪场废水采用固液分离将废水中的大部分可直接去除的悬浮粪渣颗粒去除，经序批 A/O 生化系统处理后，可有效解决传统的猪场废水"厌氧+好氧"处理工艺碳氮比失调而引起的出水水质较差的问题；序批 A/O 池通过采用间歇曝气方式，实现池内厌氧、好氧环境的交替变换，有效实现了反应器的脱氮功能，间歇曝氧；该工艺处理后的出水水质 COD、NH_3-N、TP 和 SS 均值为 107 mg/L、15.9 mg/L、7.2 mg/L 和 70 mg/L，去除效率分别为 99.68%、99.47%、98.85%和 99.74%，达到《畜禽养殖业污染物排放标准》的要求，并具有稳定运行的处理效果。此外，该工艺按照处理存栏 10 000 头商品猪废水量设计，固定投资共计 105.7 万元；废水处理运行能耗成本将废水中的污染物浓度及排水量折算为全省平均水平后复核运行成本则为：1.55 元/m³；按生猪存栏量进行复核运行费用为 2.77 元/（100 头·d），采用优化设计后，运行成本为 1.22 元/m³。

⑤兼氧膜反应器（F-MBR）处理养殖废水。膜反应器（MBR）是由膜分离技术和生物处理技术相结合的高效污水处理技术，具有污染物去除效率高、出水水质优等特点，国内外已广泛研究应用 MBR 技术处理养殖废水。兼氧膜生物反应器（F-MBR）是江西金达莱环保股份有限公司在常规 MBR 基础上自主研发并首次提出的新型 MBR 工艺，该工艺将膜组件与生物反应池集成一体化设备，包括主体反应区、设备区、清水区及相应的管道设施。其中，主体反应区包括膜组件、生物池和曝气系统，设备区设置有配套的电气设备及系统控制模块（采用 PLC 控制模块与 GPRS 控制模块，可以实现无人值守与远程动态监控）。该反应器通过优化控制工艺参数对常规 MBR 技术进行了全面提升，较常规 MBR 具有高效低耗的优势，并取得了成功建立兼氧、成功实现有机污泥近零排放、成功实现污水汽化除磷和成功实现污水污泥同步脱氮 4 个方面的成功，简称"4S"（4 Successfully）。以 100 t/d 的畜禽养殖废水处理工程为例，总投资 120 万元，其中设备投资 120 万元，运行费用 3.24 万元/a，吨水占地 0.3 m^2，直接经济净效益为 3.96 万元/a。同时，该工艺简单，占地仅为传统工艺的 1/3～1/2；有机污泥产量少，节省了污泥处理成本，运行能耗也较低。污水经处理后可达到《城市污水再生利用　城市杂用水水质》（GB/T 18920—2002）标准，出水可用于道路、清洗或绿化用水，节约了新鲜水资源。该技术可高效去除 COD、$NH_3\text{-}N$、TN、TP、SS 等污染物，养殖废水稳定达标排放，有效控制畜禽养殖废水对环境的污染，缓解环境压力，同时有效利用资源，实现节能减排。胡娇娇通过对新建县两个不同养殖场的实验研究表明：F-MBR 处理经厌氧发酵后的沼液水力停留时间 17.4 h，污泥浓度稳定在 15 000 mg/L，溶解氧值膜区为 1～2 mg/L、兼氧区为 0.4～0.6 mg/L，系统污泥负荷为 0.118 kgCOD/（kg·d），体积负荷 1.755 kgCOD/（m^3·d），可使处理后出水 COD、氨氮、总氮、总磷和 SS 的浓度分别维持在 50 mg/L、5 mg/L、50 mg/L、15 mg/L 和 10 mg/L；F-MBR 处理猪场养殖废水，水力停留时间 10.4h，污泥浓度稳定在 18 000 mg/L，体积负荷为 2.99 kgCOD/（m^3·d），污泥负荷为 0.156 kgCOD/（kg·d），兼氧调节池兼氧区溶解氧 0.2～0.6 mg/L，好氧区 2～6 mg/L，兼氧 MBR 膜区溶解氧 1～2 mg/L，兼氧区溶解氧 0.2～0.4 mg/L，可使处理后排放出水的 COD、氨氮、总氮、总磷和 SS 的浓度分别保持为 102 mg/L、76 mg/L、81 mg/L、31 mg/L 和 10 mg/L。同时，研究发现，F-MBR 运行过程中，对污染物去除效率高、需氧量少、能耗低。反应器内微生物可形成动态平衡生态系统，工艺运行基本不排放有机剩余污泥。同时系统利用间歇产水及曝气的冲刷功能，可有效减缓膜污染。此外，研究发现，F-MBR 受环境温度影响较大。环境温度低于 10℃时，微生物不易驯化；温度适宜时，系统启动快，微生物生长迅速。同时在进水浓度相当的情况下，F-MBR 水力停留时间长对污染物去除效果更好。

F-MBR 处理养殖废水技术成果于 2010 年获环境保护科学技术奖二等奖；2011 年获

江西省科学技术进步奖二等奖，并被中国环境保护产业协会评为 2013 年国家重点环境保护实用技术，已获得国家多项专利。目前，已广泛应用于畜禽养殖废水、生活污水和各类工业有机废水处理。

（2）中小型生猪养殖场废水无害化处理

目前，关于畜禽养殖污染处理技术政策及规范主要针对中大规模化养殖场和养殖小区，对于小型养殖场，技术成熟、经济合理的污染处理技术尚不完善。一些中小型养殖场，限于经济和技术等多重原因，并未对养殖废水进行合理处理，或者处理不完全外排，对环境造成了极大污染。虽然一般都设有物理处理设施，即利用格栅、化粪池或滤网等设施进行简单的物理处理方法，但 95%以上无法达到《畜禽养殖业污染物排放标准》。江西省中小型畜禽养殖场占绝大多数，大多数采用水泡粪工艺，养殖场所产生的大量冲洗废水，大部分未经妥善回收与处理而直接排放，成为农村面源污染的主要来源。

目前，传统污水处理技术和工艺处理效果好，但其高昂的基建费用和处理成本是利润微薄的养殖业无法承受的，且现存的养殖污水处理技术多数是针对规模化生猪养殖业，缺乏针对中小型生猪养殖污染的适应性污染防治技术。部分中小型养殖污水处理设备主要是搬用生活污水或规模化养殖废水处理的技术和设备，搬用生活污水处理设备很难有效运行，搬用规模化养殖废水处理技术和设备的缺乏经济性、科学性，现有沼气池后期维护管理跟不上，缺乏适宜中小型养殖污水特点的适宜性技术。近几年，针对中小型养殖场，鉴于中小型养殖废水污染成分复杂、处理能力有限等特点，结合养殖场经济能力的实际情况以及当地的自然环境和气候等因素，采用"生物+生态"的技术思路对养殖废水进行无害化处理和回收利用。生物技术可有效去除有机物和部分氮磷，保证出水 COD 达标；生态技术主要去除 N、P，并进一步改善处理效果，出水 COD、N、P 全面达标，这样将生物技术与生态工程有机结合，充分发挥各自的优势，达到既能节省成本和运行费用，又能取得稳定的除磷脱氮效果的目的。

江西省余江县某养猪场，猪舍面积 1 500 m^2，最大存栏数 500 头，实际存栏数 300 头。养殖场通过干清粪工艺进行猪粪和猪尿分离，猪粪以人工方式收集、清扫、运走，然后对猪舍进行冲洗，尿及冲洗水则从下水道流出。猪舍的冲洗水量约为每天 4 500 L，废水的产生量大约为 4 000 L。在工程兴建之前，猪场猪粪主要作为有机肥用于周边农田，而废水主要储存在粪尿储液池，即面积大约为 1 000 m^2 的氧化塘中，经过一段时间后自然外排，造成周边严重的空气、水体污染。根据"兼顾农田排水和生态拦截功能，因地制宜，循环利用，生态降解"的原则，充分利用原有地形地貌（氧化塘和生态沟渠），基于干清粪工艺，采用生物+生态组合技术思路，设计了"源分离工艺+氧化塘+立体生物滤池+人工湿地工程"组合工艺处理养殖废水，由源分离处理、氧化塘、立体生物滤池和人工湿地工程（生态沟渠和人工湿地）4 个处理单元串联组成。源分离工艺+氧化塘为预处理单元，采用源分离工艺，将猪粪和猪尿、猪尿—猪舍冲洗水分离开来，在源头削减养猪废水的污染负荷，同时，将分离出的高肥效猪粪和猪尿排入到生物有机肥垫料池进行资源化利用；氧化塘主要是利用菌藻的协同代谢能力处理废水中的有机污染物，以减轻后续处理单元的负荷并降低需氧量；立体生物滤池主要用于去除有机物和氨氮，物理填料通过自身物理、化学吸附、沉降络合等作用有效去除沼液中固体悬浮物、有机物、氮、磷等；人工湿地系统可进一步去除有机物和氮、磷营养物，保证出水水质达标排放。研究结果显示，根据中小型生猪养殖的污染源排放特征，基于干清粪工艺采用源分离技术将猪粪和猪尿、猪尿—猪舍冲洗水分离开来，能够有效地削减养猪场废水污染物浓度，显著降低废水的污染负荷。经过源分离工艺后，分离后的冲洗水水质 COD 为 $2\,250\sim2\,850$ mg/L、NH_4^+-N 为 $375\sim463$ mg/L、TN 为 $472\sim576$ mg/L、TP 为 $95\sim119$ mg/L。组合工艺各单元对源分离后的冲洗水具有不同的污染物浓度变化和去除率，立体生物滤池与人工湿地系统是组合工艺的核心单元。经过氧化塘、立体生物滤池和人工湿地系统出水后水质 COD 浓度分别为 $1\,631\sim2\,127$ mg/L、$864\sim1\,361$ mg/L 和 $281\sim348$ mg/L，NH_4^+-N 浓度分别 $290\sim381$ mg/L、$77\sim130$ mg/L、$37.9\sim58.3$ mg/L，TN 浓度分别为 $365\sim461$ mg/L、$160\sim232$ mg/L、$58\sim67$ mg/L，TP 浓度分别为 $65.1\sim93.2$ mg/L、$21.8\sim33.5$ mg/L、$7.1\sim9.8$ mg/L；氧化塘、立体生物滤池和人工湿地系统各工艺单元对 COD 的去除率分别为 $21.3\%\sim26.6\%$、$33.3\%\sim52.3\%$、$60.8\%\sim78.8\%$，对 NH_4^+-N 的去除率分别为 $18.1\%\sim27.1\%$、$58.5\%\sim75.3\%$、$42.0\%\sim62.1\%$，对 TN 的去除率分别为 $20.2\%\sim26.8\%$、$38.8\%\sim61.9\%$、$60.7\%\sim69.7\%$，对 TP 的去除率分别为 $24.5\%\sim33.0\%$、$46.3\%\sim68.4\%$、$67.5\%\sim83.6\%$。"氧化塘—立体生物滤池—人工湿地系统"组合工艺对污染物具有良好的去除效果，组合工艺对源分离冲洗水中的 COD 去除率为 $94.3\%\sim98.3\%$，对 TN 去除率为 $87.0\%\sim89.3\%$，对 NH_4^+-N 去除率为 $85.7\%\sim91.3\%$，对 TP 去除率为 $91.8\%\sim93.8\%$，经过人工湿地系统的出水水质达到《畜禽养殖业污染物排放标准》的排放要求。

2. 病死畜禽无害化处理

（1）江西省病死畜禽无害化处理及机制

病死畜禽无害化处理是一项事关畜牧业健康发展、公共卫生安全和生态环境质量的基础性工作，是全省畜禽污染防治和综合利用的重点突破工作。为贯彻落实国务院印发的《国务院办公厅关于建立病死畜禽无害化处理机制的意见》（国办发〔2014〕47 号）和原农业部有关做好病死畜禽无害化处理一系列工作部署，江西先后印发了《关于建立病死畜禽无害化处理机制的实施意见》《关于做好育肥猪保险工作的通知》《江西省病死猪无害化处理试点方案》《江西省病死畜禽无害化集中处理体系建设实施方案》《关于落实养殖环节病死猪无害化处理补助政策的通知》等一系列文件。伴随着一系列具有关键性、引领性的举措落地生根，各地建立了病死畜禽无害化处理机制、举报机制，建立了病死猪无害化处理与生猪保险理赔相结合的联动机制，建立完善了养殖屠宰场所官方兽医监督巡查制度。政府出台了病死畜禽无害化集中处理体系建设的财政扶持政策和补助政策，对病死畜禽无害化集中处理场建设按照日处理能力每吨补助 50 万元，对乡镇收集暂存点建设每个补助 20 万元。截至目前，省财政已落实无害化集中处理场建设补助资金 2 700 万元，实施集中处理体系建设项目 21 个，已建成并投入运营无害化集中处理场 8 个，日处理能力达到 68 t，全省病死畜禽无害化处理工作成效显著。

2015 年，江西省制定了《江西省病死畜禽无害化处理体系建设规划（2015—2020）》，计划到"十三五"期末，原则上每个畜禽生产县（市、区）至少建成 1 个无害化集中处理场，配套建设收集暂存点 800 个，全省日处理能力达到 400 t，基本建成布局合理的病死畜禽无害化处理体系，基本实现病死畜禽及时处理、清洁环保、合理利用的目标。率先在全省 23 个生猪养殖大县启动病死畜禽无害化集中处理体系项目建设工作，各地选择单点布局或多点布局方式推进。其中，单点布局方式，即在县（市、区）中心区域建设 1 个大型病死畜禽集中处理场，在乡镇建设多个收集暂存点；多点布局方式，即根据县（市、区）区域分布，分片规划，建设区域性病死畜禽集中处理中心。截至目前，全省已有 29 个县（市、区）申报了病死畜禽无害化集中处理体系建设项目，其中基本建成的县有 6 个，正在开工建设的县有 16 个。同时，建立了由省农业厅牵头、省发改委、省财政厅、省公安厅、省药监局、省环保厅、省保监局等部门组成的江西省病死畜禽无害化处理工作联席会议制度，明确了工作职责和议事规则。建立了养殖屠宰场所官方监督巡查制度，建立并完善了病死畜禽无害化处理举报机制。强化政府考核目标，将病死畜禽无害化处理工作纳入江西省生态文明试验区建设评选指标体系，列入了江西省试验示范区建设政府考核内容。此外，全省积极强化生产经营者无害化处理主体责任落实，开展无害化处理工作专项整治与督察。

（2）典型案例

新干县通过招商引资，在溧江、金川、界埠、麦斜高标准建立了 4 个病死畜禽无害化处理中心。处理中心厂区面积 10 000 余 m^2，日处理病死畜禽 10 余 t，年处理病死猪能力达 7 万余头，使所有规模养殖场（户）通过自建设施或委托处理纳入无害化处理体系。处理中心全部采用高温生物降解技术原理，利用畜禽养场有机废弃物处理机产生的连续的高温环境实行灭活病原体，通过分切、绞碎、发酵、杀菌、干燥等多个同步环节，把畜禽尸体成功转化为无害粉状的有机肥原料，最终达到环保批量处理，实现源头减废、变废为宝、消除病原菌的功效。目前，该县通过高温生物降解技术每月无害化处理病死猪达 4 000 余头，生产有机肥 150 t。其做法主要是：①规划布局病死畜禽无害化处理体系建设。通过强化组织领导，建立了"新干县病死畜禽无害化处理工作联席会议制度"，出台《关于印发新干县病死畜禽无害化处理设施意见的通知》等相关文件，为企业在项目审批、土地选址规划、环境评估、通水通电等方面提供政策支持。按照政府主导、市场运作、统筹规划、因地制宜、财政补助、保险联动的原则，进行招商引资，引导社会资本参与，以先建后补或以奖代补的形式，建立覆盖全县畜禽无害化处理体系，基本实现病死畜禽能及时处理、清洁环保、合理利用。组织参观学习，了解处理模式及运行机制及监管办法等；②高标准建设畜禽无害化处理中心。结合畜禽饲养实际、病死畜禽数量及分布情况，根据无害化集中处理场建设选址和设计选址要求，严格选址，辐射收集无害化处理全县病死畜禽。通过参观学习，摸索出一套无害化处理场阶梯布局的高标准建设模式，即用台阶将工作区分成上下两部分，台阶上层设立冷库、辅料区、摆放死猪台，下层设立畜禽养殖场有机废弃物处理机、尾气处理设施、有机肥存储区等。该模式既方便病死猪、辅料投入处理机，减少人力物力，又能天然隔断净道污道，防止交叉污染。同时，完善配套设施建设，选择专用的运输车辆或封闭厢式运载工具。通过划分责任区域明确各处理中心收集处理病死猪区域，宣传培训强化生产经营者主体责任；③明确监管责任，制定监管方法，落实属地管理制度，加强病死畜禽无害化处理；通过保险联动，落实无害化处理补助。此外，通过加强协作、联合执法等措施，确保病死猪无害化处理各项工作措施落到实处。此外，该县将病死畜禽无害化处理体系建设及其无害化处理工作纳入政府考核目标。

永新县针对每个养殖场实际情况，指导督促养殖场、屠宰场选点建化尸井和沼气池，由动物卫生监督所验收和监管。同时采取一系列措施，如①加大宣传。把《动物防疫法》《畜牧法》等法律、法规，通过电视、广播、刷墙头、张贴、印刷等方式宣传；②明确责任。与养殖场、屠宰场签订《畜禽产品质量安全承诺书》，明确病死畜禽无害化处理第一责任人制度。养殖场、屠宰场发现病死或死因不明动物应该第一时间向辖区官方兽医报告，由官方兽医确定并监督无害化处理并报动物卫生监督所。动物卫生监督所在每月25日前统计到农业局、财政局。由财政局到年底统一发放无害化处理补贴费；③强化管理。对沿河区域实行划片区管理，由当地政府联系村委和村级协防员实行巡逻。发现辖区内村民和散养户有随意丢弃病死动物的行为严肃教育批评，严重的报动物卫生监督所处理。2015年共处理病死生猪3 351头、母猪372头、牛106头、禽类1万羽、山羊38头。

3. 畜禽养殖粪污资源化综合利用

畜禽养殖粪污资源化利用是实现农业循环的关键性控制环节。全省坚持用循环经济的理念，将种植业、养殖业、加工业相互结合，创造了许多种养一体化循环利用模式，既实现了物质和能源的循环可再生利用，也从根本意义上实现了污染的有效防控。

（1）以沼气为纽带的种养循环模式

在山江湖综合开发治理的过程中，赣州的群众总结庭院经济的经验，结合当地实际和小流域综合开发治理的要求，在大力发展生猪生产、果业生产和农村沼气建设的基础上，按照生态学的原理，把三者有机地结合起来，创造符合山区实用的"猪—沼—果"生态农业模式，并被原农业部誉为"赣南模式"。

"猪—沼—果"模式是按照生态经济的原理，运用系统工程方法，以沼气池为纽带，把养殖业（猪）、农村能源建设（沼）、种植业（果）有机结合，带动生猪和果业等产业综合发展的生态农业模式工程。具体来说，就是猪粪下池发酵产气，供农户炊事、照明，沼渣用来肥果、种菜、喂猪等，形成农业生产内部物质和能量的反复循环利用。基本内容是农户建一个 $6\sim10\ m^3$ 的沼气池，饲养生猪 $5\sim10$ 头，种果树 $0.3\sim0.4\ hm^2$。进入 20 世纪 90 年代，尤其自 1995 年以来，赣南山区大力实施"猪—沼—果"工程，1997 年新建沼气池 9.82 万个，占全省 90%，处于全国领先水平。到 1998 年 9 月，赣州市累计实有沼气池 30 万个，沼气池入户率达 21%，开展了 953 个沼气生态农业村和 107 个沼气生态农业乡镇的建设，并在全省范围内推广。

"猪—沼—果"模式具有持续的活力、良好的效益和广泛的适应能力，并占有优势地位。这个模式在山江湖工程中得到广泛的应用，如小流域综合治理、生态修复工程、红壤丘陵的治理与开发、农村面源污染的控制、产业结构调整、发展绿色农产品、血吸虫防治等。各地在推广应用中都依据当地的具体条件，有所创新、有所发展，发展延伸出鄱阳湖区"猪—沼—鱼"、城镇郊区形成"猪—沼—菜"、粮食生产区"猪—沼—粮"等一系列模式。此外，在山地丘陵进行立体开发，创立了"山顶种树（林业）、山腰种果、山脚养猪、水面养鸭（鹅）、水中养鱼"的立体开发模式，兴国县农民进一步概括为"六个一"模式，即一农户、一口池、一栏猪、一园果、一棚菜、一塘鱼。全省利用此模式的农户年减少薪柴消耗量相当于 324 万亩森林的薪柴年生长量，年创直接经济效益近 10 亿元，既解决了环境卫生，保护了生态环境，又发展了农业生产，增长了财政收入，增加了农民收入，还促进了精神文明建设，实现了经济、社会、生态效益的有机统一。此外，还建立了一大批生态农业乡、村和走廊，生态农业户超过 20 多万户。

万安县青稿塘养猪场存栏能繁母猪 200 头，承包周边山地约 74 hm^2，在山地上建有沼液储存池 400 m^3，用于沼液贮存。沼液经厌氧处理后，通过喷灌灌溉山上桂花树、油茶树等苗木，多余沼液储存在山上储存池，用沼液及干粪施肥苗木涨势良好，改善山坡土质。

江西加大畜牧有限公司年出栏种猪 30 000 头，通过"大型沼气综合利用工程项目"的建设，建成日处理 300 m^3 以上的养猪废水处理系统，周边配套种植 44 hm^2 赣南脐橙果园，沼液通过高压提升泵多级提升后输送至厂区果园的高位贮液池，贮液池连接全场滴灌管网，通过水压输送至每棵脐橙树，未能完全利用的少量沼液，通过溢流进入后续氧化塘进行深度处理后达标排放。

江西省定南县五丰牧业有限公司以饲养生猪为主业，年出栏生猪达 6 万余头，该饲养场于 1997 年投资 150 万元建造一座 1 500 m^3 悬浮式半连续发酵沼气池，日进料量达 13.1 t，目前运转正常，所产沼气供应本厂职工生活用能、畜舍增温以及沼气发电，沼气发酵残余物用于周边 600 亩果园种植，脐橙亩产多达 3 t，较好地解决了环境污染和卫生防疫问题，场内环境优美，空气清新。

江西省赣州市章贡区水科所于 2001 年建造一座 130 m^3 圆柱形沼气池与 10 m^3 浮罩贮气柜一处，用于处理 120 头生猪排泄物，目前日产沼气 20 m^3，用于本所职工生活用能及猪舍消毒、冬季增温。沼肥主要用于池塘养鱼，种植饲草及蔬菜。据统计，与未建沼气池前相比，鱼产量增 15%，增收节支达 6 万余元，减少鱼病以及净化了水科所环境卫生条件和职工厨卫条件。

（2）资源加工型利用模式

规模养猪场干清粪收集的猪粪数量大，是生产高品质有机肥的重要原料。对规模化畜禽养殖场采用好氧发酵技术处理固体畜禽粪便，进行无害化处理并制成有机肥，反哺生态农业，生产有机食品、绿色食品。养殖业畜禽粪便生产有机肥料可采用不同的技术路线，其中工艺为：收集—安全性处理（腐熟）—商品肥原料或功能性肥料。目前，全省已有许多厂家进行生产。

新余市渝水区采取市场运作方式，引进第三方江西正合环保工程公司，在罗坊镇建设大型沼气集中供气站，实行企业化专业运营，整合产业链上游畜禽规模养殖场的粪污资源，向产业链下游种植业生产经营组织提供商品有机肥，全天候集中供气，促进了种养结合。沼气站定时安排专用运输车到养猪场收集，输送到原料罐里进行两次厌氧发酵，产生沼气，使猪粪尿变废为宝，实现了规模养殖污染物的资源化，最后沼渣沼液又作为优质的有机肥通过专门管道送到基地试验田以及制作有机肥料出售。至此，沼气站实现了对养猪场废弃物的完整处理和循环利用。

（3）资源循环利用模式

2012—2015 年，由江西省山江湖开发治理委员会承担的国际科技合作计划项目"农村有机废弃物资源化利用技术合作研究"，在实施过程中，根据我国农村有机废弃物资源化利用主要方式及中大中型沼气工程发展现状，系统分析国内外沼气工程中混合厌氧发酵工艺和自动化控制系统研究进展和应用情况，项目参照奥地利有机废弃物资源循环利用工艺，结合江西省实际情况，设计了 1 套农村有机废弃物资源化利用方案。该方案以农村有机废弃物能源化为主，肥料化为辅，兼之生产食用菌等措施，综合处理处置沼液和冲栏废水，实现农村有机废弃物资源化利用。有机废弃物能源化引进奥地利高效卧式厌氧发酵技术，该技术适用于猪粪、稻草秸秆、厨余垃圾等多种物质单独或混合，发酵材料高含固率可高至 15%，可一级或多级发酵，反应时发酵时间缩短至 10～15 d，反应温度在 35～42℃，实现大部分有机物转化。产生的沼气可直接用作生活燃料，也可通过发电上网实现能源长距离输送。另外，沼渣、沼液可进一步资源化利用，既可制成商品有机肥，可直接给附近农民应用于农业生产。如发酵原料秸秆含量高，则沼渣中纤维含量也会相对较高，或尝试作为栽培食用菌的培养基等进行利用。

4. 新型的城镇沼气工程集中供气模式

根据世界城镇化发展普遍规律，处于城镇化率 30%～70% 的快速发展区间时，如延续粗放城镇化模式，会带来资源环境恶化、社会矛盾增多等风险。截至 2014 年年底，江西省城镇人口占总人口比重 50.2%，城镇化率还在快速上升，是资源环境恶化高风险期。面对大型沼气工程发展出现的问题，中央层面已着手新的发展模式。2014 年 3 月，中共中央、国务院《国家新型城镇化规划（2014—2020 年）》开辟"县城和重点镇基础设施提升工程"专栏，提出"因地制宜发展大中型沼气，在资源丰富地区显著提高城镇新能源和可再生能源工业消费比重"。2015 年"中央一号"文件指出加强农业面源污染治理，开展秸秆、畜禽粪便资源化利用区域性示范。同时，国家加大了城镇集中供气示范推广工作，2015 年国家科技支撑计划开辟专题，进行"城镇化清洁燃气集中供气系统技术集成与规模化应用模式示范"。

目前，江西省拥有城镇集中供气沼气工程条件。首先，城镇沼气工程原料供应充足。近年来，全省生猪出栏维持在 4 000 万头左右，规模养猪场（500 头）约 1.36 万家，规模养猪场有一半以上未能建设完善的环保设施对废弃物有效处理。另外，随着城镇化建设加快，农村有机废弃物相对集中，因而在一定相对集中范围内收集成本下降，解决了城镇沼气工程集中供气模式原料不足难题。其次，城镇对清洁能源需求扩大。随着城镇居民生活方式改变，能源消费多元化，相对传统用煤，越来越倾向于天然气、液化气等更为清洁的能源，在大量农村居民转变为城镇居民后，城镇居民对沼气等清洁能源的需求进一步加大，沼气集中供气有着巨大市场。

江西省首个政府和社会资本合作运作的大型城镇集中供气沼气工程在新余罗坊镇兴建。工程于 2014 年 8 月底开建，10 月底完工，11 月底开始供气，半年内实现了 3 000 户居民稳定供气。江西省山江湖开发治理委员会办公室适时引进和消化国际最新混合原料厌氧发酵技术——高浓度中温高效厌氧发酵技术，形成了卧式发酵罐为主体的反应系统。该技术工艺将目前我国沼气工程发酵原料固形物含量从 6%～8% 提高到可以处理 10%～12%，原料组成从单一猪粪改变为以秸秆为主的秸秆—粪污混合，大大提高了沼气生产率。同时，破解了秸秆消化时间长的难题，秸秆消化从常规 40 天缩短至 20 天左右，从而使秸秆适宜于高效厌氧发酵。此外，该工艺还可处理病死猪，既有利于沼气的生产，又解决了病死猪集中无害化处理和资源化利用问题，阻断了病原体的传播。

该工程由江西正合环保工程公司兴建并运营，总投资 3 005 万元，其中受国家资助 1 500 万元。工程覆盖罗坊镇周边 15 km 范围内 30 万头生猪养殖规模，以及周边农村秸秆等有机废弃物，年处理处理养殖场粪污 10 000 t、秸秆 5 000 t、病死猪 2 万头，满负荷下日产气 4 100 m³，年产气 149 万 m³（转换成标煤约 106 万 t）。沼气价格定为 2.2 元/m³，工程能够维持收支平衡，实现公司持续运行。8 个月（含冬季低温期）的运行表明，居民沼气消耗支出减少，以三口之家为例，每月用气约 20 m³，每月沼气费用约 44 元，比液化气节省 40%，以上供气稳定。此外，年减排化学需氧量（COD）272 t 和氨氮 20.4 t，年产有机肥 1 万 t，液态肥 3 万 t，有利于减少当地稻田、果园和蔬菜地的化肥使用量。2015 年江西省人大环保赣江行检查采访暨畜禽规模养殖污染防治调研组考察该工程，充分肯定了该运行管理模式的有效性，认为显著减少了农村面源污染，值得在全省推广。

第三节　存在的问题与对策建议

一、畜禽养殖污染防治存在的问题

1. 沼气工程运行障碍

沼气工程是江西省畜禽养殖污染防治的重要措施。受中央财政资助，全省沼气发展迅速。2014 年沼气工程项目总投资 2 亿多元，其中，中央预算内投资计划 8 034 万元。在国债项目和"以奖代补"等项目推动下，农村沼气建设进入一个新的发展阶段，大中型沼气工程数量逐年增加。目前沼气工程发展普遍存在工程运行寿命短、原料供应不足、低中温发酵产气率低、沼液沼渣综合处理利用率不高等问题。根据南昌、萍乡、樟树、宜春、新余等地市 30 余家大型养殖场的调查显示，规模化养殖场畜禽粪便用于沼气工程处理不足 10%，沼气工程普遍进行低负荷运行。调研对象中，尚未发现周年达到设计能力满负荷运行的工程，约 20% 工程勉强维持周年运行，近 80% 的工程在冬季无法运行，有些甚至处于完全废弃状态。通过调查分析，大中型沼气工程普遍存在如下运行障碍。

（1）工程修建和运行驱动力异位，工程在应付环评和套取国家补贴之后成为摆设。现有沼气工程建设主要是基于环保压力，依靠财政补贴和行政推广，在专项资金奖励和环保压力双重政策刺激下，规模化畜禽养殖业主"热心"新工程建设。然而建设初衷主要为了应对环保检查，能够完全按相关标准修建大中型沼气工程的不多，常有不按要求安装加热系统、动力搅拌系统和启动所需辅助加热系统，缺乏后续工艺处理设备，无法综合利用沼液沼渣。此外，沼气工程多未安装电子监控设备，缺少监测数据，致使无法科学调控运行参数，工程难以保证良好运行状态。当然还包括设备质量普遍参差不齐、沼气运输管道廉价低质等问题，造成工程运行后维护困难。

（2）立足畜禽养殖场建设的沼气工程不利于集中供气，降低工程持续投入热情。畜禽养殖场址出于防疫及其他原因一般远离村庄，基于养殖场建设的沼气工程常位于养殖场附近，甚至场内，沼气工程如要供气到附近居民，管网太长导致配送建设成本太高；对于配有发电机组的工程，由于现有并网发电投入大，尚未实现并网发电，其结果是低温季节没有余热供应，加热系统沦为摆设，发酵系统达不到适宜温度，产气量下降，沼气不足以支撑发电，如此恶性循环，周而复始。此外，沼气集中供气管理相当复杂，收费标准较低，存在安全隐患，养殖业主怕担风险，大多数沼气仅供养殖场内部使用，表现为沼气相对"过量"，业主从沼气工程经济收益低下，使企业主不愿意持续对沼气工程管理。

（3）发酵原料单一，造成"匮乏"。目前，养殖场沼气工程多设计以猪粪为原料，而猪粪经短期贮存后，多低价直接出售，进入沼气工程的实际原料以冲栏废水为主，造成发酵原料能源不足。另外，受市场周期性波动的影响，养殖企业生猪存栏数量波动幅度大，粪污量供应不稳定，又无法以其他有机废弃物替代，发酵原料得不到保障，导致产气稳定性下降，制约配送体系的安全性，难以实现大规模供气。

（4）管理意识薄弱，管理人员专业技术水平低下。大部分工程重建设轻管理，运行资金普遍投入不足，缺乏长效管理机制，只求达到环保部门检查的最低要求。管理人员多为年龄偏高或文化水平偏低的劳动者，培训不到位，单纯培训难以使其掌握必备的专业技能，沼气工程普遍存在技术管理不到位和非专业化操作问题，大大降低了运行效率，缩短了工程寿命。

2．养殖废水无害化处理成本高

尽管目前有很多处理畜禽养殖废水的先进技术，但是处理成本成为畜禽废水处理的制约因素，不利于畜禽养殖业的可持续发展。就目前养殖业废水处理来说，一般常规的处理工艺为厌氧+好氧的生物处理工艺，但出水水质难以达到相应的排放标准，更不用说达到污水综合一级排放标准，如采用强制的物理化学措施强化处理，往往成本过高，主要为设施投入过大，运转费用过高。畜禽养殖业主要集中在农村地区和城郊，养殖废水分布不集中，给养殖废水的工厂化处理带来困难，加之农村经济能力有限，使用此方法变得不切实际。此外，农村地区局部示范使用规模化养殖废水处理技术具有效率低、稳定性差、维护成本高等局限性，且都为独立使用，没有合理的组合在一起，形成一个高效良性物质循环利用体系，这严重限制江西省农村生态环境治理成效，阻碍畜禽养殖业的健康发展。

3. 养殖废弃物资源化利用程度不高

近几年，在畜禽废水处理方式上，主要倡导农牧结合模式，发展可循环农业。但随着规模养殖水平的不断提升，生猪养殖污染问题突出，畜禽养殖用地紧张，粪污治理成本高、投入大，全省生猪资源化利用程度不深。另外，种植业也越来越专业化，加之农村青壮劳动力外出务工，粪肥用作农作物有机肥越来越少，导致种养严重脱节，一边是种植业过度依赖化肥，一边是畜牧业粪便成灾，很多养殖企业自身没有足以消纳粪便的土地，也没有与种植户合作，仍采用工业化处理模式，处理废水成本较大。一方面资源浪费；另一方面又增加了养殖成本。江西地貌多丘陵，农业作物物种丰富，特别是甜橙、蜜柚是全国主产区，合理调整产业区域规划，与种植业紧密结合，开拓发展可循环农业，将有利于全省生猪产业更加平稳长远发展。

二、加快推进畜禽养殖污染防治的对策和建议

中共十八届五中全会会议指出：绿色发展，坚持节约资源和保护环境的基本国策，坚持可持续发展，坚定走生产发展、生活富裕、生态良好的文明发展道路，加快建设资源节约型、环境友好型社会。在绿色发展、生态文明建设的召唤下，全省正将畜禽养殖污染防治作为转变畜牧业发展方式的核心内容，将生态养殖作为生态文明建设和精准扶贫突破口，加强行业引导，形成人与自然和谐发展现代化建设新格局，推进美丽江西建设。

1. 完善法律、法规建设，强化政府环境责任

完善法律、法规建设，规范畜禽养殖污染排放行为，是控制畜禽养殖污染的根本。发达国家在发展集约化与现代化畜禽养殖业的同时非常重视养殖行为对生态环境的不利影响，不论是中央政府还是地方政府都通过严格的立法对畜禽养殖污染进行预防与治理。目前的《畜禽养殖污染防治管理办法》的规制对象仅仅是规模化畜禽养殖场，并不能涵盖占农村主体地位的养殖模式，该法律层次较低且对畜禽粪便排放标准没有统一的规定，在具体执法过程中适用性有待增强。规模化畜禽养殖场是农村畜禽养殖业发展的最终趋势，但现阶段还存在大量规模以下的养殖专业户和养殖散户，由于养殖散户饲养数量非常少且有足够的土地容纳畜禽粪便，相对而言对农村环境影响较小，而大量养殖专业户集中饲养畜禽产生的废弃物对农村环境的污染不亚于规模化的畜禽养殖场。在《畜禽养殖污染防治条例》的指导下，结合其他相关环境保护法律制度，各级地方政府要在结合本地养殖规模与污染状况的基础上适时制定地方性法规，在循环经济的理念下支持畜禽养殖业循环经济的发展，实现从源头上抑制或减少污染物的排放。

同时，政府应该积极履行所承担的环境责任，全面落实属地管理责任、畜禽养殖场主体责任和部门监管责任，成立联合督察组，加强对涉及整改问题的养殖场和"五河一湖"及东江源流域畜禽养殖情况的巡查与监管，把畜禽养殖污染防治工作纳入生态文明

建设政府绩效管理考核内容，落实"河长制"和生态环境损害责任追究制。在加强环境监管的同时还要不断深化与扩大公共服务的领域与范围，对畜禽养殖污染防治提供各种优惠的政策与措施，通过减轻畜禽养殖者的污染治理压力来提高其防治污染的积极性。

2．强化政策引导，加大资金扶持力度

落实国家有关政策，将畜禽养殖粪污处理与利用、病死畜禽无害化处理等畜禽有机物处置生产设施用地纳入设施农用地范围，享受设施农用地优惠政策。充分考虑粪污储存和利用等设施，将雨污分流设施、粪便储存池、储液池、沼液灌溉系统等纳入建设内容。鼓励有条件的地区，特别是畜禽养殖大县，开展集中式畜禽粪便处理、有机肥生产等项目建设。对生产、销售、使用畜禽养殖废弃物生产有机肥产品，购置并实际使用畜禽养殖废弃物收集、处理和利用设备的，按照国家有关规定享受税收及使用补贴等优惠政策。加强部门之间的沟通协调，对畜禽养殖项目的环评咨询收费，按照相关规定减半或适当酌情收取。生猪标准化规模养殖场小区、"菜篮子"畜禽产品扶持、畜禽养殖大中型沼气工程、省级财政农村沼气专项资金规模养殖场沼气工程等项目，以及省级主要污染物总量减排专项资金要优先扶持利用自有资金积极主动开展粪污治理改造的养殖场户。要以政府投入为引导，带动金融、外资和民间资本的注入，形成多元投资机制。

3．合理规划布局，加快产业转型升级

严格按照《畜牧法》《畜禽规模养殖污染防治条例》《江西省畜禽养殖管理办法》的有关规定执行，以县（市、区）为单位结合当地的畜牧业发展现状、环境承载能力等条件划定，制定、完善本行政区域的畜禽养殖布局规划，科学划定畜禽禁养区、限养区和可养区。对于水源地和环境敏感区建设的养殖场，应该掀起搬迁关闭或控制畜禽发展的速度和饲养密度，并落实污染治理。对新建的养殖场，应考虑当地的土地净化能力，并进行环境影响评价，严格畜禽养殖场的环保审批，确保对周边环境不造成污染。同时，各地要以"优结构、提效益、保安全"为主线，加快畜牧业发展方式转变，推动畜禽养殖转型升级。

4．因时制宜，加快研发相关技术

目前，畜禽养殖环境治理技术研发创新滞后，关键技术有待进一步突破，部分技术（模式）有待进一步深入研究。畜禽养殖污染治理具体采用哪种方法，不仅要考虑此处理方法技术上的优势，还要考虑该方法在投资、运行费用、操作和地域方面是否方便等问题。畜禽养殖业是一个低利润行业，一般无法承受耗费较高的污染处理工艺。对于处于微利经营的养殖行业来讲，建设该类粪污处理设施所需的投资太大、运行费用过高。寻找高效处理方法在资源与能源问题日益突出的今天尤为重要，开发具有高效节能处理畜禽粪污的处理设备和组合工艺是实现可持续发展、建设和谐社会的重要途径。去除养

殖废水中污染物的同时有效回收和利用资源是未来畜禽废水处理的一个方向，不仅可以提高系统的去除率，回收利用的资源和能源还能大大减少系统的运行成本。基于清洁生产和循环经济理念，将末端治理与源头控制相结合，从根本上减少畜禽养殖废水处理的运行和处理成本，推广清洁生产，改革企业的传统生产模式，建立清洁养殖、种养平衡、资源利用、污染防治、风险控制并重的全过程新型畜禽粪污管理与治理技术体系，是今后畜禽养殖业首要的发展趋势。加大开发污染物达标治理的高效低耗技术，突破以厌氧技术为核心的能源回收与利用技术，以县域为单位，推进县域有机固体废物处理与循环利用中心，提高畜禽养殖粪污的资源化利用效率并降低资源化利用成本。开展高浓度高效厌氧发酵、养殖废水无害化处理、发酵沼液沼渣资源化利用等关键技术研究，并通过技术集成和试验示范，建立起一整套经济可行、管理方便、节约能源、切合实际的规模化养殖污染物综合治理技术方案，实现规模养殖污染物处理的减量化、无害化和资源化，真正做到变废为宝，是解决江西农村环境污染的重要途径。

5．因地制宜，加快发展生态养殖

根据养殖业和种植业实际情况，努力做到畜禽养殖与水果、蔬菜、苗木、花卉等相结合工作，推广"猪—沼—果（苗木）"模式的成功经验，做好粪便资源化综合利用工作。鼓励和支持创办畜禽粪便、沼液综合利用的中介服务机构，为种植户提供畜禽粪便、沼液等服务，提高畜禽粪便的综合利用率。大力扶持畜禽粪污有机肥加工产业。畜禽粪污有机肥加工产业是畜禽粪污资源化利用的一个重要途径。江西省目前尚未出台与有机肥相关扶持及使用优惠政策，建议政府重点扶持科技含量高、研发能力强、装备水平先进及设备更新改造企业规模扩大，实行标准化生产、具有商标品牌的有机肥生产企业。可参考农资补贴机制，对符合生产标准的有机肥产品按照每吨进行补贴，尽快出台鼓励农民使用有机肥的政策措施。

6．积极推进 PPP 模式，集中打造城镇集中供气沼气工程

新余罗坊沼气工程实现了对生猪养殖以及农业生产废弃物资源化利用，打造了以沼气为纽带的农业循环经济成功案例，为江西省提供了可推广、可复制的沼气工程样板。在城镇化快速发展的背景下，全省正在集中各方资源，利用市场驱动，优化运行管理，保证沼气工程可持续性发展，服务于生态文明先行示范区建设。首先，将城镇集中供气沼气工程纳入 PPP 项目。当前，全省正积极推进 PPP 模式，该模式具有调动社会资本，引入外面资本的运营管理经验和技术，改进投融资模式，推动融资创新等优点，首批 80 个 PPP 模式项目已启动。为此，政府应对城镇集中供气沼气工程类项目进行政策引领和组织谋划，促进该类工程符合 PPP 项目推介标准，并及时将相对成熟的工程作为江西省 PPP 项目对外推介。其次，大力推进大中型养殖企业污染物的第三方治理。省人民政府在 2014 年和 2015 年连续两年《政府工作报告》中指出，推进环境污染第三方治理是完

善生态文明建设机制的工作重点之一，并在 2015 年特别提出深入开展"净空、净水、净土"行动。为此，政府应加大在废弃物贮运和有机肥等方面的补贴力度，落实好"投资者受益，使用者补偿"政策，鼓励环保投资主体多元化，在养殖场污染处理环节中，明确养殖企业承担粪污处理责任，确保环境污染第三方治理方案顺利推进。最后，集中打造一批城镇集中供气沼气工程。江西省养殖规模达到 4 000 万头，在全省大力推进城镇化的大背景下，政府应强力推广一批城镇集中供气工程，促进沼气工程可持续发展，以实现日益扩大的城镇居民对清洁能源的需求，同时解决规模养殖业污染问题，实现农业循环经济良性发展，为生态文明先行示范建设做出切实贡献。

参考文献

[1] An J Y，Kwon J C，Ahn D W，et al. Efficient nitrogen removal in a pilot system based on upflow multi-layer bioreactor for treatment of strong nitrogenous swine wastewater[J]. Process Biochemistry，2007，42（5）：764-772.

[2] Huang J S，Wu C S，Chen C M. Microbial activity in a combined UASB-activated sludge reactor system[J]. Chemosphere，2005，61：1032-1041.

[3] Giseppe B. Integrated anaerobic/aerobic biological treatment for intensives swine production[J]. Bioresource Technology，2009，100：5424-5430.

[4] Gu P，Wan J B，Wu Y M，et al. Application study of using IC- SBBR process for livestock wastewater treatment[J]. Environmental Science and Information Application Technology，2010，2：809-812.

[5] Knight R L，PayneJr. V W E，Borer R E，et al. Constructed wetland for livestock wastewater management [J]. Ecological Engineering，2000，15：41-55.

[6] Kern J，Idler C. Treatment of domestic and agricultural wastewater by reed bed systems [J]. Ecolo. Eng.，1999，12（1-2）：13-25.

[7] Langergraber G，Haberl R，Laber J，et al. Evaluation of substrate clogging processes in vertical flow construeted wetlands [M]. Proeeedings of the Eighth International Conference on Wetland Systems for water pollution Control，vol.1，Tanzania；Aiusha：2002：214-228.

[8] Rajagopal R，Rousseau P，Bernet N，et al. Combined anaerobic and activated sludge anoxic/oxic treatment for piggery wastewater[J]. Bioresource Technology，2011，102（3）：2185-2192.

[9] Shin J H，Lee S M，Jung J Y，et al. Enhanced COD and nitrogen removels for the treatment of swine wastewater by combining submerged membrane bioreactor（MBR）and anaerobic upflow bed filter（AUBF）reactor[J]. Process Biochemistry，2005，40（12）：3769-3776.

[10] Tovea L. Source Separation：Will We See a Paradigm Shift in Wastewater Handling[J]. Environmental Science& Technology，2009，43（16）：6121-6125.

[11] Zhao Y Q, Sun G, Allen S J. Anti-sized reed bed system for animal wastewater treatment: a comparative study[J]. Water Research, 2004, 38: 2907-2917.

[12] 卞有生, 金冬霞. 规模化畜禽养殖场污染防治技术研究[J]. 中国工程科学, 2004, 6 (3): 53-90.

[13] 陈菁. IC+BCO+氧化塘工艺处理养殖废水的工程应用研究[D]. 南昌: 南昌大学, 2010.

[14] 董洪梅, 万大娟. 畜禽养殖废水处理技术研究进展[J]. 现代农业科技, 2011, 13: 260-262.

[15] 龚丽雯, 龚敏红, 成云, 等. 微电解/接触氧化/稳定塘处理猪场废水[J]. 中国给水排水, 2003, 19 (8): 92-94.

[16] 江西省统计局, 国家统计局江西调查总队. 江西省统计年鉴[M]. 北京: 中国统计局出版社, 2015.

[17] 江西省畜禽粪污治理和病死畜禽无害化处理综述[N]. 中国江西网, 2016-10-10.

[18] 胡娇娇. 兼氧 MBR 处理养殖废水工艺研究[D]. 南昌: 江西理工大学, 2013.

[19] 黄振侠, 邹翔, 熊江花, 等. 规模集中供气沼气工程技术模式研究与实践[J]. 农业工程技术（综合版）, 2016, 6: 49-50.

[20] 兰桂如, 徐轩郴. 江西探索病死畜禽无害化处理之路[J]. 江西农业, 2016 (4): 32-33.

[21] 李元志. 功能分区型人工湿地分散养殖冲洗废水特性[D]. 邯郸: 河北工程大学, 2014.

[22] 刘丽萍. 永新县病死畜禽无害化处理现状及建议[J]. 江西畜牧兽医杂志, 2016, 3: 28.

[23] 罗轶维. 序批 A/O 生化系统在处理高浓度猪场废水中的应用[J]. 江西化工, 2016, 5: 76-80.

[24] 刘杰. 源分离—多段厌氧—生态沟渠处理南方丘陵农村分散养猪废水集成工艺研究[D]. 长沙: 湖南农业大学, 2012.

[25] 廖新梯, 骆世明. 人工湿地对猪场废水有机物处理效果的研究[J]. 应用生态学报, 2002, 13 (1): 113-117.

[26] 梁进, 李袁琴, 杨平. 畜禽养殖废水处理技术探讨[J]. 四川环境, 2011, 30 (6): 139-143.

[27] 农业部. 中国畜牧业年鉴[M]. 北京: 中国农业出版社, 2015.

[28] 彭英霞, 林聪, 殷志, 等. 生物滤池处理养殖废水的工程实践研究[J]. 环境控制, 2005, 60: 59-61.

[29] 寿亦丰, 蔡昌达, 林伟华, 等. 杭州灯塔养殖总厂沼气与废水处理工程的技术特点[J]. 农业环境保护, 2002, 21 (1): 29-32.

[30] 万风. 农村分散养殖废水处理工艺研究[D]. 邯郸: 河北工程大学, 2012.

[31] 王刚. UASB-SBBR 组合工艺处理畜禽养殖废水试验研究[D]. 北京: 北京化工大学, 2014.

[32] 刘燕. 我国农村畜禽养殖污染防治法律问题研究[D]. 武汉: 华中农业大学, 2013.

[33] 李晓婷. 水解酸化+中温 UASB+生物接触氧化+人工湿地工艺处理规模化猪场废水的工程实践研究[J]. 水处理技术, 2013, 39 (5): 128-134.

[34] 王萍, 李瑶, 夏文建, 等. 江西省循环农业发展现状及建议[J]. 现代农业科技, 2017, 2: 258-261.

[35] 吴志勇, 张磊, 徐晓云, 等. 规模猪场粪污处理基准情况的调查报告[J]. 江西畜牧兽医杂志, 2015, 1: 19-23.

[36] 魏源送，郑嘉熹，陈梅雪，等. 江西生猪养殖与污染现状及对策[J]. 江西科学，2015，33（6）：938-943.

[37] 谢爱林. 生态农业路在何方？新余市渝水区罗坊镇新型沼气工程及生态循环农业试验区调研与思考[J]. 人大论坛，2016：34-35.

[38] 谢锦文. 4S-MBR 处理养猪废水的工程启动研究[D]. 南昌：南昌大学，2012.

[39] 杨利伟. 分散式养猪废水处理技术工艺研究[D]. 西安：西安建筑科技大学，2011.

[40] 江西省山江湖开发治理委员会办公室. 鄱阳湖科学考察[R]. 2015.

[41] 严玉平，张其海，钱海燕. 一种新型的城镇沼气工程集中供气模式[R]. 绿色发展参考，2015，3.

[42] 杨向阳，李君，李布青. QIC 有机废水处理技术应用于畜禽养殖废水处理——以江西正邦集团凤凰父母代猪场养殖废水处理为例[J]. 安徽农业科学，2012，40（7）：4113-4114，411.

[43] 张磊，余峰，吴志坚，等. 江西省生猪规模养殖粪污处理的现状与思考[J]. 江西畜牧兽医杂志，2016，5：10-12.

[44] 张国生，丁君辉，杨艳，等. 浅议江西省畜禽养殖污染防治现状及对策[J]. 江西畜牧兽医杂志，2015，5：1-4.

[45] 张庆东，戴晔，耿如林，等. 我国畜禽养殖小区标准化建设路径研究[J]. 中国畜牧杂志，2013，49（20）：18-21.

[46] 张秋菊. 关中地区农村畜禽养殖污染治理技术集成研究[D]. 西安：西北大学，2012.

[47] 周春如，陈建孙，邓瑞凯，等. 新干县病死畜禽无害化处理方法与经验[J]，江西畜牧兽医杂志，2016，1：20-21.

[48] 周国珍，黄振侠.创新江西现代生态循环农业发展路径[J]. 江西农业，2015，6：49-50.

[49] 朱乐辉，孙娟，龚良启，等. 升流厌氧污泥床/生物滴滤池/兼性塘处理养猪废水[J]. 水处理技术，2010，36（7）：126-128.

第十章　农田残膜污染治理行动[①]

农用塑料薄膜（以下简称"农膜"）已经成为农业生产中的一种重要的生产资料，它的出现被称为农业技术史上的一次"白色革命"。它不仅有利于农作物产量以及劳动生产效率的提高；有效缩短农作物生长的时间，调整作物的生长季节，使作物能够在非传统的种植区域种植；而且也为农产品储藏提供了新的方法。20世纪以来，农膜在不同部门都有非常广泛的应用，一开始只是用在育苗的播种，到后来逐渐发展到各个领域，广泛应用于蔬菜、水果、园艺及花卉的储藏等领域。

伴随着我国农膜需求和生产的逐渐增加，废旧农膜的数量也与日俱增，然而它的回收率却很低，还不到15%。废旧农膜由于太薄，容易被风吹得四处飘荡，农民用手拾捡难度较大。大量废旧农膜被随意丢弃，严重影响农村环境卫生，造成资源浪费；此外，大量农膜被撕掉以后留在地上，农膜残留在地里很长时间都不会腐烂，会影响土质，从而阻碍农作物吸收水分和养分，不利于农作物的生长发育。统计表明，连续使用农膜2年以上的麦田，每公顷残留农膜碎片103.5 kg，小麦减产约9%，连续使用5年的小麦田，每公顷残留农膜碎片达375 kg，小麦减产26%。废旧农膜对环境的污染与日俱增，在很大程度上阻碍了农业的可持续发展，威胁农民收入的增加，给大多数农民带来了烦恼。因此，加强废旧农膜的回收利用，防治白色垃圾污染，是现阶段一项不容忽视的工作。

第一节　农田残膜应用与污染现状

一、农膜用量大、范围广，覆盖作物种类多

据近年统计，江西省农膜使用强度在12 kg/hm² 左右，相比于全国平均值稍低，但呈现逐年增长的趋势，因此，关注农膜应用的发展十分必要。而且随着生活水平和城市

[①] 本章作者：黄国勤、张颖睿（江西农业大学生态科学研究中心）。

化进程步伐的加快，人们对蔬菜消费需求的不断增加，江西省的设施农业得到了快速发展，全省蔬菜面积达到 60 万 hm² 左右，并逐年增长。从农膜使用范围来看，由于江西省气候的影响，冬季蔬菜仍需要一定的保温措施。因此，在全省的各大小蔬菜基地都有农膜的使用，在赣南的蔬菜基地更是普遍使用。随着江西省设施农业的快速发展，除了冬季蔬菜，很多瓜果、花卉、苗木、棉花等也会使用农膜进行覆盖保护。

二、设施农业中农膜残留量大，污染严重

目前，江西省残膜回收技术落后，农膜的连续使用现象普遍，农民的环保意识相对薄弱，农膜大量残留于土壤中。有调查显示，江西省农膜回收率不足 2/3。随着覆膜年限的增加，农膜残留量越大，导致的环境污染愈加严重。农膜残留不仅导致土壤性质恶化，破坏土壤团聚体结构，降低土壤孔隙度和含水量；同时，农膜残片影响土壤溶质运移和气体交换，降低土壤的通气透水性；残膜碎片隔离作物养分吸收，影响肥料利用率。残膜会对白菜、西红柿、花生、棉花和茄子等作物根系产生明显的抑制作用，导致农作物品质和产量下降。另有研究表明，当农膜残留量达到 58.5 kg/hm² 时，大豆减产 5.5%～9.0%，蔬菜减产 14.6%～59.2%。连续采用地膜覆盖技术达到一定的年限后，残膜对农作物产量的负面效应再持续 16 年后可以抵消由地膜覆盖增温保墒使农作物增加的全部产量。此外，由于残膜回收技术的局限性，加上处理回收残膜不彻底，部分清理出的残膜弃于田间地头、水渠、林带中，严重影响农田周边生态环境，造成"视觉污染"；部分农民把从地里捡拾的残膜在田边就地焚烧，产生危害性更为严重的二次污染。

三、设施农业中农膜残留导致土壤酞酸酯污染

为了增加农膜的可塑性和柔韧性，在生产过程中会加入 40%以上的酞酸酯类增塑剂。农膜使用及残留导致大量酞酸酯类化合物释放到土壤中，是土壤酞酸酯的主要来源，主要包括邻苯二甲酸二（2-乙基）己酯（DEHP）、邻苯二甲酸二正丁酯（DnBP）、邻苯二甲酸二正辛酯（DnOP）。目前，江西省土壤受到酞酸酯类化合物污染程度不高，但是部分设施土壤中 PAEs 的平均含量已达到 mg/kg 数量级。因此，为防止土壤进一步被酞酸酯类化合物污染，做好农膜的回收工作十分必要。

四、设施栽培蔬菜中酞酸酯积累，潜在健康风险加剧

农膜在使用和残留的过程中，会有部分酞酸酯释放后被植物吸收，导致酞酸酯在蔬菜内的积累。研究显示，蔬菜可食用部分 DEHP 浓度为 0.23～9.11 mg/kg，平均鲜重含量为 3.82 mg/kg，蔬菜可食用部分中 DEHP 的鲜重含量为叶菜类＞果菜类＞根茎类。在部分农场蔬菜中均能检出 6 种优先控制酞酸酯，最高含量可达 11.2 mg/kg，其中芥菜和

菜心的富集最严重。农膜使用及残留释放的酞酸酯，通过食物链途径对人体产生潜在健康风险。

第二节　废旧农膜回收利用现状

一、废旧农膜的回收现状

自 2000 年起，农膜在江西省农业生产中使用得非常广泛，涉及各个方面，其中稻谷和棉花每亩农膜用量也出现稳定上涨的趋势，截至 2012 年，稻谷每亩农膜用量已经达到 0.3 kg，棉花每亩农膜用量达到 2.23 kg。因为废旧农膜容易破碎，拾捡难，易滞留在农地田间，不可避免地对土地、水源、空气等自然环境造成极大污染。

相对于江西省农膜污染情况，我国西部地区部分省市的农膜污染更为严重。为加快废旧农膜的污染治理，国家出台相应政策，并提供一系列专项扶持资金，甘肃省更是受到了国家部委的各项专项扶持。2012 年，政府各部门、财政部、原农业部审批批准甘肃"农业清洁生产示范地膜回收利用示范项目"的实施方案，批准中央补助资金 4 434 万元，其中中央补助最多的一个县，关于废旧农膜治理资金高达 747 万元，此外，每年提供 200万元用于农田残膜回收利用。据统计共对全省 150 多家废旧农膜回收加工企业提供了资金扶持。目前，在省级财政专项资金的激励引导下，甘肃省专门从事该行业的企业已经达到 180 多家，回收网点的设立超过 1 000 处。

不仅在中国，世界各国废旧农膜回收都面临着严峻的挑战。目前，我国对废旧农膜的回收主要以人工拾捡为主，机械回收废旧农膜效率很低，还不到20%。主要由于以下几点原因：一是农膜本身成本很低，回收效益相对较低；二是不同种植方式的田地对回收废膜的机械有不同的要求，机械的地域适应性较差；三是农民认识不到废旧农膜残留在田间的严重危害；四是由于政府的监督扶持力度不够，没有对废旧农膜的回收进行正确的引导。据相关资料显示，除去回收渠道的局限性，一个人回收一亩地废旧农膜需要七八天的时间，一些农民就任由废旧农膜在地里自行腐烂，一些农民将回收的残膜集中堆积不予理睬或就地焚烧处理。

二、废旧农膜回收处理方式

目前，基本上农民都采取以下几种方式处理废旧的农膜，主要包括：重复利用，就地、集中掩埋，作为燃料使用及回收再生四种方式。

（1）重复使用。就是继续二次使用废旧的农膜，质量相对较好的农膜可实现"一膜两用"或"一膜多用"，广泛使用高新的农业技术，增加对农膜的使用次数，减少农膜的使用数量，从而减少农膜污染。

（2）就地掩埋或集中焚烧掩埋。这是指将废旧的农膜收集到一起进行集中掩埋，是世界上最普遍采用的一种处理方式。这种处理方式成本低，处理技术要求不高，无须进行过多处理。但是这种方式会带来严重的二次污染，是最下下策的一种处理方式。

（3）作为燃料使用。这是指将废旧农膜进行集中燃烧产生能量作为化工原料，农膜的燃烧值非常高，可达到 10 278～10 833 kcal[①]/kg，热量回收潜力相当大。焚烧火化获得的能量可以产生蒸汽及电能，可以有效地减少污染。但是也存在一定的弊端，这种处理方式要考虑诸多环节，收集、储藏等费用较高。

（4）回收再生。就是将回收的废旧农膜通过清洗、分类、再生造粒等再生产成各种塑料制品或者农膜。其投资的成本以及所需要的技术成本较低，适用较普遍。

为方便起见，将上述废旧农膜的四种回收处理方式的优缺点比较如表 10-1 所示。

表 10-1　废旧农膜的回收处理方式优缺点比较

回收处理方式	优点	缺点
重复利用	使用方式简单、可操作性强	对农膜质量、技术水平要求较高
就地、集中掩埋	成本低、处理技术要求不高	严重的"二次污染"
作为燃料	能源价值升值、产生能量	处理过程复杂，收集、储藏费用高
回收再生	投入成本技术成本较低	集中回收过程复杂、运输物流不便捷

现阶段，站在节能环保高效的角度来看，江西省应主要采用回收再生这种回收处理方式，这种方式能够有效提高资源的利用率，减少环境污染。

三、废旧农膜能源化回收

废旧农膜的回收利用是现阶段治理"白色污染"最有效的途径。它不仅能保护我们的环境，而且还可以有效地避免资源浪费，实现利益最大化的目标。治理控制"白色污染"最重要的就是对农田废旧农膜进行处理，现阶段最有效的方式就是进行回收利用再生。然而废旧农膜的回收就是这一过程中最为关键的一步。

废旧农膜的能源化回收及资源化回收是目前废旧农膜回收技术中最主要的两种方式。能源化回收顾名思义就是将废旧农膜通过高温燃烧一系列流程，获得一些低分子，最后聚合成汽油、柴油和燃料气等能源的过程。这种方式可以有效地集中处理残膜，还可以有效地获得一定量的能源，可谓一举两得。目前江西省此方面技术还不够，但是我国中石化已经开发利用了这项技术，把废旧的农膜回收再生获得更多的能源。在一定程

---

① 1 kcal（千卡）=4.186 8 kJ。

度上解决了废旧农膜的问题，提高了经济效益，但是由于过程复杂，技术要求以及投入成本较高，实际使用率不高。另一种方法就是燃烧产出热能。这种方式不用对农膜进行分类处理，节省成本，但是对设备要求过高，污染严重。这种方式在我国不太被使用。

四、废旧农膜的资源化回收

废旧农膜资源化是指将废旧的农膜转化为其他的资源使用。在江西省，废旧农膜回收最主要的方式是再生造粒。再生造粒是指将废旧的农膜加热，然后进行塑化、切粒再加以使用。基本原理就是将废旧的农膜放置在熔融装置当中，装置温度非常高，使农膜融化，再进行挤压、切粒得到"二次母粒"。这种经过高温加工得到的颗粒农膜，并没有改变它的化学性质，只是改变了其外观形状。获得的二次母粒仍然具有之前的性质，加上先前所具备的技术，在塑料生产中仍可广泛应用。再生造粒也是目前我国使用最方便和最经济的回收技术，也是目前最适合我国国情的农膜回收技术。我国是人口大国，塑料制品应用广泛，每年生产的塑料不计其数，产生的废物对资源环境的污染较严重，利用这种技术，可以缓解污染改善环境，还可以调节市场上塑料产品的供需矛盾。

近年来，湿法造粒工艺和干法造粒工艺是最为普遍的废旧农膜再生造粒技术。其中湿法造粒工艺具体流程见图10-1。目前江西省采用的就是湿法造粒工艺，也是我国较为普遍的一种工艺方法，这种方法的优点就是获得的颗粒纯度较高，能够制造出品质较高的材料。但是这种方式也存在着严重的缺陷，多次清洗和多次破碎会带来高额的运行成本。

废旧农膜 → 破碎 → 清洗 → 脱水 → 熔融造粒

图 10-1　湿法造粒工艺流程

干法造粒工艺多了"分离"这一环节，减少了"清洗"和"脱水"这两步，具体操作流程见图10-2。分离的主要目的是清除废旧农膜中残留的大部分泥沙，这种方式的操作流程相对于湿法造粒工艺较为简单，运行成本相对较低。但是它也存在弊端，不能彻底除去农膜中存在的大量水分，不能较好地除去杂质，再生的颗粒中大量的杂质难以根除，影响纯度。这种工艺有一个最大的优点，在整个流程工艺过程中没有产生废水，不会对环境造成二次污染。

废旧农膜收集 → 破碎 → 分离（除杂质）→ 熔融造粒

图 10-2　干法造粒工艺流程

现阶段，江西省应该大力研发一种废旧农膜回收造粒技术，既能有效地提高产品的纯度，又能实现低成本运行，减少环境污染和二次污染。

五、回收过程中存在的问题

1. 缺乏政策指导，资金扶持力度不够

自 20 世纪初期以来，省财政对农业扶持资金力度不断加大，投资的比例也越来越高，但是在废旧农膜的回收利用领域扶持力度较低，缺少必要的资金支持。全省各地企业普遍存在资金不足、生产受到制约等现象，一些规模较小、设备技术落后、信贷信用低、资金周转量小的企业生存能力明显下降。再加之企业劳动工人数量逐年下降、劳动力价值升高，直接影响农膜生产以及加工企业的效益。企业在生产上存在严重质量问题，农膜回收困难，回收再利用效益明显偏低。另外，政府对废旧农膜回收没有实质性举措。仅仅停留在危害宣传层次上，在回收处理再利用方面重视程度不高，缺乏相对应的具体政策措施以及必要的利益引导和鼓励政策。

2. 群众认识不高，环保意识不强

广大农民缺乏相应的知识，不了解废旧农膜给自然、社会以及自身带来的危害；更认识不到废旧农膜回收再利用的意义。农民普遍不重视废旧农膜的清理和回收。即使有些农民将废旧农膜拾拣出来，也只是随意堆在路边、田间，任由风吹，四处飘荡。随着农膜使用技术逐步走向成熟多样化，农膜的用途更加广泛，能够给农业带来明显的增产，给农民带来明显的增收。随之带来的就是农膜的使用量逐年递增，伴随着产生的残膜也就越来越多。

3. 回收加工技术落后，回收网点较少

废膜回收过程费力费时费事，且回收价格低，农民不愿意在田间拾捡残膜，交售给收购商和加工企业。农民回收的废旧农膜经常掺杂各种泥土、石子等杂质，增加了收购企业的运行成本，因此有些收购商和收购网点不愿意收购农民拾捡的残膜。此外，废旧农膜的回收点和加工企业数量少，废膜回收加工的利润偏低，投资者不愿意对此投资。企业的规模一般较小，资金短缺，收购残膜的动力不足。只通过流动的商贩叫卖或到废旧物品回收站进行交售，交易成本才能合算。在这种情况下，农民缺乏回收农膜的积极性。江西省农民专业合作社发展不规范，组织制度建设不健全，没有专门从事废旧农膜回收利用的合作社，很难集中组织广大农民对废旧农膜进行拾捡和处理，不能有效地进行交易并宣传废膜的危害，因此"白色污染"很难得到有效治理。

六、关于农膜回收的影响因素

针对江西省农膜回收情况，有学者针对农膜回收的影响因素进行调查。调研结果显示，38.14%的农户认为回收农膜没什么作用；29.90%的农户表示没有精力和时间；14.43%的农户表示附近没有专门的回收地点和处理设施，非常不方便；11.34%的农户认为农膜

回收是政府的事情，与个人无关。综上可知，对废旧农膜进行遗弃处理的农户，其价值认知能力相对较低，不清楚废旧农膜等农业废弃物循环利用可能产生的生态和经济价值。此外，废旧农膜回收属于劳动密集型和技术密集型工作，由于缺乏专门的回收地点和处理设施（如捡拾机械），完全依靠人力捡拾，需要耗费大量的精力，对农户来讲投入太大而回报很低。反之，对废旧农膜进行回收处理的农户，则对废旧农膜等农业废弃物循环利用的经济和生态价值具有深刻的认知，认为可以有效增加收入和改善环境。调研具体分析如下述。

1. 户主基本情况的影响

①户主性别对农户废旧农膜回收的影响不显著。从调查结果看，女性户主对废旧农膜进行回收的比例为87.27%，略高于男性户主的86.88%，但总体差异较小。②户主年龄对农户废旧农膜回收有显著正向作用。其原因可能是随着年龄的增加和务农经验的丰富，农民越来越意识到废旧农膜遗弃对农作物的危害性，所以会提高回收比重。调查结果显示，30岁及以下的农户对废旧农膜进行回收的比重为82.35%，而31～45岁、46～60岁、60岁以上农户回收的比重分别为83.87%、87.89%、89.40%。③户主文化程度对农户废旧农膜回收的影响不显著。调查结果显示，户主文化程度越高，废旧农膜回收的比重越高，但大专及以上农户对废旧农膜回收的比重却较低，从低到高五个文化层次农户回收农膜的比重分别为76.92%、86.81%、88.93%、90.62%和80.56%。可能的原因是高文化的农户从事非农工作的概率更大，导致农业生产时间下降，降低废旧农膜的回收率。

2. 农户家庭经营特征的影响

①人均播种面积对农户废旧农膜回收有显著的负向影响。原因可能是随着人均播种面积提高，农户农业工作量和劳动强度将大幅增加，而废旧农膜回收比较费时，所以回收比重下降。调查结果显示，人均播种面积小于1.5亩时，回收比重为91.60%；而当人均播种面积为1.5～3.5亩和大于3.5亩时，回收比重分别为88.93%和79.64%。②家庭非农劳动力比重对农户废旧农膜回收有显著的负向影响。其原因是家庭非农劳动力比重提高时，投入农业生产的劳动力数量减少，导致废旧农膜回收比重下降。调查结果显示，家庭非农劳动力比重为0、1%～49%、大于50%时，农膜回收比重分别为92.01%、87.14%、71.43%。③人均纯收入对农户废旧农膜回收有显著的负向影响。原因可能是人均纯收入越高，农户废旧农膜回收的机会成本就越高，因此导致回收比重下降。调查结果显示，人均纯收入为小于0.6万元、0.6万～1.2万元、大于1.2万元时，农膜回收比重分别为90.60%、87.54%、80.51%。④参加合作社对农户废旧农膜回收有显著的正向影响。原因可能是合作社可以为农户提供相应的技术培训，以及对农户的环境认知进行教育，所以能促进废旧农膜的回收。调查结果显示，参加合作社的农户回收比重为92.91%，而未

参加合作社的为 83.20%。

3．村社会经济条件的影响

①村里是否有废弃物管理制度对农户废旧农膜回收有显著影响。废弃物管理制度对农户遗弃废旧农膜的行为会产生一定约束作用，因此能提高回收比重。调查结果显示，有管理制度的回收比重为 91.07%，而没有管理制度则为 83.23%。②是否有政策支持对农户废旧农膜回收有显著影响。回收农膜需要耗费大量的时间和精力，而直接经济回报偏低，如果有政策支持，提高农户的经济回报，将有助于提升废旧农膜的回收比重。调查结果显示，有政策支持的回收比重为 93.04%，而没有政策支持则为 78.49%。③村内企业数对农户废旧农膜回收的影响不显著。调查结果显示，村内企业数为 0 家、1～3 家、大于 3 家时，农膜回收比重分别为 88.05%、86.26%、85.54%，有一定差异但并不明显。

4．便利程度的影响

①村附近是否有回收地点对农户废旧农膜回收有显著影响。废旧农膜的资源化利用需要先进的设备和技术，普通农户往往无力为之，只能将其回收交由企业（政府）处理。如果村附近有专业回收地点，将能大大节约农户的时间和成本，提高废旧农膜的回收比重。调查结果显示，附近有回收地点的农膜回收比重为 92.40%，没有回收地点则为 82.95%。②村离乡镇政府距离对农户废旧农膜回收的影响不显著。调查结果显示，距离为小于 3 km、3～7 km、大于 7 km 时，农膜回收比重分别为 87.50%、88.66%、83.91%。

七、对策与建议

1．加强资金支持，扶持培育加工企业发展

政府应该加大对废膜回收利用支持力度，采取财政资金直接补贴政策。建立相应的监管制度，对各县、乡、镇政府的工作进行考核，督促他们干实事，真正为民服务。明确各级任务，坚决落实各项政策，建立有效的残膜回收激励机制，对做出突出成绩的单位村社给予一定的奖励。各个市应该起到带头作用，努力争取废旧农膜回收利用的专项资金，将资金分配到各个农民手中，采取"以奖励代替补贴"的形式，重点鼓励并扶持一些废膜回收再利用的龙头企业，以及一些村镇回收残膜的网点，给予适当补贴，希望他们能够带动一些中小微型企业积极从事这项事业；此外，农村信用合作社应该提供重点专项扶持，给予相应的资金支持帮助村镇农民购买相应的生产资料，扩大补贴的范围，尽量在回收加工机械设备方面也能给予购置补贴，这样才能鼓励这个行业发展。制定优惠政策，鼓励废旧农膜捡拾、回收、加工各环节主体的积极性。农户每捡拾 1 t 废旧农膜，政府在回收价的基础上应再给予适当的奖励；扶持发展废旧农膜加工企业，对企业回收加工废旧农膜在财政、信贷等方面予以补贴或优惠。只有这样，废旧农膜回收企业

才有资金购置高新技术的回收机械，改进再生产工艺，使资源能够充分利用，减少环境污染。

2. 加大供销合作总社再生资源回收系统

支持中华全国供销合作总社承担着构建"新网工程"的重大职责，其中再生资源回收利用网络建设占据很大部分，再生资源销售额逐年递增。供销合作总社应自上而下建立一套完整的废旧农膜回收再利用体系，拿出专项资金鼓励企业发展，建立废旧农膜回收网点、废旧农膜回收站和废旧农膜回收加工再利用企业，建立一条龙的服务体系。方便农民售卖废膜，使农民、回收企业都能获利双赢。在一些特殊地区，结合地膜补贴政策，鼓励农民"以旧膜换新膜"，在各村镇建立一些废物收集设施，方面农膜的临时处理和堆放。

3. 发挥合作社、村组织的带头作用

政府应该鼓励各村级组织建设废旧农膜回收利用合作社，使合作社起到带头作用，积极组织农民进行田间农膜拾捡，集中处理。合作社还可以运用合作社资金购置加工再利用的机械设备，合作社内部进行资源的二次利用。发挥村组织以及回收利用合作社的带头作用，构建一个完善的回收收购再加工的网络体系，利用自身的优势，提高回收能力。在居民集中的地区，建立相应的物业管理区，分地区建设垃圾回收处理站和收购站，对废旧资源进行集中处理。另外，还要做到科学布建网点，提高回收服务功能。为了方便农户交售，要不断扩大回收服务半径，大力培育回收经纪人队伍或健全废旧农膜回收网点，在有条件的情况下，设置流动的个体回收员，这样能够扩大收购的范围，确保农民、合作社拾捡的废膜有效处理，形成完整、高效的废旧农膜回收体系。

4. 加大宣传力度，提高农民绿色环保意识

随着农民收入增加，废旧农膜回收的机会成本越来越高，加上很多农民对废旧农膜回收的经济、生态效益认知不够，农民的回收意愿较弱。因此，要加大宣传力度，使农民充分认识到废旧农膜遗弃在土壤中，会对农业生态环境和农作物生产造成严重危害，提高废旧农膜回收的自觉性和主动性。为落实废旧农膜的回收再利用工作，各级政府、农委应该采取多种形式，如印发宣传资料、举办培训等，宣传"白色污染"的危害，提醒广大农民废旧农膜的长远性危害，让他们认识到问题的严重性，减少农膜的浪费，避免乱丢废膜的现象，提高自觉性。市县政府应该做好牵头工作，各级部门相互配合，将废旧农膜回收利用事宜摆上议程，全力向上级争取资金，更好地启动"新网工程"中四大网络的建设，尤其是再生资源回收网络建设，扶持龙头企业。充分调动能人志士的积极性和主动性，积极宣传，让全社会广泛关注，走上资源节约型、环境友好型的道路。

5．制定行政规章制度

制定和完善《农膜污染治理实施细则》和《农田农膜残留标准》，坚持"谁污染、谁治理"和"不捡不种，不清不耕"的原则，对农户严格要求。成立监督机构，加强对耕地废旧农膜流量和存量的监测，将废旧农膜污染问题纳入法制化管理轨道。

6．推广适期揭膜技术，增加机械回收力度

很多农户不愿意回收废旧农膜是因为没有掌握回收技术，费时费力。适期揭膜技术是在农作物收获前揭膜，具体可选在早晨土壤湿润或雨后初晴时，此时农膜韧性好、易回收，且利于作物生长。同时，在生产中要增加机械回收力度，提高回收率，减少农民的劳动工作量，降低废旧农膜的回收成本。

第三节　废旧农膜回收再利用技术

一、废旧农膜的回收利用途径

对于农民们来说，主要有五种途径：重复使用、回收再生、就地掩埋、集中填埋以及作为燃料资源。

1．重复使用

目前，废旧农膜在农村尚未得到广泛的二次利用。然而，一种可能性就是通过合理的农艺措施，增加农膜的重复使用率，相对减少农膜的用量，减轻农膜污染。如"一膜两用""一膜多用"、旱损膜、旧膜的重复利用、农业生产组合等成熟的技术已经在农业生产中得到应用，并取得了一定的经济效益和环境效益。此外，还可用来覆盖木材和草堆、农机以及作为青贮窖的内衬。重复次数取决于农膜破损的程度。青贮饲料袋如果过细使用可重复使用2~3次。

2．回收再生

废旧农膜的再生利用技术分为简单再生和改性再生。简单再生利用就是将回收的废旧农膜经过分类、清洗、破碎、造粒后直接再生成农膜，或者加工成各种模塑制品，如塑料木材和栅栏等。此类利用是废旧塑料利用的最主要方法，其技术投资与成本相对较低，成为许多国家作为再生资源利用的主要方法。而改性再生利用是指将再生料通过机械共混或化学接枝改性后，再进行利用，这类改性再生利用的工艺路线较为复杂，有的需要特定的机械设备。两者均已有较为成熟的工艺。与改性再生利用相比，简单再生利用的技术投资和成本相对更低，选用也更为普遍，但改性再生利用是发展方向。

3．就地掩埋

将清洁过的废旧农膜就地掩埋也是一种选择。但是，这种方法不宜推广，因为这种物质在今后将很难降解或回收，而且夹杂在薄膜中的农作物和其他杂质产生的有害物渗透到地下会污染地表或地下水。

4. 集中填埋

集中填埋是世界上处理城市固体废物和废旧农膜最普遍采用的方法。这种处理方式具有如下特点：①处理成本较低；②处理技术相对简单，利于推广普及；③填埋可选用非耕地作为场址，如滩地、山谷、洼地、沟渠等；④无须对垃圾进行预处理。不过，在填埋过程中，需要对填埋场进行防渗处理，并用无毒无害的覆盖材料按规定的技术要求进行覆盖，且对收集到的渗滤水等要进行处理。就农民而言，这种方法带来的问题主要有：①集中填埋不仅占用大量土地，弄不好往往会带来环境的二次污染；②需要支付额外的倾倒费用，一般为 160~250 元/t；③一些城市卫生填埋场并不接受废旧农膜。填埋是处理废旧农膜的最下策的方法，但是由于其所需成本最低，这仍将是一些地方进行废物处理的一种可选方案。

5. 作为燃料资源

从废旧农膜和城市固体废物中进行能量回收是另一种废物利用的有效途径。表 10-2 列举了几种不同材料的热值。由于废旧农膜的热值极高，可达到 10 278~10 833 kcal/kg，其热能回收颇具潜力。许多发达国家都已建立了专门的处理工厂。在美国已经建立了 200 余座废物能源回收工厂。在日本和德国，能量回收作为一种废塑料的处理方案正在获得效益。我国尚未有专门的塑料焚化炉，废旧塑料往往是和市政垃圾一同燃烧，如深圳引进的日本三菱重工马丁炉排垃圾焚烧炉以及上海浦东引进的法国垃圾焚烧设备。焚化法获取能量产生蒸汽或发电的优点是可最大限度地减少对自然环境的污染，与掩埋和滞留在土壤中相比这个优点格外突出。

表 10-2　几种不同材料的热值

材料	燃烧值/（kcal/kg）
农用薄膜	10 278~10 833
木材	3 889~4 167
报纸	4 444
煤油	11 389

对于能源回收，关键要考虑收集、运输、再加工和污染处理的费用。一般来说，能源回收工厂需要配备高温燃烧炉和减少空气污染的污染处理设备。良好的焚化装置不会引起二次污染，但造价极高，设备损耗及维修运转费用高。且必须形成规模，才能取得经济效益。至少日处理废塑料 100 t 才合算。目前，专门从废旧农膜中进行能量回收在我国尚不成熟。不过，对于那些难以清洗分选处理、无法回收的混杂废旧农膜，这种方

案仍然是值得推荐的。从以上的几种废旧农膜的循环利用途径可以看出，从经济性和环保两方面考虑，我国现阶段应以回收再生利用为主，而对于污染严重且不好分选的废塑料则可用来焚烧回收能量，最后才采用卫生填埋。以下主要就废旧农膜的再生利用技术进行阐述。

二、废旧农膜的再生利用技术

回收再生就是将废弃的农膜收集起来并运送到工厂加工的过程。为了使回收成为现实，必须成立一个有系统的组织，这一系统包括收集、分选、加工和营销四个部分。

1. 收集

为确保回收的有效性，首先必须在废弃农膜的源头建立初中级回收站点，以保证能从各地收集到大量的原料。初级回收要注意的问题是：在清除农膜时，首先要将上面的杂质（尘土、作物或饲草、水、冰等）抖落掉，并清除麻绳；将回收的农膜压缩或捆扎成小捆（注意打包时只能用塑料绳而不能用麻绳），并贮藏在室内或农具库房中，使其远离杂质和日光，保持农膜干净和干燥以备中间回收再生站或为今后大规模的再生站回收。由于废旧农膜占用的空间大，因此得不到有效的运输。为了减少运输费用，必须在中间回收站将农膜进一步进行打包压实。一般打捆可采用一种小型方包捆扎机，其过程是先将农膜铺成长条，使其接近 1 m 宽、0.6 m 高，然后开动捆扎机，将薄膜收入其中。也可以使用大型圆形缠绕打包机，但所得到捆包的大小和形状将相对增加后续处理的难度。另一种有效的办法就是将农膜在商用压缩机中压缩，这样所压缩的体积可以减小到原有松散体积的 15%。

2. 分选

农膜的主要原料是低密度聚乙烯（LDPE）。但随着农膜应用领域的不断扩大，其品种也日益繁多。目前在用的农膜除普通的棚膜和地膜外还有许多特种膜，如黑色膜（由 PE 树脂加炭黑吹塑）、黑白双面膜、银灰膜（PE 树脂加铝粉吹塑）、银色反光膜（在 PE 薄膜上复合一层铝箔而成）、除草膜（在农膜表面粘有除草剂）和切口膜（将薄膜分切成有规律的暗条状）等，而牧草青贮膜则是一种特制的聚乙烯薄膜。由于有不同类型的塑料制品及其附加物，对回收的原料进行分拣是必要的。

3. 加工

废旧农膜经过加工可以直接转化成塑料颗粒，不过在加工之前，必须将回收的农膜清洗干净，检查是否有杂质，并根据含杂的程度决定是否回收。值得注意，如果废旧农膜的含杂量超过 5%以上，那么再生处理是不能接受的。农膜中的杂质主要包括泥土、灰尘、沙石、润滑脂、植物根茎、水、其他类型塑料、胶带以及紫外线老化塑料等。紫外线老化极大地限制了农膜的可回收性。如果薄膜失去了弹性并起皱，那么说明它已经严重被紫外光损伤。然后将回收的农膜在切割式粉碎机中切碎，清洗除杂，填入挤出机，经过高温和高压使塑料熔融，熔融的塑料被挤压成致密的线束，然后冷却，切割成颗粒。这些颗粒被塑料厂加工成新的塑料薄膜制品。其中也包含加入适当的助剂组分（如稳定剂、防老化剂、着色剂等）进行配合，加入这些助剂只是起到改善加工性能、外观或抗老化作用，并不能提高再生制品的基本性能。也可以将废旧农膜粉碎后熔融，直接加工成各种模塑制品。

4. 销售

就农用而言，将废旧农膜再生成农膜是最好的方案，因为不需要为再生制品重新开辟市场。一般来说，再生料只能用来生产有色农膜。例如，在聚乙烯树脂中加入 2%～3%的炭黑，制成黑色农膜，这种农膜能有效地阻止光线的透入，膜下植物由于缺乏制造营养所需要的光能，而处于饥饿状态，可用于覆盖果园、茶园土壤，起到保温和除杂的作用。还可以用再生料和新料生产双层农膜，再生膜在上，新膜在下，这种双层膜可抗紫外线老化和具有保温的作用。国外已将这种双层农膜成功地用作温室农膜。另外，还可以开发各种模塑制品，如园林型材、栅栏、农场围栏板、道路标志等。日本工业技术和开发实验室研制出一种由废纸和聚乙烯（PE）的混合物，经特殊工艺转化为合成木材的新工艺，由该工艺生产出的合成材料与天然木材相似，具有可加工性和结构坚固性。此外，研发以废旧聚合物为主要材料的新型高强度大棚骨架也具有很好的市场前景。所有这些方案都需要有新产品的推销计划。

三、废旧农膜生产再生塑料颗粒技术试验

1. 实验设计与结果

为了解决废旧农膜的再生利用，有企业建立了一个日处理原料 5 t 的废旧农膜回收利用的中间试验项目，主要用于生产再生塑料颗粒。图 10-3 为其主要的处理工艺流程。

分类→一次破碎→清洗→二次破碎→清洗→脱水干燥→筛选→粉碎混合→制粒

图 10-3　废旧农膜回收利用的工艺流程

下面就图 10-3 作简要说明：①分类：对运到工厂的农用废弃 PE 进行筛选分类，区分出可以处理的和不能处理的；②一次破碎、洗净：将废 PE 送入剪切破碎机，裁成 20 cm 见方的小块，然后进入杂质分离槽，利用空气搅拌装置除去大部分铁屑、石子、砂土及灰尘等杂物，脱水沥干，污水排往室外；③二次破碎、冲洗：在粉碎机中再裁成 1～1.5 cm 见方的小块，然后进入水洗分离槽进行二次冲洗，该槽是这套装置中最重要的部分，将混入薄膜中的杂质利用其对水的相对比重的差别进一步清理干净，这种方法简单，分离

效果好；④脱水、干燥：PE 经高速离心脱水机将水分分离。然后经低温热风干燥，产品干燥程度达 97%以上；⑤筛选：干燥后的薄膜经筛选机分离，清除不纯物；⑥粉碎、包装：用两个圆盘组成的粉碎机将薄膜碎片高速粉碎成 10 目以下细末，再送入贮槽。然后将该制品按每袋 50~60 kg 包装，以备造粒用；⑦混合：按用途不同，将稳定剂、颜料及增塑剂混入到粉末中，通过混合器混合；⑧挤出、冷却、造粒：混合之后，在挤出机中熔融并将其挤成条状的熔融物送入冷却水槽中冷却，然后将冷却的条状塑料裁成米粒大小的颗粒，以每袋 25 kg 包装出厂。

在最初的试验过程中，存在的问题主要是原料太湿和太脏，薄膜由于受到拉伸卷曲缠绕，很难清洗干净以至于不能处理，水和杂质仍夹杂在其中，挤出机过滤网容易堵塞，残留在农膜中的杂质挤压时由于高温氧化使产品具有深褐色条纹。为此，我们对在初期的清理工艺进行了调整，除了废旧农膜在回收时要控制其杂质含量，在最终粉碎之前还增加了两次破碎和两次清洗。在制粒前增加一台干燥机，并加入较深的着色剂以使色泽均匀。经过工艺改进后的试验结果表明，采用废旧农膜制成塑料颗粒或再生农膜是值得肯定的一种方案。上述再生工艺不采取化学处理，从而简化了排水净化处理设施，避免了环境污染。通过精细操作，97%的废旧农膜可以转化成颗粒。

2. 结论

农用塑料薄膜既为现代农牧业生产做出了巨大贡献，也形成了日益严重的环境污染。对于农民们来说，采用重复使用、回收再生、就地掩埋、集中填埋，以及作为燃料资源等循环利用途径可有效地减轻或遏制废旧农膜对环境污染的影响。从经济性和环保两方面考虑，废旧农膜的再资源化成为实现可持续发展的重要途径。将废旧农膜再生成塑料颗粒或农膜是值得肯定的一种有利可图的方案。废旧农膜回收利用过程中的主要问题是不能保持原料的干净；紫外线老化；收集和分拣的费用高；可靠的需求市场缺乏。随着人们对环境污染问题的日益关注和可持续发展战略的实施，在不久的将来，这些问题必将得到解决，废旧农膜的回收与利用将会得到更大的拓展，并产生巨大的经济效益和社会效益。

四、废 PVC 农膜改性再生钙塑地板砖生产线设计

随着科技进步的发展，农用地膜的发明、使用为农业生产带来了较大的发展优势，但将使用后的地膜随意乱丢也会对土壤及环境造成了非常大的危害。现在农村普遍流行的 PVC 农膜，在大自然中不能自己分解处理，成了不可降解的永久污染，如何将这些 PVC 农膜回收再利用成了当前研究的热点。为了开拓回收利用废 PVC 农膜的新途径，PVC 地砖的生产和应用得到了大力的发展，这对"三废"处理起着非常积极的作用，特别是在当前废旧农膜的污染日益严重的当下，废旧农膜的再回收利用意义重大。

　　经测定，增塑剂、稳定剂和润滑剂是废旧 PVC 农膜主要含有的助剂，经过加工处理后可以作为 PVC 地砖基片的主体材料进行重复利用，经测试后发现其二次加工性能和物理机械性能非常好，成本还显著降低，与人们对地板装饰标准的要求相一致。以下内容对 PVC 地砖的原材料、配方和工艺进行了系统的研究。

　　PVC 再生地板的多层复合型结构一般是由面层、中间衬层和基层采用热压贴合成型工艺法叠加加工而制备成的，其中以高强耐磨的套色印花的 PVC 硬片作为面层，以白色的 PVC 硬片作为中间衬层，最后，以废 PVC 农膜和其他活性助剂、填料等作为主要原料制备成所需的基层。

1. 废地膜预处理

（1）PVC 地膜收集与分选

　　收集的废农膜中常混有其他塑料如聚烯烃，还有铁丝、钉子、瓦砾、玻璃和沙石等，在进入工厂前，需彻底清除，尤其是塑料以外的杂物。混入其他塑料将直接影响产品质量，而金属和沙石等进入粉碎工序将损坏刃具，提高处理费用。

（2）废旧农膜的粉碎及纯化

　　破碎废旧塑料必须选择适合的破碎机，破碎机的切断室应具备剪切角大，剪切过程刀隙不变的特点。本设计将农膜粉碎成 ϕ（3×3）mm 的粒料或者 ϕ 5 mm 的片料，选用 SCP-640A 型塑料破碎机。预洗后的农膜材料加入含水洗涤剂，进行湿磨，一边粉碎一边洗涤，进一步洗净，湿磨可以防止因摩擦热引起的降解。本设计选择超声波清洗，这种方法可以减少传统方法难除掉的细微黏附物，得到清洁度很好的碎片。

（3）废旧农膜的脱水及干燥

　　脱水和干燥是将材料中所含水、溶剂等可挥发成分汽化除去的操作，它在塑料加工过程中是极重要的工序。设计中，活性填料 $CaCO_3$ 吸湿性大，PVC 废料又经洗涤处理，物料中含有一定水分，如不进行干燥，制品表面起泡、易剥离。因此在加工前必须对物料进行干燥处理，使 $CaCO_3$ 含水率低于 0.5%。本设计选用 TC-120Y1 型智能程控生物组织自动脱水机和斗式去湿式干燥机。

2. 钙塑地板转的配方设计

　　高分子材料进行物理循环除了使用相溶剂，还需其他助剂才能制成高质量的产品，再生料经稳定化处理可以大大改善材料的性能。稳定剂是能够防止或抑制高分子在加工和使用过程中由于受热、氧、光的作用而引起分解或变质的物质。一般情况下，大部分循环料来自短期使用的产品（如包装），但再生料所制的产品往往又长期使用。助剂流失（分解和挥发、迁移）和再生过程（清洗、分离、干燥等）均会减少稳定剂浓度，这样来自第一次产品中的助剂（如抗氧剂和光稳定剂等）浓度不能满足第二次产品的应用，因此有必要对材料进行稳定化处理。循环聚合物材料的稳定性主要集中在两个方面：氧化稳定和光稳定，相对应的稳定助剂是抗氧剂和光稳定剂，稳定剂的选用要考虑聚合物的结构和聚合物所处的环境。废 PVC 农膜中含有 10%～25%的增塑剂、稳定剂、润滑剂等助剂。

（1）热稳定剂

热稳定剂是一种在热作用下能稳定聚合物材料的化合物，包括抗氧剂。本设计使用的热稳定剂有三盐基硫酸铅、二盐基亚磷酸铅。三盐基硫酸铅为白色粉末，d=7.0 左右，味甜，有毒，热稳定性、耐候性和电气性能良好，用于不透明制品，一般与二盐基亚磷酸配合使用可改善耐光性，与硬脂酸铅并用可改善其润滑性；二盐基亚磷酸铅除具有吸收 HCl 效能外，还有抗氧能力并能与 PVC 的双键进行反应及屏蔽紫外线功能。

（2）光稳定剂

PVC 的光降解主要是脱去氯化氢，形成双键。光稳定剂是一类能够抑制或减缓氧化作用的物质，常用的光稳定剂有三大类：光屏蔽剂、紫外线吸收剂和淬灭剂。本设计光稳定剂选用适量颜料（炭黑）。

（3）增塑剂

增塑剂多为低分子材料，通过将其加入聚合物高分子中，降低分子间的相互作用而增加聚合物的弹性和可塑性。此外，增塑剂的加入还能降低物料的玻璃化转变温度和塑料成型加工时的熔体黏度。高填充 PVC 地砖强度高不易加工，我们可以加入适量的二次增塑剂加以改善。通过文献调研，设计并选择了一些可以有效改善 PVC 加工性能的二次增塑剂，并对其含量对制品性能的影响进行了试验。从表 10-3 中可以看出，随着逐次加大二次增塑剂量，塑炼过程中，拉不出片等情况会改善，直到表面平整、易包辊等。但是当二次增塑剂加入量达到 3.0 质量份时，基片表面反而会出现有气泡，并且易断。

表 10-3　二次增塑剂对加工性能的影响（质量份）

二次增塑剂	现象
0	拉不成片，不包辊
1.0	拉片不稳定，易断，不包辊
1.5	拉片较稳定，表面粗糙
2.0	拉片稳定，表面平整，冷却后易折断，包辊
2.5	拉片稳定，平整光滑，冷却后不易折断，易包辊
3.0	拉片稳定，表面有气泡

（4）润滑剂

润滑剂主要分为润滑油、润滑脂和固体润滑剂三大类，其主要作用是在成型加工过程中改善树脂的流动性，用量一般在 0.5～1。一种良好的润滑剂不仅改善了树脂的润滑性，而且通常由于加工流动性的提高还能改善色泽、防静电、促进熔融、避免降解、增加制品韧性、降低加工能耗、提高加工速率等。常用的天然润滑剂有石蜡、矿物油和动植物油类等及各种低分子量聚合物，其中一些脂肪族化合物的使用则更为普遍，例如，硬脂酸（十八烷酸）、硬脂酸皂类、硬脂酸酯类。本设计选用的润滑剂为硬脂酸。

（5）填料

PVC 废旧制品的组成发生了一定的变化，重新利用时应补加适当的活化无机填料，增塑剂和着色剂等辅料。相比于其他矿物填充剂，$CaCO_3$ 由于其具有低成本和低毒性等优点而成为 PVC 地板最常用的填充剂。此外，研究发现为了提高产品的韧性、光泽度和弯曲强度，还可以使用能够改善塑料的流变性和成型性的活化碳酸钙。

在大多情况下，PVC 地板的受力主要是压力和摩擦，非剪切力。因此，在 PVC 地板中，能够加入的填料较多。不同 $CaCO_3$ 加入量对加工性能的影响见表 10-4。

表 10-4　碳酸钙加入量对加工性能的影响（质量份）

PVC	$CaCO_3$	活性 $CaCO_3$	现象
100	100		拉片稳定，易包辊，表面平稳均匀
100	150		拉片稳定，包辊，表面较平整
100	200		拉片不稳定，包辊，表面粗糙
100	250		拉片不稳定，难包辊，易断
100		250	拉片稳定，易包辊，表面平稳均匀
100		300	拉片稳定，包辊，表面平稳均匀
100		350	拉片稳定，包辊，表面平稳均匀，易控制
100		400	拉片不稳定，表面有气泡，不平整

由表 10-4 可见，当活性 $CaCO_3$ 的加入量为 350 时，PVC 地砖基片的性能达到标准，所含活性 $CaCO_3$ 最大。PVC 地砖的活性填充体系流动性变好，黏度下降。

（6）活化剂

为了解决树脂和填料的分散均匀性，降低填料对增塑剂的吸收能力，可加入表面处理剂对碳酸钙表面进行活化处理，以此分子的流动性和树脂塑化性变好，以伸展PVC 大分子链，高密度均匀分布在填料的四周，起到偶联效果，PVC 分子对活性 $CaCO_3$的润湿性和黏结性得以改善，进而提高填料填充物，提高 PVC 制品的力学性能并降低成本。

在本设计中所选用的硬脂酸呈粉末状，价格低廉，易于计算配料含量，且可与其他组分均匀的混合。

（7）配方

通过对实验批次制得的样品进行多次检验，得到本设计 PVC 地砖基片的最佳合理配方（表 10-5）。

表 10-5　废 PVC 农膜生产再生钙塑地板基片的配方

组成	质量份	组成	质量份
废 PVC 农膜	100	硬脂酸	2
重质碳酸钙（325 目）	350～400	DOP	1.5～2.5
三盐基硫酸铅	2	颜料（炭黑）	适量
二盐基亚磷酸铅	1		

3. 钙塑地板砖的生产线设计

（1）混合

初混合是在聚合物熔点以下的温度和较为缓和的剪切应力下进行的一种简单混合。设备选用 SHG-200A 型高速捏合机。加料顺序一般为：树脂→稳定剂→颜料→填料。将配好的物料于（90±5）℃进行 5 min 高速捏合，需加热到 110℃，使物料均匀分散，充分膨胀，增塑剂被充分吸收，同时除去水及部分低温挥发物，使物料达初步预塑化。

当加工温度高于树脂的流动温度后，将物料在较强剪切作用下在初混合的基础上进行再混合的过程被称为初混物的塑炼。设备选用 SHM-50 型密炼机一台，SK-550 型开炼机三台。预塑化的物料在密炼机内于（140±5）℃密炼 3～5 min，使物料充分塑化。密炼于 120℃ 左右出料，进入开炼机。开炼机塑化温度为（120±5）℃，最后一个开炼机的辊距为（3±0.5）mm，前辊比后辊温度高 5℃，其蒸气压控制在 0.8 MPa 以上。为防止物料摩擦生热引起温度上升，可通过冷却水保持辊温。

（2）冷却与切割

对混合塑化后的钙塑地板砖进行冷却，主要起到一个冷却定型作用，在本设计中选用冷辊机进行冷却，并且通循环冷却水。冷却后的半成品由一台连续自动冲切机冲切，冲切速度要与主机相匹配，切成 1 000 mm×670 mm 和一定厚度（大约 3 mm）的片材，即基片。

（3）热压贴合成型

塑料层压机的主要特点是在压机的上下横梁之间设有多层的活动平板，一次可以生产多层的制品。本设计选用设备 PYET-2000 型层压机（德国进口）。

由第三台开裂机出片后，经冷却切成 1 000 mm×670 mm 和一定厚度（大约 3 mm）的片材即成底层。热压机有 16 层，每层放叠料 16 组。PTEY-2000 型热压机的板面是 1 050 mm×1 850 mm。这样每台热压机每压一次，可压成规格为 1 000 mm×670 mm 的 PVC 半成品 160 张。本设计采用热压贴合成型工艺生产再生地板砖，经第三台开裂机出片后的地板砖基片，经配片和热压工艺，生产三层复合 PVC 地板砖，具体叠放顺序为金属板、衬纸（50～100 张）、帆布、双向拉伸聚丙烯薄膜、PVC 底层材料（基片）、PVC 白色硬片（中层）、印有彩色图案的 PVC 透明硬片（上层）、平面不锈钢板。

（4）冲床

冲床是对材料施以压力，使其塑性变形，而得到所要求的形状与精度。设备选用 AHS-50T 型冲床。每张可冲成 6 块 PVC 地砖，其规格为 304.8 mm×304.8 mm。

4．再生 PVC 地板砖的性能

与涂料、地毯、石材地面相比，PVC 地板使用性能较好，适应性强，能耐腐蚀，行走舒适，花色品种多，装饰效果好。以 GB 4085—83 为标准对成型后的 PVC 地砖进行了性能测试，所测结果见表 10-6。结果显示，所制备的 PVC 地砖的密度为 2.15 g/cm^3，其手感及质感可媲美于大理石和瓷砖等天然材料，符合国家标准，可以应用于作为装饰的铺地材料。

表 10-6　废 PVC 农膜再生钙塑地板砖的物理性能

项目	国家标准	实测性能
外观：缺口、龟裂、分层	不可有	合格
污染、伤痕、异物	不可有	合格
尺寸偏差/mm（厚）	±0.15	无偏差
（长）	±0.30	0.10
（宽）	±0.30	无偏差
垂直度/mm	最大公差值在 0.25 以下	0.30
热膨胀系数/℃	≤1.2×0.000 1	1.1×0.000 1～1.2×0.000 1
加热重量损失率/%	≤0.5	0.18
加热长度变化率/%	≤0.25	0.23～0.10
吸水长度变化率/%	≤0.17	0.08～0.10
23℃凹陷纹/mm	≤0.30	0.21
45℃凹陷纹/mm	≤1.00	0.73
残余凹陷度/mm	≤0.15	0.11
磨耗量/（g/m^2）	≤0.015	0.007 5

5．结论

如今，聚合物材料应用于各行各业中，如何处理其废弃品是值得关注的问题，也是广大科技工作者致力于废物循环利用的最终目的。在当今能源危机的大背景下，充分挖掘可再生资源高分子材料，并将其循环利用显得尤为重要。本设计通过对废旧农膜的收集、分选分离、清洗、干燥、配方、混合和热压等工艺过程，生产出的钙塑地板砖各项指标均能达到国家标准，而且稳定性好。

五、残膜回收机械推广及建议

目前我国较为普遍且实用的残膜回收机械有：双列指盘式残膜回收机；弹齿式残膜捡拾机械；农机手自己加工的钉齿式残膜捡拾机械。可在江西省进行推广普及，有助于残膜的回收。

1. 双列指盘式残膜回收机

可以推广的使用型号有：9L-4.8 型、8L-3.6 型、6L-2.4 型双列指盘式残膜回收机。

（1）优点

①在使用过程中，挂接比较方便，用配套动力悬挂牵引就可以工作。

②工作效率高，对于大块地作业，工作效率 $2.0 \sim 3.3 \ hm^2/h$，1 天就可回收地膜 $20 \sim 33 \ hm^2$。按 8 元/亩收费，农机手一天可净收入 1 600 元以上。

③捡净率高，由于是双列指盘式，在工作过程中，是旋转滚动前进的，况且弹齿是用柔性钢材做成的，末端握成钩，可以把耕地表层 5 cm 以下的残膜捡拾出来，并集成条，便于集堆拉运。其捡净率在 85%以上。

④调试简单，运输到待收地后，只要把运输状态调整到工作状态就可以了，调整几个插销位置，就可以使工作幅宽调大或调小。

（2）建议

①在制造双列指盘式残膜回收机时，用柔性较好的钢材做弹齿，把弹齿粗度稍加大一点，这样就不容易折断和较快磨损。

②双列指盘式残膜回收机各焊接部位在使用前要焊接加固，牵引架要用大而坚固的钢材，以免牵引力过大，拉变形或脱焊，影响工作效率。

③双列指盘式残膜回收机在作业过程中，起步一定要稳，不可过急或过猛，否则对指盘上的弹齿将造成伤害，在行进过程中要用 3 挡或 4 挡速度作业，这样才能起到最佳作业效果。既不损伤机械，对残膜捡拾效果也好。

④双列指盘式残膜回收机在完成 1 个班次后，一定要在弹齿和各传动部位加注润滑油，否则易生锈，也有利于下一个班次的作业；有利于对机械的维护。

⑤双列指盘式残膜回收机在捡拾作业过程中，只是把残膜聚拢成一条，如要从耕地中清除，还需人工捡拾和运输机械运出，需一定工作量和成本。能否在搂膜机后面装 1 个捡拾器，把收集的残膜拾起，装到运输机器上，这样就会省工、省时，从而提高工作效率，减少农牧民投入。

2. 弹齿式残膜捡拾机械

（1）优点

①弹齿式残膜捡拾机工作效率较高，适合在平坦的耕地上作业。

②弹齿式残膜捡拾机捡拾率高，可以把耕地表层 5～7 cm 以下的残膜捡拾出来，小块的碎片也可以捡拾起来。

③弹齿式残膜捡拾机可以把残膜直接收集放到地头，不用人工二次回收，节省人工，减少投入。

④弹齿式残膜捡拾机操作简单，方便调整，容易操作，构造简单。

（2）建议

①卸残膜时不方便。建议加一个梳理机构，农机手可以用动力操作，把捡拾的残膜轻松地从弹齿上卸下来。

②捡拾机与拖拉机连接部位受力较大，焊接部位很容易拉开。此部位要用厚度为 0.5～0.8 cm 钢板或直径为 1.2 cm 的螺纹钢焊接加固。

3．钉齿式残膜捡拾机械

（1）优点

①结构简单，操作方便，耐用。

②适合各种地形，尤其适用于高茬作物和杂草较多地块。

③捡拾率高，可以把耕地表层 7～10 cm 以下的残膜捡拾出来。

（2）建议

①加工时，加大钉齿密度。这样更便于提高捡拾率，提高捡净度。

②在其后安装 1 个镇压棒，收残膜同时可镇压收过的地块，以便保墒。

第四节　加快推广使用加厚地膜和可降解农膜

农膜又叫地膜，还称塑料薄膜，主要成分是聚乙烯，用于覆盖农田，以起到提高地温，保质土壤湿度，促进种子发芽和幼苗快速增长的作用，还有抑制杂草生长的作用。而可降解地膜是添加生物基材料制成，在微生物的作用下，可进行生物降解，从而降低对环境污染的影响。具有优良的化学稳定性、热封性、耐水性和防潮性、耐冷冻、环保性、机械强度高等优点。

由于农用地膜的使用，有效地控制了土壤的温度和湿度，减少了水分和营养物的流失，促进了农作物的高产和稳产，从而增加了农业生产效益。但与此同时，由于地膜的一次性使用，每年都会有大量的残膜留在土壤里。塑料地膜在自然界中很难降解。这些地膜碎片可在土壤中形成阻隔层，使土壤中的水、气、肥等流动受阻，造成土壤结构板结，严重危害生态环境，造成白色污染。因此，解决残膜污染土壤问题已成为地膜覆盖栽培技术的当务之急，为了解决这一问题，可降解地膜的研究应运而生。

随着人类社会对环境问题认识水平的不断深化，解决废弃地膜造成的"白色污染"

建立环境友好型社会，建立人与环境的良性互动，唯一的办法就是推广应用可降解地膜。而其中光—生物双降解地膜的发展及推广尤为重要。双降解地膜的研究，是今后我国地膜产业的发展趋势，也是发展可持续性农业的必要前提。

一、生态可降解型农膜

农膜覆盖技术推动了农业生产的快速发展，同时，由于其自然降解十分缓慢，也导致了农业生态环境的"白色污染"，造成土壤质量下降，降低了作物产量和品质。因此，开发利用可降解的环保型农膜，是今后农膜行业发展的必然趋势，国内外已经研制出了一系列可降解农膜。

1. 生物降解农膜

生物降解膜分为完全生物降解膜和添加型生物降解膜。完全降解膜来源于淀粉、纤维素、壳聚糖及其他多糖类天然材料，以玉米淀粉基农膜为主，可完全自然降解，不会造成环境污染。降解的机理是微生物侵入薄膜后，使聚合物水解，分裂成低聚物，微生物分泌的酶可降解聚合物生成水溶性的小分子化合物，最终分解为 CO_2 和水。添加型生物降解地膜是生物降解膜的研发重点，它是由天然高分子与合成高分子混合加工而成的，其代表产品为聚乙烯淀粉生物降解地膜。美国采用 40%～60% 淀粉与改性聚乙烯醇共混生产出生物降解农膜；日本制成淀粉含量高达 40%～85% 的 PE 生物降解塑料；国内生产的添加型生物降解农膜淀粉含量一般为 10%～30%。目前生产的生物降解农膜还属于不完全降解膜，仅其中添加的少量天然高分子能够降解，大部分 PE、PVC 等合成高分子聚酯无法生物降解而残留在土壤中，长期积累易造成农业环境污染。

2. 植物纤维农膜

植物纤维农膜是利用植物纤维作物原料生产的农膜，它可在自然环境中被微生物降解，生成有机废料，改善土壤结构和培肥地力，有效地解决了农膜的环境污染问题，是发展可降解农膜的主要方向之一。目前生产的植物纤维地膜有纸地膜、麻纤维地膜、草浆地膜等。植物纤维地膜的透光性低于塑料薄膜，但不影响作物正常生长，保温、保水性较好，且抗撕裂强度，干、湿断裂强度等强力指标均满足使用要求。日本和欧美国家已推广使用利用壳聚糖和植物纤维素生产的纸地膜。我国以麻类纤维为主要原料，利用无纺布制造工艺和特有的后整理工艺、梳理成网与气流成网相结合的工艺，生产出了符合使用要求的环保型麻纤维地膜，其降解的最终产物为有机质、CO_2 和水，基本没有污染。

3. 多功能可降解液态农膜

多功能可降解液态膜是以植物纤维、秸秆、壳聚糖等天然高分子材料为原料的新型液态农膜。这种膜喷洒地面后可形成特殊的土膜结构，抑制土表蒸发，提高土壤的持水保水能力，还可与土壤颗粒联结成理想的团聚体，改良土壤团粒结构，促进植株生长，提高产量，改善品质，可完全降解，不会造成环境污染。日本和欧洲一些国家已经将多功能可降解液态膜应用于蔬菜、果树和花卉种植。近年来，我国研发了腐殖酸液态营养地膜，并在马铃薯、花生、玉米种植中起到了显著效果。

二、新型完全生物降解农膜的田间降解性能研究

全生物基材料，通常是指用可再生原料通过生物或化学作用转化获得生物小分子材料或单体，然后进一步聚合形成的高分子材料，在使用过程中，通过光或微生物将塑料最终变成水和二氧化碳。有利于环境保护及符合可持续发展常用的结构表征生物降解高分子材料主要有聚乳酸（PLA）、聚己内酯（PCL）、聚羟基丁酸酯（PHB）等，其中，淀粉与 PBS、PDL、PBSA 等聚脂肪酯共混共聚的研究比较多。Ratto 等通过对淀粉与 PBSA 共混物降解性能的研究发现，尽管 PBSA 本身为可降解材料，而淀粉的适量加入可以加速其降解，通过调节填料的加入量可得到一系列降解周期不同的材料；熊汉国等通过对全生物降解农膜田间特性研究发现，生物降解农膜和普通聚乙烯农膜一样，能起到保温、保水作用和促进作物生长，并具有明显的经济效益及生物降解特性；赵爱琴等通过实验发现，暴露在地表的农膜易于全部降解，而埋土部分和根系周围降解缓慢，保墒效果较好，生物降解地膜可以提高地温 0.4～0.9℃；张晓海等通过填埋试验田间掩埋 60 d 后，生物降解地膜的降解率达 32.89%～46.80%，而聚乙烯地膜降解率仅为 0.94%；Jandas 等通过对 PHB 改性的 PLA 进行研究发现，PHB 的加入能够提高材料的柔韧性和冲击强度，通过对其老化过程中力学性能的测试说明这类材料可以满足生长周期为 100～150 d 的农作物的需求。

聚乳酸是乳酸通过发酵或是缩合聚合及丙交酯的开环聚合合成的完全生物降解的半晶质聚合物，可在水和土壤中完全降解。商品化生产的聚乳酸主要有美国"Nature Work"聚乳酸、日本岛津公司的"Lacty"聚 L-乳酸等，国内一些企业如浙江海正也参与研发和生产。通过聚乳酸聚乙二醇共聚反应可以提高材料的柔韧性，可以满足机械铺膜的要求。目前关于共聚物自然条件下的降解行聚合物结构分析的研究比较少，因此，为考察生物降解农膜的田间降解行为，本书拟通过对聚乳酸聚乙二醇共聚物农膜进行田间覆膜，通过对不同实验时间农膜的分子量和机械性能变化的分析，考察自然条件下生物降解农膜的降解行为，为生物降解农膜在自然条件下降解过程中的研究提供一定的理论参考。

1. 材料与方法

（1）材料

生物降解农膜，厚度 0.002 4 mm，宽度 130 cm。人工覆盖，覆盖作物为棉花，让

其在自然条件下经受风吹日晒、雨淋和空气的侵蚀。对定期取回的样品进行分析测试。

（2）性能测试方法

①结构表征

采用美国 NICOLET 公司生产的 Nexus870 型傅里叶变换红外光谱仪通过薄膜法完成测试，以空气为参考背景。X 线衍射测试，将试样裁剪为 20 mm×20 mm 规格，晶型X 线衍射的检测，采用德国 Bruker 公司的 D8 Advance 型 X 线衍射仪测定样品的特征衍射峰。工作条件为：起始角为 10°，终止角为 40°；波长为 1.540 6 nm；管电压 40 kV；管电流 20 mA。

②分子量的测定

通过凝胶渗透色谱（沃特世 1515 等度洗脱高效液相色谱、沃特世 2414 示差折光检测器）检测聚合物的分子量变化。将聚合物以 2 mg/mL 的浓度溶解在四氢呋喃（THF）中，以用聚苯乙烯为内标物，在 40℃下，四氢呋喃为洗脱液，流速为 0.3 mL/min。

③热稳定性分析

采用德国 Netzsch 公司的 STA 449F3 型的热分析仪对样品进行测试，样品用量约为10 mg。温度范围：50～900℃；升温速率：10℃/min；气氛：高纯氮气。

④拉伸强度和断裂伸长率分析

通过 INSTRON 3366 型双立柱材料万能试验机，对不同光照周期的样品依据GB 1040—91 标准测量拉伸强度和断裂伸长率。平行于卷筒的方向为横向，与卷筒平行的方向为纵向，斜向为与卷筒夹角约为 45°。

2．结论

（1）随着铺膜暴晒时间的增长，聚乳酸聚乙二醇共聚物生物降解农膜的分子量和机械性能逐渐下降。在暴晒 60 d 左右时，农膜的纵向方向出现大量的裂缝，完整性受到破坏，脆性增加，碎裂明显。

（2）通过对农膜机械性能测试发现，农膜机械性能易于在一定方向上形成比较大的破损，具有较明显的机械取向性。农膜的机械性能在试验进行到 120 d 几乎完全丧失，分子量也由降低到了 $2.5×10^4$。

参考文献

[1] 厉广辉，于继庆，魏永阳. 农用薄膜研发及应用研究进展[J]. 农业科技通讯，2016（10）：24-27.

[2] 汪军，杨杉，陈刚才，等. 我国设施农业农膜使用的环境问题刍议[J]. 土壤，2016，48（5）：863-867.

[3] 夏更寿，李国志. 农户废旧农膜回收的影响因素研究——基于江西省 596 个农户的调查[J]. 上海交通大学学报（农业科学版），2016，34（1）：31-35.

[4] 赵浩成. 废 PVC 农膜改性再生钙塑地板砖生产线设计[J]. 山西煤炭管理干部学院学报，2016，29

（1）：214-217.

[5]　朱梦诗，刘从九. 浅谈我国废旧农膜回收利用现状[J]. 长沙大学学报，2015，29（2）：101-104.

[6]　温自成，张妮，李磊，等. 新型完全生物降解农膜的田间降解性能研究[J]. 石河子大学学报（自然科学版），2014，32（4）：491-495.

[7]　秦伟. 残膜回收机械推广及建议[J]. 农村科技，2013（7）：74-75.

[8]　李诗龙. 废旧农膜的回收再生利用技术[J]. 再生资源研究，2005（1）：9-12.

第十一章　耕地重金属污染现状及修复行动[①]

农业生产环境直接关系农产品质量和农业食品的整体安全。近年来，我国农业环境重金属污染事件频发，涉及湖南、福建、广东、江西、甘肃、陕西、安徽、河南等省，人们的生存环境和身体健康受到严重危害。江西作为《重金属污染综合防治"十二五"规划》重点治理省区之一，其被重金属污染的农田面积已达耕地总面积的 14.2%，有些地方的农田重金属含量甚至超过了背景值的几倍乃至几十倍，情况不容乐观，开展江西省耕地重金属污染修复治理势在必行。这对于减轻江西省主要农产品重金属危害，保障食品安全和人体健康，提高土地生产力和利用价值，促进农业产业可持续发展都具有重要意义。

第一节　土壤重金属污染概述

一、重金属污染概念

重金属是指相对密度大于 4 mg/m^2 或 5 mg/m^2 的金属元素，约有 45 种，较常见的有铜、铅、锌、铁、锰、镉、汞、钨、金、银等。在自然界中，重金属一般以天然浓度而广泛存在，大部分重金属如镉、汞、铅、铬等并不是生命活动所必需的。任何一种重金属只要超过一定浓度，都会对生物体造成不利影响。

由于人类对重金属不合理的开采、冶炼、加工及商业制造活动日益增多，造成不少重金属（如铜、铅、汞、镉、铬等）进入大气、水、土壤中，严重地污染了生态环境，影响人类健康。通常重金属污染是指重金属及其化合物造成的环境污染，主要是人类不合理的活动（采矿、废气排放、污水灌溉等）导致的。当前社会经济发展迅猛，工业、生活废弃物的排放及城市污染随之加剧，环境资源受到严重掠夺；此外生活消费形式的多样化也引发了农业种植方式的巨大变化，建设用地急剧增加，耕地面积锐减导致农药

---

① 本章作者：王礼献（江西省蚕桑茶叶研究所）、黄国勤（江西农业大学生态科学研究中心）。

过多使用和化肥偏施等掠夺土地资源的现象加重，难以避免地对环境造成重金属污染。

二、土壤重金属污染的特点

1. 隐蔽性和滞后性

土壤是地球环境的重要组成部分，其所处位置非常特殊，连接着大气圈、生物圈、岩石圈和地下水，成为各种物理、化学、生物等复杂反应的集中地带，是地表环境系统中重要的缓冲地带。土壤环境的复杂性特点使得土壤污染不容易像大气污染和水体污染容易被人们发现，待土壤中的有毒重金属被植物吸收利用，通过食物链对人类或牲畜造成毒害时，土壤污染可能才会被发现，此时土壤重金属污染已经十分严重了。例如，20世纪60年代在日本富山县神通川流域发生"骨痛病"，直到70年代才发现是由当地居民长期食用镉污染的大米所导致的。

2. 累积性

人类很早之前就将土壤作为处理动物粪便、有机废物和垃圾的天然场所，但是土壤的净化能力是有限的，一旦输入的污染物超出了土壤的容纳净化能力，土壤就会受到污染，尤其是重金属。一方面，重金属不易随水淋滤，很难扩散和稀释；另一方面，重金属也难以被土壤中的微生物降解，因此很容易在土壤中累积，有些重金属在一定的土壤环境中还会转化为毒性更强的状态，被植物吸收利用，继而传递给人类，威胁人类健康。

3. 不可逆性

重金属形态稳定，不会分解，容易富集，是土壤污染中最难治理的一种。日本在20世纪五六十年代发生的土壤重金属污染，至今仍没有有效的处理办法。重金属易在土壤环境中发生水解反应，生成氢氧化物，也可以与土壤中的一些无机酸反应，生成硫化物、碳酸盐、磷酸盐等，当其在土壤中积累到一定浓度时，便会引起土壤结构与功能的变化。由于土壤重金属难降解，一旦受到污染就很难恢复，其污染基本上是一个不可逆转的过程，被某些重金属污染的土壤可能要100～200年时间才能够恢复。

4. 形态多变

不同价态的重金属毒性不同，例如，铬有多种不同的化合价态，其化学性质较为稳定的有 Cr^{6+} 和 Cr^{3+}。普遍认为，Cr^{6+} 的细胞毒性比 Cr^{3+} 大，其主要原因是 Cr^{3+} 不易通过细胞膜。汞能以元素汞、Hg^{1+} 和 Hg^{2+} 三种状态存在，其中，有机汞的毒性最大，Hg^{2+} 的毒性大于 Hg^{1+}。离子态的重金属较络合态的毒性大，如离子态的镉和铅的毒性远大于其络合态。一般重金属离子浓度在 $1\sim10\ mg/L$ 时即可产生毒性，毒性较强的 Cd 和 Hg 在更低浓度时就会产生毒性，土壤中重金属的存在形态决定了其生物有效性和迁移性，离子在迁移转化过程中涉及的物理变化有扩散、混合、沉积等；化学变化有氧化还原、水解、络合、甲基化等。

5．后果严重性

土壤中的重金属主要通过食物链对人类健康产生危害，表现为致癌、致畸、致突变甚至可能致死。如镉可引起人全身性疼痛，骨骼变形，身躯萎缩等；铅可引起神经系统、造血系统及血管的病变，消化机能紊乱，影响儿童智力发育等。由于土壤重金属污染具有隐蔽性和不可逆性的特点，所以在重金属污染严重的土壤上生产的粮食和蔬菜极大地威胁着人类的健康。

三、重金属污染物在土壤中的存在形式

环境中元素的存在形态决定了该元素在环境中的物理化学稳定性、迁移性、生物有效性。Tessier 将土壤重金属分成可交换态、碳酸盐结合态、铁锰氧化物结合态、有机硫化物结合态和残渣态。在未受污染的自然土壤中，重金属形态分布的一般特征是：交换态所占比例非常低，残留态所占比例较高。一般情况下，交换态、铁锰氧化物结合态和碳酸盐结合态重金属含量随总量的增加而增加，残留态含量则有所下降。重金属的生物毒性不仅与其总量有关，很大程度上由其形态分布决定，不同的形态产生不同的环境效应。

1．可交换态

可交换态占重金属的总量比例较小，小于 10%。该形态的重金属通过离子交换和吸附结合在颗粒表面，其对环境变化敏感，具有流动性，易于迁移转化，对植物的影响较大，可直接被植物体吸收，因此存在较大的环境危害。可交换态重金属反映近期人类排污的影响和对生物的毒害作用。

2．碳酸盐结合态

碳酸盐结合态重金属受土壤条件影响，对 pH 值敏感，pH 值升高会使游离态重金属形成碳酸盐共沉淀，不易被植物吸收；相反，当 pH 值下降时容易再次释放出来而进入环境中。

3．铁锰氧化物结合态

铁锰氧化物具有巨大的比表面，其对于金属离子有很强的吸附能力，水环境一旦形成某种适于其絮凝沉淀的条件，其中的铁锰氧化物便载带金属离子一同沉淀下来。由于属于较强的离子键结合的化学形态，因此不易释放。

4．有机、硫化物结合态

有机结合态是以重金属离子为中心离子、以有机质活性基团为配位体的结合或是硫离子与重金属生成难溶于水的物质。这类金属在氧化条件下，部分有机分子会发生降解作用，导致部分金属元素溶出，对环境可能会造成一定的影响。

5. 残渣态

残渣态金属代表了地球化学背景的原生状况，而与人类活动情况和水系环境变化没有相关性，因此残渣态表现得较稳定。一般存在于硅酸盐、原生和次生矿物等土壤晶格中，它来源于土壤矿物，性质稳定，在自然界正常条件下不易释放，能长期稳定在土壤中，不易为植物所吸收。

四、土壤重金属污染的危害

土壤中的重金属浓度过高会直接影响土壤环境，如抑制土壤环境中生物的活性，降低土壤中酶活性，严重阻碍植物的生长发育；会恶化水质，并通过食物链进入人体或动物体内，在肝、脾等器官中蓄积并造成慢性中毒，危害健康。镉、汞、砷、铅、铬等几种重金属对人类的危害较大，有"致癌、致畸、致突变"的危险，会引发多种疾病。

1. 危害植物生长

重金属对植物的危害极大，会直接影响植物的生长发育，影响作物的产量和质量，严重威胁到人类的生命安全。土壤环境中过量的重金属，会抑制植物的光合作用、呼吸作用及对水分和营养元素的吸收，破坏植物的细胞形态和功能而对植物造成毒害作用。Cd 是一种对植物具有毒害作用的重金属，土壤中的 Cd 含量过高会破坏植物体内的叶绿素结构，致使植物叶茎出现黄化甚至脱落的现象，还会减少根系对水分和营养物质的吸收，阻碍根系的生长，造成植物生物量降低。此外，Cd 能抑制植物的呼吸链中电子的传递和运输，破坏叶绿素的合成，并且会使植物蛋白质变性，破坏植物细胞结构。Pb 在植物体内的过度蓄积会影响植物光合作用、脂肪代谢等功能，同时可导致植物吸收水分功能降低，致使植物生长发育受阻甚至死亡。Zn 是植物生长所必需的微量元素之一，当植物体内 Zn 过量时，就会降低植株体内叶绿素含量，影响植物细胞结构，在一定程度上毒害了植物；同时过量的 Zn 还会影响植物的代谢作用，使植物生长缓慢。

2. 影响土壤环境

当大量的重金属进入土壤后，就很难通过土壤本身的自净能力降解或转化，从而难以从土壤中迁出或转移至完全清除。通常情况下，超标的重金属，首先危害土壤微生物，无法耐受重金属污染的微生物会迅速减少甚至死亡，而能够耐受重金属污染的微生物则逐渐成为土壤的优势菌。同时也会影响土壤酶活性，使土壤中污染物质的降解能力、土壤的基本代谢等功能受到抑制。土壤中各类生物化学过程都离不开各类酶的参与，土壤酶活力降低会导致土壤生产力降低，影响土壤的生物学活性。除此之外，土壤中的重金属还可能经由雨水淋洗等作用污染地下水体，对饮用水安全构成威胁。

3. 危害人体健康

重金属污染已经成为土壤质量下降和影响人类健康、社会和谐发展重要因素之一。

对人体毒害作用最大的五种重金属为 Cd、Hg、Pb、Cr、As，俗称"五毒"。研究表明，人体内重金属含量过高，会引起骨痛病、高血压等疾病，并引发一系列癌症或造成慢性中毒等。Cd 的毒性较大，对人体危害严重。Cd 进入人体后，会在体内形成镉硫蛋白，选择性地蓄积肝、肾等器官中，引起慢性中毒，还会影响骨骼发育。有研究表明，当人体内 Cd 的含量达到 0.35～0.50 g 时，可致人死亡。人体内 Cd 含量过高，会造成人体必需元素的缺乏，扰乱机体正常的生理生化功能，并具有明显的致癌作用。Hg 及其化合物可通过呼吸道、皮肤或者消化道等途径进入人体造成慢性中毒，造成精神神经异常，有时还会产生幻觉。Pb 会影响大脑和神经系统，出现失眠多梦、记忆减退甚至模糊、昏迷等症状，Pb 还能影响酶和细胞代谢，是一种潜在性泌尿系统致癌物质。Cr 具有较大的毒性，可通过消化道、呼吸道、皮肤和黏膜侵入人体，主要积聚在肺、肝、肾和内分泌腺中，造成慢性中毒。As 的毒性是目前已知的砷化合物中最毒的一个，As 对心血管系统、呼吸系统等都具有一定的毒害作用，慢性 As 中毒与皮肤癌有密切联系。

第二节　耕地重金属污染来源

土壤中重金属元素来源途径有自然来源和人为干扰输入两个方面。自然因素中，重金属是地壳的部分构成元素，成土母质和成土过程对土壤重金属含量具有一定的影响，使得在土壤环境本底值中存在一定含量重金属；人为因素中，一般被认为是造成耕地土壤重金属污染的主要原因，包括涉重金属企业"三废"排放、污水灌溉、不合理的农药和肥料的施用、汽车尾气排放等。江西耕地土壤重金属的来源，除由不同母质在成土过程中重金属固有差异外，主要受人类生产活动的影响，包括工业污染、农业污染和交通污染，不同区域耕地重金属污染受不同的生产活动影响。

1. 城市郊区耕地

城郊耕地土壤重金属来源主要是受大气沉降、城市污水灌溉、污泥施用、化肥和农药的综合影响。能源、运输、冶金和建筑材料生产产生的气体和粉尘，经过自然沉降和降水进入土壤。经自然沉降和雨淋沉降进入土壤的重金属污染，与重工业发达程度、城市的人口密度、土地利用率、交通发达程度有直接关系，离城市越近，污染的程度就越重。

污水灌溉和施用污泥是城郊耕地土壤重金属污染的重要来源。污水灌溉成为农业灌溉用水的重要组成部分，但是由于污水中含有多种重金属离子，在带来水肥的同时也大量输入了重金属元素，重金属也在土壤中大量积累，持续污水灌溉使得耕地重金属污染加重。调查统计表明，江西省 1986 年污水灌溉面积 4.2 万 hm^2，2000 年 4.8 万 hm^2，2003 年 5.2 万 hm^2，污水灌溉面积呈上升趋势。据林娜娜等 2013 年采样数据，以 GB 3838—

2002 Ⅲ类水体为标准，小江水体重金属 As 超标较严重，其中 17 个采样点中，As 有 3 个采样点超标，最大超标倍数 3.82 倍，Pb 有 1 个点位轻微超标，其余重金属浓度均达标；水体两岸 50 m 范围内农田重金属 Cd、As、Ni、Cu、Zn 均超过 GB 15618—1995 Ⅱ 类土壤标准，其中 As、Cd 超标最严重，As 有 8 个采样点超标，最大超标倍数 52.3 倍，Cd 有 7 个采样点超标，最大超标倍数 94.1 倍；在水稻叶中，有 4 个采样点 Cd、As、Pb、Cr 超标严重。

2. 果园、茶园土壤

由于果园、茶园土地大多远离工矿企业，其污染类型多为农业自身引起的非点源污染，主要是肥料和农药的使用以及地膜等农具的使用。磷肥中含有较多的有害重金属，主要来源于磷矿石，矿石中含有镉、铅等重金属，每千克磷肥中含量从几毫克到几百毫克不等，这些元素的 60%～80%会在磷肥生产过程中转移到化肥中，过磷酸钙中的 Cd 含量高于钙镁磷肥。Cd 作为土壤环境中重要的污染元素，随磷肥进入土壤的 Cd 一直受人们的关注。研究表明，随着磷肥及复合肥的大量施用，土壤有效 Cd 的含量不断增加，作物吸收 Cd 含量也相应增加。据统计，世界磷肥平均含 Cd 量为 7 mg/kg，每年给全球带入约 $6.6×10^5$ kg 的镉。商品有机肥中，由于饲料中添加了一定量的重金属盐类，也会增加土壤 Zn、Mn 等重金属元素的含量；其中酸性含氮化肥易引起土壤 pH 值降低，而土壤 pH 值降低 1 个单位，重金属 Cd 的活性就会增加 10 倍以上。据报道江西鄱阳湖地区强酸性土壤面积从 20 世纪 80 年代的 58%上升到 78%，因此应控制施用大量的酸性含氮肥料如尿素、硫铵、碳铵等，尽可能选用含镉量低的碱性磷肥，如钙镁磷肥、磷酸氢二铵等。

3. 集约化养殖周边的耕地

近年江西的畜牧业发展迅猛，规模养殖逐渐扩大，而收集及处理废弃物环节却比较薄弱，随着畜禽废弃物数量迅速增加，超过了环境的承载能力，环境的污染也日趋严重。饲料添加剂中大量使用 Cu、Zn、Mn、Co 等重金属元素，对周边土壤的污染应引起足够的重视。2004 年全省畜禽废弃物排放达 10 191.4 万 t，对水体、环境空气、农田造成不同程度的污染。据江西省农科院绿色食品环境检测中心测定，未经处理的养猪场污水总砷 0.07 mg/L，超过灌溉用水质量标准。江西省畜禽粪尿排放量和耕地承载量均呈现逐年上升趋势，至 2011 年江西省畜禽养殖总排污量约为 11 576 万 t，全省耕地畜禽粪尿承载量为 26.70～83.36 t/hm²，平均为 54.43 t/hm²，已远远超过农田畜禽粪尿安全施用范围（20 t/hm²），尤其以赣州、萍乡、吉安等地区最为严重。规模化养殖带来的农田重金属污染风险逐年加大。例如，余江县 39 个大型养猪场饲料中的铜、锌含量超标率分别达 81.6%和 89.5%，猪粪中的铜、锌含量也严重超标，分别有 7.8%和 5.2%土壤样品的总锌、总镉含量超过三级标准。重金属含量高的畜禽粪便直接被施用于农田或被制作成商品有机肥施于农田，其重金属活性高，极易转移到农产品中，通过食物链对人体健康造成危害。

4．远离城市的农区耕地

土壤重金属的来源主要是肥料、农药和农膜。农田在非污灌条件下，灌溉水中重金属污染物总体上没有超标，灌溉水质符合国家标准。据江西省农科院绿色食品环境检测中心检测，全省非污灌条件下的灌溉水中总汞含量 $0.32×10^{-4}$~$8.54×10^{-4}$ mg/L，镉含量 $1.12×10^{-4}$~$8.91×10^{-4}$ mg/L，铅含量 $2.25×10^{-3}$~$8.62×10^{-3}$ mg/L，总砷含量 $2.45×10^{-3}$~$14×10^{-3}$ mg/L，铬含量 $1.41×10^{-3}$~$5.67×10^{-3}$ mg/L。

5．矿区流域耕地

矿区流域耕地土壤重金属来源主要是采矿和冶炼活动过程中产生的，由于矿山种类繁多，成分复杂，因而危害方式和污染程度存在不同。金属矿山矿石冶炼过程中产生的废气、废水、废渣以及开采产生的尾矿，随着矿山排水或雨水进入水环境或直接进入土壤环境，造成土壤重金属的污染。这类废弃物在堆放或处理过程中，由于沉降、雨淋、水洗，重金属极易移动，以辐射状、漏斗状向周围土壤、水体扩散。

江西省是全国金属矿山大省，具有丰富的有色金属矿产资源，金属冶炼历史悠久。由于过去的粗放式矿山开发，致使含重金属污水、矿渣、粉尘等大量超标排放，进入土壤环境。如江西大余县有"世界钨都"之称，近几十年的开采除了带来巨大的经济效益之外也带来了巨大的环境问题。2006 年调查数据显示大余县米镉含量 0.59 mg/kg，较 1987 年调查数据增加约 30%，其中镉米发生率约 11%，部分污染严重的行政村镉米检出率达 36.8%；2008 年大余农田土壤镉污染面积就达 5 500 hm²，严重污染面积高达 12%，受镉米伤害人口达 10 多万人。2005 年对贵溪铜冶炼厂周边土壤的调查数据发现，贵溪冶炼厂周边水泉村和竹山村农田土壤 Cu 污染非常严重，含量是当地背景值的 6.17~11.7 倍，Cd、As 污染也非常严重，Cd 含量是背景值的 3.02~3.41 倍，As 含量是背景值的 2.34~6.73 倍，稻谷中 Cu、Cd、Pb、As 都已经在不同程度上严重超过了国家限量卫生标准。

第三节 耕地重金属污染现状

全省耕地可分为红壤旱地、农田土壤、菜地土壤、园地土壤四种类型，以下分别分析四种耕地类型土壤重金属污染状况。

1．红壤旱地

红壤是全省分布最广、面积最大的地带性土壤，红壤旱地是省内重要农业土壤资源。相关研究表明，红壤旱地存在土壤重金属污染问题。张桃林等对余江县红壤丘陵旱地土

壤重金属含量进行了分析，结果表明，红壤旱地土壤重金属 Pb、Cd、Cu、Zn、As、Hg
的平均含量均大于江西省表土重金属土壤背景值，且 50%样点超过了江西省表土背景
值。熊又升等测定分析了鹰潭地区红壤旱地土壤重金属含量（表 11-1），发现鹰潭市余
江县、月湖区 52.9%的红壤旱地样点属清洁，受到 6 种重金属（Hg、Cd、As、Cr、Cu、
Pb）轻度污染的样点占 29.4%~41.2%。

表 11-1　鹰潭地区红壤旱地土壤重金属污染指标评价

重金属元素名称	Ⅰ级	Ⅱ级	Ⅲ级	Ⅳ级
Hg	100.0			
Cd	64.7	29.4	5.9	
As	64.7	29.4	5.9	
Cr	52.9	41.2	5.9	
Cu	58.8	41.2		
Pb	58.8	41.2		

注：Ⅰ级，清洁（$P \leqslant 1.0$）点数/%；Ⅱ级，轻污染（$1.0 < P \leqslant 2.0$）点数/%；Ⅲ级，中污染（$2.0 < P \leqslant 3.0$）点数/%；
Ⅳ级，重污染（$P > 3.0$）点数/%。这里，P 为污染指数。

　　刘绍贵对余江县和南昌市郊区集约农业利用下红壤重金属含量进行研究（表 11-2），
发现土壤已经有外源污染物质进入，余江县土壤重金属 Pb、Cd、Cu、Zn、As、Hg 的
含量平均值都大于江西省表土重金属土壤背景值，并且超过背景值的样点占所有样点百
分比超过 50%，Cr 和 Ni 的平均值稍小于江西省表土重金属背景值，但是超标点也达到
了总样点的 37.5%。南昌市郊区测试样点的 8 种重金属测定值均高于背景值，并且测试
样品中超过江西表土重金属土壤背景值的样点数占总样点数的百分比最小为 72.73%，
最大为 100%。

表 11-2　余江和南昌市郊区土壤重金属平均值与江西表土比较

指标	Pb	Cr	Cd	Cu
余江样点平均值	44.88±14.56	47.63±18.34	0.16±0.05	40.72±12.19
南昌市郊区平均值	45.68±13.90	57.57±17.36	0.20±0.10	43.13±11.84
江西省表土	32.10	48.00	0.10	20.80
指标	Zn	Ni	As	Hg
余江样点平均值	77.88±19.30	18.87±6.71	11.94±4.36	0.14±0.10
南昌市郊区平均值	101.36±28.06	25.05±7.71	18.09±7.39	0.64±0.80
江西省表土	69.00	19.00	10.40	0.08

注：江西省表土背景值来自江西省环境保护网。

2．水田土壤

水田是耕地的重要组成部分，保护水田土壤质量对于农业生产至关重要。曹尧东对贵溪市江西铜冶炼厂周围水田土壤（面积 7.7 km²）进行了重金属污染研究，发现：①在研究区的表层土壤（0～15 cm）中，主要为铜镉复合污染。土壤铜含量介于 40.6～565 mg/kg，有 99%的样点含量超标污染，土壤镉含量介于 0.36～2.85 mg/kg，全部超标污染；土壤锌仅在局部超标污染，铅和铬含量与背景值相当，没有污染。②在 20～40 cm 的土壤中，土壤镉有 95%的样点超标，含量集中在 0.3～1.2 mg/kg；其他重金属元素都没有超标。③在 40～60 cm 土壤中，土壤镉含量仍有 95%的样点超标，含量集中在 0.3～1.0 mg/kg。④在稻草中，铜含量分布范围在 28.0～488.9 mg/kg，均值为 146.1 mg/kg；镉含量分布在 0.35～28.1 mg/kg，均值为 6.439 mg/kg；在糙米中，铜含量在 3.87～22.6 mg/kg，平均值为 10.9 mg/kg，有 51%的样点超标；镉含量在 0.02～5.11 mg/kg，平均值为 1.72 mg/kg，有 83%超标。

江西农业大学生态科学研究中心于 2005—2007 年对江西农业大学科技园常年种植的"绿肥—早稻—晚稻"的双季稻田土壤重金属含量进行了测定（表 11-3），结果表明：①稻田土壤中 As 的平均含量为 8.57 mg/kg，高于南昌市土壤重金属背景值 7.99 mg/kg，最大值高出 18.8%；②在 95%的置信区间内，Cd 含量也高于背景值，是背景值的 1.3 倍；③稻田土壤中 Pb 和 Cu 含量的最大值分别超出背景值 3.4%和 0.3%；④稻田土壤中 Cr 和 Hg 的含量略低于背景值。综上表明，Cd 和 As 是稻田土壤重金属污染的主要元素，必须予以足够重视。

表 11-3　江西农业大学科技园双季稻田土壤重金属含量特征值统计

重金属元素	浓度范围/(mg/kg)	平均值/(mg/kg)	标准差	变异系数/%	95%的置信区间	背景值/(mg/kg)
Cr	45.19～54.25	50.20	3.371	6.7	46.01～54.38	64.25
As	7.31～9.06	8.57	0.734	8.6	7.66～9.49	7.99
Cu	23.21～23.52	23.82	0.618	2.6	23.057～24.590	24.50
Pb	29.14～34.83	32.76	2.637	8.1	29.49～36.04	34.84
Hg	0.04～0.07	0.05	0.011	20.4	0.042～0.070	0.07
Cd	0.12～0.31	0.21	0.076	36.2	0.155～0.263	0.16

注：土壤背景值引自刑新丽等所测南昌市郊区土壤重金属含量平均值作为背景值。

据省农业环境监测站刘娅菲对省内 7 个水稻优势产区县（永修、泰和、丰城、南昌、于都、乐平和贵溪）农业土壤环境质量进行监测与评价，通过布设 1 000 个样点数以采集稻田土样测定土壤中的铜、铅、锌、镉、铬、镍、汞、砷等重金属含量。由表 11-4、表 11-5 可见：①全省镉污染最重，样本超标率 3.7%，最大超标 64 倍，其中于都占 27%，乐平和贵溪各占 22%，泰和占 16%，南昌占 13%；②砷污染样本超标率为 3.7%，最大超标 4 倍，其中于都和乐平各占 30%，泰和占 16%，永修和贵溪各占 11%，丰城占 2%；③铜污染样本超标率为 3.8%，最大超标 10 倍，其中贵溪和乐平各占 34%，于都占 18%，永修占 8%，丰城和泰和各占 3%；④汞污染样本超标率为 1.5%，最大超标 2 倍，其中南昌和泰和各占 27%，贵溪和永修各占 20%，乐平占 6%；⑤铅污染样本率为 0.1%，超标 0.2 倍，于都占 100%；⑥锌污染样本超标率为 0.3%，最大超标 0.07 倍，其中于都占 67%，永修占 33%；⑦镍和铬的土壤环境良好，无一超标现象，且平均值均低于国家二级标准值。

表 11-4　全省监测结果

项目	含量范围/（mg/kg）	平均值/（mg/kg）	超标数	最大超标倍数
Cu	5.0～671.0	24.7	38	10.1
Zn	10.6～547.5	61.8	3	0.07
Pb	10.2～309.1	35.7	1	0.2
Cr	9.4～154.6	48.6	0	0
Cd	0.01～19.67	0.15	37	64.6
Ni	3.4～39.2	16.6	0	0
As	0.3～121.6	10.1	37	3.8
Hg	0.01～0.89	0.1	18	2.1

表 11-5　各县超标情况

项目	永修	南昌	丰城	泰和	于都	乐平	贵溪
Cu	3/3.3	0	1/3.5	1/1.1	7/10.0	13/5.7	13/3.5
Zn	1/0.07	0	0	0	2/1.7	0	0
Pb	0	0	0	0	1/0.2	0	0
Cr	0	0	0	0	0	0	0
Cd	0	5/0.65	0	6/2.1	10/64	8/2.8	8/6.6
Ni	0	0	0	0	0	0	0
As	4/0.59	0	1/0.4	6/0.6	11/2.9	11/3.8	4/1.4
Hg	3/1.97	4/1.0	0	4/0.2	0	1/0.3	3/1.6
一项超标	9	9	2	9	5	31	15
二项超标	1		1	3	2	3
三项超标	1			1	6		2
超标个数	11	9	2	11	14	33	20
超标率/%	11	6	3.40	7.30	9.30	22	13

注："/"左边为超标数，右边为最大超标倍数。

　　江西省农业科学院农产品质量安全与标准研究所魏益华等通过采集江西省抚州市崇仁、乐安、直黄、广昌、资溪、黎川6个烟区土壤和烟叶样品研究重金属污染状况（表11-6），发现指该烟区土壤中重金属含量总体上低于我国土壤二级标准（GB 15618—1995），但其污染程度已处于警戒线水平，Cd和Hg为烟区土壤主要风险因子。土壤和烟叶中重金属含量大小顺序分别为Zn＞Pb＞Cr＞Cu＞Ni＞As＞Cd＞Hg和Zn＞Cu＞Pb＞Cd＞Cr＞Ni＞As＞Hg，土壤中Hg、Cd、As和烟叶中Ni、Cr变异系数均较大。烟叶中重金属富集系数顺序为Cd＞Zn＞Cu＞Hg＞Ni＞Cr＞Pb＞As，烟叶Cd富集系数高达11.67，表明烟草属于Cd强烈富集作物。

表 11-6　抚州烟区烟叶中重金属含量

地区		As	Cd	Cr	Cu	Ni	Pb	Zn	Hg
宜黄	范围	0.03～0.39	0.07～7.60	0.05～3.87	4.44～25.56	0.47～8.02	0.17～8.33	14.22～193.50	0.001～0.108
	平均	0.21±0.09b	2.53±1.53b	1.83±1.09b	11.33±4.67a	1.74±1.72bc	2.78±1.72c	76.51±34.58b	0.032±0.025d
广昌	范围	0.11～1.37	0.68～5.11	0.72～16.74	3.31～26.47	0.51～16.09	0.91～5.29	26.10～137.91	0.020～0.197
	平均	0.34±0.27a	2.33±0.87b	4.05±4.25a	10.66±5.92a	3.01±3.42ab	2.64±0.89c	73.40±27.68b	0.110±0.040a
乐安	范围	0.17～0.70	1.21～4.15	0.53～7.98	3.69～21.50	0.56～13.83	1.61～6.21	35.09～157.51	0.061～0.214
	平均	0.35±0.09a	2.44±0.74b	2.34±1.41b	10.06±4.14a	3.38±3.43a	3.21±0.90bc	67.45±26.99bc	0.110±0.004a
黎川	范围	0.09～0.92	1.71～10.02	0.61～8.27	4.90～24.04	0.38～8.84	0.19～11.74	41.17～177.88	0.016～0.101
	平均	0.35±0.21a	3.46±1.72a	2.58±1.94b	10.90±4.19a	2.04±1.98abc	3.81±2.34ab	81.16±33.94	0.052±0.027c
资溪	范围	0.10～0.37	1.96～6.59	0.54～3.83	3.23～17.11	0.56～7.43	2.73～8.96	61.70～462.05	0.040～0.104
	平均	0.22±0.08b	3.50±1.50a	2.15±0.96b	9.62±4.09a	1.87±1.96abc	4.64±1.94a	142.75±97.01a	0.070±0.018c
崇仁	范围	0.20～0.52	1.03～4.77	0.74～4.51	4.91～18.07	0.31～4.54	0.87～5.54	19.07～78.77	0.059～0.178
	平均	0.33±0.11a	2.87±1.17ab	2.70±1.15b	10.16±3.85a	1.27±1.44c	3.46±1.47bc	48.58±20.17c	0.109±0.038a

3. 菜地土壤

江西农业大学朱美英等对南昌市扬子洲乡蔬菜基地的土壤重金属含量进行采样分析。结果表明，扬子洲乡蔬菜生产基地的土壤重金属含量平均为铜 33.86 mg/kg、锌 111.85 mg/kg、镉 0.24 mg/kg、铅 52.51 mg/kg、铬 55.26 mg/kg、镍 20.24 mg/kg。该区土壤中的 6 种元素都高于土壤背景值，部分土壤已受到 Cd 的轻度污染，部分土壤 Cu、Zn 为警戒级，其他元素为安全级，综合污染指数顺序为 Cd>Cu>Zn>Ni>Pb。又据近年对南昌县蒋巷蔬菜基地土壤重金属含量的调查，该蔬菜基地土壤中 Cu 含量为 20.65～28.91 mg/kg、平均值为 24.35 mg/kg，Zn 含量为 100.23～135.48 mg/kg、平均值为 120.25 mg/kg，Pb 含量为 5.23～8.70 mg/kg、平均值为 7.01 mg/kg，Cd 含量为 0.024～0.160 mg/kg、平均值为 0.110 mg/kg。

江西省地质调查研究院左祖发等对江西某蔬菜基地土壤重金属污染状况进行了调查分析，结果发现：该蔬菜基地表层土（耕作土层）中 Cd、Hg、Pb 存在明显的"积聚现象"。局部地段土壤中已超出了农业部颁发的无公害蔬菜产地以及绿色食品产地土壤环境质量标准，已不能进行安全的农业生产。若以安全区、警戒区、轻污染区、中污染区、重污染区等档次划分土壤质量层次，则区内 Cd 轻污染区达 10 km^2，警戒区 12 km^2；Hg 中污染区 1 km^2，轻污染区 3.6 km^2；Pb 轻污染区 1.2 km^2，警戒区 14 km^2。由此看出，该蔬菜基地土壤具有明显的重金属污染现象，土壤中 Cd、Hg、Pb 含量均达到污染程度。研究还发现，蔬菜基地内土壤重金属含量本底值并不高，重金属的污染积累可能与人类长期不合理的施肥、喷药、使用农膜等生产活动有关。

谢克斌等对江西蔬菜土壤重金属质量现状进行评价，发现土壤监测点位各重金属含量均符合《土壤环境质量标准》（GB 15618—1995）二级标准，部分基地土壤的镉和铜含量接近临界值。基地各单项污染的均值指数最高为 0.933，最大污染指数最高为 0.996，均接近 1 的水平；各基地的污染物综合污染指数为 0.458～0.726，部分基地综合污染指数接近或超过 0.7 的警戒线。

萍乡市环境监测站曾凡萍等对萍乡蔬菜种植区（湘东、芦溪、上栗）土壤环境质量和污染状况进行研究（表 11-7），发现所有重金属的均值均未超过土壤环境质量标准中的二级标准，其单项污染指数依次为 Hg>Ni>Cd>Cu>Zn>Pb>As>Cr，其中 Cd、Hg、Pb、Ni 含量均高于对应元素的江西省土壤重金属背景值，但土壤的综合污染指数和潜在生态危害指数都较低。相比较而言，Hg 的潜在生态危害系数明显较其他元素高，需引起重视。同时，从土壤总潜在生态风险指数来看，萍乡蔬菜种植区土壤环境质量处于清洁和安全范围内，生态风险较低。

表 11-7 萍乡蔬菜种植区土壤重金属含量　　　　　单位：mg/kg

项目	范围	变异系数/%	背景值	标准值
Cd	0.03～0.21	33.64	0.10	0.30
Hg	0.12～0.42	31.92	0.08	0.30
As	2.32～6.45	13.83	10.4	30
Pb	18.51～72.10	34.63	32.1	250
Gr	6.54～29.38	29.04	48.0	150
Cu	8.10～20.65	16.55	20.8	50
Zn	24.10～40.90	17.47	69.0	200
Ni	8.90～39.32	30.46	19.0	40

注：背景值为江西省土壤背景值，标准值采用土壤环境质量标准中的二级标准。

　　孙华等研究贵溪冶炼厂附近蔬菜地土壤及作物的重金属含量（表 11-8）可以看出，该区土壤已受到严重污染，特别是 Cu、Cd 含量全部超标，作物产量和品质均明显下降，已不适于继续食用。

表 11-8 蔬菜地土壤重金属含量　　　　　单位：mg/kg

土样	Cu	Cd	Pb	As	Zn	Mo	Mn
G0	40.19	0.47	27.84	10.13	48.31	3.78	121.9
G1	235.3	0.59	35.96	15.65	57.53	4.52	123.6
G2	361.1	0.47	38.26	15.18	53.11	3.97	133.1
G3	233.9	0.56	37.07	15.02	54.55	4.86	128.4
G4	242.2	0.58	37.78	15.15	58.16	4.69	120.6
G5	290.4	0.59	38.63	16.3	52.24	4.36	102.7
G6	365.9	0.61	46.01	15.14	69.2	5.34	163.7

4．园地土壤

　　园地主要由茶园和果园构成，以果园为主。园地土壤质量关系到产品品质，当前防治和减少园地土壤污染，尤其是重金属污染，对于提升园地土壤质量至关重要。关于江西园地土壤重金属污染问题，有关专家已做了一些研究。江西省农科院徐昌旭等研究得出，全省果园土壤污染综合评价指数为 0.50～0.84，部分果园 Cd、Pb 单项评价指数超过 0.9，接近预警；赣南茶园土壤中，Cu、Mn 等含量丰富，Zn 含量较低；土壤 Hg、Cr、Pb 均明显偏高，已达到污染标准；Hg、Pb 在土体中显著积累，可能主要与农药和化学除草剂的使用有关。

　　熊春红等研究发现江西茶园新叶重金属状况整体较好，但有部分茶园 Cu、Pb、Cr 进入警戒水平，Cu、Cr 略有轻度污染。全省没有茶园出现中度（$1 < PI \leqslant 2$）和重度污

染（2＜PI≤3）。除警戒水平、轻度污染区标出的茶园个数以外，各茶区其他茶园 PI 均在安全水平（PI≤0.6）。

蒋委红采用潜在生态风险指数法和多元统计分析对赣州 18 个脐橙产区县（市）共采集的 280 个果园土壤重金属（Hg、As、Pb、Cd、Zn、Ni、Cr 和 Cu）的生态风险进行了评价及污染来源分析。结果表明，大部分采样区土壤的重金属含量高于赣州市土壤背景值，反映出赣州脐橙园土壤在一定程度上受到 As、Cr、Ni 和 Cu 的污染。潜在生态风险指数结果反映赣州脐橙园土壤中 As、Pb、Cr、Zn、Ni 和 Cu 处于低生态风险，重金属对果园土壤中生态危害较小。多元统计分析结果表明，Pb 和 Zn 主要来源于成土母质，As 和 Ni 污染主要来自人类活动，而 Cu、Cd、Cr 和 Hg 来源于自然与人类活动的复合影响。

总之，当前江西省耕地重金属污染问题必须引起足够的重视，耕地质量不容乐观。全省耕地重金属污染总体现状为：一是土壤重金属背景值较高，部分区域铅、镉、汞的背景值接近或达到二类土壤；二是水稻主产区基本安全，但部分地区受矿山开发、污水灌溉等影响，土壤砷、镉、铜、汞等出现累积，水稻重金属超标危险逐年加大；三是蔬菜产地重金属存在累积，部分基地土壤的镉、铜、铅等重金属含量接近临界值；四是部分区域工矿业排污和尾矿堆放造成了土壤重金属含量超标严重，甚至因水土流失影响到江河湖中的泥沙，以及造成地表水重金属超标；五是随着江西省畜牧业的集约化和规模化生产不断扩大，畜牧业造成农田重金属污染的潜在风险日趋凸显。

第四节　耕地重金属污染修复治理存在的问题

1. 缺乏系统的耕地重金属污染防治法律法规，法律制度缺失

在土壤污染防治方面，现行相关法律法规分散而不系统，缺乏耕地质量保护与污染控制的专项法律法规及耕地污染清除与修复的标准和技术规范。

2. 耕地保护意识不强，观念淡薄

受传统意识的影响，大多数农民的环境意识和知识水平仍处于较低水平，农民对环境危害的源头和危害程度往往认识不清，比较看重有形的经济利益，而忽略潜在的环境危害。在产量和效益的利益驱动下，农民存在普遍过量或不合理使用化肥、农药的问题，环保意识薄弱，加上政府监督缺位，重金属污染土地的种植规范缺失，已被污染的耕地仍在继续种植粮食作物，有些区域存在边治理、边污染，越治理、越污染的现象，重金属污染持续发生。

3. 监测监管相对滞后，体系不健全

基层工作人员和群众反映，相关部门在耕地重金属污染检测监管方面，存在源头监

管不力，企业排污得不到控制等问题，这一现象在经济相对落后的偏远地区尤为严重。加之重金属污染检测对仪器设备和分析技术要求较高，检测时间长、费用高，缺乏快速高效的检测技术，更加制约了对重金属污染的正常适时监测监管。

4．耕地重金属污染资料缺乏精确度，污染信息不透明

由于调查区域和关注重点的不同，具体污染程度、严重性不清，危害性评估调查仍然不够，对企业无组织排放情况还未充分了解，对重点防控企业、区域及污染隐患的危害程度掌握不够。部分资料信息公开不够，相关数据资料用于指导修复治理还不够准确和翔实，重金属污染的基础调查研究、技术政策等滞后于污染防治的迫切需求，现已获得的调查评价结果难以指导开展修复治理工作。

5．重金属污染标准有待完善，修复治理制度不健全

当前，由于全省重金属污染区域差异较大，修复治理比较困难。针对不同地区、不同土壤和不同作物，现行标准已不能完全适用，缺乏科学的评价体系，尤其是针对不同作物的产地土壤重金属安全阈值和评价标准缺失，难以满足农业生产安全的要求。

6．治理修复资金短缺，科技支撑力度有待加强

一是江西省一些地区的污染已超过土壤的自净能力，必须进行治理干预，但由于污染耕地分布范围较广、隐蔽性强，治理和修复的费用相当高昂且见效很慢，治理修复资金短缺。二是现阶段重金属污染治理工作主要侧重于河流和矿区，以工程治理为主，涉及面比较窄，修复治理费用昂贵，治理难以达到预期效果。三是全省各区域污染开展的修复技术研究比较滞后，科研投入严重不足，基础薄弱，配套的农业技术成果稀缺。

7．部门间协作机制不完善，责任分工不明确

耕地重金属污染涉及各方面，包括环保、土地、农林、水体、畜牧、企业、卫生、食品安全等，重金属污染防治工作需要涉及的相关部门通力协作，主动作为，重视源头控制，严格环境执法，强化过程控制，明确责任义务，才能有效推进相关工作的开展。

第五节　开展耕地重金属污染修复行动

一、土壤重金属污染修复的方法概述

重金属污染修复途径主要表现在两点，一是固化作用，即是将重金属的存在状态进行改变，降低重金属的活性，让它由活化态转变为稳定态，使其脱离食物链，从而减小重金属的毒性；二是活化或提取作用，利用特殊植物的吸收特性，让它吸收土壤中的重金属，随后除去该植物或采用工程技术将重金属变为可溶态、游离态，通过淋洗作用收集淋洗液中的重金属，以回收重金属和减少土壤中重金属。具体的修复方法包括物理修

复、化学修复和生物修复三种。

1. 物理修复

物理修复方法是通过采用机械物理或物理化学原理的工程技术以达到减少土壤中重金属的方法，包括改土法、电动修复法、电热修复法、冰冻土壤修复等。

（1）改土法

改土法能够彻底、稳定消除土壤重金属污染，是比较经典的土壤重金属污染治理措施，这方面日本取得了不错的效果。改土法主要包括客土、换土和深耕翻土等措施。通过客土、换土和深耕翻土与污土混合，从而降低土壤中重金属的含量，增加土壤环境容量，减少重金属对土壤—植物系统的毒害作用，使农产品达到食品卫生标准。吴燕玉等对张士污灌区调查表明，张士污灌区土壤剖面中77%～86.6%的镉累积在0～30 cm的土壤表层，去除表土5～10 cm，可使镉含量降低25%～30%；去除表土15～30 cm，稻米中的镉含量下降50%左右。工程措施中客土和换土措施是用于重污染区的常见方法，而深耕翻土措施主要用于轻度污染土壤的治理。

（2）电动修复法

电动修复法的基本原理是在污染土壤区域插入电极，施加直流电后形成电场，土壤中的污染物在直流电场作用下定向迁移，富集在电极区域，再通过其他方法（电镀、沉淀/共沉淀、抽出、离子交换树脂等）集中处理或分离的过程。该方法特别适合于低渗透的黏土和淤泥土，可以控制污染物的流动方向。电动修复是一种原位修复技术，不搅动土层，并可以缩短修复时间，是一种经济可行的修复技术。

Ribeiro和Villumsen等研究了应用电动力学方法去除土壤中砷的方法，表明电流能打破金属—土壤键，当电压稳定时，去除效果与通电时间成正比；在沙土上的实验结果表明，土壤中铅、镉等重金属离子的去除率可达90%以上。pH值、Zeta电位、土壤温度、土壤理化性质、土壤含水率、电极材料、污染金属种类会影响电动修复的效果，实际应用中常用的技术手段有极性交换技术、逼近阳极技术和注入缓冲溶液技术。

（3）电热修复措施

电热修复措施是利用高频电压产生电磁波，产生热能，对土壤进行加热，使污染物从土壤颗粒内解吸出来，加快一些易挥发性重金属从土壤中分离，从而达到修复的目的。该技术可以修复被Hg和Se等重金属污染的土壤。此外可以把重金属污染区土壤置于高温高压下，形成玻璃态物质，从而达到从根本上消除土壤重金属污染的目的。

（4）冰冻土壤修复法

冰冻土壤修复是通过适当的管道布置，在地下以等距离的形式围绕已知的污染源垂直安放，然后把环境无害的冰冻溶剂送入管道而冻结土壤中的水分，形成地下冻土屏障，防止土壤或地下水中的污染物扩散。该方法比较适合于用来隔离和控制土层中的辐射物质、重金属等污染物的迁移。

2. 化学修复

化学修复主要是根据土壤和重金属的性质，向重金属污染土壤中施加一些合适的化学试剂，如固化剂（即化学改良剂）、重金属螯合剂、表面活性清洗剂、重金属拮抗剂等，改变重金属的化学形态，从而降低重金属的水溶性、扩散性和生物有效性，降低它们进入植物体、微生物体和水体的能力，或者与之相反，提高重金属生物有效性，然后从土壤中移除重金属。化学修复主要包括化学固定与化学提取两个方面。

（1）化学固定

化学固定是在土壤中加入土壤改良剂以改变其理化性质，通过对重金属的吸附、氧化还原、拮抗或沉淀作用，改变了重金属在土壤中的存在状态，从而降低其生物有效性和迁移性。该技术的关键是选用经济有效的改良剂。目前常用的改良剂主要包括石灰、碳酸钙、粉煤灰等碱性物质，羟基磷灰石、磷矿粉、磷酸氢钙等磷酸盐以及沸石、膨润土、硫黄等矿物；农家肥、绿肥、草炭等有机肥料。

不同改良剂对重金属的作用机理不同，如石灰、黏土矿物等施加在重金属污染的土壤上可以提高土壤 pH 值，降低重金属的生物有效性。在沈阳张士污灌区的试验表明，每公顷土壤施用 1 500～1 875 kg 的石灰，子实含镉量下降 50%。有关研究发现，在低石灰水平下，土壤有机质的羟基和羧基与 OH⁻ 反应，促使土壤可变电荷增加，有机结合态的重金属增多，并且 Cd^{2+}、CO_3^{2-} 结合生成难溶了水的 $CdCO_3$。磷酸及磷酸盐能够与重金属离子生成不溶的磷酸盐沉淀，同样能减少有效态重金属比例，降低重金属毒性。如向土壤中投放硅酸盐钢渣，对 Cd、Ni、Zn 离子具有吸附和沉淀作用，可使水田土壤中的 Cd 以磷酸镉的形式沉淀，磷酸汞的溶解度也很小。硫黄等及某些还原性有机化合物可以使重金属成为硫化物沉淀降，同时有机物中的腐殖酸能与重金属离子形成络合物或螯合物从而降低重金属的生物有效性。家肥、绿肥、泥炭等有机物可以通过离子交换与络合作用与重金属相互作用，降低重金属对植物的毒性。尽管上述方式具有一定的效果，但也具有一定的局限性，如耗费大量的资金，处理不当还会造成二次污染。

（2）化学提取（土壤淋洗）

化学提取即狭义上的土壤淋洗技术（soil leaching and flushing/washing），土壤淋洗是利用淋洗液（水或含有冲洗助剂的水溶液、酸碱溶液、络合剂或表面活性剂等淋洗剂）把土壤固相中的重金属转移到土壤液相中去，通过淋洗液的解吸、螯合、溶解或固定等化学作用，使它们与土壤中的污染物结合，再把富含重金属的废水进一步回收处理的土壤修复方法。土壤淋洗法按处理土壤的位置可以分为原位土壤淋洗和异位土壤淋洗。该方法的技术关键是寻找一种既能提取各种形态的重金属，又不破坏土壤结构的淋洗液。目前，用于淋洗土壤的淋洗液较多，包括有机或无机酸、碱、盐和螯合剂。据报道，美国曾应用淋洗法成功地治理了镉、铅、铬、铜等 8 种重金属污染土壤，采用的提取剂主要为酸性溶剂，并加入氧化剂、还原剂和络合剂；Blaylock 等检验了柠檬酸、苹果酸、乙酸、EDTA（乙二胺四乙酸）等对印度芥菜吸收 Cd 和 Pb 的效应；还有研究表明，EDTA 可提高镉离子的移动性，使之由表层淋洗到下层。日本利用 EDTA 或稀盐酸淹水清洗土壤镉取得较好的效果。将 EDTA（30 kg/a）撒在稻田或旱地（土壤镉浓度分别为 10.4 mg/kg 和 27.9 mg/kg），淹水小雨淋洗 1～2 次，水量以能达到植物根层以下而未达地下水为宜。试验表明，清洗一次可使耕层土壤镉浓度降低 50%，清洗两次可使镉减少 81%。

3. 生物修复

生物修复措施是利用生物技术治理污染土壤的一种新方法，具有良好的社会、生态综合效益，并且易被大众接受。主要是利用超累积植物和微生物等通过新陈代谢作用吸收去除土壤中的重金属或使重金属形态转化，降低毒性，净化土壤。该技术主要包括植物修复、微生物修复、生物联合修复等技术，由于该方法效果好、易于操作，日益受到人们的重视，已成为污染土壤修复研究的热点。

（1）植物修复技术

植物修复技术是一种利用自然生长或遗传培育植物修复重金属污染土壤的技术。根据其作用过程和机理，重金属污染土壤的植物修复技术可分为三种：一是植物稳定，是利用植物超累积或累积性功能的植物吸取作用，用植物根系控制污染扩散，从而恢复生态功能；二是植物挥发，是利用植物的吸收、积累和挥发从而减少土壤中具有挥发性的污染物，即植物将污染物吸收到体内后将其转化为气态物质释放到大气中；三是植物提取，是指利用重金属超累积植物从土壤中吸取一种或几种重金属，并将其转移、贮存到地上部分，随后收割地上部分并集中处理。

（2）微生物修复技术

土壤微生物是土壤中的活性胶体，它们比表面积大、带电荷、代谢活动旺盛。受到重金属污染的土壤，往往富集多种耐重金属的细菌和真菌。微生物修复技术主要是通过微生物对重金属的溶解、转化与固定作用修复重金属污染土壤。微生物对重金属的溶解是通过自身的代谢活动产生多种低分子量有机酸直接或间接进行。Siegel 等研究表明，真菌可以通过分泌氨基酸、有机酸以及其他代谢产物来溶解重金属以及含重金属的矿物。在土壤环境中，重金属可以不同价态形式存在，微生物的代谢活动可通过其氧化还原作用改变重金属的价态。Chang 等在污水处理厂发现一种硫酸盐细菌可以还原 Cr^{6+} 为毒性较低的 Cr^{3+}，从而降低水体中的重金属毒性。土壤中还存在很多还原铬酸盐和重铬酸盐的微生物，如芽孢杆菌属、棒杆菌属、肠杆菌属和假单胞菌属等，这些菌能将高毒性的 Cr^{6+} 还原为毒性较低的 Cr^{3+}。微生物对重金属的固定主要有三种方式：胞外络合作用、胞外沉淀作用以及胞内积累。微生物细胞壁中分子结构具有活性，可以将金属离子螯合在细胞表面。研究表明，利用微生物对 Cr（Ⅵ）污染土壤样品进行固定处理后，土壤中可溶性 Cr（Ⅵ）明显降低。Beveridge 等发现从芽孢杆菌上分离的细胞壁螯合了大量的金属元素，将该细胞壁放入水中时，细胞壁上形成了微小晶体。目前，微生物修复研究工作主要体现在筛选和驯化特异性高效降解菌株，提高在土壤中的活性和安全性。

（3）生物联合修复

生物联合修复包括微生物（细菌、真菌）—植物、动物（蚯蚓）—植物联合修复，在植物—微生物联合修复中，污染土壤的植物—微生物联合修复方法，包括植物与专性降解菌的修复以及植物与真菌的修复，研究较多的是利用丛枝菌根对重金属污染土壤的修复，丛枝菌根是土壤中的真菌菌丝与高等植物根形成的一种联合体，丛枝菌根修复过程中，植物根部的表皮细胞脱落、酶类和营养物质的释放，为微生物提供了更好的生长环境，菌根真菌的活动可改善植物根际微生态环境，增强植物抗病能力，极大地提高了植物在有毒物质污染条件下的生存能力。筛选有较强降解能力的菌根真菌和适宜的共生植物是菌根生物修复的关键。在重金属污染土壤条件下，菌根真菌侵染降低了植物体内的重金属浓度，从而有利于植物的生长。

Madhaiyan 等利用内生细菌稻甲基杆菌和伯克氏菌促进了 Ni 和 Cd 向植物茎叶转移，提高了植物茎叶中重金属含量。Ma 等从镍超富集植物庭荠属植物根茎叶组织内部分离的内生细菌对重金属镍的耐受性高达 750～1 000 mg/kg，并具有分泌 ACC 脱氨酶、铁载体、植物激素以及溶磷等特性，从而显著地促进植物对重金属镍的提取和吸收。Lian 等将富含内生细菌的香蕉提取液加入香蕉幼苗培养液中，暴露 2 周后，幼苗的真菌感染率下降 54%，枯萎病发病率下降 67%。杨卓等研究发现，向印度芥菜根际土壤添加巨大芽孢杆菌和胶质芽孢杆菌的混合菌剂可使植株在 Cd 污染土壤上的干质量增加 1.18 倍，添加黑曲霉 30177 发酵液可使芥菜地上部 Cd 吸收量增加 88.82%。Luo 等将内生细菌 LRE07 植入龙葵后，发现在 Cd 浓度为 116.5 mg/kg 的盆栽实验中，植入菌株的龙葵根、茎、叶部位 Cd 含量分别增加了 15%、10.6%、17.7%。靳治国在研究微生物—植物对土壤中 Cd^{2+}、Pb^{2+} 的联合去除时发现，向龙葵根际土壤添加淡紫拟青霉菌和绿色木霉菌的混合菌液，可明显促进龙葵对 Cd^{2+} 和 Pb^{2+} 的吸收，去除率分别提高 20.6% 和 64.8%。植物—微生物联合修复能促进土壤中污染物的快速降解，具有成本低廉、技术简单、原位修复且土壤生态不被破坏，适于大面积污染土壤的修复。

二、耕地重金属污染修复的对策和措施

通过对江西省耕地重金属污染现状及存在的问题分析，可以看出江西省耕地质量形势严峻，开展并加强耕地重金属污染的修复治理行动势在必行。

1. 加强耕地重金属污染治理法律法规建设，创新修复治理体制机制

面对耕地重金属污染日渐严重化和农业可持续发展问题，当前法制建设仍然较为滞后，法律体系还比较松散，缺乏完整性、系统性和协同性，没有形成"从投入品到农田、从农田到餐桌"一整套全周期保护的法律体系。因而，必须加快推动相关法律法规的制定和修订工作，在建立耕地污染防治法规方面，包括建立动态监测与应对制度、法律责任制度、整治与修复制度、信息披露与教育制度、土壤污染治理投入制度等，可以学习借鉴先进国家的经验。

在充分考虑耕地环境保护规律和特点的基础上，形成符合江西省省情的耕地环境保护法律体系和管理体系。加快制定污染土壤治理与修复、重点区域行业重金属污染物特别排放限值、主要污染物分析测试方法、土壤标准样品等标准，制定土壤环境质量评估和等级划分、被污染地块环境调查和风险评估、土壤污染治理与修复等技术规范，以不断完善土壤环境保护标准体系，满足土壤环境监管工作的需要。将耕地重金属污染防控工作重点由终点评价和末端修复治理，转变为源头控制—过程监管—终点评价—修复治理相结合的全程防控。同时，加强修复治理体制创新，建立耕地资源环境保护协作平台，加强不同行政区域、部门间的统筹协调，完善产学研及农户的协作机制，构建耕地环境保护责权利共同体；明确生态补偿方案，强化政策激励作用和工作保障机制。

2. 系统开展全省耕地质量现状的摸底调查与评价，尽快全面把握耕地土壤重金属污染状况

尽快开展耕地土壤重金属污染普查和监测，全面准确、动态把握全省耕地重金属污染状况。一是开展全省耕地土壤详细调查，建立全省耕地保护一张图，协调国土、农业、环保等部门，整合和共享地质矿山、农产品和土壤的数据，在加强耕地数量与质量管控的基础上，实现耕地管理数字化。二是研究制定符合江西省省情、土壤类型和作物种植方式等相对应的耕地土壤重金属含量安全阈值。在此基础上，从全面普查、重点详查和动态监测三方面入手，全方位、多层面系统推进土壤和农产品监测与评价工作，确保土壤重金属污染的家底清楚，为进一步做好污染修复治理的科学规划和分类指导打好基础。重点详查要在全省农产品重点污染区域开展；动态监测要以农产品产地环境污染监测省控点网络为基础，跟踪产地环境变化趋势，按年度开展监测，动态把握农产品产地环境情况。由于稻米重金属污染与产地土壤环境紧密相关，而江西省是酸性土壤重点省份，其稻田重金属风险更高，应适当加大调查密度。

3. 加强土壤重金属污染治理修复与资源可持续利用的科技创新研究，提高土壤保护与重金属污染防治科技支撑能力

加快启动实施土壤污染防治重大科技专项，以夯实土壤污染防治的科技基础。加强耕地环境质量评估与等级划分、土壤环境风险管控、土壤污染与农产品质量关系、污染土壤优化利用、重点地区土壤污染与健康等基础研究和应用研究。积极推进国家土壤环境保护重点实验室和土壤污染治理与修复工程技术中心建设，研发和推广适合省情的土壤环境保护、土壤污染治理与修复实用技术和装备。积极开展国际合作与交流，引进国外先进的土壤环境保护理念、管理模式、土壤污染治理与修复技术等，不断提升全省土壤环境保护科技水平。

一方面，必须加强清洁土壤的管控技术研究，防止重金属在土壤中累积和污染面积的继续扩大，以保证其永续利用。另一方面，针对镉大米等突出重金属污染问题，加强低积累水稻品种筛选与推广，灌溉水净化处理技术与设备研发，加强产地土壤主要重金属污染控制技术、降活减存技术、综合治理技术等科技攻关，并建立相应的综合示范区，对现有各种治理修复技术及模式进行比选、优化、集成和熟化、简化，形成一系列适合不同土壤污染类型和污染程度、不同农业生态类型区的先进、适用、易行、能复制、可推广的模式和工程技术体系及标准化操作规程，为重金属土壤污染防控和治理提供强有力的科技支撑和示范样板。

4. 引导公众正确认识重金属污染概念，建立部门统筹、协调与联动的监督监管机制

当前，存在着谈重金属污染色变的现象，正确引导公众认识重金属污染有利于耕地重金属污染的修复治理。构成土壤污染的要素主要包括三个方面的内容（土壤污染三要素），即有可识别的人为污染物、有可鉴别的污染物数量的增加、有现存（直接显露）或潜在（通过转化）的危害后果，三者缺一不可。但有学者认为，只要有人类活动产生的污染物进入土壤，无论其是否对有关受体（生物、水体、空气、人体或财产）产生明显危害都应称为污染，即只要有人类活动产生的污染物进入耕地土壤，不管污染物是否超标或是对农业产生危害，均称为污染土壤。其中部分土壤中的污染物可能并未超标，即只要不再继续增加污染物，就不会对农业造成危害，也不会造成农产品的安全问题。另外，重金属是土壤的固有组分，普遍存在于土壤中，这是一种自然现象，不应一见到土壤中含有重金属就认为土壤受到了重金属的污染。当然，耕地土壤中一旦有了污染物，不管是否超标，都应该引起重视、加强保护，避免污染物进一步增多。另外，即使自然界本身造成的有害物质超标土壤，也应严禁用于种植可食用的农作物。

此外，重金属污染因具有持久性、严重性、危害性和灾难性的特点，一直是环境治理中的一大严峻问题，我们必须尽可能重视它，主动减少日常生活和生产中的重金属排放，才能防止重金属污染事件的再次发生。因而要加强多部门联动执法，形成政府、企业、公众群防共治的环境治理体系。强化多部门环境风险防范与突发事件应急处置联动合作，形成源头防范、风险评估、隐患排查、应急处置相结合的环境安全监管格局。对于那些生产企业，必须进一步深化"在保护中开发，在开发中保护"的意识，达到环境与资源协调发展。一方面，可以采取多种措施加强宣传教育，普及环境知识，增强人们可持续发展的意识，在全社会形成一种生态资源环境和谐发展的氛围；另一方面，相关部门应积极调动农民，加强宣传重金属污染的危害，提高广大农民保护耕地土壤、防治重金属污染的意识，让农民参与到土壤重金属污染监督的活动中，鼓励其对一些非法重金属排放污染源进行举报，以实现从根源上解决污染问题。

5．切实加强耕地重金属污染物来源控制，规范土壤重金属高背景区的生产与开发活动，防止叠加污染及迁移扩散

一是加大工矿企业污染控制力度。完善产业准入条件，严格环境执法，对造成土壤严重污染的工矿企业实行限期治理，对耕地内历史遗留的工矿污染及其土壤环境安全隐患进行排查和专项整治。加强集中式治污设施的环境监管，规范危险废物贮存和处理设施运营，防止对周边土壤造成污染。

二是加强农业生产过程环境监管。强化肥料、农药、农膜等农用投入品使用的环境安全管理，从严控制污水灌溉和污泥农用。加大农业面源污染控制力度，大力发展绿色生态农业，加强无公害、绿色和有机农产品生产基地建设。

三是优化产业规划布局。加强规划，合理布局，防止重污染企业、各类工业园区、经济开发区、高新技术区、各类资源开发、开采等建设活动对周边耕地土壤造成污染；通过区域环评、规划环评、项目环评等手段，防止各种无序开发项目造成耕地土壤污染；防止重污染企业由城市向农村转移，避免造成新的土壤污染。

四是实施奖惩政策措施。开展耕地土壤环境保护成效评估和考核，对土壤环境保护措施落实到位、土壤环境质量得到有效保护和改善的地区，政府实行奖励性政策措施；对造成耕地土壤严重污染、集中式饮用水水源地受到威胁的地区，实行区域环保限批等惩罚性措施。

6．健全耕地土壤重金属污染监测制度，构建耕地重金属污染预警预测系统

目前江西省对耕地土壤重金属污染防治并不理想，虽然全省部分地区已相继开展了土壤重金属污染监测工作，但由于缺乏相关的监测制度，所以监测质量较差，主要原因是污染状况不明，防治技术和理论缺乏。为了保证土壤重金属污染监测工作的有效性，必须实行监测结果公开制度，建立健全土壤重金属污染监测制度，利用制度的硬性要求把土壤重金属污染监测工作落到实处，明确污染状况。实践证明，监测是防控的重要基础。为此，要着力构建省级范围的农田重金属污染预警和预测系统。建立预测预警体系，则要求无论是在宏观还是微观层面，都要探查出具有典型产地环境污染特征的区域，对耕地周边环境的土壤、水体、空气等方面重金属污染状况进行重点监测，定期排查并列出主要污染物清单，同时定量分析污染危害程度，从而科学制定产地环境分类管理标准与源头防控技术措施。

主要包括以下四个方面：一是组建骨干队伍，实施项目带动。预警网络与预测系统是一个协同创新的载体与长期监测的平台，也是一个重要而复杂的系统工程。为此，要选好学术带头人或项目首席专家，这对于科研攻关与监测评估有着重要影响。作为引领者则必须精通专业，同时有做过信息技术的研发工作，掌握多学科知识并具有很强的综合协调能力。

二是完善顶层设计，各部门联动实施集成配套。由省政府主抓，省农业厅，农科院共同参与，针对全省需求，明确各自的分工任务与职责，组织相关专家成立创新团队与工作平台，深入开展长期的技术研发与理论探讨。与此同时，国家与省级财政部门要保证充足的研究经费，专款专用，单列考核，明确目标，全力以赴，力求全面完成预警预测任务。

三是依靠科技创新，实施集成推广。耕地土壤重金属污染预警和预测系统构建，应建立在创新理论和方法之上，同时注重发挥高新技术有机组合优势，实现整个系统的配套组装，研制出实用的产品，力求为各级政府与农业管理部门服务。

四是完成组网建库，实施资源共享。大量的检测数据是防控耕地土壤重金属污染预警网络和预测系统建立的基础，应将各科研单位和科研人员的研究数据纳入同一个系统中，便于开展全方位的、步调统一的研究。建立高标准的数据库，联网使用，共享资源，使其发挥更大的作用。

7. 完善耕地重金属评价方法，建立健全的重金属防控技术体系

防控体系的建立，在于树立防控重于治理的基本思路，关键要调查并明确重金属在"土壤—作物"之间迁移转化的主要影响因素，科学地加以辨别并分析污染的主要来源，从而科学合理地制定有效防控措施。

一是加强全省农业土壤环境质量标准修订的基础研究，建立精准的土壤重金属污染评价指标体系。利用当地土壤环境背景标准，对土壤环境重金属污染状况进行评价，可以较好地分析和了解当地土壤重金属污染的状况与影响程度。因地制宜，采用不同的土壤重金属污染的评价方法，如内梅罗综合污染指数法、模糊数学法、地质累积指数法等。不同评价方法都是基于不同的评价目的，有其不同的适用范围。因而要积极借助于先进的技术手段，如空间信息技术等，研究土壤重金属污染的有效方法及其适用条件，为科学、合理、准确评价土壤中重金属的污染程度提供有效方法。

二是研究并健全耕地重金属污染的物理、化学、生物防控技术。一方面，对污染面积较大且主要以中轻度为主的重金属污染耕地而言，其修复技术与方式的选择则必须充分考虑其生产方式和开发类型，同时要统筹兼顾有效性、经济性和推广性。另一方面，对矿区附近受污染的耕地，要重点防控，递进设档，合理导水，适时轮作。同时要兼顾考虑土壤治理与植物修复技术的集成应用。

三是研究并完善土壤重金属含量阈值及安全利用技术。实践表明，土壤重金属超标与污染阈值制定对农田土壤安全利用是至关重要的。显然，要有效防控农田土壤重金属污染，必须注重多种方法联用与技术配套。其中农艺技术与水肥调控则有助于缓解污染毒害的程度。农田耕作调控法主要包括水分管理、施肥调控、低累积作物品种替换、调节土壤 pH 值、调整种植结构等综合措施来控制与缓解农田重金属的毒害，其合理应用可直接或间接达到修复农田重金属污染的目的。

8. 针对特定的土壤环境，制定有效的耕地利用方式

土壤污染首先想到的是投入大量资金进行治理。实际上，土壤环境的"优劣"是针对"特定需要"而言的，对某种需要而言为"劣质"的土壤环境，可以用于其他需求。城市用地、工业用地、畜牧用地、水产养殖用地、林业与花卉苗木用地和农作物用地对土壤环境的要求不同，所以在评价土壤是否受到污染，或是否有毒时，要看它的用途。受到某些重金属污染的耕地不能再继续从事粮食、蔬菜、水果等可食性农产品的种植，但可以种植绿化植物或其他非食用性工业原料作物。当然，在选择非食用性工业原料时，必须考虑它们后续可能对人类造成的危害。在对待污染土壤的方式上，需要调整思维策略，有时必须投入大量的资金进行治理；但有时对于受到污染的耕地进行利用方式的调整更为有效。为此，应开展分区域、分类型的农田土壤污染状况调查，并开展不同作物对各类污染物的响应机理研究，根据调查和研究结果，提出或治理，或退耕，或调整种植结构的土地利用方案。

9. 建立耕地生态补偿机制，推动农业发展方式转变

第一，加快生态补偿立法。以 2010 年国务院组织起草的《生态补偿条例》草案为依据，增加对耕地生态补偿的基本内容及相关配套制度措施等具体规定。对耕地生态补偿的主体、范围、资金来源、补偿标准等事项加以明确并加强监督，着重对资金使用情况进行有效的监督。

第二，建立耕地生态补偿基金。耕地补偿基金的建立和使用主要是为了预防出现新"毒地"、修复现有"毒耕地"以及救济"毒地"损害，包括补偿受害人、鼓励对耕地生态保护较好的农民等。耕地生态补偿基金的来源有以下三方面：一是按照"谁污染、谁负担"原则，由工矿企业等污染者承担费用，担负起污染治理和修复耕地的法定义务；二是政府公共财政投入，以提供公共技术服务为后盾的生产支持服务体系；三是金融机构、民间组织、环保社团、公民个人的社会捐助。此外，要不断加强资金来源渠道的拓展，积极吸纳社会资金，以形成多元化的融资机制。

第三，转变农业发展方式，发展生态农业和循环农业。鼓励粮农主动地运用现代农业生产技术，科学合理地使用农药、化肥、农用薄膜等化学投入品，增施有机肥减少化肥施用量，积极使用低毒、低残留农药和生物农药，实现耕地资源利用集约化、生产过

程清洁化、畜禽养殖粪便农业废弃物处理无害化等，保护耕地质量，防止污染。同时，积极开展生态产品认证（认证费用从耕地生态补偿基金里支付），推动农业发展以追求产量为主转向追求产量与质量安全并重。鼓励粮农与掌握环境友好技术的机构（企业）合作，利用其新型技术，指导循环耕作的方法，不断提高农业科技和物质装备水平以改善耕地的生态状况，转变农业生产方式，促进农业可持续发展，国家对有效提升耕地地力的粮农给予直接的补贴。

参考文献

[1] 夏文建，徐昌旭，刘增兵，等. 江西省农田重金属污染现状及防治对策研究[J]. 江西农业学报，2015（1）：86-89.

[2] 周俊华，何仁春，廖玉英，等. 畜禽肉重金属污染来源及监控措施[J]. 现代农业科技，2015（1）：295-296.

[3] 任永霞. 陕北矿区重金属污染土壤的微生物—植物联合修复技术研究[D]. 西安：西北大学，2011.

[4] 何娇. 贵州典型土地整治项目区耕地土壤重金属污染的评价[D]. 贵阳：贵州大学，2015.

[5] 方勇，陈建相，杨友强. 中国农田重金属污染概况[J]. 广东化工，2015，42（19）：113.

[6] 张燕. 温室大棚土壤重金属形态分布及其生物有效性[D]. 咸阳：西北农林科技大学，2008.

[7] 蔡小冬. 白银市白银区耕地耕层土壤重金属污染空间分异与环境污染评价研究[D]. 兰州：甘肃农业大学，2014.

[8] 姚超英，田晖. 土壤重金属离子污染的植物修复技术[J]. 浙江化工，2006，37（10）：17-19.

[9] 周雯婧，贺惠. 我国农田土壤重金属污染来源及特点[J]. 科教文汇旬刊，2013（12）：102-103.

[10] 徐龙君，袁智. 土壤重金属污染及修复技术[J]. 环境科学与管理，2006，31（8）：67-69.

[11] 刘霞，刘树庆. 土壤重金属形态分布特征与生物效应的研究进展[J]. 农业环境科学学报，2006，25（z1）：407-410.

[12] 马丹. 微波系列萃取土壤中重金属形态及其与植物中重金属关系的研究[D]. 苏州：苏州科技学院，2008.

[13] 周瑾艳，保志娟，杨亦，等. 生物体中重金属元素分析方法的研究进展[J]. 中国测试，2012，38（1）：56-59.

[14] 崔妍，丁永生，公维民，等. 土壤中重金属化学形态与植物吸收的关系[J]. 大连海事大学学报，2005，31（2）：59-63.

[15] 董悦，刘晓群，李翠兰，等. 土壤重金属污染研究进展[J]. 现代农业科技，2009，498（4）：143-145.

[16] 戴维明. 长江口悬浮固体中重金属元素的形态研究[J]. 上海环境科学，1994（11）：7-9.

[17] 魏俊峰. 广州城市水体沉积物中重金属形态分布研究[J]. 生态环境学报，1999（1）：10-14.

[18] 乔庆霞，黄小凤. 沘江表层底泥中重金属化学形态的研究[J]. 昆明理工大学学报（自然科学版），

1999（2）：195-198.

[19] 江春玉. 植物促生细菌提高植物对铅、镉的耐受性及富集效应研究[D]. 南京：南京农业大学，2008.

[20] Elless M P，Bray C A，Blaylock M J. Chemical behavior of residential lead in urban yards in the United States.[J]. Environmental Pollution. 2007，148（1）：291.

[21] Moreno J L，Hernandez T，Garcia C. Effects of a cadmium-contaminated sewage sludge compost on dynamics of organic matter and microbial activity in an arid soil[J]. Biology and Fertility of Soils. 1999，28（3）：230-237.

[22] Benavides，Gallego M P，Tomaro S M，et al. Cadmium toxicity in plants[J]. Braz.J.plant Physiol，2005，17（1）：21-34.

[23] 张从，夏立江. 污染土壤生物修复技术[M]. 北京：中国环境科学出版社，2000：35-39.

[24] 何忠俊，华珞. 氮锌交互作用对白三叶草叶片活性氧代谢和叶绿体超微结构的影响[J]. 农业环境科学学报，2005，24（6）：1048-1053.

[25] Chenguang Cai，Wangren Min，Alfreadquampah，et al. Physiological Characterization of Zn-efficient Rice（Oryza sativa）Genotype at Different Zn^{2+} Levels[J]. Rice Science，2003，11（z1）：47-51.

[26] 王敬华，赵伦山. 山西山阴、应县一带砷中毒区砷的环境地球化学研究[J]. 现代地质，1998（2）：243-248.

[27] 丁佳红，刘登义，储玲，等. 重金属污染土壤植物修复的研究进展和应用前景[J]. 生物学杂志，2004，21（4）：6-9.

[28] 张淼. 内生菌及根际菌对植物修复铬污染土壤促进作用的研究[D]. 哈尔滨：哈尔滨工业大学，2013.

[29] 彭祺，郑金秀，涂依，等. 污染底泥修复研究探讨[J]. 环境科学与技术，2007，30（2）：103-106.

[30] 姜春晓. 高效抗重金属菌株的选育及其在生物修复镉污染土壤中的应用[D]. 天津：南开大学，2009.

[31] 何邵麟，龙超林，刘应忠，等. 贵州地表土壤及沉积物中镉的地球化学与环境问题[J]. 贵州地质，2004，21（4）：245-250.

[32] 刘莉华. 龙葵与微生物联合修复 Cd 污染土壤研究[D]. 南昌：南昌航空大学，2013.

[33] 徐昌旭，苏全平，李建国，等. 江西耕地土壤重金属含量与污染状况评价[A]. 农业部环境监测总站. 全国耕地土壤污染监测分评价技术研讨会论文集[C]. 农业部环境监测总站，2006：5.

[34] 崔德杰，张玉龙. 土壤重金属污染现状与修复技术研究进展[J]. 土壤通报，2004，35（3）：366-370.

[35] 吕贵芬，杨涛，陈院华，等. 江西省土壤重金属污染治理研究进展[J]. 能源研究与管理，2016（2）：16-18.

[36] 国家统计局能源司，环境保护部. 中国环境统计年鉴（2011）[M]. 北京：中国统计出版社，2011.

[37] 李祖章，谢金防，蔡华东，等. 农田土壤承载畜禽粪便能力研究[J]. 江西农业学报，2010，22（8）.

[38] 姜萍，金盛杨，郝秀珍，等. 重金属在猪饲料—粪便—土壤—蔬菜中的分布特征研究[J]. 农业环境科学学报，2010，29（5）：942-947.

[39] 刘荣乐，李书田，王秀斌，等. 我国商品有机肥料和有机废弃物中重金属的含量状况与分析[J]. 农业环境科学学报，2005，24（2）：392-397.

[40] 徐军. 植物促生细菌和 EDTA 对植物生长与富集土壤重金属的影响及机制研究[D]. 南京：南京农业大学，2012.

[41] 刘丽丽. 土壤中重金属的形态分析及重金属污染土壤的修复[D]. 苏州：苏州科技学院，2010.

[42] 彭晖冰. 永州铅锌矿尾渣形态特征及生态风险评价[D]. 长沙：湖南大学，2007.

[43] 曹越，吴晓敬，李淑岩. 土壤重金属污染来源及修复技术研究[J]. 环境科学与管理，2010，35（3）：62-64.

[44] 陈志良，仇荣亮，张景书，等. 重金属污染土壤的修复技术[J]. 环境保护，2001（8）：21-23.

[45] 尚英男. 土壤—植物的重金属污染特征及铅同位素示踪研究——以成都经济区典型城市为例[D]. 成都：成都理工大学，2007.

[46] 王静，王鑫，吴宇峰，等. 农田土壤重金属污染及污染修复技术研究进展[J]. 绿色科技，2011（3）：85-88.

[47] 张香枝. 浅析城市土壤中重金属的污染及修复[C]. 第八届环境与发展论坛论文集. 中华环保联合会，2012：4.

[48] 周启星，宋玉芳. 污染土壤修复原理与方法[M]. 北京：科学出版社，2004.

[49] 黄海涛，魏彩春，梁延鹏，等. 重金属污染场地修复技术的研究进展[J]. 宁夏农林科技，2011，52（5）：43-46.

[50] 任改弟. 产 ACC 脱氨酶细菌提高植物富集和耐受镉、铜效应及机制研究[D]. 南京：南京农业大学，2010.

[51] 陈怀满，郑春荣. 中国土壤重金属污染现状与防治对策[J]. 人类环境杂志，1999（2）：130-134.

[52] 廖敏，谢正苗，黄昌勇. 镉在土水系统中的迁移特征[J]. 土壤学报，1998（2）：179-185.

[53] 闫大连. 重金属污染土壤修复技术探讨[J]. 现代农业，2007（6）：58-59.

[54] 何益波，李立清，曾清如. 重金属污染土壤修复技术的进展[J]. 广州环境科学，2006（4）：26-31.

[55] kumpiene J，Ore S，Lagerkvist A，et al. Stabilization of Pb- and Cu-contaminated soil using coal fly ash and peat.[J]. Environmental Pollution，2007，145（1）：365-373.

[56] Ruttens A，Adriaensen K，Meers E，et al. Long-term sustainability of metal immobilization by soil amendments：cyclonic ashes versus lime addition[J]. Environmental Pollution，2010，158（5）：1428-1434.

[57] 王卫东. 我国土壤重金属污染治理与修复综述[J]. 小麦研究，2016（2）：11-18.

[58] 樊瑞. 沉陷区复垦基质中镉的植物去除与利用研究[D]. 泰安：山东农业大学，2010.

[59] 宋鹏. 浅谈土壤重金属污染的修复技术[J]. 科技风，2011（10）：37.

[60] 康彩霞. GIS 与地统计学支持下的哈尔滨市土壤重金属污染评价与空间分布特征研究[D]. 长春：吉林大学，2009.

[61] 崔斌，王凌，张国印，等. 土壤重金属污染现状与危害及修复技术研究进展[J]. 安徽农业科学，2012，40（1）：373-375.

[62] 谢建明. 醴陵市洪源金矿区土壤质量特征及治理对策研究[D]. 长沙：湖南农业大学，2009.

[63] 程华丽. 土壤镉污染及其修复技术研究进展[J]. 生物学教学，2011，36（8）：8-10.

[64] 罗战祥，揭春生，毛旭东. 重金属污染土壤修复技术应用[J]. 江西化工，2010（2）：100-103.

[65] 闫蓓. 电厂燃煤过程中砷的迁移转化及控制技术[D]. 保定：华北电力大学（河北），2006.

[66] 朱兰保，盛蒂. 重金属污染土壤生物修复技术研究进展[J]. 工业安全与环保，2011，37（2）：20-21.

[67] Chang I S, Kim B H. Effect of sulfate reduction activity on biological treatment of hexavalent chromium [Cr（Ⅵ）] contaminated electroplating wastewater under sulfate-rich condition[J]. Chemosphere，2007，68（2）：218-226.

[68] 张溪，周爱国，甘义群，等. 金属矿山土壤重金属污染生物修复研究进展[J]. 环境科学与技术，2010，33（3）：106-112.

[69] Papassiopi N，Kontoyianni A，Vaxevanidouk，et al. Assessment of chromium biostabilization in contaminated soils using standard leaching and sequential extraction techniques[J]. Science of the Total Environment，2009，407（2）：925-936.

[70] Beveridge T J. The response of cell walls of Bacillus subtilis to metals and to electron-microscopic stains[J]. Canadian Journal of Microbiology，1978，24（2）：89.

[71] 滕应，骆永明，高军，等. 多氯联苯污染土壤菌根真菌—紫花苜蓿—根瘤菌联合修复效应[J]. 环境科学，2008，29（10）：2925-2930.

[72] 徐莉，滕应，张雪莲，等. 多氯联苯污染土壤的植物—微生物联合田间原位修复[J]. 中国环境科学，2008，28（7）：646-650.

[73] Feng G，Zhang F S，Li X L，et al. Improved tolerance of maize plants to salt stress by arbuscular mycorrhiza is related to higher accumulation of soluble sugars in roots[J]. Mycorrhiza，2002，12（4）：185-190.

[74] Hildebrandt U，Regvar M，Bothe H. Arbuscular mycorrhiza and heavy metal tolerance[J]. Phytochemistry，2007，68（1）：139-146.

[75] khan A G，Kuek C，Chaudhry T M，et al. Role of plants，mycorrhizae and phytochelators in heavy metal contaminated land remediation.[J]. Chemosphere，2000，41（1-2）：197.

[76] Rufyikiri G，Huysmans L，Wannijn J，et al. Arbuscular mycorrhizal fungi can decrease the uptake of uranium by subterranean clover grown at high levels of uranium in soil[J]. Environmental Pollution，

2004，130（3）：427-436.

[77] Ma Y，Rajkumar M，Luo Y，et al. Inoculation of endophytic bacteria on host and non-host plants——effects on plant growth and Ni uptake[J]. Journal of Hazardous Materials，2011，195（1）：230-237.

[78] Lian J，Wang Z，Cao L，et al. Artificial inoculation of banana tissue culture plantlets with indigenous endophytes originally derived from native banana plants[J]. Biological Control，2009，51（3）：427-434.

[79] 杨卓，王占利，李博文，等. 微生物对植物修复重金属污染土壤的促进效果[J]. 应用生态学报，2009，20（8）：2025-2031.

[80] Luo S，Wan Y，Xiao X，et al. Isolation and characterization of endophytic bacterium LRE07 from cadmium hyperaccumulator *Solanum nigrum* L. and its potential for remediation[J]. Applied Microbiology and Biotechnology，2011，89（5）：1637-1644.

[81] 靳治国. 耐铅镉菌株的筛选及其在污染土壤修复中的应用[D]. 重庆：西南大学，2010.

[82] 张桃林，潘剑君，刘绍贵，等. 集约农业利用下红壤地区土壤肥力与环境质量变化及调控——江西省南昌市郊区和余江县案例研究[J]. 土壤学报，2007，44（4）：584-591.

[83] 熊又升，何圆球，王兴祥，等. 小尺度区域红壤重金属含量背景值及其环境质量评价[J]. 华中农业大学学报，2006，25（5）：524-529.

[84] 刘绍贵. 集约农业利用下红壤地区土壤肥力和环境质量变化及调控——以江西省余江县和南昌市郊区为例[D]. 南京：南京农业大学，2007.

[85] 曹尧东. 丘陵红壤重金属复合污染的空间变化规律[D]. 南京：南京农业大学，2004.

[86] 黄国勤. 江西生态系统研究[M]. 北京：中国环境出版社，2016.

[87] 邢新丽，周爱国，梁合诚，等. 南昌市土壤环境质量评价[J]. 贵州地质，2005，22（3）：171-175.

[88] 刘娅菲. 江西省优势水稻区域环境质量现状评价与污染防治对策[J]. 农业资源与环境学报，2005，22（4）：35-38.

[89] 魏益华，陈云霞，周瑶敏，等. 江西抚州烟区土壤及烟叶重金属污染状况评价[J]. 中国烟草科学，2014（1）：19-25.

[90] 朱美英，罗运阔，卢志红，等. 南昌市郊蔬菜基地土壤重金属含量及评价[J]. 安徽农业科学，2007，35（18）：5500-5501.

[91] 朱美英，罗运阔，赵小敏，等. 南昌市近郊蔬菜基地土壤和蔬菜中重金属污染状况调查与评价[J]. 江西农业大学学报，2005，27（5）：781-784.

[92] 左祖发，毛大发，熊胜珊. 江西某蔬菜基地土壤重金属污染现状[J]. 物探与化探，2006，30（6）：558-561.

[93] 谢克斌，廖大贵，朱慧斌，等. 江西蔬菜土壤重金属质量现状评价及控制技术[J]. 现代园艺，2008（3）：15-17.

[94] 曾凡萍，方丹，付于兰，等. 萍乡蔬菜种植区土壤中重金属含量及潜在生态危害研究[J]. 环境科

学与管理，2017（1）：140-143.

[95] 孙华，孙波，张桃林. 江西省贵溪冶炼厂周围蔬菜地重金属污染状况评价研究[J]. 农业环境科学学报，2003，22（1）：70-72.

[96] 熊春红，李昌，谢明勇. 江西茶鲜叶重金属状况评价探讨[J]. 食品与发酵工业，2011，37（9）：203-207.

[97] 蒋委红. 赣南脐橙园土壤重金属形态分析与污染评价[D]. 赣州：赣南师范学院，2013.

[98] 王宇. 我国污染场地修复体系建设的法律问题研究[D]. 上海：华东政法大学，2012.

[99] 中国农业科学院. 建立耕地生态补偿机制推动农业发展方式转变[J]. 中国农业信息，2014（4）：34-35.

[100] 魏营，周塘沂. 农村水污染现状及防治对策[J]. 绿色科技，2014（8）：232-234.

[101] 张桃林. 关于加强农业资源环境保护法治建设的思考[J]. 农村工作通讯，2015（2）：18-21.

[102] 贾一波，田义文. 中国耕地污染防治立法研究[J]. 商场现代化，2008（2）：313-315.

[103] 王晋民，王海景，康晓东. "数字土壤"应用于耕地质量管理的初步构想[J]. 山西农业科学，2007（9）：13-16.

[104] 江西省重金属污染防治工作实施方案[J]. 江西省人民政府公报，2010（5）：36-40.

[105] 陈印军，杨俊彦，方琳娜. 我国耕地土壤环境质量状况分析[J]. 中国农业科技导报，2014，16（2）：14-18.

[106] 王玉璇. 湖南省某市稻谷重金属污染现状与防治对策[D]. 长沙：中南林业科技大学，2014.

[107] 陈印军. 对我国耕地土壤污染应注意的几个问题[J]. 中国农业信息，2014（5）：12-13.

[108] 李雪. 浅谈土壤治理的现实推进[J]. 科教导刊：电子版，2014（13）：145.

第十二章　农作物秸秆利用现状及综合利用行动[①]

　　江西是我国传统的农业大省，自然条件优越，生态环境良好，有着生产绿色食品、维护农产品质量安全得天独厚的条件与优势。绿色生态作为江西省最大的财富、最大的优势、最大的品牌，只有将其充分利用起来，全力推进绿色崛起，江西省才会后来居上。2014年，国家批复江西列入生态文明先行示范区，标志着江西绿色崛起迎来了宝贵的历史发展机遇。绿色崛起的本质是生态文明的崛起，其实质是走绿色、循环、低碳、安全、可持续发展之路，实现最大经济社会效益、最小环境代价、最合理资源消耗的有机统一。因此，发展绿色生态农业，既是江西现代农业发展的战略方向，也是江西实现绿色崛起的必然选择。2016年，为推进江西省绿色农业的发展，江西省人民政府公开发表《关于推进绿色生态农业十大行动的意见》一文，文中指出"江西省绿色生态农业'十大行动'"主要包括：绿色生态产业标准化建设、"三品一标"农产品推进、绿色生态品牌建设、化肥零增长、农药零增长、养殖污染防治、农田残膜污染治理、耕地重金属污染修复、秸秆综合利用、农业资源保护10个方面。其中，"秸秆综合利用"被放在第9位，说明发展秸秆综合利用对江西省绿色农业的崛起具有重要的意义。

第一节　秸秆综合利用概述

一、秸秆综合利用的含义

　　秸秆的综合利用，是指在农村生产系统中，以秸秆为起点，以解决资源短缺为目标，实现有机物多重循环、多层利用，从而提高农业生态系统的综合效益的一种利用方式。我国地域辽阔，农作物资源丰富。因此，我国秸秆资源数量大、种类多。长期以来，秸秆资源都作为农村居民的燃料以及喂养牲畜的有机饲料或者工业原料。近年来，随着产业结构的调整，出现了很多原料替代产品。同时，随着秸秆资源利用成本的提高，农村

[①] 本章作者：黄国勤、王兰（江西农业大学生态科学研究中心）。

地区出现了秸秆过剩状况，在很多地区，尤其是东部沿海地区，出现了违规焚烧的现象，给环境带来了极大的危害，也威胁着人们的生存健康。在这种背景下，加强农作物秸秆的综合利用，既是我国创建"资源节约型、环境友好型社会"的重要举措，同时又可以提高农业综合生产能力，是开拓新的农业资源和农业经营领域的重要选择，增加农民收入的重要途径。江西省作为全国重要的农副产品和商品粮基地，农作物秸秆资源十分丰富。多年来，受消费观念和生活方式等因素的影响，一部分农作物秸秆被弃置或露天焚烧，使可利用的"资源"变成"污染源"，造成巨大资源浪费和环境污染，产生诸多不安全因素。目前，江西省的农作物秸秆综合利用总体水平仍然较低，一些地区的违规焚烧现象屡禁不止，并有愈演愈烈之势，不仅浪费资源污染环境，还严重威胁交通运输安全。为贯彻落实江西省人民政府提出的"绿色生态农业十大行动"，加快推进秸秆综合利用，减轻环境压力，发展绿色生态农业，我们对江西省农作物秸秆综合利用现状、问题进行了专题调查研究，结合当地实际提出了相应的对策措施。

二、秸秆综合利用的意义

农作物秸秆资源具有多功能性，通常有以下几个利用途径：用作燃料、饲料、肥料、生物基料、工业原料，与广大农民的生活和生产息息相关。高效开发和集约利用农作物秸秆资源，有利于改善农村生产、生活条件，促进农业增效和农民增收，对发展循环经济，保护农村生态环境，推进绿色生态农业建设等具有重要意义。总的来说，农作物秸秆利用的意义主要体现在它所创造的经济效益和社会效益上，这主要包括其经济价值和生态价值两个层面：首先，从经济价值层面来看，农作物秸秆综合利用的效益主要包括以下几个方面：①秸秆饲料化可以节约大量粮食，目前全国很多地方以玉米、大豆、花生等秸秆为主，做青贮饲料，用来发展养殖业，不仅节约了成本，还避免了农作物秸秆大量堆积造成的污染；②秸秆还田减少了化肥使用，节约了农业生产成本，而且秸秆还田在一定程度上培肥了地力，缓解了土壤板结等问题，最终提高了农田的产出；③秸秆用作工业原料使农业副产品的价值得到更加充分的开发，并有效地延伸了农业生产的价值链。其次，农作物秸秆综合利用也有巨大的生态价值，而且这方面的意义要远远大于其经济价值。①农作物秸秆综合利用可以改善农业生态环境。目前，我国农村各地在农业生产中大量使用化肥，土壤结构的失衡和土壤板结化等问题十分突出，农作物适应异常环境和抵御病虫害侵袭的能力减弱，一些动物的生存环境遭到破坏。而农作物秸秆还田可以提高土壤肥力，缓解土壤板结情况；②农作物秸秆综合利用可以节约不可再生，或者可再生但周期较长的稀缺资源。通过能源综合利用技术对秸秆加以开发，可以使秸秆变成适合农民实用的能源形式，替代煤炭等化石能源。③利用秸秆还可以制作板材、纸张、饭盒、纸袋之类的一次性用品，节约了大量的森林资源，其本身在废弃后也容易降解，从而减少对环境的污染。另外，农作物秸秆综合利用还能节能减排。秸秆综合利用不仅直接减少碳（包括二氧化硫等气体）的排放量，同时也会因节约了森林资源而间接地减少碳排放量。

三、秸秆综合利用的研究进展

1. 国外相关研究

秸秆综合利用是一个关系到人们身体健康、农民收入与资源利用的重要问题。国内外一些学者在对秸秆综合利用的有效途径、影响因素及资源循环利用都有较深入的研究。综合国外秸秆综合利用现状发现，随着科学技术不断进步与创新，农作物秸秆资源大多都得到综合有效利用，特别是在发达国家，种植玉米和小麦为主要粮食的北美，每年秸秆产量较多，部分都得到了合理利用；在加拿大的农业生产过程中，大部分农户采用粉碎式收割机，在收获粮食的同时也将秸秆切碎，并将其作为农业肥料返到田里；美国的 20 多个农业州，每年产生的农作物秸秆，其中被广泛用作动物饲料，建筑房屋，填充新房的墙壁等各个方面。欧洲，秸秆发电技术已日趋成熟。另外，国外许多研究人员在秸秆资源的再加工和有循环利用领域取得了成果，如 Karjalainen、Mikko 等运用具有超重力的水利旋流器设备，将加工好的秸秆浆中分馏出的成分进一步加工成洁白无瑕的高质量纸张，从而有效降低了木头造纸的成本。Seyed Hamidreza、Ghaffar 通过对秸秆中木质素化学结构及组成进行分析，然后通过化学改性处理，可将秸秆加工成黏合剂，有效降低了工业生产黏合剂的原料成本。

2. 国内相关研究

在我国，秸秆焚烧带来的环境污染问题及秸秆资源的综合利用浪费问题已引起了政府的高度关注。2008 年国务院发布了《关于加快推进农作物秸秆综合利用的意见》（以下简称《意见》），是我国第一个关于秸秆综合利用的重要文件，《意见》要求加快推进秸秆的综合利用，实现秸秆的资源化、商品化，促进资源节约、环境保护和农民增收。目前，国内对秸秆综合利用的研究主要集中在现状研究、存在问题研究、农户处理秸秆行为的影响因素研究以及秸秆综合利用的有效途径研究这几个方面。例如，成都农林科学院研制成功"水稻走道式秸秆还田生态种植新技术"，可将水稻前茬农作物秸秆全部直接还田，且不影响后季作物生长，其水稻单产达 9 000～10 500 kg/hm²，节本增收达 750～1 500 元/hm²，秸秆综合利用与社会经济效益非常显著。赵荷娟通过调查研究分析了南京市农作物秸秆综合利用存在的问题，提出了相应的发展建议。戴志刚对中国 2009 年主要农作物秸秆产量、养分总量进行评估，同时对秸秆还田配套措施进行了总结。

国内外学者对秸秆综合利用的研究比较多，主要表现在秸秆综合利用的现状、有效利用途径、存在的问题及相应解决措施方面，在影响因素方面研究较少。结合国外的实际情况，文献资料显示，国外学者对秸秆综合利用研究较早，具有丰富的经验，无论在理论方面还是实践方面对我国秸秆综合利用研究都具有重要的指导和借鉴作用。国内对秸秆综合利用方面的研究，缺乏系统、有效的数据支撑及实证支持。本章结合相关数据，针对江西省秸秆综合利用总体情况进行定性、定量分析，促使秸秆资源得到更合理的利用。

第二节　秸秆资源及其利用现状

一、江西省秸秆资源量及其特点

1. 秸秆的理论资源量估算

理论资源量是指某一区域秸秆的年总产量，表明理论上该地区每年最大可能生产的农业生物质资源量。秸秆是指农作物经过脱籽以后，残留的不能食用的茎、叶等农作物副产品，但留地下的部分一般不计算在内。由于农作物具有分散性、能量密度低等特点，且与当地的自然条件生产情况有关，统计比较困难。因此，一般根据农作物产量和各种农作物的草谷比，大致估算各种农作物秸秆的产量。计算公式为

$$P = \sum_{k=1}^{n} \lambda_k \cdot G_k \qquad (12\text{-}1)$$

式中，P 为某一地区农作物秸秆的理论资源量，t；k 为农作物秸秆的编号，$k=1, 2, \cdots, n$；G_k 为某一地区第 k 种农作物的年产量，t；λ_k 为某一地区第 k 种农作物秸秆的草谷比。

根据式（12-1），估算出江西省 2013—2015 年各种秸秆的资源量（表 12-1）。秸秆的理论资源量分布质量分数见图 12-1。

表 12-1　江西省秸秆的理论资源量分布

类型		产量/万 t			草谷比/%	理论资源量/万 t		
		2013 年	2014 年	2015 年		2013 年	2014 年	2015 年
稻谷		2 004.0	2 025.2	2 027.20	0.952	1 907.81	1 927.99	1 929.89
小麦		2.5	2.6	2.62	1.28	3.2	3.33	2.89
玉米		12.0	12.3	12.80	1.247	14.96	15.34	15.96
豆类		30.7	31.9	33.06	1.5	46.05	47.85	49.59
薯类		65.5	70.0	71.38	0.5	32.75	35	35.69
油料	花生	45.20	45.65	46.41	2.212	99.98	100.98	102.66
	油菜籽	70.37	72.35	73.94	2.212	155.66	160.04	163.56
	芝麻	3.65	3.70	3.60	2.212	8.07	8.18	7.96

类型	产量/万 t			草谷比/%	理论资源量/万 t		
	2013 年	2014 年	2015 年		2013 年	2014 年	2015 年
棉花	13.09	13.37	11.52	3.136	41.05	41.93	36.13
麻类合计	0.81	0.72	0.67	1.73	1.40	1.25	1.16
甘蔗	64.66	64.52	65.82	0.43	27.80	27.74	28.30
烟草	5.05	5.89	5.46	0.71	3.59	4.18	3.88
总计	2 317.53	2 348.2	2 354.48	—	2 341.96	2 373.81	2 377.67

注：数据来源于《江西统计年鉴 2014》《江西统计年鉴 2015》《江西统计年鉴 2016》。

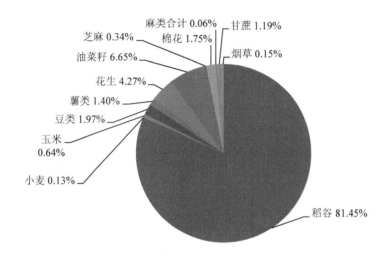

2013 年江西省秸秆理论资源量分布

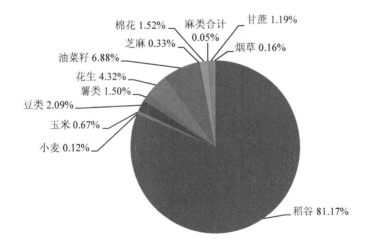

2014 年江西省秸秆理论资源量分布

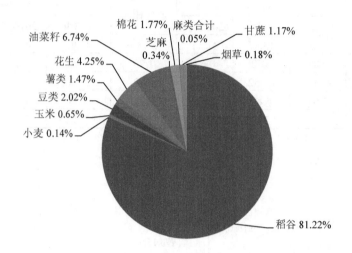

2015 年江西省秸秆理论资源量分布

图 12-1 2013—2015 年江西省秸秆理论资源量分布

江西省农作物秸秆资源十分丰富，主要有水稻、玉米、油菜、花生、小麦、豆类、薯类等秸秆。经计算，江西省 2013—2015 年稻谷秸秆理论资源量由 2 004.0 万 t 增加到 2 027.20 万 t，虽然比例稍有减少，但稻谷秸秆资源还是占主导地位，超过 81%。江西省位于南方，从图 12-1 中可以看出小麦、玉米的产量对江西省的秸秆资源量统计影响很小，2015 年小麦仅占秸秆资源总量的 0.14%，而玉米所占的比例为 0.65%。由于经济发展方向的调整，油料作物的种植面积逐年增长，资源量也逐渐增大，由 119.22 万 t 增长到 123.95 万 t。

2．秸秆产生时段

江西省是个农业大省，种植业比重较大，以水稻、油菜、棉花、花生、大豆等秸秆型作物为主，其中又以水稻作物秸秆尤为丰富。全省水稻常年播种面积就保持在 4 700 万亩以上，每年稻草秸秆量达 1 350 万 t 以上。江西省的秸秆资源丰富，且总量在逐年增加。随着经济结构的调整，秸秆资源的种类也在发生变化，经济作物秸秆资源比重逐渐增加，但是稻秆资源仍然占为主导地位。根据表 12-1 的计算结果，江西省农作物秸秆中，81%以上是稻谷秸秆。而且，江西省的稻谷种植品种为早稻和双晚稻，所以稻秆资源的储备季节一般在 8—10 月达到最高值，这与石金明等的研究结果相符合。

3．秸秆资源的特点

（1）种类多，总量大

江西农作物秸秆资源具有种类多、总量大的特点。首先，由于江西自然条件优越，可以种植众多的农作物品种，资料表明省内长期种植的主要农作物品种有十几种，包括水稻、小麦、玉米、豆类、油料作物、棉花、麻类、甘蔗、烟叶等，其中以水稻、油菜、棉花、花生、大豆等作物为主。其次，在农作物生产过程中，由于作物种类的多样性，加上种植面积大等原因，产生大量的农业废弃物——农作物秸秆。而且江西省农作物秸秆的理论资源量还呈现上升趋势，从 2013 年的 2 341.96 万 t 增加到 2015 年的 2 377.67 万 t。

（2）时空分布不均

江西省地域辽阔，各地区的自然环境和经济环境等方面都存在差异，江西省的秸秆资源呈现时空分布不均的现象。造成这种现象的原因很多。首先，从秸秆资源的时间分布上来看，江西省的秸秆资源主要集中在 8—10 月。这是因为稻谷秸秆在秸秆资源总量中所占的比重较大，2013—2015 年所占比例都在 81% 以上（从图 12-1 可以看出）。其次，从秸秆资源的空间分布上来看，石金明等对 2009 年江西省各地市的农作物秸秆理论蕴藏量进行了统计，结果表明 2009 年江西省农作物秸秆理论蕴藏量最丰富的地区是宜春市，秸秆理论资源量为 404.7 万 t，占全市农作物秸秆资源量的 16.9%，其次分别为吉安市和上饶市。这 3 个地市的秸秆理论资源量均在 300 万 t 以上，共有 1 126.9 万 t，占江西省秸秆资源的 47.1%。江西省秸秆资源中稻谷秸秆的资源总量最大，且稻谷秸秆资源量也是影响各市秸秆资源量大小的主要因素。

二、江西省秸秆资源利用的主要途径及成效

1. 秸秆资源利用的主要途径

江西省是个农业大省，种植业比重较大，以水稻、油菜、棉花、花生、大豆等秸秆型作物为主，其中又以水稻作物秸秆尤为丰富。2015 年度，江西全年主要农作物总产量突破 2 354.48 万 t（其中，稻谷产量 2 027.20 万 t，油料 121.70 万 t），按照一般农作物秸秆的谷草比值推算，仅稻谷产生的秸秆就达到 1 929.89 万 t。由于受经济、科技及生产习惯的影响与限制，江西省秸秆资源目前并没有得到充分的合理利用。然而农作物秸秆作为重要的生物质资源之一，如果处置不当不仅会造成资源的浪费，更会对环境造成严重污染。因此，农作物秸秆的就地转化与综合利用已成为亟待解决的农业生产与生态问题。目前江西省秸秆资源主要有以下几种利用方式：一是作为肥料原料；二是作为饲料喂养牲畜；三是作为燃料，进行能源化利用；四是秸秆资源的原料化利用；五是秸秆资源的基料化利用。

（1）肥料化利用

秸秆还田是秸秆肥料化利用的一种重要方式，可以提高提高土壤有机质含量，改善土壤的理化性状，提高土壤水肥保蓄能力，增加土壤养分，提高农作物产量。秸秆作为有机肥料还田目前在江西还是秸秆利用的主要方法。稻谷秸秆在江西省秸秆资源量中占

了 81%以上，该省水稻种植区的农户通常在水稻收获后，将秸秆切碎撒于田间，或者用多余的部分覆盖旱地、菜园，达到肥地的效果。赣中、赣北许多试验表明，当稻草还田量达 300～400 kg/亩时，即可保持土壤肥力的稳定，或者增加土壤有机质，让地力的增加多于土壤的损耗。目前全省秸秆还田面积已由 20 世纪 90 年代的 24 万 hm² 增加到 146 多万 hm²。另外，有资料表明江西省作物秸秆直接还田比例为 31.8%，间接还田比例为12.0%，燃烧还田比例为 52.5%，其他用途为 3.7%；燃烧还田比例普遍较高，棉花燃烧还田比例最高，达 84.3%，稻草直接还田比例最高，为 33.8%，不同地区秸秆利用方式差异比较明显，以湖口、南昌、泰和为代表的地区，燃烧还田比例较高。在江西省新余市渝水区，秸秆传统肥料化利用主要方式为秸秆直接还田和间接还田。全区稻秆直接还田面积达 50%以上，农作物秸秆通过自然腐熟直接还田，其他农作物秸秆包括大豆、薯类、油菜、花生等还田面积都在 10%以下。安义县 2015 年水稻机收率达 80%，油菜机收率达 60%，稻秆直接还田面积达 70%以上、油菜秆还田达 50%以上，农作物秸秆通过自然腐熟直接还田占秸秆利用总量的 65%。

（2）饲料化利用

秸秆中含有丰富的营养物质，4 t 秸秆的营养价值相当于 1 t 粮食，发展秸秆饲料化利用可有效减少饲料用粮，为畜牧业持续发展提供有力的物质保障。特别是近年来随着青贮等技术的运用，在适宜的条件下，通过抑制微生物的繁衍、加入活性干菌贮藏发酵等技术手段处理，使得秸秆能够具有酸香味，更加适宜牲畜饲喂，并有效克服传统喂养方法牲畜不爱吃等弊端。目前，江西省以玉米、大豆、花生等秸秆为主，做青贮饲料，约占秸秆总量的 6%。秸秆成为饲料的主要加工处理有：鲜样贮存保鲜，利用氨化作用成为半成品，或者利用微生物发酵贮存，然后切割粉碎加工成粉末状，经过揉搓等环节压成草饼等。近年来，渝水区加大了草食畜禽的养殖规模，推广了秸秆养牛、养羊技术，有效地节约了养殖成本。新建区秸秆利用量可达 2.38 万 t。用作饲料的农作物秸秆主要是水稻秸秆，其主要用于奶牛、役牛等的饲料，占秸秆总量的 4.42%。

（3）能源化利用

秸秆的热能大约相当于标准煤的一半，1 kg 麦类、稻类、玉米、大豆、薯类、杂粮、油料、棉花秸秆产生的热量分别为 3 500 kJ、3 000 kJ、3 700 kJ、3 800 kJ、3 400 kJ、3 400 kJ、3 700 kJ、3 800 kJ，平均为 3 604 kJ。因此，很多地方直接将秸秆作为燃料进行利用。目前，江西省的秸秆能源化利用的途径主要有两个：一是生物质发电。利用农作物秸秆等生物质发电在发达国家已是一项很成熟的技术，而在我国才刚刚起步。丹麦的 BWE 公司率先研发秸秆生物燃烧发电技术，并于 1988 年诞生了世界上第一座秸秆生物燃烧发电厂。2008 年鄱阳县凯迪生物质能电厂正式开秤向农民收购农作物秸秆，过去曾被农民视为废弃物的秸秆、谷壳已成为农民增收、农业增效的又一新途径。这是江西省首家利用农作物秸秆发电的电厂。新余市高新区积极探索秸秆沼气发电新模式，目前所申报的罗坊南英发电项目已获得批复，预计项目完工，秸秆日用总量 50 t/d，正常年用量 18 250 t/a。二是工业和民用燃料利用。这种能源化利用途径主要通过用秸秆制取沼气来实现。用秸秆制取沼气，不仅可以获得优质的气体燃料，还可保留 90% 的 N、P、K，并减少病虫、菌源，得到优质的有机肥料。近年来，江西省的秸秆沼气化事业发展迅速。2013 年江西省首个生物质秸秆气化站在新余市投入使用，该气化站位于新余市高新区水西镇院前村。气化站利用水西镇院前村周边的玉米秸秆、小麦秸秆、棉花秆、稻草等生物质废弃物为原料，生产高品质清洁燃气，并通过管网输配满足 150 户农村居民的日常炊事用气。项目可年产生物质清洁燃气 11 万 m^3。每户农村居民每年可节省燃料费 170～270 元。从秸秆制取沼气这个途径来看，江西等省秸秆制沼气消化秸秆量都达到 30% 以上。秸秆的能源化利用也是新余市渝水区秸秆综合利用主要方式之一，主要体现在农民生活燃料、秸秆沼气、秸秆气化、秸秆成型燃料、秸秆沼气有机肥等方面。一是建设秸秆沼气示范户，全区户用秸秆产沼气示范户达 0.15 万户；二是大型秸秆产沼气集中供气项目（罗坊集中供气项目）1 处，目前一期项目已经竣工验收运营，预计二期项目完工，罗坊集中供气项目（含一期和二期）秸秆日用总量 19 t/d，正常年用量 6 935 t/a，集中供气用户可达 6 000 户。

（4）原料化利用

由于秸秆含有大量的各种元素以及纤维素，可作为重要的工业生产原料，用于造纸、板材、秸秆木塑、秸秆纤维，特别是用于造纸行业和编织行业。以前，造纸所用的原材料都是森林树木，浪费了大量的森林资源，而稻草用作造纸厂的纸浆原料，不仅可节约大量的木材资源，也可减少因树木砍伐所导致的生态破坏。另外，稻草可用作草编业的原料，将秸秆挤压成形，制作草帽等一些装饰品。麦秸和稻草则可以作为人造板的主要生产原料。近年来，我国开始采用麦秸、稻草、棉花秆、亚麻屑、甘蔗渣等农业生产和加工剩余物作为人造板的生产原料，并已经取得了成功的经验。秸秆可用于造纸，也可制作成可降解的包装材料来代替难降解的泡沫材料，如包装板材、包装垫枕、餐饮用具等。新建区石岗镇石岗村，村民将稻秆送到村里的稻草制品公司，通过加工制成草绳，不仅彻底解决了秸秆堆放占地、焚烧污染空气的难题，还为村民增收。秸秆造纸是江西省传统的消化秸秆项目，但是秸秆造纸污染问题比较严重，其中的关键技术还有待研究。秸秆人造板、秸秆木塑、秸秆纤维等高附加值产品生产，目前在国内尚处于落后水平，这类产业在江西省比较少。目前，江西省部分地区已有企业利用秸秆生产活性炭，但未量产，消化量非常有限。

（5）基料化利用

秸秆的基料化利用主要指利用农作物秸秆作为基料培养食用菌，以及将秸秆用于育苗、花木培肥等。秸秆用作食用菌基料是一项与食品有关的技术，食用菌具有较高的药用和营养价值，利用秸秆作为生产基质，大大增加了生产食用菌的来源，降低了成本。目前江西省已经有企业选用木屑、玉米棒、麦秸、棉籽壳等原料，种出了木耳、香菇、大球盖菇、平菇等食用菌品种，还和农科院开展课题合作，将食用菌废菌棒转变为有机质肥料，真正形成了特色循环农业。新建区秸秆用于食用菌基料，进行生物腐化量达0.409万t，占秸秆总量的0.7%。近年来，金溪县大力发展菌菇产业，加大培训力度，在资金和政策方面加大扶持，培育出10亩以上种植大户15户左右，不仅创造了可观的经济效益，还破解了秸秆利用难题。据种菇大户介绍，种植菌菇的"产床"，全部使用稻草、竹屑、木屑，每亩消化秸秆7 500 kg，每亩收益2万多元。秸秆基料化利用虽然总量很小，但秸秆效益很高，例如食用菌生产企业秸秆收购价达500～600元/t，成为农民增收的好路子。

2. 取得的初步成效

江西省农作物秸秆生物质资源非常丰富，农作物秸秆综合利用技术途径多种多样。这些现有的秸秆综合利用技术皆在关键性工程技术或关键性栽培技术措施上尚未取得突破性进展，如秸秆还田栽培技术未能实现水稻秸秆全量还田，还田后严重影响后茬作物生长造成减产或增加很多生产成本与田间工作量等技术难题也没有得到解决。尽管如此，江西省的秸秆综合利用工作在社会各方面的支持与努力下，还是取得了一定的成效。目前江西省综合利用秸秆的成效主要体现在以下几个方面。

（1）秸秆焚烧现象得到有效控制

江西省近年来积极开展秸秆资源调查，根据资源分布情况，合理确定秸秆用作肥料、饲料、食用菌基料、燃料和工业原料等不同用途的发展目标。同时，相关部门也加大了实时监测和现场执法力度，依法查处违法焚烧秸秆的行为。对造成重大污染事故、重大财产损失或人身伤亡的，要依法追究有关责任人员的刑事责任。例如，2014年南昌市政府在昌北机场设净空保护区，燃烧秸秆等8种行为被禁止。2012年，江西省秸秆可收集量为2 331.1万t，利用量为1 753.1万t，秸秆利用率为75.2%。2017年的卫星遥感监测数据显示，全省夏收和秋收的秸秆焚烧点有36个，尽管仍存在秸秆资源浪费和环境污染情况，但与河南、安徽等省份相比，江西省秸秆焚烧点很少。通过努力，一直以来被人们认为不可能实现大面积控制的秸秆焚烧现象在江西省得到了有效控制。江西省的工作模式让人们清晰地认识到，只有充分开展对秸秆的多途径利用，才能从源头上解决秸秆焚烧问题。

（2）秸秆综合利用途径呈现多元化格局

在高度重视秸秆综合利用的强势推动下，江西省各地区克服困难，迎难而上，积极探索适合当地的秸秆综合利用最佳途径，秸秆综合利用呈现多元化发展的良好态势。秸秆由过去仅用作农村生活能源的颗粒饲料如牲畜饲料，拓展到肥料、饲料、食用菌基料、工业原料和生物质颗粒燃料等用途；由过去传统农业领域发展到现代工业、能源领域。其中，由于新技术的发展，秸秆能源化利用发生了质的变化，从农民低效燃烧发展到秸秆直燃发电、秸秆沼气、秸秆固化、秸秆干馏等高效利用。秸秆工业化利用发展也很迅速，秸秆人造板、秸秆木塑等高附加值产品实现了产业化生产，产品已经应用于一些重大工程。以江西省的新建区为例，2012 年主要农作物秸秆利用量为 52.41 万 t，利用率为75.74%，秸秆利用的方式主要有以下几种：一是秸秆直接还田，被当作肥料。利用量达29.11 万 t，占秸秆可收集量的 55.04%；二是秸秆当作饲料，其利用量可达 2.38 万 t，用作饲料的农作物秸秆主要是水稻秸秆，其主要用于奶牛、役牛等的饲料，占秸秆总量的4.42%；三是秸秆当作燃料，使用量达 7.82 万 t，占秸秆总量的 14%；四是秸秆用于食用菌基料，进行生物腐化量达 0.38 万 t，占秸秆总量的 0.7%；五是秸秆用于工业原料量达 1 012 万 t，占秸秆总量的 1.87%。

（3）秸秆综合利用产业化进入新进程

近年来，江西省的秸秆综合利用企业（业主）的数量不断增加，建立了多个秸秆堆场，其中规模化的企业通过对秸秆综合利用方式、方法的探索，准备将秸秆综合利用面向社会化发展作为企业发展的主导方向。在 2015 年秸秆综合利用工作中，江西省部分地区设立了秸秆综合利用工作领导小组，结合各乡镇地域、产业等特点，在提倡分户利用的同时，鼓励相关行业大力开展秸秆综合利用产业化发展。

（4）农村生态环境得到改善

秸秆作为优质的生物质能可部分替代和节约化石能源，有利于改善能源结构，减少二氧化碳排放，缓解和应对全球气候变化。做好秸秆禁烧和综合利用工作，不仅可以增加土壤有机质含量，改善土壤结构，增强土壤的通气性和保水能力，实现秸秆转化升值，延长秸秆产业链，增加农民收入；还可以从根本上解决因秸秆焚烧或乱堆乱放、腐烂变质而带来的环境污染，改善村容村貌，提高空气质量。

（5）技术水平明显提高

通过自主创新、引进消化吸收，江西省在秸秆利用领域的多项技术取得一定突破。仅在水稻秸秆利用上，江西省目前已经有八项技术成果，包括稻草机械化收获还田、秸秆饲料加工机械化技术、秸秆机械化的保护性耕作技术、秸秆贮存气化利用技术、稻草秸秆造纸加工技术、稻草秸秆农家有机肥生产技术、稻草秸秆基质种植菌类技术、稻草秸秆生物能源加工技术。水稻秸秆作为一种生物能源，其存在的巨大潜力还未得以开发。若以其进行加工，慢慢向生物能源，特别是石油能源方向发展，将会有重大的战略意义。对其进行发酵加工做成生物醇，将会有很大的市场应用前景。以上所述的八项秸秆综合利用技术中，有些是比较新兴的应用技术，在本省利用的程度还未得到普及，但前景可观，其应用技术需要多方面的人员配合投入。

第三节　秸秆利用存在的问题及对策

一、秸秆利用存在的主要问题

就江西省农村目前的情况来看，农作物秸秆利用无论是在规模上还是在效率上，都存在着很大的差距。一方面，江西省每年有大量的秸秆被随意焚烧，还有些被随意弃置，这种情况下，不仅是大量资源被白白浪费，同时也对环境和农村的村容村貌造成破坏。另一方面，已进行的秸秆利用本身也存在手段简单、效率偏低等问题，诸如还田秸秆很多就是直接弃置在田中，缺少进一步的技术处理手段跟进，其价值根本得不到充分利用。导致以上问题的原因是多种多样的，归纳起来主要包括以下几个方面。

1．缺乏经济实用配套设备

江西省秸秆利用过程中许多秸秆利用机具没有动力机械来配套，机械性能不稳定，满足不了示范推广的需求，且价格偏高，农民购买力不足。机具数量不足，不能胜任大面积推广的需要。现在联合收割机代替人工收割，但收割完后，如果地面的残茬高度在10 cm 以上，则不利于下一茬的播种和农作物的出苗，此时农民出于操作简便的目标，往往对残留的秸秆就地焚烧，严重影响了农作物秸秆的利用率。例如，进行稻谷秸秆还田时，机收后秸秆留茬过高，造成农民种植下茬作物困难，农民为节约时间和生产成本，通常将秸秆直接焚烧。另外，据调查江西省很多地方没有秸秆转化深加工厂，有的即使有，规模也很小。

2．缺乏产业化带动

秸秆的综合利用是农业生产中的一个重要环节，应该以科技为依托、市场为导向，探讨新的运行机制，把利用秸秆资源生产出各种副产品的单独过程加"环"组"链"，即延长秸秆综合利用产业的产业链，逐步实现贮、养、加、销各环节的有机衔接，走产业化经营的道路，把资源优势转化为市场优势。然而，目前江西省秸秆利用的产业化企业不多。除秸秆生产有机无机复混肥以外，大多数秸秆开发利用企业处于小规模、低层次水平，投入产出效率较低。造成这种现象的原因很多。例如，农作物秸秆收购难度大、收购资金占用量大、堆放场地限制、利用难、途径窄等原因，秸秆利用产业化发展受到制约，秸秆原料化利用企业规模小，发展缓慢。现阶段江西省秸秆资源利用工作虽然取得了一定的成效，但是秸秆资源的综合利用并没有得到深入普及，各方面工作还有待进一步的引导。

3．对秸秆综合利用的认识不足

首先，领导干部对秸秆综合利用的价值和意义认识不足，缺乏秸秆经济意识，没有从产业化的高度，把秸秆综合利用作为一个系统工程、一个新兴的产业来对待。只是到了秸秆收获季节才开始抓禁焚烧秸秆工作。其次，农民群众对秸秆综合利用的长远利益和利用新途径认识不足也是秸秆利用率不高的重要原因。部分农民对秸秆焚烧给环境、生态、交通安全造成的负面影响认识不够，往往习惯于直接在田间焚烧秸秆。加之采用还田或其他秸秆利用方式，增加了作业量，提高了成本，部分农民感到还不如直接焚烧秸秆合算、方便，尤其是近年来农民各种副业收入的增加以及生活水平的不断提高，使得传统的农业生产模式已不适应农业的发展了，农民宁愿增用现代化的化肥和燃煤，而少用或者不用秸秆做肥料和燃料。而在江西省种植双季稻的地区，由于一年有早晚稻两季，加之机械化收割程度增大，导致稻草秸秆留茬过高。另外，剩下的稻草要及时处理，农民要在一周左右的时间内完成收获和下茬翻耕，双抢造成农时紧张，这时农民往往选择把所有晒干的稻草就地点燃烧掉，减少清理的麻烦。在各地稻谷收获时节，这一现象层出不穷。

4．秸秆综合利用关键技术不成熟

由于江西省农作物品种繁多，各地在种植方式种植时间等方面也存在较大差异，从而造成农作物秸秆在物质属性、使用途径、收集时间、运输储藏方式等各个方面都存在巨大差异。以秸秆还田为例，不同的秸秆需要不同的还田工艺，这不仅需要技术上的支持，同时也对秸秆还田机械提出多样性要求。同样秸秆能源化也存在各种问题，最突出的矛盾是，农作物秸秆需要一次性收集，并以年为周期投入生产，其本身的储藏和资金的占用都是一个很大的问题。此外，农业生产分散性也客观上增加秸秆收集的成本，加上江西省农村秸秆便捷处理设施不配套，秸秆收集处理的难度也很大。这些问题的存在都需要江西省在秸秆资源利用的关键技术上取得突破。然而，江西省在秸秆综合利用上的关键技术还不成熟。一方面，秸秆还田相关配套技术与配套机具的研发力度仍然不足，缺乏适应小地块、便于操作的还田、打捆机具；另一方面，新技术应用规模较小，适宜农户分散经营的小型化、实用化技术缺乏，技术集成组合不够。目前，江西省秸秆资源中稻谷占主要比重，秸秆还田是主要的秸秆利用方式，其他的秸秆利用技术研究较少。

二、对策与措施

目前，江西省的秸秆资源综合利用还存在不少问题，未来要在全省范围开展秸秆综合利用，要从政策、认识、资金、技术等多个层面采取综合措施，促进全省秸秆资源集约、节约、高效利用起来。

1．强化宣传引导，搞好示范推广

充分利用新闻舆论媒体，引导群众充分认识农作物秸秆综合利用和禁烧工作的重要意义，在全社会形成高度重视、积极参与的良好氛围。在各县（市、区）加快秸秆综合利用产业化项目建设，发挥其对现代农业先进技术的强大示范影响作用，因地制宜，做好示范推广。秸秆资源综合利用的实施者是广大农民群众，只有他们真正理解了秸秆治理工作的意义和综合利用能给他们带来的切身利益，他们才可能将这种理解落实到自觉行动中。因此，一方面，需要利用各种新闻媒体，大力宣传秸秆综合利用的意义；另一方面，需要加强技术培训，安排专业技术人员下乡宣传、指导，逐步把秸秆综合利用转变为农村群众的自觉行动。

2．加强政策扶持，支持企业进行秸秆综合利用

健全和完善秸秆利用相关的政策体系，研究制定有利于秸秆利用的奖励政策，协调金融、融资部门对企业项目发展投放贷款资金，根据生产需要适当放宽贷款比例。将符合条件的秸秆利用的企业实施财政补贴和税收优惠政策。首先，对农户进行一定的财政补贴。目前，我国农民的收入普遍较低，没有经济能力购买机械设备。因此，国家应该对秸秆的收集进行一定的财政补贴。其次，对相关企业进行一定的补贴。当前，我国秸秆利用的企业规模小，资金不足，缺乏事务的处理能力。因此，要对这些企业进行适当的财政补贴，提高秸秆利用的效率。另外，秸秆在利用过程中需要特别的处理工艺，小企业秸秆的处理效益也比较低，无法与大企业相抗衡。因此，为了加强对秸秆资源的综合利用，有必要对农村地区的秸秆利用项目进行适当的税收优惠政策。通过一定的优惠，可以有效提高秸秆综合利用企业的市场竞争力。

3．加强秸秆技术创新

作为一项复杂的社会系统工程，农作物秸秆综合利用涉及多部门、多学科，需要推广、科研和管理部门之间的密切配合。应设立秸秆生物质资源综合利用技术专项，多部门联合攻关，并加大推广已经成熟的利用技术力度，帮助农民改变耕地种植模式与种植方式，加快农机改造步伐，提高秸秆处理能力。

4．加强组织领导

强化各级政府在秸秆综合利用工作中的责任主体作用，让其切实负起当地秸秆综合利用工作的总责任，成立市级秸秆综合利用行动推进协调小组，围绕发展目标，加强沟通协作，按照各自职责范围和工作任务分工，制定年度工作要点。另外，各县（市、区）也要组织协调推动工作，做到分工明确、责任到人、重点突出，形成共同推进合力，扎实推进全省的秸秆综合利用工作。

5．增加公共财政投入，建立健全生态补偿机制

农作物秸秆的合理利用需要大量的资金投入。为实现秸秆资源的合理利用，江西省政府部门应加大生态环境保护方面的财政投入，使农民能从秸秆利用中获益。增加的财政投入，重点用于农业生态环境监测体系和耕地质量建设、农业生态环境保护先进技术

的研发和推广等方面。另外，应加强各类农业和农村生态环境治理项目的资源整合，切实提高财政资金的使用效率。建立农业生态环境保护技术补贴的有效机制，采取以奖代投的形式，鼓励秸秆综合利用项目的开发和实施。

第四节　农作物秸秆综合利用行动

我国的秸秆资源十分丰富，分布广、种类多而且产量巨大，主要农作物秸秆近 20 种，其中稻草、小麦秸和玉米秸三大农作物秸秆，占秸秆资源总量的 75.6%。据统计，我国农作物秸秆年产量为 7 亿 t，居世界之首，占全世界秸秆总量的 30% 左右。目前我国秸秆利用率约为 33%，并且大部分未加处理，经过技术处理后利用的仅占约 2.6%。秸秆资源的不合理利用给我国生态环境安全带来了不良影响，现阶段中央提出的建设生态文明的要求，发展节约型农业、循环农业、生态农业，加强生态环境保护，既为秸秆综合利用提供了新机遇，也提出了新要求、新挑战。为响应中央的号召，发展绿色生态农业，2016 年江西省政府发布了《江西省绿色生态农业十大行动领导小组办公室关于印发全省秸秆综合利用行动推进方案的通知》（赣农生态办〔2016〕6 号），计划全力推进绿色生态农业"十大行动"，其中就包括"秸秆综合利用行动"。结合江西省的秸秆资源情况，未来江西省将从以下几个方面推进农作物秸秆综合利用工作。

一、依法严禁秸秆露天焚烧

近年来，江西省一直致力于杜绝秸秆违法违规露天焚烧的行为。为杜绝秸秆违法违规露天焚烧造成的资源浪费和环境污染问题，改变农户的秸秆焚烧习惯，江西省计划根据资源分布情况，统筹考虑综合利用项目和产业布局。秸秆焚烧不仅仅是一禁了之，关键要让资源变废为宝。在 2008 年，江西省就在鄱阳县建成全省首家生物质能发电厂，利用秸秆、谷壳、枯树枝等替代煤炭作为发电原料。这也是未来江西省秸秆资源利用的方向。

二、启动秸秆综合利用示范建设

农作物秸秆综合利用是一项系统工程，加强秸秆综合利用示范建设是关键。未来在江西省，当地政府应致力于启动秸秆综合利用示范建设，大力开展秸秆还田和秸秆肥料化、饲料化、基料化、原料化和能源化利用，基本形成秸秆发电、秸秆炭化、秸秆还田、秸秆代木等综合利用模式。以粮食主产区为重点，加强秸秆综合利用示范点建设，扎实推进秸秆肥料化、饲料化、基料化、燃料化利用。要根据当地粮食、经济作物等主导农产品种植布局，因地制宜地开展农作物秸秆综合利用示范，要求在每个粮食主产县建立

1个以上的秸秆综合利用典型示范。

三、建设秸秆收储运体系

农作物秸秆综合利用要想取得预期的良好效益，必须建设秸秆收贮点、秸秆固化成型燃料点，建立健全政府推动、秸秆利用企业和收储组织为轴心、经纪人参与、市场化运作的秸秆收储运体系。江西省秸秆综合利用最大的制约因素是收储运体系不完善。受丘陵地形影响，加之秸秆本身分散、体积大、密度较低，收集储运成本较高，秸秆价值难以体现。要统筹考虑秸秆收、储、运、用各环节的支持方式，按照秸秆产地合理区域半径的就近就地利用原则，鼓励多方力量参与建立体系建设，健全政府推动、秸秆利用企业和收储组织参与、市场化运作的秸秆收储运体系。

四、继续实施秸秆还田

秸秆中含有多种营养元素，能有效改善土壤中养分状况，同时在其腐化过程中产生的腐殖质和一系列活性物质，能提高土壤有机质含量，改善土壤结构，提高土壤保肥保水的能力。近年来，随着江西省各种秸秆还田技术逐步推广，农作物秸秆还田成为该省秸秆利用的主要方式。但是由于认识、配套设施、资金投入等方面的问题，江西省实施秸秆还田的范围与其他地区相比，还存在一定差距。下一步要加大宣传示范力度，在江西省积极开展秸秆还田农业技术推广，在农机使用区域普及机械化秸秆粉碎还田技术，在高产粮田借助秸秆腐熟剂加大秸秆腐熟还田力度，积极推广秸秆还田示范面积。

五、创新秸秆综合利用方式

秸秆综合利用方式的创新可从以下方面着手：①秸秆基料化。随着食用菌的价值得到普遍的认同和重视，越来越多的秸秆被用作培养食用菌的基料，今后继续在江西省的适宜地区推广建设一批秸秆栽培食用菌生产基地，利用农作物秸秆生产食用菌。②秸秆能源化。积极发展以秸秆高效能源化利用为代表的生物质能，缓解资源能源压力，实现能源品种多样化，主要体现在秸秆沼气、秸秆气化、秸秆颗粒物燃料、直燃发电等方面。③秸秆原料化。不断提高秸秆工业化利用水平，积极开展秸秆代木项目，利用秸秆生产板材、制浆造纸和制作工艺品等。在这方面，江西省的技术力量比较薄弱，实际生产中面临很多难题，如秸秆制浆造纸由于缺乏关键技术，污染大，经济效益小，需要不断创新，积极开发新技术解决这些难题。

六、结语

我国是粮食生产大国，每年在粮食生产过程中产生的秸秆数量也非常巨大。近年来，由于农作物秸秆的不合理利用，给农村生态环境造成了破坏，成了农业面源污染的新源头。秸秆焚烧引起的环境污染已成为当今社会关注的热门话题。研究表明，提高秸秆综合利用水平、充分发挥秸秆的经济价值，是解决农村面源污染问题、发展绿色生态农业的有效途径。所以笔者从发展绿色生态农业的角度出发，总结了秸秆综合利用的意义，对江西省秸秆资源利用情况进行了调查研究。研究结果显示加强秸秆综合利用研究，并将研究成果用于生产实践活动可以带来良好的经济效益和生态效益。例如，秸秆资源的综合利用有利于"秸秆焚烧"的有效控制，可减轻对当地环境的污染，增强对环境的保护，减少空气中温室气体的排放；其次，秸秆是一种清洁能源，仅次于煤炭、石油和天然气这几类清洁能源，秸秆综合利用研究对于加强江西省不可再生能源的保护，改善现代农村的能源结构、增加农村居民的收入、农村的环境具有重要的实践意义。

在书中结合《江西统计年鉴》中的数据，笔者也对江西省秸秆资源理论值及其特点进行了分析，结果表明随着农作物产量增加，江西省秸秆资源量逐年增多，呈现种类多、数量大、时空分布不均的特点。另外，本书对江西省的农作物秸秆利用现状、存在的问题进行了较为全面的分析，结果表明该省在秸秆资源利用方面的工作取得了一定的成效的同时，也存在不少问题。例如，农村沼气日益普及，秸秆作为农村主要生活燃料使用量逐渐减少，但是农民就地焚烧秸秆的行为还是存在，造成环境污染严重、交通安全受到影响、危害身体健康等不良后果。为加快推进江西省的秸秆综合利用，减轻环境压力，稳定农业生态平衡，笔者结合江西省的实际情况，针对存在的问题提出了相应的对策措施，并且根据相关资料分析了江西省为推进秸秆综合利用将采取的行动。

参考文献

[1] 李兴平. 浅析农作物秸秆的综合利用[J]. 洛阳理工学院学报（自然科学版），2010，20（3）：8-11.

[2] 王荣. 我国秸秆综合利用现状分析与发展对策[J]. 现代商业，2013（5）：277.

[3] 王伟，马友华，石润圭，等. 秸秆综合利用的生态价值及其经济补偿机制研究——以安徽为例[J]. 生态经济（学术版），2010（2）：350-352.

[4] LI Lingjun，WANG Ying，ZHANG Qiang.Wheat straw burning and its associated impacts on Beijing air quality[J]. Science in China Sercies D：Earth Sciences，2008，51（3）：403-414.

[5] Hatje，Wruhl，Huttl RF，et al. Use of biomass for power and heat generaation possibilities and limits forests and energy. LstH mover EXPO 2000 World Forest Forum. Selected papers[J]. Ecological

Engineering，2000，16（1）：41-49.

[6]　Karjalainen，Mikko Amml，Ari，Rousu Pivi，et al. Fractionation of wheaat straw pulp cells in a hydro cyclone[J]. Nordic Pulp and Paper Research Journal，2013，29（2）：282-289.

[7]　Ghaffar，Seyed Hamidreza，Fan Mizi. Lignin in straw and its applications as an adhesive[J]. International Journal of Adhesion and Adhe-sives，2014，48：92-101.

[8]　袁亚章，沈超，蔡良俊. 成都市农作物秸秆综合利用现状与途径分析[J]. 现代农业科技，2015（6）：251-252.

[9]　赵荷娟，魏启舜，王琳. 南京市农作物秸秆综合利用现状及发展[J]. 江苏农业科学，2013，41（12）：384-386.

[10]　戴志刚，鲁剑巍，周先竹，等. 中国农作物秸秆养分资源现状及利用方式[J]. 湖北农业科学，2013，52（1）：27-29.

[11]　陈芳. 低碳背景下秸秆综合利用影响因素研究[D]. 荆州：长江大学，2016.

[12]　石金明，范敏，席细平，等. 江西省秸秆资源量分析[J]. 能源研究与管理，2012（1）：1-4，23.

[13]　崔明，赵立欣，田宜水，等. 中国主要农作物秸秆资源能源化利用分析评价[J]. 农业工程学报，2008，24（12）：291-296.

[14]　张培栋，杨艳丽，李光全，等. 中国农作物秸秆能源化潜力估算[J]. 可再生能源，2007，25（6）：80-83.

[15]　丁文斌，王雅鹏，徐勇. 生物质能源材料——主要农作物秸秆产量潜力分析[J]. 中国人口·资源与环境，2007，17（5）：84-89.

[16]　田宜水. 农作物秸秆开发利用技术[M]. 北京：化学工业出版社，2008.

[17]　王小东，王玉，周文才. 江西省农林秸秆炭开发应用的途径与前景[J]. 安徽林业科技，2009（2）：18-19.

[18]　石磊，赵由才，柴晓利. 我国农作物秸秆的综合利用技术进展[J]. 中国沼气，2005（2）：11-14.

[19]　魏赛金，曾研华，倪国荣，等. 江西省水稻秸秆综合利用现状[J]. 科技广场，2012（12）：179-185.

[20]　刘增兵，罗奇祥，李祖章，等. 江西省有机资源调查报告[J]. 江西农业学报 2010，22（7）：111-115，118.

[21]　王玲，程和生. 新建县农作物秸秆综合利用现状及发展对策[J]. 现代农业科技，2013（10）：253-254.

[22]　王激清，张宝英，刘社平，等. 我国作物秸秆综合利用现状及问题分析[J]. 江西农业学报，2008，20（8）：126-128，132.

[23]　王萌. 试论秸秆综合利用与农业生态环境保护[J]. 江西农业学报，2007（12）：95-97.

[24]　钟华平，岳燕珍，樊江文. 中国作物秸秆资源及其利用[J]. 资源科学，2003，25（4）：62-67.

[25]　高海，李国东，刘伟，等. 农作物秸秆综合利用现状及技术[J]. 现代农业科技，2011（18）：

290-291.

[26] 徐勇，杨锦，张小学，等. 东坡区秸秆综合利用现状与建议[J]. 四川农业科技，2016（5）：69-71.

[27] 毕于运，王亚静，春雨. 中国主要秸秆资源数量及其区域分布[J]. 农机化研究，2010（3）：1-7.

[28] 徐波. 水稻秸秆还田综合利用技术推广研究[D]. 南昌：江西农业大学，2012.

[29] 白洁瑞，朱彩云，顾国洪，等. 浅谈秸秆综合利用与低碳经济[J]. 上海农业科技，2015（5）：26，59.

第十三章　农业资源保护行动①

第一节　农业资源的概念及保护的重要性

农业是国民经济的基础，农业自然资源则是农业乃至人类社会得以生存和发展的物质基础和根本保证。在农业发展过程中，农业资源已成为评价和衡量农业可持续发展的重要指标，是农业可持续发展的基础。所以，节约和合理开发利用农业资源，解决农业资源日益尖锐的供需矛盾，实现农业资源的可持续利用，是实现农业可持续发展的关键。

一、农业资源概念及类型

1. 农业资源的含义

农业资源是指人们从事农业生产或农业经济活动中可以利用的各种资源，包括农业自然资源和农业社会资源。农业自然资源主要指自然界存在的，可为农业生产服务的物质、能量和环境条件的总称。它包括水资源、土地资源、气候资源和物种资源等。农业社会资源指社会、经济和科学技术因素中可以用于农业生产的各种要素，包括从事农业生产和农业经济活动中可利用的各种资源（含农业自然资源和社会资源及介于二者之间的人工自然资源）。西方农业生产经济学把农业生产资源视为"土地"（即自然资源综合体）、劳动（人力）、资本（人工自然资源和人造生产资料）及管理（即管理经营生产的力）四大生产要素。而所有这些资源作为人类社会经济发展的基础和支撑系统，都具有重要的、不可替代的作用，但其作用的大小和潜力则取决于一国（地区）的资源丰富程度、质量高低、开发利用状况及满足发展需求的能力。

2. 农业资源的类型

农业资源可分为农业自然资源和农业社会经济资源两大类型。①农业自然资源，包括生物资源、土地资源、气候资源、水资源和矿产资源。②农业社会经济资源，主要包

---

① 本章作者：马艳芹（江西外语外贸职业学院）、余福姑（江西省农业厅）。

括：农业资本、劳动力资源、农业科技资源及服务性资源。其中农业资本包括农业实物资本和区域农业金融资本；劳动力资源包括了劳动力的数量和质量，而且质量又包含了体力、智力、能力等方面；农业科技资源包括了传统的优势技术和现代化优势技术、农业科技人员的结构和水平、农业技术装备等，甚至包括农业基本建设水平，总的来说是软硬两类技术水平的总结；服务性资源包括直接为农业提供的各种社会服务，如农业科学和农业技术的普及、教育水平及设施水平、信息提供水平、农业区域性政策、管理水平等。

二、农业资源保护的重要性

1. 保护农业资源是实现全面建设小康社会的必然选择

党的十八大对全面建成小康社会的目标任务，提出了新的更高要求。一方面，面对资源约束趋紧、环境污染严重、生态系统退化的严峻形势，必须加快生态文明建设，使经济社会发展建立在资源能支撑，环境可容纳、生态受保护的基础上，确保加快发展有保障、有支撑。另一方面，面对增长方式比较粗放，农业投入高、产出低、污染重的严峻现实，必须加快生态文明建设，促进农业发展方式的转变，保护农业资源，使经济社会发展建立在绿色循环低碳的可持续基础上，确保加快发展有质量、有效益。农业资源高效利用及生态环境保护是建设生态文明的重要方面，也是全面建成小康社会的必然选择。

2. 保护农业资源是满足民众对安全食品需求的内在要求

随着社会的进步，发展的目的，不仅要满足人民群众对农产品、工业品和服务的需要，还要满足人民群众对生态产品的需要。保护农业资源，让老百姓喝上干净的水、呼吸新鲜的空气、享用绿色的植被、吃上放心的食物、生活在宜居的环境中，是全面建成小康社会的应有之义。这既是我们党以人为本、执政为民理念的具体体现，也是提高人民福祉、建设美丽中国、幸福中国的出发点和落脚点。

3. 保护农业资源是发挥绿色生态优势、实现江西崛起的现实途径

习近平总书记指出，绿色生态是江西的最大财富、最大优势、最大品牌，一定要保护好，做好"治山理水，显山露水"的文章。农业资源如果只注重"用"，而不注重"养"，是难以实现可持续发展的。江西农业资源禀赋好，森林覆盖率高，水量大水质好，空气污染小，环境容量大，唯有结合江西实际，发挥比较优势，寻找一条加快发展崛起的捷径，才有希望实现后发赶超。加强农业资源保护将有利于现代农业强省建设的"弯道超车"，有利于农业发展升级的"跳高摘桃"，有利于农民脱贫增收的"成功逆袭"，这也是江西省发挥比较优势，实现江西崛起的现实途径。

第二节　农业资源现状

认清江西省农业资源的现状，解决农业资源利用中存在的问题，协调好人口、资源、环境和发展的关系，走农业资源可持续利用的道路，是江西省农业发展的战略选择。

一、农业资源概况

1. 气候资源

江西省地处长江中下游南岸，属中亚热带温暖湿润季风气候，气候温和、雨量充沛、光照充足，农业气候资源丰富多样。年均温为 16.3～19.5℃，一般自北向南递增，其中赣东北、赣西北山区与鄱阳湖平原，年均温为 16.3～17.5℃，赣南盆地则为 19.0～19.5℃。平均太阳辐射年总量为 406～479 kJ/cm^2，日照时数为 1 473～2 077.5 h，无霜期为 240～307 d，大于等于 10℃的积温在 5 000～6 000℃，降雨量为 1 700～1 943 mm，年降水季节分配是 4—6 月占 42%～53%，降水的年际变化也很大，且江西丘陵山区面积大，山区、丘陵、平原的气候差异明显，形成了气候资源的多样性，为各地发展特色农业奠定了良好的基础。

2. 土地资源

2015 年，江西耕地面积为 3 082.7×10^3 hm^2，占全国的 2.28%，水田 2 504.2×10^3 hm^2，水浇地 18.07×10^3 hm^2，旱地 560.52×10^3 hm^2。其他地类的数据分别为：园地 334.47×10^3 hm^2，林地 10 422.53×10^3 hm^2，草地 303.4×10^3 hm^2，城镇村及工矿用地 853.73×10^3 hm^2，交通运输用地 208.2×10^3 hm^2，水域及水利设施用地 1 273.73×10^3 hm^2，其他土地 208.4×10^3 hm^2。从耕地分布情况来看，宜春市的耕地面积占全省的比重最大，达到 15.39%，面积为 475.53×10^3 hm^2，排名二、三位的是上饶 14.85%和吉安 14.33%，面积分别为 458.67×10^3 hm^2 和 442.6×10^3 hm^2。排名最后一位的是萍乡 2.15%，面积为 66.4×10^3 hm^2。值得一提的是，国土面积最大的赣州，耕地面积为 437.13×10^3 hm^2，占全省的比重为 14.15%，排名第四。

江西最有代表性的地带性土壤是红壤和黄壤。以红壤分布最广，总面积 9 310.67×10^3 hm^2，约占江西总面积的 56%，黄壤面积约 1 666.67×10^3 hm^2，约占江西总面积的 10%，常与黄红壤和棕红壤交错分布，主要分布于中山山地中上部海拔 700～1 200 m。土体厚度不一，自然肥力一般较高，主要用于发展用材林和经济林。此外还有山地黄棕壤，而山地棕壤和山地草甸土面积则很小。非地带性土壤主要有紫色土，是重要旱作土壤，此外有冲积湖积性草甸土。石灰石土面积不大。耕作土壤以水稻土最为重要，面积约为 2 000×10^3 hm^2，占江西耕地的 80%。

3. 水资源

2014 年，江西省水资源总量为 1 631.81 亿 m³，比 2013 年多 14.6%，比多年均值多 4.3%。地下水资源与地表水资源不重复计算量 18.53 亿 m³。单位面积产水量为 97.7 万 m³/km²（表 13-1、表 13-2）。2014 年，全省地下水资源量为 397.23 亿 m³，比 2013 年多 5.0%，比多年均值多 4.5%。平原区地下水资源量 37.80 亿 m³，其中降水入渗补给量为 34.40 亿 m³，地表水体入渗补给量为 3.40 亿 m³；山丘区地下水资源量为 360.12 亿 m³。2014 年全省河流水质状况全年、汛期、非汛期 I ～III 类水河长比例分别为 92.4%、93.9% 和 86.9%。与 2013 年比较，水质略有好转，非汛期水质有所下降，全年 I ～III 类水比例提升 1.2%（图 13-1）。

表 13-1 2014 年行政分区水资源总量　　　　单位：亿 m³

行政分区	地表水资源量	地下水资源量	地下水资源与地表水资源不重复量	水资源总量	与 2013 年比较/%	与多年均值比较/%
南昌市	68.58	15.93	3.77	72.35	11.6	9.7
景德镇市	54.27	11.15		54.27	8.1	1.6
萍乡市	44.72	9.09		44.72	42.6	25.3
九江市	147.76	36.60	4.75	152.51	13.9	-1.2
新余市	34.17	6.79		34.17	44.5	16.9
鹰潭市	46.26	10.08	0.10	46.36	1.8	12.2
赣州市	273.70	78.34		273.70	-8.6	-18.7
吉安市	232.89	71.50		232.89	20.6	3.9
宜春市	214.65	46.97	3.13	217.78	24.8	19.3
抚州市	223.40	54.16	0.03	223.43	30.1	14.6
上饶市	272.88	56.62	6.75	279.63	18.7	13.3
全省	1 613.28	397.23	18.53	1 631.81	14.6	4.3

表 13-2 2014 年水资源分区水资源总量　　　　单位：亿 m³

水资源分区		地表水资源量	地下水资源量	地下水资源与地表水资源不重复量	水资源总量	与 2013 年比较/%	与多年均值比较/%
长江流域	赣江上游（栋背以上）	269.81	82.68		269.81	-6.0	-18.6
	赣江中游（栋背至峡江）	218.24	61.65		218.24	26.4	7.5
	赣江下游（峡江至外洲）	200.08	39.7		200.08	34.4	18.9
	赣江（小计）	688.13	184.03		688.13	13.1	-2.1
	抚河（李家渡以上）	187.67	45.03		187.67	32.5	16.1
	信江（梅港以上）	198.65	42.89		198.65	14.0	14.3
	饶河（石镇街、古县渡以上）	136.73	28.25		136.73	19.6	4.9

水资源分区		地表水资源量	地下水资源量	地下水资源与地表水资源不重复量	水资源总量	与2013年比较/%	与多年均值比较/%
长江流域	修河（永修以上）	138.46	41.8		138.46	16.0	2.4
	鄱阳湖环湖区	180.11	37.11	18.53	198.64	9.9	13.4
	长江干流城陵矶至湖口右岸区	17.66	3.09		17.66	4.5	−3.3
	湖口以下长江干流右岸区	10.01	1.99		10.01	−6.3	−4.5
	洞庭湖水系	29.60	5.19		29.60	48.2	22.2
	长江流域（小计）	1 587.02	389.38	18.53	1 605.55	15.8	4.8
东南诸河	钱塘江	1.25	0.39		1.25	13.6	15.7
珠江流域	北江	0.22	0.08		0.22	−31.3	−33.3
	东江	23.77	7.07		23.77	−31.5	−21.3
	韩江及粤东诸河	1.02	0.31		1.02	−42.4	−19.0
	珠江流域（小计）	25.01	7.46		25.01	−32.0	−21.4
全省		1 613.28	397.23	18.53	1 631.81	14.6	4.3

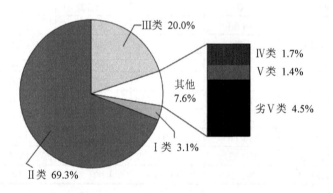

图 13-1　2014 年主要河流水质状况

4．生物资源

　　江西的生物资源十分丰富，是典型的中亚热带植物王国。经调查，全省有高等植物5 117 种，占全国总数的 17%。其中：裸子植物（针叶树）8 科、22 属、31 种，约占全国总种数的 15%；被子植物（阔叶树）210 科、1 340 属、4 088 种，约占全国总种数的17%；藻类植物 56 科、158 属、500 余种；菌类植物 48 科、124 属、458 种（其中可供食用的野生大型真菌 157 种，占全国野生食用真菌总种数 620 种的 25.3%，占全省大型真菌总种数的 34.4%；药用真菌 57 种，占全省野生大型真菌总种数的 12.6%）；苔藓植物 69 科、213 属、563 种，约占全国总种数的 25%；蕨类植物 49 科、114 属、435 种。

全省有 1 970 余种木本植物,其中有乔木 500 余种,大多数为用材树种。原国家林业局与农业部联合正式发布的《国家重点保护野生植物名录(第一批)》中,江西有 55 种,其中国家一级保护野生植物有 9 种;国家二级保护野生植物有 46 种。全省共有脊椎动物 845 种,占全国脊椎动物种数的 13.5%。其中兽类 105 种,鸟类 420 种,爬行类 77 种,两栖类 40 种,鱼类 203 种,分别占全国同类动物种数的 21%、33%、19%、15%和 5%。其中列为国家一级保护的陆生野生动物 20 种,国家二级保护野生动物 68 种,分别占全国同级保护野生动物总数的 22.4%和 50%。列入濒危野生动植物物种国际贸易公约附录的野生动物有 98 种;属于中国特有种的野生动物有梅花鹿、鸳鸯、环颈雉、黄腹角雉、白颈长尾雉、毛冠鹿、黑麂、獐、云豹、中华秋沙鸭等。全省有昆虫约 7 100 种,其中列入国家一级重点保护的昆虫有金斑喙凤蝶 1 种,二级重点保护的昆虫有 5 种,省级重点保护的昆虫有 12 种。丰富的生物资源为江西的农业发展奠定了良好的基础。

5. 农业废弃物资源

江西是一个传统农业省份,一方面,水稻、油菜、花生等农作物秸秆资源产量丰富,截至 2014 年,全省三大作物秸秆资源总量为 2 412.5 万 t,其中水稻秸秆占全省秸秆总量的 80%以上,宜春市、吉安市、上饶市是江西省秸秆产量最丰富的地区。另一方面,随着养殖业的发展,每年产生了大量的畜禽粪尿,据统计,2014 年全省生猪饲养量 5 268.7 万头、家禽饲养量 6.7 亿羽、牛饲养量 483 万头、羊饲养量 161.2 万只,畜禽粪污排放总量为 1.27 亿 t,其中生猪粪污排放量占 65%以上。若能充分利用这部分资源,不仅能减少化肥用量,增加作物产量,还可减少污染。

二、农业后备资源概况和发展潜力

1. 后备资源概况

(1)"五荒"资源

全省"五荒"资源总面积为 353.2 万 hm²,其中荒山 73.07 万 hm²,荒坡 92.47 万 hm²,荒地 74.73 万 hm²,荒滩 58.93 万 hm²,荒水 54 万 hm²。从分布区域看,荒山面积以九江市最多,面积达 36.13 万 hm²。荒坡面积以抚州、上饶两地区最多,面积分别达 29.47 万 hm²、22.33 万 hm²。荒地面积以上饶地区和九江市面积最多,分别达 26.4 万 hm²、13.13 万 hm²。荒滩集中分布在鄱阳湖地区。荒水相对集分布在九江市(29.2 万 hm²)、吉安地区(9 万 hm²)和上饶地区(6.53 万 hm²)。

(2)"四低"资源

全省现有中低产田 2 185.27 万 hm²,占耕地总面积的 78.2%;低产园地 103.13 万 hm²,以低产果园面积最多,达 65.87 万 hm²,其次是低产茶园,面积 29 万 hm²;低产林地 1 742.33 万 hm²,占全省有林地面积 20.7%;低产水面 98.93 万 hm²,占全省养殖水面的 33.3%。

2. 开发利用潜力分析

中低产田改造潜力，江西省亩产 400 kg 以下的低产田面积为 648.33×10^3 hm²，中产田面积为 $1\,536.93 \times 10^3$ hm²，进一步改造使之分别达到中、高产水平，全省粮食增产潜力在 500 万 t 以上；荒地开发潜力，全省可开发利用的荒地面积 74.73 万 hm²。若全部开发出来，用来种植粮食作物并按亩产 400 kg 计，全省可增产粮食 44.8 万 t。荒坡开发潜力；全省可利用荒坡 92.47 万 hm²，适宜用来发展果茶生产，若全部用来种果树，按亩均产水果 500 kg 计算，全省每年可增加水果 69 万 t；荒山开发潜力，全省可利用荒山 73.07 万 hm²，适宜用来发展林业生产。开发利用后，按年亩平均生产量 0.4 m³ 计算，全省林木生产量年均可增加 40 多万 m³；荒水开发潜力，全省可利用荒水 54 万 hm²，若以开发荒水养殖，单产按 100 kg 计，则年可增加水产品产量 8.1 万 t。

第三节　农业资源保护存在的问题

改革开放以来，江西省在对农业资源的开发利用中，形成了一批较有特色的支柱产业，取得了一定的成就。但是对农业资源的开发利用还处于初级阶段，可持续农业发展还面临许多问题和挑战。

一、气候资源面临的问题

江西气候资源存在的主要问题：一是自然灾害频繁，4—6 月降雨集中，常引发洪涝灾害，7—9 月高温少雨，经常出现季节性干旱和高温危害，早稻前期常遇低温冷害，冬季常有低温冻害；二是资源利用效率不高，光能利用率只有1%左右，秋冬季丰富的光热资源更是没有得到很好利用；三是气候资源的多样性没有得到充分利用，山区的小气候没有很好利用起来发展反季节食品及特色经济作物。

二、土地资源面临的问题

土地资源利用存在的主要问题：一是耕地不断减少。随着工业、交通和城镇建设用地的增加，耕地面积以每年 1 万 hm² 以上的速度减少，而人口却以 0.8%的速度增加，人均耕地面积不断减少，2014 年全省人均耕地 0.70 hm²，仅占全国人均量（1.01 hm²）的 68.75%；二是耕地质量整体不高。中低产田面积占 78.3%；土壤肥力低、结构差，部分耕地土壤有机质含量下降，土壤理化性质变坏，土地沙化，潜育化十分严重；而且污染呈加剧的趋势；主要作物的单产水平均低于周边省份，以 2015 年为例，全省谷物平均产量为 6 025 kg/hm²，比湖北省低 6.84%，比湖南省低 4.75%；三是土地效益低。省内土地产出率较浙江、广东、福建等周边省份低 30%～45%，较相似生态经济条件的湖南低 10% 以上，特别是林地的效益更低，占全省土地 60% 以上的林地，产值仅占农业产值的 6%；四是后备土地资源少。据有关调查，全省后备耕地资源仅为 13.22 万 hm²，数量极其有限，而且质量相对较差，开发难度较大；五是水土流失没有得到有效遏制。虽然省内森林覆盖率超过 60%，但水土流失仍较严重，第一次全国水利普查水土流失情况普查结果，省内轻度以上水力侵蚀面积为 26 496.87 hm²，占全省国土总面积的 15.87%，是全国水土流失较重的省份；六是土地利用率较低。省内有大量的秋冬闲田，浪费了丰富的光热资源。

三、水资源面临的问题

水资源存在的主要问题：一是水资源的时空分布不均，水旱灾害发生频繁；二是水资源利用率低，浪费严重；三是随着用水量的增加，水资源紧张矛盾日益加剧；四是随着农业面源污染和工业污染的增加，水体污染加剧，水质也越来越差；五是水利设施老化严重，抵御自然灾害的能力弱。

以鄱阳湖为例，作为中国最大的淡水湖泊，鄱阳湖承纳了赣江、抚河、信江、饶河、修水五大河流，以及博阳河等小支流的来水，经调蓄后由湖口注入长江。在中国的四大淡水湖泊中，鄱阳湖曾被认为是唯一没有出现富营养化的湖泊，有着中国"最后一盆清水"之誉。2001 年省水资源公报的数据表明，鄱阳湖全年没有污染水、水质优于Ⅲ类的评价断面占八成，低于Ⅲ类的占两成。但 2006 年，鄱阳湖水全年优于Ⅲ类的不到六成，属于Ⅲ类的有两成多，劣于Ⅲ类的则逼近两成。按照水利部的统计，2006 年，鄱阳湖已经从整体上呈现出中度营养化的状态。对鄱阳湖水质迅速下滑的势头，自 2007 年 10 月 18 日起，省水利厅开始发布每月一期的《鄱阳湖水质水量动态监测通报》。通报显示，鄱阳湖水质 2007 年仍在进一步恶化。2007 年 9 月，鄱阳湖水位与往年基本持平、湖区水面面积为 3 005 km²，湖区的 10 处评价断面没有发现Ⅰ、Ⅱ类水；Ⅲ类水占六成；Ⅳ类水占四成。2007 年 12 月，随着鄱阳湖水位创历史新低，湖体自净能力显著下降，注入长江的出湖水质已沦为重度污染的Ⅴ类水。除了沿湖的废水排放，省境内赣江、饶河等 5 条主要河流两岸的各种废水也最终汇入鄱阳湖，其整个治理任务注定将十分艰巨。

四、物种资源面临的问题

长期以来，由于人与野生动植物不合理地争夺生存空间，经济粗放型增长，保护意识落后；也由于在经济利益驱动下，捕杀、采集野生动植物的行为不断发生，导致野生动植物的生境遭受严重破坏，大量生物物种消失，一些重点保护物种已处于濒危甚至灭绝状态。比如，极具保护价值的东乡野生稻即处在濒危的边缘，1978 年在东乡县发现的迄今世界上分布最北的 9 个普通野生稻居群，目前仅剩 3 个，平均每 10 年减少 2 个。

原环境保护部与中国科学院联合发布的《中国生物多样性红色名录——脊椎动物卷》评估报告显示，江西省有 95 种哺乳动物，占全国总种数的 14.1%，其中受威胁物种数达 23 种，占全国受威胁物种总数的 24.2%；江西省有 481 种鸟类物种，占全国总数的 35.1%，其中受威胁种数为 40 种，占全国受威胁鸟类物种总数的 8.3%；另外，在爬行动物中，江西省受威胁种数为 27 种，占全国总数的 35.1%；在两栖类动物中，江西省受威胁种数为 8 种，占全国总数的 16%。另据调查，江西出现了豚草、舞毒蛾、牛蛙等 10 余种外来入侵物种，不仅对本地生物多样构成威胁，也给当地的经济造成严重损失。这些问题已引起社会的广泛关注。

五、农业废弃物资源面临的问题

农业废弃物利用上存在的主要问题：一是农业废弃物数量不断增加，规模化生产数量增加，据推算，全省年产作物秸秆总量约为 2 769.23 万 t；二是农业废弃物的资源化利用程度低，导致环境污染加剧，大量的秸秆遗弃或焚烧、畜禽粪尿的随意排放，导致土壤、水体和空气的污染，已成为一个主要的农业污染物。以秸秆为例，最近几年，省内各地农民在收割完晚稻以后，就在稻田里面随即焚烧稻草的"比例"越来越高、"面"越来越广。据调查，全省有 1/4～1/3 的稻田存在就地焚烧稻草的现象，有 100% 的地区（市、县、乡、村）和 30%～50% 的农户采用了这种方式处理稻草。应该说，这种方式在某种程度上是可以达到"烧灰肥田"的效果，但通过这种"焚烧秸秆"达到的"肥田"效果是很有限的，相反，其带来的"副作用"却是明显的和不容忽视的。特别是将作物秸秆"付之一炬"，轻则造成资源浪费、养分流失（因作物秸秆燃烧时，大量养分被挥发了，仅剩下少量的灰分元素）和土壤结构破坏（作物燃烧时农田土壤受到"火烤"，致使土壤生物死亡、土壤结构变硬、变板、变"死"），重则不仅造成严重的环境污染，还会引发交通事故。湖南省黄花机场曾因"秸秆焚烧，大烟弥漫"而不能正常起降，造成严重后果。

第四节　农业资源保护已采取的行动

一、划定生态空间保护红线

2016 年 7 月省政府印发了《江西省生态空间保护红线区划》，标志着全省生态空间保护红线正式划定。全省生态空间保护红线汇总面积为 5.523 91 万 km²，占全省面积的 33.09%。其中一级管控区面积 5 878.1 km²，占全省面积的 3.52%；二级管控区面积 4.936 1 万 km²，占全省面积的 29.57%。生态空间保护红线类型分为水源涵养生态保护红线区、土壤保持生态保护红线区、生物多样性生态保护红线区和洪水调蓄生态保护红线区，其范围基本涵盖了省内禁止开发区、重点生态功能区、生态环境脆弱区和敏感区等重要生态区域，包含省内世界文化和自然遗产、省级以上自然保护区、省级以上风景名胜区、省级以上森林公园、省级以上地质公园、省级以上重要湿地（湿地公园）、集中式饮用水水源保护区、《国家蓄滞洪区修订名录》中的江西省洪水调蓄区、重点生态功能区（包括国家和省级重点生态功能区、具有重要水源涵养、土壤保持和生物多样性保护的生态屏障区、"五河"及东江源头保护区、重要湖泊）、省级以上生态公益林，以及对局部生态环境具有重要保护意义的区域。根据区域不同类别，由相关职能部门和当地政府按照"一岗双责"工作分工，依据现有的法律法规进行监管。

通过生态空间保护红线划定及配套管控政策实施，形成符合本省实际，满足生产、生活和生态空间基本需求的生态空间保护红线分布格局，形成严格管控边界，确保重要生态功能区、生态敏感区和脆弱区，以及主要物种得到有效保护，为全省生态保护与建设、自然资源有序开发和产业合理布局提供重要支撑。

二、开展水资源开发、利用、保护行动

1. 节水技改工程建设

2014 年，全省水行政主管部门节水技改工程资金共投入 62 437.35 万元。2014 年全省各设区市节水资金投入情况详见图 13-2。

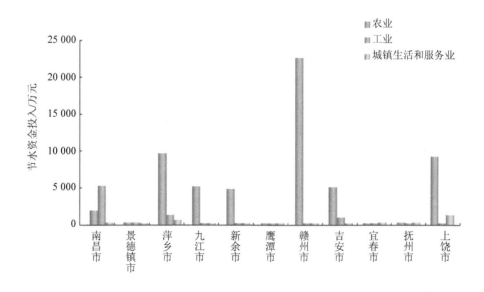

图 13-2　2014 年各设区市节水资金投入情况

由图 13-2 可以看出，除南昌市外，其他各市在农业节水资金方面的投入均占较大比例，2014 年，全省大力推进农业节水改造，进一步推进鄱阳湖、丰东等大型灌区续建配套与节水改造建设工作，积极创建国家高效节水灌溉示范县，推进信丰县、龙南县等规模化节水灌溉增效示范项目建设工作。农业节水资金投入 54 697.65 万元，占节水资金总投入的 87.60%，全省耕地有效灌溉面积 2 001.57 万 hm^2，节水灌溉面积为 466.51 万 hm^2，比 2010 年增长 55.6%，占有效灌溉面积的 23.31%，其中新增节水灌溉面积为 40.01 万 hm^2，占节水灌溉面积的 8.58%。

2．节水型社会建设试点

景德镇市被水利部、全国节水办授予"第三批全国节水型社会建设示范区"称号，南昌市全国节水型社会建设试点顺利通过水利部验收并获得较高评价。安义县、修水县、万年县、乐安县、于都县、宜春市袁州区、吉安市青原区、新余市渝水区 8 个第二批省级节水型社会建设试点稳步推进，涌现出一批有代表性的工业、农业及生活节水示范项目。

3．出台的相关政策法规

继 2011 年省委、省政府出台《关于加快江西省水利改革发展的实施意见》后，2014 年省委、省政府又出台了《关于深化水利改革的意见》，明确了全省水利改革的目标、原则、任务、要求和措施。2014 年 1 月 26 日，省水利厅印发了《江西省水库水环境专项整治实施方案》，明确了水库水环境专项整治目标，建立了专项整治联席会议制度，确定了公安、发改、财政、国土、卫生、环保、水利、农业、林业、电力等各部门工作职责，提出了专项整治工作步骤及要求。2014 年 12 月—2015 年 1 月，首次对 11 个设区市、100 个县（市、区）全面开展 2014 年最严格水资源管理制度考核。从 2014 年起省政府将实行最严格水资源管理制度纳入市县政府科学发展综合考评体系，水资源管理在 2014 年水利改革发展考评百分制指标中占 70 分。2014 年 12 月 31 日，首个入河排污口监督管理的规范性文件——《江西省入河排污口监督管理实施细则》由省水利厅正式发布，从 2015 年 1 月 1 日起实行。入河排污口监督管理是《水法》《水污染防治法》赋予水行政主管部门的一项重要职能，是落实最严格水资源管理制度，加强水功能区限制纳污管理的重要抓手，也是保护水资源、保持"一湖清水"的有效举措。2017 年 3 月 21 日，省第十二届人民代表大会常务委员会第三十二次会议通过《江西省农业生态环境保护条例》。《江西省农业生态环境保护条例》是江西省第一部农业生态保护地方性法规，2017 年正式颁布实施。

三、开展生物物种资源保护的行动

江西省从 20 世纪 80 年代以来，逐渐高度重视环境保护问题，生物物种资源的保护也随之提上重要议事日程。尤其是进入 21 世纪后，江西提出以"既要金山银山，更要绿水青山"为指导方针，确立了"三个基地、一个后花园"的发展定位，努力建设"和谐平安"江西，日益营造了一个保护生态，人与自然和谐相处的社会氛围。在农业资源品种保护、开发与利用方面做了一些工作。

1．制定发布了一系列法规规章

20 多年来，省内陆续制定发布了生物物种资源保护方面专项的或与之相关的一系列法规规章，如 1992 年出台的《江西省种畜禽管理条例》，对畜禽品种资源管理做出了相应的规定，各地根据区域规划建立了一批品种资源保种场。在 20 世纪 80 年代全面普查的基础上，再经过补充调查，查清了全省畜禽品种资源的基本情况，于 2001 年由江西科技出版社正式出版了《江西畜禽品种志》。同时出台了《野生动植物资源保护管理办法》《实施〈中华人民共和国野生动物保护法〉办法》《鄱阳湖自然保护区候鸟保护规定》《种畜禽管理条例》《水产种苗管理条例》《鄱阳湖湿地保护条例》等，公布了省重点保护动植物名录。

2．建立种质基因库

建立种质基因库，保护全省丰富的生物物种资源，意义十分重大。早在 1989 年，省环保局为保护江西和长江中下游地区处于濒危甚至灭绝状态的物种，建立了九江珍稀濒危植物种质资源库，致力于植物种质资源的搜集驯化、引种和改良。该库所在庐山北麓，属亚热带中、北部动植物交汇带，生物区系过渡性明显，地理位置和生态环境优越。省环保局每年拨出专项资金，把珍稀濒危植物从省内和长江中下游地区移植到库区栽培，并积极予以宏观指导。从建库至今，建有珍稀植物收集园、木兰园、樟楠园等 7 个专类保育区，迁地保存珍稀濒危植物 110 种，有国家重点保护植物 85 种，分别占国家第一批重点保护植物总数的 21.85%、长江中下游地区重点保护植物总数的 59.86%。

九江珍稀濒危植物种质资源库目前是长江中下游地区唯一的珍稀濒危植物种质资源库，但由于经费短缺、基础设施落后、库区面积过小等原因，该库的发展态势远远适应不了珍稀濒危植物保护的需要。为解决这一问题，自 2004 年以来，江西省出台了《九江珍稀濒危植物种质资源库总体规划》，把该库定位于长江中下游乃至全国植物物种最为丰富的种质资源库之一，承担长江中下游地区中亚热带珍稀植物的保育任务。规划总投资 1.8 亿元，用 15 年时间分 3 个阶段开展建设，前期着力引种保护，中期着重基础建设和开发利用，后期重点建设种质基因库，使 600 余种珍稀植物、长江中下游地区的国家重点保护植物 100% 得到保护，保存物种基因 3 万种以上，为我国生物遗传基因研究及其开发利用提供基础支持。此外，江西还建立了赣南树木园、庐山植物园和井冈山珍稀物种基因库，共迁地保护国家重点保护的珍稀濒危和野生原生种植物 101 种。

3. 地区性物种资源保护行动

目前，在省内一些地区展开了农作物种质资源普查与收集行动，例如，吉安市根据《推进全市绿色生态农业十大行动的实施意见》制定了农业资源保护行动推进方案，方案中明确指出，2016—2020 年要在全市范围内组织开展水蕨、野生金橘、野大豆、中华猕猴桃、绞股蓝、中华水韭和八角莲的分布、数量、生境状况等基本情况调查，初步评估其濒危状况和保护价值。在调查的基础上，建立健全吉安市水蕨、野生金橘、野大豆、中华猕猴桃、绞股蓝、中华水韭和八角莲植物资源信息数据库，实现资源的保护和可持续利用。每年申报重点农业野生植物原生境保护区储备项目 1 个以上。又如，上饶县开展上饶早梨种质资源保护行动，上饶早梨是上饶县著名的地方名特优农产品。据《信州府志》记载上饶早梨早在清朝就以地方特产而上贡皇宫，栽培历史已有 400 余年。据调查，上饶早梨现存梨树不多，树龄都在 50 年以上，如不尽快予以保护，上饶早梨这一地方名特优种质资源濒临灭绝的边缘。为此，上饶县县委、县政府非常重视，组织相关部门进行上饶早梨的保护和发展工作。上饶县农业局积极行动，开展了上饶早梨资源调查，建立上饶早梨原种场，采集接穗进行嫁接保种繁育，已经繁育苗木 3 000 余株，并对 70 年以上的上饶早梨树进行挂牌保护。

四、开展自然保护区的建设与管理行动

建立自然保护区，是对野生生物物种资源进行保护的主要方式。江西从 20 世纪 70 年代开始建立自然保护区起，经过 80 年代打基础，90 年代实施全省自然保护区工作发展规划大纲（1994—2000 年），2000 年以来贯彻落实《全国生态环境保护纲要》和实施全省自然保护区发展规划，逐渐加大了建设力度，不仅使自然保护区的数量迅速增长，而且使保护对象的结构趋于完善、保护层次有了提升，基本上把全省各类重点野生生物物种及其栖息地保护起来，建立了一个比较完备的保护区网络。

1988 年建立了以白鹤等越冬珍禽候鸟、湿地环境为主要保护对象的鄱阳湖国家级自然保护区。到 1989 年，全省建立各类自然保护区约 27 个，其中珍稀野生动植物类型有 9 个，占总数的 1/3。90 年代，加强了对珍稀野生动植物物种的保护，建立了以野生动植物为主要保护对象的自然保护区 18 个，占同期新建个数的 50%。

进入 21 世纪，生物物种资源保护事业进入一个快速发展时期。2001 年建立了以梅花鹿南方亚种为保护对象的桃红岭梅花鹿国家级自然保护区。2003 年省环保局制定并发布了省级自然保护评审标准，从评审、复评、审批等环节对省级自然保护区申报进行规范，并加大了建设力度。2003 年年底严格按规范要求申报的 8 个省级自然保护区都通过了审批。2016 年 4 月，评审通过了黑麂自然保护区晋升为省级。从 2000 年至今，全省新建立自然保护区 81 个，其中以野生动植物为主要保护对象的有 44 个，占比达 54.3%；

晋升省级和国家级自然保护区的有 15 个，其中以野生动植物为主要保护对象的有 9 个，占 60%。

目前，全省建有各级自然保护区 128 个，其中国家级 5 个、省级 25 个、市县级 98 个，保护总面积 8 073.72 km²，占全省面积的 4.84%；以野生动植物为主要保护对象的保护区约 66 个，占总数的 51.6%。在各级自然保护区中，保护了国家和省重点保护的大量野生动植物，如具有国内外影响力的白鹤、东方白鹳、黑鹳、中华秋沙鸭、鸳鸯等候鸟；鲥鱼、鲤鲫鱼等产卵场，银鱼等珍稀鱼类；江豚、白鳍豚等水生哺乳动物；华南虎、金钱豹、云豹、梅花鹿（南方亚种）、黑麂、白颈长尾雉等珍稀濒危动物；银杏、南方红豆杉、野生稻等珍稀濒危高等植物。

在以森林生态系统为主要保护对象的自然保护区中，保护的珍稀野生动植物资源也十分丰富。如 2000 年国家批准建立了井冈山国家级自然保护区，该区既保有我国最典型和完整的中亚热带森林植被，同时又是全球同纬度生物多样性最为丰富的地区之一、我国东亚热带地区重要的生物基因库。分布有高等植物 3 400 余种，约为全国高等植物种类的 11%，其中井冈山特有植物 22 种、世界珍稀濒危植物 108 种；分布有野生动物 1 108 种，其中森林脊椎动物 260 多种、昆虫 3 000 余种、国家重点保护的 30 余种。

据初步统计，省内建立的各级自然保护区，保护了全省 80% 以上的野生动物种类、80% 以上的高等植物种类及珍稀濒危野生动植物分布的栖息地。

五、开展渔业资源保护专项整治行动

2016 年全省开展了以"取缔非法捕捞渔具，打击非法捕捞"为主题的渔业资源保护专项整治行动，各地要按照"属地管理"原则，组织力量集中开展专项整治，重点检查乡镇政府开展专项整治工作，特别是重点工作开展情况，重点检查重点区域特别是重点对象问题严重的渔村、码头、水域和门店、市场，重点检查重点对象问题整改情况。严厉查处非法捕捞、非法购销运输非法渔获物、生产加工销售非法渔具和非法在保护区开发建设和采砂等违法行为，坚决收缴销毁非法渔具，严厉查处抗拒整改、阻挠执行公务的人员，保持高压态势。

渔业资源增殖放流是保护渔业资源，保护生物多样性，补充鱼类种群和数量，维护生态环境最直接、最有效的途径；也是增加渔民收入，促进渔业可持续发展的重要举措。通过在自然水域开展鱼类苗种的人工增殖放流，能够增加自然水域水生生物量，改善水生生物种群结构，减轻或减缓渔业资源的衰退，提高渔业生产的综合能力。共青城市濒临鄱阳湖，所辖湖泊面积占全市整个面积的 1/3，是鄱阳湖生态经济区建设重点发展的城市之一。共青城市委、市政府对保护湖泊生态高度重视，相应成立了由共青城农林水利局、渔政局、环保局等部门组成的增殖放流机构。从 2008 年开始，增殖放流行动就形成了制度化,此次同步增殖放流行动共投放草鱼、鲢鱼、鳙鱼等品种的鱼苗500万尾。

鄱阳湖周边湖区人口稠密,不少群众"靠湖吃湖"围堰堵河、酷渔滥捕、滥采乱挖等恶行,一度曾让鄱阳湖遍体鳞伤、湿地萎缩、渔业资源枯竭。2016年7月,江西省划定了全省生态空间保护红线,将鄱阳湖湿地等省级以上重要湿地(湿地公园)区域划入生态空间保护红线范围。同时,2016年也是鄱阳湖连续15年实施禁渔期制度。禁渔期内,禁止所有捕捞作业以及其他任何形式破坏渔业资源和渔业生态环境的作业活动。据介绍,与去年同期相比,今年定置网等非法渔具减少六成以上,禁渔举报中心接报数量减少100多起,特别是螺蛳非法捕捞量减少七成以上。

2016年9月,泰和县渔政执法部门与公安部门联手,开展以打击电、毒、炸鱼为主要内容的渔业资源保护专项整治行动,着力维护正常的渔业生产秩序,促进渔业生产可持续发展。该县利用村村广播、短信、微信、标语等传播媒体加大对渔业生态保护法律法规的宣传,在增强广大干群遵守法律法规和保护生态自觉性的同时,组织渔政执法和公安人员在每天傍晚和凌晨违法行为高发时段,在全县重点区域进行拉网式排查,对利用电网捕鱼、无证捕鱼、网目尺寸不符合规定捕鱼以及制售电捕鱼工具等行为发现一起严查一起。并针对电、毒、炸鱼等渔业违法行为具有隐蔽性的特点,动员社会公众积极举报,形成群防群治攻势。此外,该县按照"属地管理"原则,将打击非法捕鱼、保护渔业资源纳入"河长制"工作范畴,与"河长制"工作同检查、同考核、同奖惩,确保打击非法捕捞工作长效推进。

六、开展救护和保护长江江豚行动

长江江豚属于国家二级保护动物。由于野外生存环境恶劣,江豚死亡案例频频发生。2016年,先是在长江口发现10余头江豚死亡。2016年4月8日,鄱阳湖松门山水域又发现6头死亡江豚。6月初,在都昌县和合乡黄金咀水域再次发现一头已死亡多日的江豚。数据显示,目前长江江豚已经极度濒危,种群数量仅有800余头,比大熊猫的数量还少。如何保护江豚成了当务之急。据了解,为了保护长江江豚,江西省已经制定了多项相关措施,渔政部门也对此做了大量工作,如在南昌进贤军山湖建立江豚栖息保护区、筹备科研站等。同时,省渔政部门联合中国科学院等,近年来一直加大对江豚的保护和救助力度。

2004年,江西省已批准建立鄱阳湖长江江豚省级自然保护区。保护区位于鄱阳湖湖口至老爷庙水域,总面积6.8万 hm²,核心保护区2.7万 hm²,是目前已知长江江豚保护规模和保护面积最大的专门自然保护区。

2014年3月,为鼓励群众积极参与长江江豚保护行动,提高长江江豚救护水平,省农业厅鄱阳湖渔政局出台了《江西省长江江豚救护奖励暂行办法》,规定两种救护江豚的行为可获现金奖励。该办法规定两种行为可以获得奖励：一是发现、报告并在渔政人员到达现场前，主动采取适当措施，对受伤和遇险江豚实施有效救护，减缓或消除江豚遇险程度的行为；二是在第一时间报告江豚死亡或遇险信息，并就地保护好现场的行为。两种行为经核实后，分别可获得 300 元和 100 元的奖励。对一些长期热心参与长江江豚救护行动的群众颁发证书，并请媒体进行报道，宣传褒扬这种保护动物的行为。

2014 年 8 月，省水利厅和省生态文明研究与促进会启动了鄱阳湖长江江豚保护研究，并提出建设鄱阳湖江豚种群信息数据库，构建鄱阳湖江豚动态信息监测平台。不仅如此，生态学博士、省水科院副院长钟家有表示，江西省将建设一个集保护、监测、管理、教育、宣传、科研平台的一体化指挥体系的指挥中心，实现监测、保护、处置、管理、教育的整合与联动编制，并出台江豚保护政策法规文件，依法打击非法采砂、捕鱼等违反江豚保护政策法规的行为。

2014 年 12 月 20 日—2015 年 2 月 28 日江西省开展了长江江豚保护专项行动，根据辖区内长江江豚的活动范围、规律、特点，组织渔政执法力量做好长江江豚活动重点水域巡查执法和宣传。一是加强违规渔具查处，严厉打击电捕鱼、定置网、底拖网等违法行为，彻底清除拦河网、密眼定置网等影响长江江豚生存的非法渔具，确保长江江豚索饵和生殖洄游环境。二是打击保护区非法采砂等涉渔工程，保护长江江豚关键栖息地。三是及时发现救护被困遇险长江江豚，减少非自然死亡。四是加强对渔民《野生动物保护法》等法律法规宣传，提高广大渔民群众遵守法律，保护长江江豚的意识，鼓励渔民参与长江江豚的监测救护工作。

第五节　未来农业资源保护工作的重点

一、领导重视是保护的关键

改革开放 40 多年来，在历届省委、省政府对生态环境保护的重视下，实施了"山江湖"工程，开展"灭荒"造林、"山上再造"和"跨世纪绿色工程"建设，坚持污染防治与生态保护并重、生态保护与生态建设并举，打造并保持了江西的生态优势。特别是 2000 年以来，省委领导为江西建设"后花园"描绘了美好蓝图，提出"严重破坏生态和污染环境的项目"坚决不搞。这些为全省和谐发展营造了良好的环境，同时也为保护农业资源构筑了生态基础。

二、水土资源是保护的重点

严守 4 300 万亩耕地保护红线，进一步落实水资源开发利用控制、用水效率控制和水功能区限制纳污控制红线，重点保护水土资源。

1. 土地资源的利用与保护

（1）强化土地规划管控作用。按照新型城镇化发展要求，依据第二次土地调查成果，合理调整完善土地利用总体规划，严格划定城市发展边界、永久基本农田和生态保护红线。城市建设用地原则上不得超出规划确定的城市发展边界；确需扩大范围的，要经过严格论证，并限定在扩展边界内。各类开发区（园区）限定在规划确定的允许建设区和有条件建设区内。土地利用总体规划的调整或修改，要与扩大环境容量、生态空间相适应，确保耕地保有量和基本农田保护面积不减少。

（2）依法划定和永久保护基本农田。以第二次土地调查和耕地质量等别评价成果为依据，将土地利用总体规划确定的基本农田落实到地块，将保护责任落实到农户。充分利用国家扶贫开发退耕还林政策，将现有 25°以上坡耕地调出基本农田。建立基本农田数据库，进行全面监管，设立基本农田保护标志牌，接受社会监督。基本农田实行永久保护，一经划定，任何单位和个人不得擅自占用或者改变用途；符合法定条件，确需占用基本农田的，须依法依规报批，并补划数量相等、质量相当的基本农田。

（3）完善年度用地计划分配使用管理制度。合理分解和有效使用年度新增建设用地计划指标。实行新增建设用地计划安排与耕地保护任务完成情况挂钩的分配机制。对补充耕地储备不足、耕地占补平衡任务不落实、违法违规占用耕地突出的地方，相应减少新增建设用地指标，形成以补定占倒逼机制。

（4）严格建设占用耕地审批。严格执行以补定占、先补后占规定，强化建设项目用地预审，严格项目把关，引导建设不占或少占耕地，确需占用耕地的，应避开质量等级较高的优质耕地。对占用耕地特别是占用水田的项目，国土资源部门在审核（预审）前要组织实地踏勘和论证。建设用地审查报批时，对建设项目耕地占补平衡进行严格审查把关，防止"占优补劣"，补充耕地达不到规定要求的，不得通过审查。

（5）加快土地整治和高标准农田建设。各市、县（区）政府主导和统筹本地区的土地整治工作，将高标准农田建设纳入政府年度工作目标体系，积极实施"藏粮于地、藏粮于技"战略，并认真抓好高标准农田建设任务的落实，确保到 2020 年全省建成高标准农田 2 825 万亩。要以提升耕地质量、提高项目管理效率为目标，加快推进农村土地整治项目管理制度改革。加大各项涉农资金整合力度，充分发挥资金使用效益，用好用活各级新增建设用地土地有偿使用费，重点向粮食主产区、现代农业示范园区、农业生态重点保护区、贫困地区和新农村建设点倾斜。研究开展生态型土地整治，推动土地整治向绿色、循环、低碳、可持续四位一体方向发展。探索建立土地整治新增耕地用于占补平衡机制和"以补代投、先建后奖、以奖代补、以补促建"等土地整治多元化管理模式，充分调动农村集体经济组织和农民参与土地整治的积极性。探索实行耕地轮作休耕制度试点。加快推进高标准农田上图入库工作，建立高标准农田信息共享平台。

2．水资源开发利用与保护

在水资源开发利用方面，在规划的指导下，加强各类水源工程建设，强化水资源管理，加强农村饮水安全、城镇供水、灌区节水、农村水电等基础设施建设，根据水资源承载能力、以推进节水型社会建设试点为契机，协调好生活、生产和生态用水，提高水的利用效率和效益，使经济发展与水资源条件相适应。

在水环境保护和治理方面，紧紧围绕"保持鄱阳湖一湖清水"这一战略制高点，以恢复和改善水体功能为目标，加强河流水环境监测和水源地保护，按照水功能区划和河流纳污总量控制的要求，加强水资源保护制度建设，担负起河流湖泊生态代言人的重任。实行严格的地下水保护政策，对生态脆弱地区、地下水超采地区进行综合治理。加强血吸虫病区的水环境治理。

在水土保持生态建设方面，充分发挥大自然自我修复能力，以综合治理、生态修复、预防保护和有效监督为重点，工程措施、行政措施、技术措施、管理措施相结合，加强对重点水土流失地区和生态脆弱河流的综合治理，逐步改变与水相关的生态恶化的趋势。

在发展节水灌溉方面。不断推进节水灌溉发展，加快农业高效节水体系建设；根据区域气候、水源、土壤、地形、作物种植结构、农业生产方式、经济发展水平等条件，因地制宜发展节水农业，推广节水灌溉技术应用，完善灌溉用水计量设施；继续实施大中型灌区骨干工程续建配套节水改造，加强节水减排和高标准农田建设，改善农业生产条件，增强农业抗旱能力和综合生产能力。

三、基础工作是保护的支撑

建立自然保护区和野生生物种质资源库，是保护生物资源，开展科学研究的重要基地。九江珍稀濒危植物种质资源库建设虽然取得了一定成绩，但还未能达到珍稀濒危植物保护的需要。为此，以实施《九江珍稀濒危植物种质资源库总体规划》为契机，加大建设力度，切实发挥其在长江中下游地区中亚热带珍稀植物保育和我国生物基因研究及其开发利用中的作用。开展基础调查，掌握物种资源信息，对保护生物物种资源是必要的基础工程。2002年完成的全省生态环境现状调查，初步掌握了全省生物物种种类情况，但就目前所掌握的信息来看，还很不系统，也不够全面，为此需要抓紧展开调查、编目和建库工作。

四、资金投入是保护的保障

在对农业资源进行开发利用过程中，各级政府应利用宏观调控手段，从政策上予以扶持和保障，充分调动各方面的积极性，广开财源，依靠社会各界，尤其是企业和农民群众，吸引他们成为农业资源开发利用的投资主体。同时应遵循市场经济规律，调整投资结构，逐步改变江西省长期以来始终以种植业（特别是粮食作物）为主的农业产业结构，摒弃那种以过度消耗自然资源、损害环境为代价的掠夺式的生产模式，大力发展有较大市场空间、效益好的项目。以农业资源为依托，以市场为导向，建立一批高质量的农产品加工龙头企业，形成农工贸一条龙配套的农业产业化体系，延伸农业产业链条。通过农业资源产业化开发产生出直接的经济效益，提高全省农业综合生产能力，达到可持续农业发展的目的。

例如，生物物种资源丰富地区，往往是经济欠发达、地方财力十分有限的发展中地区，难以取得地方财政与保护需要相适应的支持。同时，生物物种资源保护是一项事关子孙后代生存与发展的典型的公益性事业，而其所需资金没有列入财政专项计划，致使政府的相关管理职能到不了位，人与自然的和谐发展受到资金的严重制约。因而建议江西省尽快把相关资金列入省财政专项预算予以保障，特别是加大对欠发达地区的珍稀濒危物种及其栖息地的保护和野生物种基因库的建设。在生态补偿机制中，应划出一块地专项用于生物物种资源保护。

五、健全制度是保护的根本

2014 年 11 月，国家六部委批复《江西省生态文明先行示范区建设实施方案》，江西省成为首批全境列入生态文明先行示范区建设的省份之一。生态文明先行示范区建设方案明确要以生态补偿、主体功能区、领导干部考核、河湖管理与保护等制度为重点，以此为契机，充分发挥地方立法的制度创新功能、强化问责功能，清理调整现有的地方性法规，推动重点领域、关键环节制度建设和创新，制定最严格的法律保护措施和问责措施。围绕破解本地区农业资源保护的"瓶颈"制约，建立符合全省实际、系统完整的生态文明制度体系。

1. 自然资源资产产权和用途管制制度

应通过试点示范，健全有关自然资源所有权、使用权及相关民事权利的规定，分类建立反映各类自然资源特点的资产所有权体系，对自然生态空间进行统一确权登记；在用途管制上，修改完善现行的规划、区划制度体系，明确主体功能区的法律地位和作用，建立统一的国土空间规划体系，确定各类开发项目准入条件，落实配套的财税制度，实现能源、水资源、矿产资源按质量分级、梯级利用，建立和形成统一行使所有国土空间用途管制权力的自然资源监管体制。

2. 生态补偿制度

2015 年 11 月，《江西省流域生态补偿办法（试行）》发布，从 2016 年起，采取整合国家重点生态功能区转移支付资金和省级专项资金，省级财政新设全省流域生态补偿专项预算资金，地方政府共同出资，社会、市场上各筹集一块资金的"五个一块"流域生态补偿资金筹措方式，筹集流域生态补偿资金视财力情况逐年增加，并探索建立起科学合理的资金筹集。全省境内流域生态补偿在资金分配上向"五河一湖"及东江源头保护区等重点生态功能区倾斜。补偿资金分配将水质作为主要因素，同时兼顾森林生态保护、水资源管理因素，对水质改善较好、生态保护贡献大、节约用水多的县（市、区）加大补偿。

3．政绩考核和责任追究制度

2013 年，江西省在全国率先建立"绿色"市县考核体系，实行差别化分类考核，经济发展占考核总权重的 40%。建立生态文明建设差异化的考核评价体系，对限制、禁止开发区域和生态脆弱的国家扶贫开发工作重点县地区取消生产总值考核；编制自然资源资产负债表，以此构建主要自然资源的实物量的核算账户；对领导干部实行自然资源资产和环境责任离任审计；健全经济社会综合评价体系，合理纳入资源消耗、环境损害、生态效益等体现生态文明建设状况的指标；健全生态环境重大决策和重大事件问责制，地方各级政府对本辖区、各部门对本行业和本系统生态环境保护负责的责任制要落到实处，对生态环境造成严重后果的，不得转任重要职务或提拔使用，实行终身追责。

六、科技创新是保护的突破

加强科技体制机制创新。按照深化科技体制改革的总体要求，重点推动种业创新、耕地地力提升、化学肥料农药减施、高效节水、农田生态、农业废弃物资源化利用、环境治理、气候变化、草原生态保护、渔业水域生态环境修复等方面协同攻关，组织实施好相关重大科技项目和重大工程。按照利益共享、风险共担的原则，加大基层农技推广体系改革与建设力度，支持和引导农业科研单位、教育机构、涉农企业、农民专业合作组织等参与农业科技推广服务，建立科技成果转化交易平台。创新科技成果评价机制，按照规定对于在农业可持续发展领域有突出贡献的技术人才给予奖励。

强化人才培养。依托重大农业科研、推广项目、重点学科和人才培训工程，加强资源环境保护领域农业科技人才队伍建设。充分利用农业高等教育、农民职业教育等培训渠道，培养农村环境监测、生态修复等方面的技能型人才。积极实施"一村一名大学生"工程、阳光工程等新型职业农民培育和农村实用人才培训，强化农业资源保护的理念和实用技术培训，为农业资源保护提供坚实的人才保障。

七、群众认知是保护的基础

"知是行之始"，凡事只有认识到位，才能积极主动地朝着方向去行动，否则，就显得盲目、被动。首先，要在各电视、报刊、网络等媒体，广泛宣传绿色消费、生态人居环境等农业资源保护的有关知识，将农业资源保护的理念渗透到生产、生活各个层面和千家万户，营造人人知晓、人人重视农业资源保护的氛围。其次，要抓好学校教育的环节，特别要重视青少年生态道德意识的培育和提高，将农业资源保护理念融入课堂教学。最后，倡导形成生态化的消费方式，变革人们的生态价值取向和消费方式，确立生态化的生活方式。通过倡导生态化的消费方式既能满足人的消费需求又能提高广大农民的农业资源保护意识。

参考文献

[1] 王海燕，傅泽田. 农业资源与农业可持续发展[J]. 农业环境与发展，2000（17）：21- 27.

[2] 肖平. 90 年代的自然资源学展望[J]. 地球科学进展，1993，8（3）：22-26.

[3] 霍明远. 资源科学的内涵与发展[J]. 资源科学，1998，20（2）：1

[4] 刘书楷，陈利根. 我国农业资源持续利用问题与对策[J]. 中国农业资源与区划，2004（25）：1-4.

[5] 尚杰. 中国农业资源可持续利用的途径研究[J]. 黑龙江工程学院学报，2000（16）：3-6.

[6] 方益萍. 江西农业资源的可持续利用[J]. 江西农业经济，2000（2）：11-12.

[7] 付湘. 优化土地资源利用，积极应对加入 WTO 江西省土地利用现状及潜力评估[J]. 华东铀矿地质，2001（1）：52-55.

[8] 黄国勤. 市场经济条件下江西农业资源的综合开发[J]. 资源开发与市场，1995，11（2）：73-75.

[9] 黄国勤. 江西耕地资源及其可持续利用[J]. 国土与自然资源，2002（2）：30-32.

[10] 黄国勤. 江南丘陵区农田循环生产技术研究——江西农田作物秸秆还田技术与效果[J]. 耕作与栽培，2008（3）：1-2，18.

[11] 张吉鹍，谢金防，刘长庆，等. 江西省地方畜禽种质资源及其利用现状[J]. 江西畜牧兽医杂志，2008（2）：21-23.

[12] 黄新建. 江西县域经济可持续发展的理论探讨[J]. 江西农业经济，2000（3）：7-9.

[13] 魏平秀. 江西农业资源开发与可持续农业的发展[J]. 江西农业大学学报（社会科学版），2003（1）：17-19.

[14] 李霏. 以制度保障江西生态文明先行示范区建设[J]. 理论导报，2016（2）：46-47.

附　录

中共中央办公厅　国务院办公厅印发
《关于创新体制机制推进农业绿色发展的意见》[①]

推进农业绿色发展，是贯彻新发展理念、推进农业供给侧结构性改革的必然要求，也是加快农业现代化、促进农业可持续发展的重大举措，更是守住绿水青山、建设美丽中国的时代担当，对保障国家食物安全、资源安全和生态安全，维系当代人福祉和保障子孙后代永续发展具有重大意义。党的十八大以来，党中央、国务院作出一系列重大决策部署，农业绿色发展实现了良好开局。但总体上看，农业主要依靠资源消耗的粗放经营方式没有根本改变，农业面源污染和生态退化的趋势尚未有效遏制，绿色优质农产品和生态产品供给还不能满足人民群众日益增长的需求，农业支撑保障制度体系有待进一步健全。为创新体制机制，推进农业绿色发展，现提出如下意见。

一、总体要求

（一）指导思想。全面贯彻党的十八大和十八届三中、四中、五中、六中全会精神，深入贯彻习近平总书记系列重要讲话精神和治国理政新理念新思想新战略，紧紧围绕统筹推进"五位一体"总体布局和协调推进"四个全面"战略布局，牢固树立和贯彻落实新发展理念，认真落实党中央、国务院决策部署，以"绿水青山就是金山银山"理念为指引，以资源环境承载力为基准，以推进农业供给侧结构性改革为主线，尊重农业发展规律，强化改革创新、激励约束和政府监管，转变农业发展方式，优化空间布局，节约利用资源，保护产地环境，提升生态服务功能，全力构建人与自然和谐共生的农业发展新格局，推动形成绿色生产方式和生活方式，实现农业强、农民富、农村美，为建设美丽中国、增进民生福祉、实现经济社会可持续发展提供坚实支撑。

（二）基本原则

——坚持以空间优化、资源节约、环境友好、生态稳定为基本路径。牢固树立节约集约循环利

---

① 原载 2017 年 10 月 1 日《人民日报》第 003 版。

用的资源观，把保护生态环境放在优先位置，落实构建生态功能保障基线、环境质量安全底线、自然资源利用上线的要求，防止将农业生产与生态建设对立，把绿色发展导向贯穿农业发展的全过程。

——坚持以粮食安全、绿色供给、农民增收为基本任务。突出保供给、保收入、保生态的协调统一，保障国家粮食安全，增加绿色优质农产品供给，构建绿色发展产业链价值链，提升质量效益和竞争力，变绿色为效益，促进农民增收，助力脱贫攻坚。

——坚持以制度创新、政策创新、科技创新为基本动力。全面深化改革，构建以资源管控、环境监控和产业准入负面清单为主要内容的农业绿色发展制度体系，科学适度有序的农业空间布局体系，绿色循环发展的农业产业体系，以绿色生态为导向的政策支持体系和科技创新推广体系，全面激活农业绿色发展的内生动力。

——坚持以农民主体、市场主导、政府依法监管为基本遵循。既要明确生产经营者主体责任，又要通过市场引导和政府支持，调动广大农民参与绿色发展的积极性，推动实现资源有偿使用、环境保护有责、生态功能改善激励、产品优质优价。加大政府支持和执法监管力度，形成保护有奖、违法必究的明确导向。

（三）目标任务。把农业绿色发展摆在生态文明建设全局的突出位置，全面建立以绿色生态为导向的制度体系，基本形成与资源环境承载力相匹配、与生产生活生态相协调的农业发展格局，努力实现耕地数量不减少、耕地质量不降低、地下水不超采，化肥、农药使用量零增长，秸秆、畜禽粪污、农膜全利用，实现农业可持续发展、农民生活更加富裕、乡村更加美丽宜居。

资源利用更加节约高效。到 2020 年，严守 18.65 亿亩耕地红线，全国耕地质量平均比 2015 年提高 0.5 个等级，农田灌溉水有效利用系数提高到 0.55 以上。到 2030 年，全国耕地质量水平和农业用水效率进一步提高。

产地环境更加清洁。到 2020 年，主要农作物化肥、农药使用量实现零增长，化肥、农药利用率达到 40%；秸秆综合利用率达到 85%，养殖废弃物综合利用率达到 75%，农膜回收率达到 80%。到 2030 年，化肥、农药利用率进一步提升，农业废弃物全面实现资源化利用。

生态系统更加稳定。到 2020 年，全国森林覆盖率达到 23% 以上，湿地面积不低于 8 亿亩，基本农田林网控制率达到 95%，草原综合植被盖度达到 56%。到 2030 年，田园、草原、森林、湿地、水域生态系统进一步改善。

绿色供给能力明显提升。到 2020 年，全国粮食（谷物）综合生产能力稳定在 5.5 亿 t 以上，农产品质量安全水平和品牌农产品占比明显提升，休闲农业和乡村旅游加快发展。到 2030 年，农产品供给更加优质安全，农业生态服务能力进一步提高。

二、优化农业主体功能与空间布局

（四）落实农业功能区制度。大力实施国家主体功能区战略，依托全国农业可持续发展规划和优势农产品区域布局规划，立足水土资源匹配性，将农业发展区域细划为优化发展区、适度发展区、保护发展区，明确区域发展重点。加快划定粮食生产功能区、重要农产品生产保护区，认定特色农产品优势区，明确区域生产功能。

（五）建立农业生产力布局制度。围绕解决空间布局上资源错配和供给错位的结构性矛盾，努力建立反映市场供求与资源稀缺程度的农业生产力布局，鼓励因地制宜、就地生产、就近供应，建立主要农产品生产布局定期监测和动态调整机制。在优化发展区更好地发挥资源优势，提升重要农产品生产能力；在适度发展区加快调整农业结构，限制资源消耗大的产业规模；在保护发展区坚持保护优先、限制开发，加大生态建设力度，实现保供给与保生态有机统一。完善粮食主产区利益补偿机制，健全粮食产销协作机制，推动粮食产销横向利益补偿。鼓励地方积极开展试验示范、农垦率先示范，提高军地农业绿色发展水平。推进国家农业可持续发展试验示范区创建，同时成为农业绿色发展试点的先行区。

（六）完善农业资源环境管控制度。强化耕地、草原、渔业水域、湿地等用途管控，严控围湖造田、滥垦滥占草原等不合理开发建设活动对资源环境的破坏。坚持最严格的耕地保护制度，全面落实永久基本农田特殊保护政策措施。以县为单位，针对农业资源与生态环境突出问题，建立农业产业准入负面清单制度，因地制宜地制定禁止和限制发展产业目录，明确种植业、养殖业发展方向和开发强度，强化准入管理和底线约束，分类推进重点地区资源保护和严重污染地区治理。

（七）建立农业绿色循环低碳生产制度。在华北、西北等地下水过度利用区适度压减高耗水作物，在东北地区严格控制旱改水，选育推广节肥、节水、抗病新品种。以土地消纳粪污能力来确定养殖规模，引导畜牧业生产向环境容量大的地区转移，科学合理划定禁养区，适度调减南方水网地区养殖总量。禁养区划定减少的畜禽规模养殖用地，可在适宜养殖区域按有关规定及时予以安排，并强化服务。实施动物疫病净化计划，推动动物疫病防控从有效控制到逐步净化消灭转变。推行水产健康养殖制度，合理确定湖泊、水库、滩涂、近岸海域等养殖规模和养殖密度，逐步减少河流湖库、近岸海域投饵网箱养殖，防控水产养殖污染。建立低碳、低耗、循环、高效的加工流通体系。探索区域农业循环利用机制，实施粮经饲统筹、种养相结合、农林牧渔融合循环发展。

（八）建立贫困地区农业绿色开发机制。立足贫困地区资源禀赋，坚持保护环境优先，因地制宜选择有资源优势的特色产业，推进产业精准扶贫。把贫困地区生态环境优势转化为经济优势，推行绿色生产方式，大力发展绿色、有机和地理标志优质特色农产品，支持创建区域品牌；推进一、二、三产融合发展，发挥生态资源优势，发展休闲农业和乡村旅游，带动贫困农户脱贫致富。

三、强化资源保护与节约利用

（九）建立耕地轮作休耕制度。推动用地与养地相结合，集成推广绿色生产、综合治理的技术模式，在确保国家粮食安全和农民收入稳定增长的前提下，对土壤污染严重、区域生态功能退化、可利用水资源匮乏等不宜连续耕作的农田实行轮作休耕。降低耕地利用强度，落实东北黑土地保护制度，管控西北内陆、沿海滩涂等区域开垦耕地行为。全面建立耕地质量监测和等级评价制度，明确经营者耕地保护主体责任。实施土地整治，推进高标准农田建设。

（十）建立节约高效的农业用水制度。推行农业灌溉用水总量控制和定额管理。强化农业取水许可管理，严格控制地下水利用，加大地下水超采治理力度。全面推进农业水价综合改革，按照总体不增加农民负担的原则，加快建立合理农业水价形成机制和节水激励机制，切实保护农民合理用水权益，提高农民有偿用水意识和节水积极性。突出农艺节水和工程节水措施，推广水肥一体化及喷灌、微灌、管道输水灌溉等农业节水技术，健全基层节水农业技术推广服务体系。充分利用天然降水，积极有序发展雨养农业。

（十一）健全农业生物资源保护与利用体系。加强动植物种质资源保护利用，加快国家种质资源库、畜禽水产基因库和资源保护场（区、圃）规划建设，推进种质资源收集保存、鉴定和育种，全面普查农作物种质资源。加强野生动植物自然保护区建设，推进濒危野生植物资源原生境保护、移植保存和人工繁育。实施生物多样性保护重大工程，开展濒危野生动植物物种调查和专项救护，实施珍稀濒危水生生物保护行动计划和长江珍稀特有水生生物拯救工程。加强海洋渔业资源调查研究能力建设。完善外来物种风险监测评估与防控机制，建设生物天敌繁育基地和关键区域生物入侵阻隔带，扩大生物替代防治示范技术试点规模。

四、加强产地环境保护与治理

（十二）建立工业和城镇污染向农业转移防控机制。制定农田污染控制标准，建立监测体系，严格工业和城镇污染物处理和达标排放，依法禁止未经处理达标的工业和城镇污染物进入农田、养殖水域等农业区域。强化经常性执法监管制度建设。出台耕地土壤污染治理及效果评价标准，开展污染耕地分类治理。

（十三）健全农业投入品减量使用制度。继续实施化肥农药使用量零增长行动，推广有机肥替代化肥、测土配方施肥，强化病虫害统防统治和全程绿色防控。完善农药风险评估技术标准体系，加快实施高剧毒农药替代计划。规范限量使用饲料添加剂，减量使用兽用抗菌药物。建立农业投入品电子追溯制度，严格农业投入品生产和使用管理，支持低消耗、低残留、低污染农业投入品生产。

（十四）完善秸秆和畜禽粪污等资源化利用制度。严格依法落实秸秆禁烧制度，整县推进秸秆全量化综合利用，优先开展就地还田。推进秸秆发电并网运行和全额保障性收购，开展秸秆高值化、产业化利用，落实好沼气、秸秆等可再生能源电价政策。开展尾菜、农产品加工副产物资源化利用。以沼气和生物天然气为主要处理方向，以农用有机肥和农村能源为主要利用方向，强化畜禽粪污资源化利用，依法落实规模养殖环境评价准入制度，明确地方政府属地责任和规模养殖场主体责任。依据土地利用规划，积极保障秸秆和畜禽粪污资源化利用用地。健全病死畜禽无害化处理体系，引导病死畜禽集中处理。

（十五）完善废旧地膜和包装废弃物等回收处理制度。加快出台新的地膜标准，依法强制生产、销售和使用符合标准的加厚地膜，以县为单位开展地膜使用全回收、消除土壤残留等试验试点。建立农药包装废弃物等回收和集中处理体系,落实使用者妥善收集、生产者和经营者回收处理的责任。

五、养护修复农业生态系统

(十六)构建田园生态系统。遵循生态系统整体性、生物多样性规律,合理确定种养规模,建设完善生物缓冲带、防护林网、灌溉渠系等田间基础设施,恢复田间生物群落和生态链,实现农田生态循环和稳定。优化乡村种植、养殖、居住等功能布局,拓展农业多种功能,打造种养结合、生态循环、环境优美的田园生态系统。

(十七)创新草原保护制度。健全草原产权制度,规范草原经营权流转,探索建立全民所有草原资源有偿使用和分级行使所有权制度。落实草原生态保护补助奖励政策,严格实施草原禁牧休牧轮牧和草畜平衡制度,防止超载过牧。加强严重退化、沙化草原治理。完善草原监管制度,加强草原监理体系建设,强化草原征占用审核审批管理,落实土地用途管制制度。

(十八)健全水生生态保护修复制度。科学划定江河湖海限捕、禁捕区域,健全海洋伏季休渔和长江、黄河、珠江等重点河流禁渔期制度,率先在长江流域水生生物保护区实现全面禁捕,严厉打击"绝户网"等非法捕捞行为。实施海洋渔业资源总量管理制度,完善渔船管理制度,建立幼鱼资源保护机制,开展捕捞限额试点,推进海洋牧场建设。完善水生生物增殖放流,加强水生生物资源养护。因地制宜地实施河湖水系自然连通,确定河道砂石禁采区、禁采期。

(十九)实行林业和湿地养护制度。建设覆盖全面、布局合理、结构优化的农田防护林和村镇绿化林带。严格实施湿地分级管理制度,严格保护国际重要湿地、国家重要湿地、国家级湿地自然保护区和国家湿地公园等重要湿地。开展退化湿地恢复和修复,严格控制开发利用和围垦强度。加快构建退耕还林还草、退耕还湿、防沙治沙,以及石漠化、水土流失综合生态治理长效机制。

六、健全创新驱动与约束激励机制

(二十)构建支撑农业绿色发展的科技创新体系。完善科研单位、高校、企业等各类创新主体协同攻关机制,开展以农业绿色生产为重点的科技联合攻关。在农业投入品减量高效利用、种业主要作物联合攻关、有害生物绿色防控、废弃物资源化利用、产地环境修复和农产品绿色加工贮藏等领域尽快取得一批突破性科研成果。完善农业绿色科技创新成果评价和转化机制,探索建立农业技术环境风险评估体系,加快成熟适用绿色技术、绿色品种的示范、推广和应用。借鉴国际农业绿色发展经验,加强国际间科技和成果交流合作。

(二十一)完善农业生态补贴制度。建立与耕地地力提升和责任落实相挂钩的耕地地力保护补贴机制。改革完善农产品价格形成机制,深化棉花目标价格补贴,统筹玉米和大豆生产者补贴,坚持补贴向优势区倾斜,减少或退出非优势区补贴。改革渔业补贴政策,支持捕捞渔民减船转产、海洋牧场建设、增殖放流等资源养护措施。完善耕地、草原、森林、湿地、水生生物等生态补偿政策,继续支持退耕还林还草。有效利用绿色金融激励机制,探索绿色金融服务农业绿色发展的有效方式,加大绿色信贷及专业化担保支持力度，创新绿色生态农业保险产品。加大政府和社会资本合作（PPP）在农业绿色发展领域的推广应用，引导社会资本投向农业资源节约、废弃物资源化利用、动物疫病净化和生态保护修复等领域。

（二十二）建立绿色农业标准体系。清理、废止与农业绿色发展不适应的标准和行业规范。制定修订农兽药残留、畜禽屠宰、饲料卫生安全、冷链物流、畜禽粪污资源化利用、水产养殖尾水排放等国家标准和行业标准。强化农产品质量安全认证机构监管和认证过程管控。改革无公害农产品认证制度，加快建立统一的绿色农产品市场准入标准，提升绿色食品、有机农产品和地理标志农产品等认证的公信力和权威性。实施农业绿色品牌战略，培育具有区域优势特色和国际竞争力的农产品区域公用品牌、企业品牌和产品品牌。加强农产品质量安全全程监管，健全与市场准入相衔接的食用农产品合格证制度，依托现有资源建立国家农产品质量安全追溯管理平台，加快农产品质量安全追溯体系建设。积极参与国际标准的制定修订，推进农产品认证结果互认。

（二十三）完善绿色农业法律法规体系。研究制定修订体现农业绿色发展需求的法律法规，完善耕地保护、农业污染防治、农业生态保护、农业投入品管理等方面的法律制度。开展农业节约用水立法研究工作。加大执法和监督力度，依法打击破坏农业资源环境的违法行为。健全重大环境事件和污染事故责任追究制度及损害赔偿制度，提高违法成本和惩罚标准。

（二十四）建立农业资源环境生态监测预警体系。建立耕地、草原、渔业水域、生物资源、产地环境以及农产品生产、市场、消费信息监测体系，加强基础设施建设，统一标准方法，实时监测报告，科学分析评价，及时发布预警。定期监测农业资源环境承载能力，建立重要农业资源台账制度，构建充分体现资源稀缺和损耗程度的生产成本核算机制，研究农业生态价值统计方法。充分利用农业信息技术，构建天空地数字农业管理系统。

（二十五）健全农业人才培养机制。把节约利用农业资源、保护产地环境、提升生态服务功能等内容纳入农业人才培养范畴，培养一批具有绿色发展理念、掌握绿色生产技术技能的农业人才和新型职业农民。积极培育新型农业经营主体，鼓励其率先开展绿色生产。健全生态管护员制度，在生态环境脆弱地区因地制宜地增加护林员、草管员等公益岗位。

七、保障措施

（二十六）落实领导责任。地方各级党委和政府要加强组织领导，把农业绿色发展纳入领导干部任期生态文明建设责任制内容。农业部要发挥好牵头协调作用，会同有关部门按照本意见的要求，抓紧研究制定具体实施方案，明确目标任务、职责分工和具体要求，建立农业绿色发展推进机制，确保各项政策措施落到实处，重要情况要及时向党中央、国务院报告。

（二十七）实施农业绿色发展全民行动。在生产领域，推行畜禽粪污资源化利用、有机肥替代化肥、秸秆综合利用、农膜回收、水生生物保护，以及投入品绿色生产、加工流通绿色循环、营销包装低耗低碳等绿色生产方式。在消费领域，从国民教育、新闻宣传、科学普及、思想文化等方面入手，持续开展"光盘行动"，推动形成厉行节约、反对浪费、抵制奢侈、低碳循环等绿色生活方式。

（二十八）建立考核奖惩制度。依据绿色发展指标体系，完善农业绿色发展评价指标，适时开展部门联合督查。结合生态文明建设目标评价考核工作，对农业绿色发展情况进行评价和考核。建立奖惩机制，对农业绿色发展中取得显著成绩的单位和个人，按照有关规定给予表彰，对落实不力的进行问责。

农业农村部印发
《农业绿色发展技术导则（2018—2030 年）》①

各省、自治区、直辖市及计划单列市农业（农牧、农村经济）、农机、畜牧、兽医、农垦、农产品加工、渔业（水利）厅（局、委、办），新疆生产建设兵团农业局，有关农业大学，各省级农业科学院：

　　为贯彻落实中共中央办公厅、国务院办公厅《关于创新体制机制推进农业绿色发展的意见》，大力推进生态文明建设，有力支撑农业绿色发展和农业农村现代化，我部组织编写了《农业绿色发展技术导则（2018—2030 年）》，现印发你们，请结合本地、本单位实际，认真组织实施。

农业农村部

2018 年 7 月 2 日

农业绿色发展技术导则（2018—2030 年）

　　为深入贯彻落实党的十九大精神，坚定不移贯彻创新、协调、绿色、开放、共享的发展理念，落实创新驱动发展战略、乡村振兴战略和可持续发展战略，根据中共中央办公厅、国务院办公厅《关于创新体制机制推进农业绿色发展的意见》有关部署，着力构建支撑农业绿色发展的技术体系，大力推动生态文明建设和农业绿色发展，特制定本导则。

一、重要意义

　　推进农业绿色发展是农业发展观的一场深刻革命，对农业科技创新提出了更高更新的要求。围绕提高农业质量效益竞争力，破解当前农业资源趋紧、环境问题突出、生态系统退化等重大"瓶颈"问题，实现农业生产生活生态协调统一、永续发展，形成节约资源和保护环境的空间格局、产业结构、生产方式、生活方式，迫切需要强化创新驱动发展，转变科技创新方向，优化科技资源布局，改革科技组织方式，构建支撑农业绿色发展的技术体系。

---

① 原载中国农学会网站（http://www.caass.org.cn/xbnxh/zywj7/53349/index.html）2018 年 7 月 6 日。

（一）构建农业绿色发展技术体系是推进农业供给侧结构性改革，提高我国农业质量效益竞争力的必由之路

推进农业绿色发展是农业供给侧结构性改革的重要内容。推进农业供给侧结构性改革，提高我国农业质量效益竞争力，必然要求以科技创新作为强大引擎，着力解决制约"节本增效、质量安全、绿色环保"的科技问题。近年来，我国通过研究与示范果菜茶有机肥替代化肥、奶牛生猪健康养殖、测土配方施肥、病虫害统防统治、稻渔综合种养等绿色技术和模式，农产品质量安全水平大幅提高，效益不断增加。但是，问题和风险隐患依然存在，农兽药残留超标和产地环境污染问题在个别地区、品种和时段还比较突出，化肥、农药过量使用导致农业生产成本较快上涨、农产品竞争力下降和农业发展不可持续，迫切需要建立农业投入品安全无害、资源利用节约高效、生产过程环境友好、质量标准体系完善、监测预警全程到位为特征的农业绿色发展技术体系，全面激活农业绿色发展的内生动力，大力增加绿色优质农产品供给，变绿色为效益，切实提高我国农业的质量效益竞争力。

（二）构建农业绿色发展技术体系是实施可持续发展战略，破解我国农业农村资源环境突出问题的根本途径

牢固树立节约集约循环利用的资源观，像对待生命一样对待生态环境，实现人与自然和谐共生，是落实可持续发展战略、建设生态文明的战略选择。随着工业化、城镇化加快推进，耕地数量减少、质量下降的问题并存，农业水、土等资源约束日益严重，农业面源污染不断加剧，农业生态服务功能弱化，农业生态系统退化等问题较为突出。实施农业可持续发展战略，必然要求依靠科技创新改变高投入、高消耗、资源过度开发的粗放型发展方式，迫切需要依靠科技进步推动农业绿色生产、种养循环、生态保育和修复治理，有效防控农业面源污染，有力支撑退牧还草、退耕还林还草、生物多样性保护和流域治理，推动建立起农业生产力与资源环境承载力相匹配的生态农业新格局，把农业建设成为美丽中国的生态支撑，坚持走农业绿色发展之路，实现环境友好和生态保育，破解我国农业农村资源环境等方面突出问题。

（三）构建农业绿色发展技术体系是实施乡村振兴战略，实现我国农业农村"三生"协调发展的必然选择

人与自然是生命共同体，人类必须尊重自然、顺应自然、保护自然。遵循自然规律，实现农业绿色发展，必然要求农业农村走生产发展、生活富裕、生态宜居的"三生"协调发展道路。长期以来，在农业农村发展过程中，由于"重开发轻保护、重利用轻循环、重产量轻质量"，致使农业不够强、农村不够美、农民不够富的问题难以解决。实施乡村振兴战略，迫切需要依靠科技推动形成绿色生产方式，加强绿色农产品供给，支持特色优势产业做大做强，引领乡村农业多功能发展，助推农村环境整洁优美，提高农民科技文化素质和乡居生活幸福指数，实现"产业兴旺、生态宜居、乡风文明、治理有效、生活富裕"的目标，加快推进农业农村现代化。

（四）构建农业绿色发展技术体系是实施创新驱动发展战略，培育壮大农业绿色发展新动能的迫切需要

创新是引领发展的第一动力，是建设现代化经济体系的战略支撑。新时代推动农业绿色发展，实现农业农村现代化，必须加快科技创新，强化科技供给，构建农业绿色发展技术体系。近年来，我国农业科技进步有力支撑了农业农村产业发展，但与加快推进农业绿色发展的新要求相比，仍然存在很多问题。基础性、长期性科技工作积累不足，我国在生物资源、水土质量、农业生态功能等方面还缺乏系统的观测和监测，重要资源底数不清。绿色投入品供给不足，节本增效、质量安全、绿色环保等方面的新技术还缺乏储备，先进智能机械装备和部分重要畜禽品种长期依赖进口，循环发展所需集成技术和模式供给不足。支撑引领农业绿色发展，迫切需要以目标和问题为导向，着力突破一批绿色发展关键技术和重大产品，大力培育战略性新兴产业，以新业态、新模式、新产业改造提升传统产业，实现从传统要素驱动为主向科技创新驱动为主的转变，加快实现农业绿色发展。

二、思路和目标

（一）总体思路

以习近平新时代中国特色社会主义思想为指导，全面贯彻落实党的十九大精神，坚持"绿水青山就是金山银山"的理念，坚持节约优先、保护优先、自然恢复为主的方针，以支撑引领农业绿色发展为主线，以绿色投入品、节本增效技术、生态循环模式、绿色标准规范为主攻方向，全面构建高效、安全、低碳、循环、智能、集成的农业绿色发展技术体系，推动农业科技创新方向和重点实现"三个转变"，即从注重数量为主向数量质量效益并重转变，从注重生产功能为主向生产生态功能并重转变，从注重单要素生产率提高为主向全要素生产率提高为主转变。按照"重点研发一批、集成示范一批，推广应用一批"三类情况，分别列出任务清单，通过开展绿色技术创新和示范推广，着力推动形成绿色生产方式和生活方式，着力加强绿色优质农产品和生态产品供给，着力提升农业绿色发展的质量效益和竞争力，为实施乡村振兴战略和实现农业农村现代化提供强有力的科技支撑。

（二）基本原则

1. 坚持目标导向、系统布局。以提高绿色农业投入品和绿色技术成果供给能力为目标，进一步调整思路、凝练任务，系统合理布局科技资源，围绕产业链部署创新链，根据不同产业发展需求和区域特点确定不同攻关方向，建立涵盖农业绿色发展各个方面各个环节的科技创新布局系统。

2. 坚持问题导向、集成创新。瞄准农业水土资源约束趋紧、面源污染加剧、生态系统退化等突出问题，强化单项产品、技术、设施装备等集成与配套熟化，提出不同产业、不同区域的绿色发展技术集成创新方案，系统解决制约产业和区域绿色发展的重大关键科技问题和技术"瓶颈"。

3. 坚持政府引导、市场驱动。政府通过制定引导政策、设立专项、完善补贴补偿与购买服务等措施，调动农业绿色技术各创新主体的积极性，加大对农业绿色技术创新研究和示范推广的支持。以市场为导向，充分发挥企业在农业绿色技术研发和推广应用等方面的主体作用。

4. 坚持科学评价、强化激励。按照绿色农业发展要求，完善绿色发展科技创新评价指标，建立促进协同创新的评价机制，建立健全绩效评价制度，更加注重中长期评价，更加注重对成果引领支撑产业绿色发展成效的评价，更加注重科技创新效率和创新活力整体提升。

（三）发展目标

围绕实施乡村振兴战略和可持续发展战略，加快支撑农业绿色发展的科技创新步伐，提高绿色农业投入品和技术等成果供给能力，按照"农业资源环境保护、要素投入精准环保、生产技术集约高效、产业模式生态循环、质量标准规范完备"的要求，到2030年，全面构建以绿色为导向的农业技术体系，在稳步提高农业土地产出率的同时，大幅度提高农业劳动生产率、资源利用率和全要素生产率，引领我国农业走上一条产出高效、产品安全、资源节约、环境友好的农业现代化道路，打造促进农业绿色发展的强大引擎。

——绿色投入品创制步伐加快。选育和推广一批高效优质多抗的农作物、牧草和畜禽水产新品种，显著提高农产品的生产效率和优质化率。研发一批绿色高效的功能性肥料、生物肥料、新型土壤调理剂，低风险农药、施药助剂和理化诱控等绿色防控品，绿色高效饲料添加剂、低毒低耐药性兽药、高效安全疫苗等新型产品，突破我国农业生产中减量、安全、高效等方面"瓶颈"问题。创制一批节能低耗智能机械装备，提升农业生产过程信息化、机械化、智能化水平。肥料、饲料、农药等投入品的有效利用率显著提高。

——绿色技术供给能力显著提升。研发一批土壤改良培肥、雨养和节水灌溉、精准施肥、有害生物绿色防控、畜禽水产健康养殖和废弃物循环利用、面源污染治理和农业生态修复、轻简节本高效机械化作业、农产品收储运和加工等农业绿色生产技术，实现农田灌溉用水有效利用系数提高到 0.6以上，主要作物化肥、农药利用率显著提高，农业源氮、磷污染物排放强度和负荷分别削减30%和40%以上，养殖节水源头减排20%以上，畜禽饲料转化率、水产养殖精准投喂水平较目前分别提升10%以上，农产品加工单位产值能耗较目前降低20%以上。

——绿色发展制度与低碳模式基本建立。形成一批主要作物绿色增产增效、种养加循环、区域低碳循环、田园综合体等农业绿色发展模式，技术模式的单位农业增加值温室气体排放强度和能耗降低30%以上，构建绿色轻简机械化种植、规模化养殖工艺模式，基本实现农业生产全程机械化、清洁化、农业废弃物全循环、农业生态服务功能大幅增强。

——绿色标准体系建立健全。制定完善与产地环境质量、农业投入品质量、农业产中产后安全控制、作业机器系统与工程设施配备、农产品质量等相关的农业绿色发展环境基准和技术标准，主要农产品标准化生产覆盖率达到60%以上。

——农业资源环境生态监测预警机制基本健全。研发应用一批耕地质量、产地环境、面源污染、土地承载力等监测评估和预警分析技术模式，完善评价监测技术标准，以物联网、信息平台和IC卡技术等为手段的农业资源台账制度基本建立，农业绿色发展的监测预警机制基本完善。

三、主要任务

（一）研制绿色投入品

1. 高效优质多抗新品种

——重点研发：转基因技术、全基因组选择和多性状复合育种等高新技术；资源高效利用、优质多抗、污染物低吸收、适宜轻简栽培和机械化的农作物和牧草新品种；高效优质多抗专用畜禽水产品种等。

——集成示范：高效优质新品种及良种良法配套技术熟化与集成示范；抗病虫品种区域技术示范；开展品种生产与生态效益评估，建立以优质和绿色为重点的市场准入制度。

——推广应用：在适宜区域推广优质高效多抗农作物和牧草新品种，畜禽水产新品种和良种良法配套绿色种养技术。

2. 环保高效肥料、农业药物与生物制剂

——重点研发：高效液体肥料、水溶肥料、缓/控释肥料、有机无机复混肥料、生物肥料、肥料增效剂、新型土壤调理剂等；高效低毒低风险化学农药、新型生物农药、植物免疫诱抗剂、害虫理化诱控产品、种子生物制剂处理产品和天敌昆虫产品等；微生物、酶制剂、高效植物提取物等新型绿色饲料添加剂；新型中兽药、动物专用药、动物疫病生物防治制剂、诊断制品及工程疫苗等生物制剂；纳米智能控释肥料、绿色环保型纳米农药；新型可降解地膜及地膜制品、农产品包装材料与环境修复制品。

——集成示范：高效复合肥料、生物炭基肥料、新型微生物肥料等新产品及其生产工艺；新型植物源、动物源、微生物源农药、捕食螨和寄生虫等天敌昆虫产品；土壤及种子处理、理化诱控、植物免疫调控等新产品及绿色施药助剂；低毒低耐药性新型兽用化学药物；畜禽水产无抗环保饲料产品。开展相关产品评估和市场准入标准研究。

——推广应用：高效低成本控释肥料；高效低抗疫苗；新型蛋白质农药、昆虫食诱剂等新型生物农药；害虫性诱剂和天敌昆虫、绿色饲料添加剂、中兽医药等新型绿色制品。

3. 节能低耗智能化农业装备

——重点研发：种子优选、耕地质量提升、精量播种与高效移栽、作物修整、精准施药、航空施药、精准施肥、节水灌溉、低损收获及清洁处理、秸秆收储及利用、残膜回收、坡地种植收获、牧草节能干燥、绿色高效设施园艺、精准饲喂、废弃物自动处理、饲料精细加工、采收嫁接、分级分选、智能挤奶捡蛋、屠宰加工、智能化水产养殖以及农产品智能精深加工关键技术装备，农业机器人。

——集成示范：轻简节本减排耕种管技术装备、低损保质收储运与产后处理技术装备；规模化农场全程机械化生产工艺及机器系统；不同区域适度规模种养循环设施技术装备；植物工厂绿色高效生产设施技术装备；畜禽水产生态循环养殖与安全卫生保质储运技术装备。开展相关装备评估和市场准入标准研究。

——推广应用：智能化深松整地、高效免耕精量播种与秧苗移栽装备；高效节水灌溉设备；化肥深施和有机肥机械化撒施装备；高效自动化施药设备；残膜回收机械化装备；秸秆综合利用设备；农业废物厌氧发酵成套设备；畜禽养殖、水产加工废弃资源化利用装备；智能催芽装备；水产养殖循环水及水处理设备。

（二）研发绿色生产技术

4. 耕地质量提升与保育技术

——重点研发：合理耕层构建及地力保育技术、作物生产系统少免耕地力提升技术、作物秸秆还田土壤增碳技术、有机物还田及土壤改良培肥技术、稻麦秸秆综合利用及肥水高效技术、盐渍化及酸化瘠薄土壤治理与地力提升技术、土壤连作障碍综合治理及修复技术、盐碱地改良与地力提升技术、稻渔循环地力提升技术等。

——集成示范：有机肥深翻增施技术、绿肥作物生产与利用技术、东北地区黑土保育及有机质提升技术、北方旱地合理耕层构建与地力培育技术、西北地区农田残膜回收技术、西南水旱轮作区培肥地力及周年高效生产技术、黄淮海地区与内陆砂姜黑土改良技术、黄淮海地区盐碱地综合改良技术。开展技术评估和市场准入标准研究。

——推广应用：机械化深松整地技术、保护性耕作技术、秸秆全量处理利用技术、大田作物生物培肥集成技术、生石灰改良酸性土壤技术、秸秆腐熟还田技术、沼渣沼液综合利用培肥技术、脱硫石膏改良碱土技术、机械化与暗管排碱技术、盐碱地渔农综合利用技术。

5. 农业控水与雨养旱作技术

——重点研发：农业用水生产效率研究与监测技术、作物需水过程调控与水分生产力提升技术、农田集雨保水和高效利用技术、土壤墒情自动监测传输与图示化技术、不同作物灌溉施肥制度、多水源高效安全调控技术、非常规水循环利用技术、集雨补灌技术、机械化提排水技术。

——集成示范：田间水分信息采集诊断技术、农业多水源联网调控技术、土壤墒情自动监测技术、测墒灌溉技术、作物精细化地面灌溉技术、多年生牧草雨养混播技术、设施园艺智能水肥一体化技术、新型软体窖（池）集雨高效利用技术、机械化旱作保墒技术、垄膜沟植集雨丰产技术、秸秆还田秋施肥高效栽培技术。开展技术评估和市场准入标准研究。

——推广应用：非充分灌溉优化决策与实施技术、高效输配水技术、水肥一体化自动控制技术、作物精细化地面灌溉技术、设施园艺智能水肥一体化节水减污及水质提升技术、旱作全膜覆盖技术、保护性耕作与节水技术、多年生牧草雨养栽培技术、适雨型立体栽培技术。

6. 化肥农药减施增效技术

——重点研发：智能化养分原位检测技术、基于化肥施用限量标准的化肥减量增效技术、基于耕地地力水平的化肥减施增效技术、新型肥料高效施用技术、无人机高效施肥施药技术、化学农药协同增效绿色技术、农药靶向精准控释技术、有害生物抗药性监测与风险评估技术、种子种苗药剂处理技术、天敌昆虫综合利用技术、作物免疫调控与物理防控技术、有害生物全程绿色防控技术模式、农业生物灾害应对与系统治理技术、外来入侵生物监测预警与应急处置技术。

——集成示范：农作物最佳养分管理技术、水肥一体化精量调控技术、有机肥料定量施用技术、农田绿肥高效生产及化肥替代技术、农药高效低风险精准施药技术、主要作物病虫害综合防治新技术。开展技术评估和市场准入标准研究。

——推广应用：高效配方施肥技术、有机养分替代化肥技术、高效快速安全堆肥技术、新型肥料施肥技术、作物有害生物高效低风险绿色防控技术、草原蝗虫监测预警与精准化防控集成技术、土传病虫害全程综合防控技术。

7. 农业废弃物循环利用技术

——重点研发：秸秆肥料化、饲料化、燃料化、原料化、基料化高效利用工程化技术及生产工艺；畜禽粪污二次污染防控健全利用技术；粪污厌氧干发酵技术；粪肥还田及安全利用技术；农业废弃物直接发酵技术。

——集成示范：农作物秸秆发酵饲料生产制备技术、秸秆制取纤维素乙醇技术、畜禽养殖污水高效处理技术、规模化畜禽场废弃物堆肥与除臭技术、秸秆—沼气—发电技术、沼液高效利用技术。开展技术评估和市场准入标准研究。

——推广应用：秸秆机械化还田离田技术、全株秸秆菌酶联用发酵技术、秸秆成型饲料调制配方和加工技术、秸秆饲料发酵技术、秸秆食用菌生产技术、秸秆新型燃料化技术、畜禽养殖场三改两分再利用技术、畜禽养殖废弃物堆肥发酵成套设备推广、家庭农场废弃物异位发酵技术、池塘绿色生态循环养殖技术。

8. 农业面源污染治理技术

——重点研发：农业面源污染在线监测及污染负荷评价技术；地表径流污水净化利用技术；农田有毒有害污染物高通量识别和防控污染物筛选技术；典型农业面源污染物钝化降解新技术；农田残膜污染综合治理配套技术；农药使用风险监测、评价、控制技术。

——集成示范：农业面源污染物联网监测与预警平台技术；农业废弃物高效炭化、定向发酵、种养一体化循环利用技术；有机肥替代化肥技术；典型有机污染化学修复技术；微生物化学降解技术；农田有机污染植物—微生物联合修复技术。开展技术生态评估、市场准入和第三方修复治理与效果评估标准研究。

——推广应用：农田有机污染物绿色生物及物理联合修复技术、池塘养殖尾水多级湿地处理技术、坡耕地径流集蓄与再利用技术、农药包装废弃物回收技术、畜禽养殖污染减量与高效生态处理技术、新型标准地膜与农田高强度地膜回收技术。

9. 重金属污染控制与治理技术

——重点研发：重金属低积累作物品种筛选、粮食作物重金属低积累种质资源关键基因挖掘利用与品种培育、绿色高效低成本土壤重金属活性钝化产品和叶面阻控产品研发、重金属污染快速诊断等技术。

——集成示范：作物轮作栽培与减污技术、重金属低活性的农田土壤管理技术、降低作物重金属吸收的水分管理技术、降低作物重金属吸收的肥料运筹技术、重金属污染生态修复技术。开展技术生态评估和市场准入标准研究。

——推广应用：土壤重金属污染治理复合技术集成、土壤重金属活性钝化剂产品及施用技术、重金属叶面阻控产品及施用技术。

10. 畜禽水产品安全绿色生产技术

——重点研发：畜禽水产饲料营养调控关键技术、饲料精准配方技术、发酵饲料应用技术、促生长药物饲料添加剂替代技术、兽用抗生素耐药性鉴别与风险预警技术、兽药残留监控技术、新型疫苗及诊断制品生产关键技术、禁用药物替代技术、兽药合理应用技术、动物重要疫病综合防控技术、重要人兽共患病免疫与监测等防治技术、畜禽水产疫病快速检测技术、养殖屠宰过程废弃物减量化和资源化利用技术、肉品品质检验技术、畜禽冷热应激调控技术、畜禽水产健康养殖及清洁生产关键技术、新型水产品减菌剂开发技术、新型高效疫苗规模化生产技术。

——集成示范：饲料原料多元化综合利用技术、非常规饲料原料提质增效技术、重大动物疫病和人兽共患病综合防控与净化技术、畜禽废弃物资源化利用技术、规模化畜禽水产养殖场环境设施技术、无抗水产养殖环境技术、集装箱养鱼技术、深远海大型养殖设施应用技术、深水抗风浪网箱养殖技术、大型围栏式养殖技术、外海工船养殖技术。开展技术评估和市场准入标准研究。

——推广应用：畜禽水产绿色提质增效养殖技术、畜禽水产营养精准供给技术、饲料营养调控低氮减排技术、饲料霉菌毒素防控技术、畜禽绿色规范化饲养技术、规模化养殖场环境控制关键技术、畜禽水产疫病监测诊断与防控技术、受控式集装箱高效循环水养殖技术、水生动物无规定疫病菌种场建设技术。

11. 水生生态保护修复技术

——重点研发：水环境生态修复技术、海洋牧场立体养殖技术、水产养殖外来物种防控技术、生态养殖和环境监测技术、水生生物资源评估与保护恢复技术。

——集成示范：工厂化循环水养殖技术、池塘工程化循环水养殖技术、渔农复合综合种养技术、人工鱼巢/礁构建技术、人工藻（草）场移植技术。开展技术评估和市场准入标准研究。

——推广应用：水产标准化健康养殖技术、大水面生态增养殖技术、水生生物资源养护技术。

12. 草畜配套绿色高效生产技术

——重点研发：豆科牧草根瘤菌高效接种与长效管理技术、沙质土壤多年生人工草地越冬率提升技术、盐碱土壤多年生牧草栽培技术、优质高产牧草混播组合筛选技术、无人机坡地撒播施药技术、产草量和放牧牲畜体尺信息自动采集技术、互联网+种养一体生产信息化管理技术。

——集成示范：种养一体资源配置与设施布局技术、种肥一体坡地喷播技术、沙质土盐碱土多年生人工草地高产技术、培肥地力饲草轮作技术、牧草低营养损耗收获加工储存技术、牧区暖牧冬饲设施建设与经营管理技术、饲草型全混日粮调制技术、不同饲草粪肥化肥复合配方施肥技术。开展技术评估和市场准入标准研究。

——推广应用：饲草免耕补播技术、豆科牧草根瘤菌接种技术、苜蓿等温带多年生牧草优质高产栽培技术、狗牙根等热带优质多年生牧草建植技术，苜蓿青贮技术、饲草农副产品混合青贮技术、移动围栏高效划区轮牧技术、坡地种植收获机械及作业技术、不同年龄畜群饲草料配方技术、易扩散牧草病虫害统防统治技术、牛羊分群放牧管理设施与配套技术、草畜生产经营关键参数监测与调控技术。

（三）发展绿色产后增值技术

13. 农产品低碳减污加工贮运技术

——重点研发：绿色农产品质量监测控制技术、农产品质量安全监管与溯源关键技术、农产品产地商品化处理和保鲜物流关键技术、农产品物理生物保鲜和有害微生物绿色防控关键产品和技术、鲜活水产品绿色运输与品质监控技术、新型绿色包装材料制备技术、农产品智能化分级技术。

——集成示范：农产品新型流通方式冷链物流关键技术、农产品贮藏与物流环境精准调控技术、农产品冰温贮藏技术、畜禽肉绿色冷藏保鲜技术、鲜活水产品绿色运输和冷藏保鲜技术。开展技术评估和市场准入标准研究。

——推广应用：农产品联合清洗杀菌技术和贮藏过程主要有害微生物快速检测技术；鲜活和特色农产品节能高效贮藏、冰温气调保鲜、分级和加工技术；果蔬保鲜新产品制备技术；大宗农产品不控温保鲜技术；畜禽胴体无损分级技术；鲜活淡水产品绿色运输保活技术。

14. 农产品智能化精深加工技术

——重点研发：加工过程中食品的品质与营养保持技术、食品功能因子的高效利用技术、过敏原控制技术、食品 3D 打印技术、超微细粉碎技术、真菌毒素脱毒酶制剂和菌制剂的开发技术、畜禽血脂综合利用关键技术研发及营养数据库构建、营养调理肉制品和水产品加工关键技术。

——集成示范：食品品质与安全快速无损检测技术、食品全程清洁化制造关键技术、畜禽肉计算机视觉辅助分割技术、非传统主食产品及其原料绿色高效营养加工技术、薯类营养强化系列食品绿色制造技术。开展技术评估和市场准入标准研究。

——推广应用：新型薯类食品绿色制造技术、食品加工副产物高效回收技术、新型食品发酵技术、绿色休闲食品加工制造技术、畜禽水产品加工副产物综合利用关键技术、食品精准杀菌高效复热技术、节能干燥技术。

（四）创新绿色低碳种养结构与技术模式

15. 作物绿色增产增效技术模式

——重点研发：用养结合的种植制度和耕作制度、雨养农业模式、东北玉米大豆合理轮作间作制度与模式、华北玉米花生/玉米豆类间轮作模式、禾本科豆科牧草轮作模式、重金属污染区稻—油菜降镉增效优化技术和轮作模式、轮作休耕与草田轮作培肥种植制度与模式、重金属污染防治与熟制改革相结合的种植模式、农田及农林复合固碳技术、增产增效与固碳减排同步技术，农业干旱风险规避与能力提升技术、农业气象灾害风险与主要作物种植制度区划、气象灾害伴生生物灾害风险评估与农田生态治理模式。

——集成示范：华北地下水漏斗区夏季雨养农业模式、玉米大豆轮作间作培肥地力模式、西南丘陵区麦/玉/豆间套轮作培肥地力及周年高效生产模式、作物多样性控害技术与模式、农业风险转移技术、抗低温高温化学/生物阻抗技术、不同尺度水土环境等资源承载力测算技术模式。开展技术模式评估和推广应用标准研究。

——推广应用：绿肥—作物交替培肥种植制度与模式、酸性土壤改良种植制度与技术模式、盐碱地改良种植制度与技术模式、农闲田种草技术模式、主要农作物绿色增产增效模式。

16. 种养加一体化循环技术模式

——重点研发：养殖废弃物肥料化与农田统筹消纳技术、规模养殖废弃物无害化高值化开发利用技术、秸秆高效收集饲料化利用技术、稻田综合立体化种养技术、盐碱地高效生产技术、循环农业污染物减控与减排固碳关键技术、人工草场建设与环境友好型牛羊优质高效养殖技术等。

——集成示范：主要作物和畜禽的种养加一体化模式、优势产区粮经饲三元种植模式、农牧渔结合模式，种产加销结合技术模式、多功能农业技术模式。开展技术模式评估和推广应用标准研究。

——推广应用：规模化种养结合模式（猪—沼—菜/果/茶/大田作物模式、猪—菜/果/茶/大田作物模式、牛—草/大田作物模式、牛—沼—草/大田作物模式、渔菜共生养殖模式）；种养结合家庭农场模式（稻—虾/鱼/蟹种养模式、牧草—作物—牛羊种养模式、粮—菜—猪种养模式、稻—菇—鹅种养模式）。

（五）绿色乡村综合发展技术与模式

17. 智慧型农业技术模式

——重点研发：天空地种养生产智能感知、智能分析与管控技术；农业传感器与智能终端设备及技术；分品种动植物生长模型阈值数据和知识库系统；农作物种植与畜禽水产养殖的气候变化适应技术与模式；农业农村大数据采集存储挖掘及可视化技术。

——集成示范：基于地面传感网的农田环境智能监测技术、智能分析决策控制技术、农业资源要素与权属底图研制技术、天空地数字农业集成技术、数字化精准化短期及中长期预警分析系统、草畜平衡信息化分析与超载预警技术、智慧牧场低碳生产技术、主要农作物和畜禽智慧型生产技术模式、草地气候智慧型管理技术模式、农牧业环境物联网、天空地数字牧场管控应用技术。开展技术模式评估和市场准入标准研究。

——推广应用：数字农业智能管理技术、智慧农业生产技术及模式、智慧设施农业技术、智能节水灌溉技术、水肥一体化智能技术、农业应对灾害气候的综合技术，养殖环境监控与畜禽体征监测技术、网络联合选育系统、粮食主产区气候智慧型农业模式、西北地区草地气候智慧型管理模式、有害生物远程诊断/实时监测/早期预警和应急防治指挥调度的监测预警决策系统。

18. 乡村人居环境治理技术模式

——重点研发：农村生产生活污染物源头减量、无害化处理和资源化利用技术；农村清洁能源开发利用与综合节能技术；农村田园综合体建设、绿色庭院建设、绿色节能农房建造、农田景观生态工程技术；田园景观及生态资源优化配置技术；山水林田湖草共同体开发与保护技术模式；一二三产业融合发展技术模式。

——集成示范：基于清洁能源供给和综合节能技术的绿色村镇建设、农村生物质资源高效循环利用技术、绿色农房建设及周边环境生态治理技术、农田景观生态保护与控害技术及模式。开展技术模式评估和市场准入标准研究。

——推广应用：生态沟渠与湿地水质净化和循环利用模式、城乡有机废弃物发酵沼气技术、秸秆固化成型燃料技术、太阳能利用技术、农村省柴节煤炉灶炕技术、节能砖生产与利用技术、绿色农房及配套设施建设技术。

（六）加强农业绿色发展基础研究

19. 重大基础科学问题研究

开展生物固氮机理、植物纤维分解机制、作物高光效机理、动植物机器系统互作机理等重大科学研究，突破一批制约农业绿色发展的重大科技问题，形成一批原创性成果，开辟绿色发展新前沿新方向。

20. 颠覆性前沿技术研究

开展信息技术、生物技术、环境技术、新材料技术、新能源技术、纳米技术、智能制造等应用基础和关键核心技术研究，推动以绿色、智能、泛在为特征的群体性重大技术变革，培育一批新产业新业态。

（七）完善绿色标准体系

21. 农业资源核算与生态功能评估技术标准

研究制定农业生态产品价格、农业资源承载力核算技术标准；评估农林草植被在水源涵养、土壤保持、土壤沉积和大气净化中功能的技术标准；评估农田生态系统对城市中水、城市温室气体排放的固持利用功能的技术标准；评估农作物固碳、防风蚀水蚀等功能的技术标准；评估人工种草固碳、抑尘、改良土壤等功能的技术标准；农业资源利用效益评估技术标准，建立农业生态环境损害赔偿、农业生态产品市场交易与农业生态保护补偿标准体系。

22. 农业投入品质量安全技术标准

研究制定优良品种评价标准；常用肥料和土壤调理剂中有害物质及未知添加物检测分类与安全性评价技术标准；新型肥料生产质量控制技术标准；农药产品质量及检测方法标准；农药产品剂型标准；农药中有毒有害杂质、隐性添加成分分类检测与安全性评价技术标准；饲料质量评价与分级技术标准；生物饲料功能与安全评价技术标准；饲料、兽药中违禁添加物检测、筛查技术标准；农业投入品产品质量、生产质量控制和安全使用及风险评估技术规范；动物源细菌耐药性监测技术标准。研究制定智能精准化种植设施机械的建设运行控制管理等共性技术标准；机械化作业与机器配置规范；主要水产养殖工程设施建造生产和管理等共性技术标准；农业专用传感器设备质量控制技术规范；农业生产经营物联网云服务平台建设管理数据共享等技术标准。

23. 农业绿色生产技术标准

研究制定大宗农产品污染物全过程削减管控技术规范、养殖精准控制共性技术标准、农业光热等资源综合循环利用标准、农业投入品选用技术和病虫害综合防控技术标准、机械化减排与作业标准、农业废弃物全元素资源化循环利用和再加工技术规范、农畜水产品废弃物无害化处理与控制技术标准、水产养殖尾水排放标准、种养加结合技术标准、气候智慧型农业评价方法标准、循环农业质量与效率评价方法。

24. 农产品质量安全评价与检测技术标准

研究制定大宗农产品质量规格标准；特色农产品质量规格标准及营养功能成分识别与检测技术标准；草畜产品质量标准；农产品—土壤重金属污染协同评价与分类技术标准；畜禽产品中药物残留标志物检测技术标准；兽药残留追溯技术规范；常用渔用药物残留标志物检测技术标准；畜禽水产重大疫病诊断与病原检测技术标准；植物源和动物源产品农药限量、检测及安全使用技术标准；农产品生产智能化技术通则标准；农产品产地初加工产品安全性评价及通用技术标准；动植物副产物中活性物质精深加工技术标准；主要农产品种养殖和加工过程废弃物综合利用共性技术标准；鲜活农产品保鲜剂、防腐剂、添加剂使用准则；包装产品检测、包装标识技术等共性技术及专用技术标准；农产品收储运、产地准出、标识要求等通用管理控制技术标准。

25. 农业资源与产地环境技术标准

研究制定农业产地环境监测评估与分级标准和危害因子的快速甄别与检测方法标准；耕地质量监测与调查评价技术标准、农业面源污染监测防治与修复等标准和技术规范体系；农业水资源开发工程论证评价监测技术标准；耕地质量提升与典型农业土壤保育措施关键技术标准；草场环境质量监测测报和草场改良利用等技术标准；畜牧场粪污土地承载能力评估有害气体排放评价标准；水产种质资源保护区规划建设管理评估技术标准、农业清洁小流域建设标准与规范。

四、保障措施

按照积极争取增量、高效利用存量、创新体制机制、强化政策保障的原则，充分调动各方积极性，加快绿色发展技术研发、集成和推广应用，保障绿色发展技术体系建设尽快取得成效，为农业绿色发展提供强有力的科技支撑。

（一）强化科技资金项目支撑

——加大科技投入，完善支持政策。坚持农业农村优先发展，不断加大农业绿色技术体系创新支持力度。通过重大科技突破与产业示范，引领农业供给侧结构性改革，解决制约农业绿色发展的重大"瓶颈"问题，支撑农业绿色发展。

——依托现有项目，加快集成创新。依托农业科技创新工程、基本科研业务费等现有经费渠道，加大对绿色投入品、生产技术模式的原始创新、集成创新和应用研发；依托转基因生物新品种培育科技重大专项、种业自主创新工程、四大作物良种联合攻关，着力加强高效优质多抗新品种选育及配套技术集成创新和示范推广；依托化学肥料和农药减施增效、畜禽和水生动物重大疫病防控与高效安全养殖、农业面源污染和重金属污染农田综合治理与修复等国家重点研发计划专项，加快形成绿色生产技术与模式的系统解决方案。

——强化基础性长期性工作，夯实科技创新基础。建立农业基础性长期性科研观测监测网络，创新稳定支持模式和评价考核激励机制，依托国家农业科学实验站、科学观测试验站、现代农业产业技术体系综合试验站，重点开展农业生物资源、水土质量、产地环境、生态功能等基础数据的系统观测和监测，补齐科学积累不足的短板。

——加强国际合作，统筹利用好两个市场两种资源。积极推动和落实农业走出去战略，积极参与国际标准制订工作，加强与"一带一路"国家农业标准的对接与协同，进一步推动联合国粮农组织全球重要农业文化遗产体系建设，加强双边地理标志和农产品互认工作，积极参加以绿色发展为导向的国际展会。聚焦核心生物资源和产业关键技术，积极拓展渠道，谋划一批农业科技国际合作项目，共建一批国际联合实验室、示范基地和园区，集聚国际智慧和资源，协同研究解决农业绿色发展面临的关键科学技术问题。

（二）强化科技体制机制创新

——建立以调动积极性为导向的研推用主体激励机制。大力推进农业科技成果权益改革，将科研成果归属依法赋权给科研单位和科技人员，探索农技人员通过提供增值服务获取合理报酬的新机制，探索对使用绿色发展新技术的激励机制，调动支撑农业绿色发展技术研究者、推广者和使用者的积极性。

——建立以绿色为导向的科研评价机制。建立以绿色指标为核心的科研评价导向，把资源消耗、环境损害、生态效益等体现绿色发展的指标纳入评价体系，使之成为评价科技成果、科研机构和科技人员的重要依据，促进科技创新的方向和重点向绿色转变。

——建立以互利共赢为导向的产学研用深度融合机制。新时代发展绿色产业，就是打造新的经济增长极。充分发挥企业在绿色投入品、生产技术、资源利用和机械装备等方面研发投入、成果转化和集成应用的主体作用，构建资源共享、优势互补、互利共赢的产学研用深度融合长效机制。

（三）强化科技政策制度保障

——建立绿色发展技术任务清单制度。根据绿色发展技术各方面的任务清单，面向全社会发榜，吸引和支持有科研基础和优势的企业、社会组织和研究机构等，积极参与揭榜，对任务完成好、改善效率高的，予以适当后补助。

——建立绿色发展技术风险评估和市场准入制度。研究制定绿色发展技术风险评估办法和市场准入标准，对绿色发展技术成果本身以及应用前景和存在的风险进行鉴定评价，提出市场准入要求，对生产经营行为提出相应规范。

——建立绿色发展技术和良种用户奖励制度。以绿色发展为导向，建立财税、信贷担保等奖励制度，鼓励农业企业、新型经营主体、农民等生产经营者使用高效、安全、低碳、循环的科技成果。

（四）强化绿色科技成果转化应用

——充分发挥市场主体的作用。加大 PPP 在农业绿色发展领域的推广应用，以企业为主体，吸引金融机构、风险投资、社会团体等资本，与科研院所建立利益共同体，共同开展绿色技术创新和转化应用，发展壮大农业绿色产业。

——充分发挥基层农技推广体系作用。依托"一主多元"的农技推广体系，通过创新完善农技人员提供增值服务合理取酬机制、实施农技推广服务特聘计划等鼓励支持基层农技推广人员大力推广应用绿色高效技术模式，为乡村振兴提供有力的科技支撑。

——充分发挥新型经营主体的作用。加强产业政策、财政政策和金融政策的衔接和联动，支持家庭农场、农民合作社、农业产业化龙头企业等新型经营主体科学精准高效地开展绿色技术推广应用，实现标准化绿色化品牌化生产。

——加快绿色科技成果示范推广。构建市场化的科技服务和技术交易体系，拓展多元化科技成果转化渠道，建立健全绿色农业科技成果转化交易优惠政策和制度，大幅压缩绿色科技成果转化周期。紧紧围绕农业绿色发展"五大行动"的实施，结合"五区一园"建设，打造绿色发展技术示范样板。

中共江西省委办公厅　江西省人民政府办公厅印发
《关于创新体制机制推进农业绿色发展的实施意见》①

各市、县（市、区）党委和人民政府，省委各部门，省直各单位，各人民团体：

《关于创新体制机制推进农业绿色发展的实施意见》已经省委、省政府领导同志同意，现印发给你们，请结合实际贯彻落实。

中共江西省委办公厅

江西省人民政府办公厅

2018 年 3 月 9 日

关于创新体制机制推进农业绿色发展的实施意见

为深入贯彻落实党的十九大精神，大力实施乡村振兴战略，推进农业供给侧结构性改革，促进农业可持续发展，按照《中共中央办公厅、国务院办公厅印发〈关于创新体制机制推进农业绿色发展的意见〉的通知》（中办发〔2017〕56 号）精神，现就我省创新体制机制推进农业绿色发展，提出以下实施意见。

一、总体要求

坚持以习近平新时代中国特色社会主义思想为指导，深入贯彻党的十九大精神，牢固树立和贯彻落实新发展理念，紧扣社会主要矛盾变化新形势和国家生态文明试验区建设总体目标，以资源环境承载力为基准，以农业供给侧结构性改革为主线，尊重农业发展规律，强化改革创新、激励约束和政府监管，转变农业发展方式，优化产业发展布局，持续改善产地环境，保护利用农业资源，提升生态服务功能，大力发展绿色生态农业，推动形成绿色生产方式和生活方式，把绿色发展导向贯穿农业发展全过程，全力构建人与自然和谐共生的农业发展新格局。

---

① 原载 2018 年 4 月 10 日《江西日报》第 B04 版。

二、发展目标

全面建立以绿色生态为导向的制度体系，基本形成与资源环境承载力相匹配、与生产生活生态相协调的农业发展格局，力争实现以下具体目标。

（一）农业生态环境更加优化。到 2020 年，主要农作物化肥、农药使用量实现负增长，化肥、农药利用率达到 45%；秸秆综合利用率达到 90%，畜禽养殖废弃物综合利用率达到 85%，农膜回收率达到 80%。全省森林覆盖率稳定在 63.1%，湿地面积不低于 1 365 万亩，基本农田林网控制率达到 95%，草原综合植被盖度达到 86.5%。到 2030 年，化肥、农药利用率进一步提升，农业废弃物全面实现资源化利用。田园、草地、森林、湿地、水域生态系统进一步改善。

（二）资源利用更加节约高效。到 2020 年，严守 4 391 万亩耕地红线，农业基础设施进一步完善，建设高标准农田达 2 825 万亩，全省耕地质量平均比 2015 年提高 0.5 个等级，农田灌溉水有效利用系数提高到 0.51 以上。到 2030 年，全省耕地质量水平和农业用水效率进一步提高。

（三）绿色供给能力明显提升。到 2020 年，全省粮食综合生产能力稳定在 2 100 万 t 以上，农产品质量安全合格率持续稳定在 98% 以上，农业结构进一步优化，主要农产品供给得到有效保障，特色优势农产品比重明显提升，品牌农产品占比明显提升，休闲农业和乡村旅游加快发展。到 2030 年，农产品供给更加优质安全，农业生态服务能力进一步提高。

三、重点任务

（一）健全绿色生态农业发展机制

1. 统筹建设高标准农田。围绕稳粮、优供、增效目标，实施"藏粮于地，藏粮于技"战略，统筹财政、发改、水利、国土资源、农业等部门工作力量，整合各层次、各渠道高标准农田建设财政资金，建立统筹安排使用建设资金的长效机制，引导金融和社会资本投入，集中力量开展高标准农田建设。到 2020 年，全省新增高标准农田 1 158 万亩，即每年建设任务为 290 万亩。

2. 推进农业功能区建设。按照《国务院关于建立粮食生产功能区和重要农产品生产保护区的指导意见》（国发〔2017〕24 号）要求，进一步优化农业生产布局，优先选择已建成或规划建设的高标准农田进行粮食生产功能区和重要农产品生产保护区（以下简称"两区"）划定。到 2020 年，全面完成江西省 2 800 万亩水稻生产功能区和 700 万亩油菜籽生产保护区（含水稻和油菜籽复种区 600 万亩）的划定任务，做到全部建档立卡、上图入库，实现信息化和精准化管理；基本完成"两区"建设任务，形成布局合理、数量充足、设施完善、产能提升、管护到位、生产现代化的"两区"。

3. 调整优化农业生产力布局。坚持生产优先、兼顾生态、种养结合的原则，将全省划分为重点发展区、适度发展区和保护发展区。重点发展区包括鄱阳湖平原主产区、赣抚平原主产区、吉泰盆地主产区、赣南丘陵盆地主产区四个主要区域，在确保粮食等主要农产品综合产能的同时，保护好农业资源和生态环境；适度发展区要立足资源环境禀赋，发挥优势、扬长避短，适度挖掘潜力、集约节约、有序利用，提高资源利用率，推进农业适度发展；保护发展区为全省重要的水源涵养区、水土保持区、生物多样性维护区和生态旅游区，要严格控制开发强度，尽可能减少对自然生态系统的干扰，不得损害生态系统的稳定性和完整性。

4. 实施加快农业结构调整行动计划。以"绿色生态、高产高效、特色精品"为目标，以"扩面积、优结构、提质量、创机制、增效益"为路径，加快推动农业规模化、标准化、产业化、科技化、机械化、品牌化发展，大力实施优质稻、蔬菜、果业、茶业、水产、草食畜、中药材、油茶、休闲农业与乡村旅游等九大产业发展工程。到2020年，培育产值超1 000亿元的产业6个（稻米、蔬菜、果业、畜牧业、水产、休闲农业和乡村旅游），超100亿元的产业3个（茶叶、中药材、油茶）。

5. 建立绿色生态产品标准体系。突出绿色生态导向，健全农业标准体系，每年制定修订符合国家标准、具有地方（行业）特色的农业产品质量标准和农业技术规范30项，制定与国家标准、行业标准相配套的生产操作规程和农业社会化服务标准。出台我省加快农产品标准化及可追溯体系建设实施方案。建立质量追溯平台，健全质量保障制度，力争2020年全省可追溯农产品企业达1 600家以上。引导各地创建一批农业标准化生产示范园（区）、示范场（企业、合作社）。推动"菜篮子"大县、农产品质量安全县和现代农业示范区整建制按标生产，力争2020年全省绿色有机种养面积达2 000万亩，创建省级绿色有机农产品示范县50个。建立健全"三品一标"申报主体及获证产品奖补政策。实施绿色生态品牌建设行动，引导企业创名牌企业、创名牌产品，推动地方政府结合本地特色农产品和优势产业创区域公用品牌。

6. 建立生态循环农业发展机制。强化"永续利用、清洁生产、资源再生"的循环农业新理念，大力推广畜禽粪便综合利用技术、秸秆能源利用技术、耕作制度节能技术、农业主要投入品节约技术等农业农村节能减排技术，促进种养循环、农牧结合、农林结合。调整优化种养业结构，支持粮食主产区发展畜牧业，推进"过腹还田"、沼气发电和生物天然气应用。积极发展草地畜牧业，支持饲草料种植，开展粮改饲和种养结合型循环农业试点。支持整县（市、区）开展畜牧业绿色发展示范县创建，推进畜禽生态循环养殖小区建设。因地制宜发展光伏大棚蔬菜、草腐类食用菌、"农渔二用田"、猪沼果、林下经济等生态循环产业模式，推广水肥一体化、膜下滴灌、微喷灌、绿色植保防控等节水、节肥、节药技术。到2020年全省国家现代农业示范区和粮食主产县基本实现区域内农业资源循环利用，到2030年全省基本实现农业废弃物趋零排放。

7. 建立农业绿色扶贫机制。完成禁养区内确需关停畜禽养殖场的关停、退养，支持贫困地区非禁养区内畜禽规模养殖场配套建设粪污贮存处理利用设施。支持贫困县开展畜禽养殖标准化示范创建，提升畜禽标准化养殖水平，提高养殖效益，带动贫困户增收。支持贫困县实施农业化肥零增长行动和耕地保护与质量提升行动，扩大"四控一减"提质增效试点规模，推进果菜茶有机肥替代化肥示范县创建。大力推广贫困户参与产业发展的各种模式，进一步完善利益联结机制，引导鼓励新型经营主体以多种形式吸纳贫困户加入生产经营，建立健全收益分配机制，确保贫困户在产业发展中获得稳定收益，实现如期脱贫。

（二）建立农业生态环境综合治理机制

1. 健全农业投入品减量使用制度。加大测土配方施肥、有机养分替代、新型肥料推广应用力度，通过推进测土配方施肥、调整施肥品种结构、改变传统施肥方式、有机肥替代部分化肥等综合措施应用。促进化肥减量增效集成技术得到大面积推广应用。推进农作物病虫专业化统防统治与绿色防控融合示范，加大农药安全科学使用技术和现代高效植保机械推广应用力度，加快实施高剧毒农药替代计划。规范限量使用饲料添加剂，减量使用兽用抗菌药物。指导农民科学使用农业投入品，防止滥用、错用。依法规范化肥、农药、兽药、饲料及饲料添加剂等农业投入品市场秩序，建立农业投入品电子追溯制度，严厉打击非法制售和使用违禁药物的行为。

2. 完善秸秆和畜禽养殖废弃物等资源化利用制度。坚持疏堵结合、以用促禁，形成适合各地秸秆资源化利用的技术路线和管理制度，建立秸秆禁烧机制。推动农作物联合收获、粉碎、捡拾打捆、贮存运输全程机械化，建立和完善秸秆田间处理体系，出台机械化稻草秸秆还田技术规程，建立机械收获秸秆留茬承诺制度。扶持发展秸秆饲料专业化生产企业，实施以食用菌栽培为重点的秸秆基料化利用工程。探索畜禽养殖废弃物资源化利用路径，以生猪养殖密集区域为重点，推广第三方治理模式，鼓励社会资本参与推进废弃物资源化利用。加快病死畜禽无害化处理体系建设，到 2020 年每个畜禽生产县（市、区）至少建成 1 个无害化集中处理场。建立健全畜禽养殖废弃物处理和资源化利用绩效评价考核制度。制定畜禽粪便、沼渣沼液还田利用技术规范和检测标准，制定有机肥生产标准。

3. 探索废旧地膜和包装废弃物等回收处理制度。推动建立农膜回收和集中处理体系。宣传推广强制性国家标准《聚乙烯吹塑农用地面覆盖薄膜》，在大田作物、设施农业等推广加厚地膜应用，开展可降解地膜示范应用。研究有关扶持政策，鼓励农户使用符合标准农膜，支持农膜回收点建设以及以旧换新行为等，激发各方力量参与的积极性，鼓励对从事废旧农膜回收利用的企业生产加厚地膜、生物可降解地膜。建立以"市场主体回收、专业机构处置、公共财政扶持"为主要模式的农药废弃包装物回收和集中处置体系。对开展农药包装废弃物回收、处置及资源化利用的企业予以扶持，逐步推行使用易于回收处理和再生利用的包装材料，鼓励使用大容量包装、水溶性包装，探索建立农药包装回收追溯体系。

4. 完善农业资源环境管控制度。强化耕地、草地、渔业水域、湿地等用途管控，严控围湖造田、滥垦滥占草地等不合理开发建设活动对资源环境的破坏。坚持最严格的耕地保护制度，全面落实永久基本农田特殊保护政策措施。深入推进重点生态功能区产业准入负面清单编制工作，逐步建立以县为单位的农业产业准入负面清单制度，因地制宜制定禁止和限制发展产业目录，明确发展方向和开发强度，强化准入管理和底线约束，分类推进重点地区资源保护和严重污染地区治理。大力开展领导干部生态资源环境离任审计制度，进一步强化领导干部对农业资源环境的管控责任。

5. 建立外源污染向农业转移联防机制。统筹协调农业、环保、水利、住建、公安、安监等部门，以农业主体功能区保护为重点，建立农业生态环境保护综合协调机制。积极探索建立生态环境综合执法管理机构，强化农业生态环境综合执法。通过制定农田污染控制标准，建立监测体系，严格工业和城镇污染物处理和达标排放，依法禁止未经处理达标的工业和城镇污染物进入农田、养殖水域等农业区域。按照耕地土壤污染治理及效果评价标准，开展污染耕地分类治理。

6. 建立农业资源环境生态监测预警体系。探索建立江西农业生态环境质量预警机制，以主导产业和耕地为重点，进一步细化环境监测覆盖区域，实现监测点县级全覆盖。全省筛选出典型农业区域，合理选取指标，确定指标权重，采用大数据、云计算等技术，多点、定位、系统地监测农业生态环境指标的动态变化，构建农业环境质量预警关键指标动态监测数据库，建立农业环境风险预警体系与标准。健全农业环境风险应急处置预案机制。积极探索农业环境容量评价工作，形成适合江西省各典型区的农业环境容量"最佳"技术体系。因地制宜建立示范基地，开展农业环境容量"最适"技术模式示范研究。加强农业生态环境监督管理队伍建设，保障监督管理所需装备，提高监督管理能力。

（三）构建农业资源保护利用和生态系统修复机制

1. 开展耕地休养生息试点。采取轮作换茬、冬种绿肥、减肥减药、冬耕晒垡、控污修复等方式进行耕地休养生息试点，到 2020 年，通过集成推广种地养地和综合治理相结合的生产技术模式，使试点区耕地土壤有机质含量提高 5% 以上，初步形成耕地质量稳步提升、土壤酸化明显减轻、不合理化肥和农药用量明显减少、农业资源利用率明显提高的新格局，逐步探索形成适合江西省生产实际、可持续、可复制的耕地休养生息有效技术模式和工作机制，建立覆盖全面、科学规范、管理严格的耕地休养生息制度。

2. 建立节约高效的农业用水制度。推行农业灌溉用水总量控制和定额管理。强化农业取水许可管理，严格控制地下水利用，加大地下水超采治理力度。全面推进农业水价综合改革，按照总体不增加农民负担的原则，加快建立合理农业水价形成机制和节水激励机制，切实保护农民合理用水权益，提高农民有偿用水意识和节水积极性。突出农艺节水和工程节水措施，推广水肥一体化及喷灌、微灌、管道输水灌溉等农业节水技术，健全基层节水农业技术推广服务体系。充分利用天然降水，积极有序发展雨养农业。全面开展灌区水效领跑者引领行动，充分发挥高效用水示范引领作用，提升全社会节水意识。

3. 健全农业资源保护与利用体系。开展农作物种质资源普查与收集行动，在普查的基础上，进行各类作物种质资源的系统调查，抢救性收集各类栽培作物的古老地方品种、种植年代久远的育成品种、重要作物的野生近缘植物及其他珍稀、濒危作物野生近缘植物的种质资源。加强重点农业野生植物原生境保护区（点）建设与管护。加强畜禽遗传资源保护利用开发工作。加强加拿大一枝黄花、福寿螺等外来入侵生物综合防控技术研究与推广，开展生物替代防治示范技术试点示范。坚持禁渔期制度，逐步在"五河"干流推行禁渔期制度，率先在长江流域水生生物保护区实现全面禁捕，严厉打击非法捕捞行为。实施水生生物资源养护工程，加快水生生物保护区（自然保护区、水产种质资源保护区）规范化建设。加大渔业资源增殖放流力度，每年放流鱼苗 2 亿尾以上。开展珍稀水生野生动物驯养与利用许可专项检查执法，健全驯养与利用台账和数据库。探索江豚保护机制，开展鄱阳湖江豚监测，提升长江江豚救护和保护能力。因地制宜实施河湖水系自然连通，确定河道砂石禁采区、禁采期。

4. 构建农业生态系统。遵循生态系统整体性、生物多样性规律，合理确定种养规模，建设完善生物缓冲带、防护林网、灌溉渠系等基础设施，恢复田间生物群落和生态链，实现农业生态循环和稳定，大力恢复赣南脐橙产地生态系统和江河湖泊生态系统。大力推进现代农业示范园"四区四型"（四区：生态种养区、精深加工区、商贸物流区和综合服务区，四型：绿色生态农业、设施农业、智慧农业和休闲观光农业）为一体的发展模式，根据核心园区实际，融入休闲、旅游、餐饮、民宿、科普、农耕文化等元素，打造要素集中、产业集聚、发展持续、环境美好的现代农业综合体，满足城市居民对生态旅游和乡村体验的消费需求，使生产、生活和生态融合互动发展，力争 2020 年全省创建 200 个现代农业综合体。

5. 创新草地保护制度。探索建立草地产权制度，规范草地经营权流转，逐步建立全民所有草地资源有偿使用和分级行使所有权制度。落实草地生态保护补助奖励政策，推行草地划区轮牧，严格实施草畜平衡制度。完善草地监管制度，加强草地监理体系建设，强化草地征占用审核审批管理，落实土地用途管制制度。

6. 实行林业和湿地养护制度。建设覆盖全面、布局合理、结构优化的农田防护林和村镇绿化林带。严格实施湿地分级管理制度，严格保护所有湿地，特别是国际重要湿地、国家重要湿地、省级重要湿地、国家级湿地自然保护区、省级湿地自然保护区、市县级湿地自然保护区和国家湿地公园、省级湿地公园等重要湿地，开展生态效益补偿试点。开展退化湿地恢复和修复，严格控制开发利用强度。加快构建退耕还林还草、退耕还湿、防沙治沙，以及石漠化、水土流失综合防治长效机制。探索鄱阳湖湿地国家公园管理模式。

四、保障措施

（一）完善以绿色生态为导向的政策支持体系。落实农业"三项补贴"改革，积极创新补贴方式方法，大力支持耕地地力保护和粮食适度规模经营。联动统筹财政支持资金，构建农业结构调整九大产业稳定投入机制。统筹财政涉农资金，支持规模养殖粪便有机肥转化、农作物病虫专业化统防统治和绿色防控工作。积极扶助减船上岸渔民就业创业培训教育，研究探索休渔禁渔补贴政策。完善耕地、草地、森林、湿地、水生生物等生态补偿政策，集中力量支持高标准农田建设，继续探索建设占用耕地剥离耕作层土壤再利用试点，扩大新一轮退耕还林还草规模，实施天然林保护全覆盖政策，扩大湿地生态效益补偿和退耕还湿试点范围。在全省推进老旧农机报废更新补贴。积极探索耕地重金属污染、农业高效节约用水、农业面源污染等突出问题治理的长效支持政策。推进特色农业保险试点工作，创新绿色生态农业保险品种。大力发展"财政惠农信贷通"等产品，推进全省农业信贷担保体系建设，引导信贷政策向环境友好型、资源节约型农业项目倾斜。积极引导社会资本支持绿色生态农业的发展。

（二）构建支撑农业绿色发展的科技创新体系。完善科技创新协同攻关机制，开展以农业绿色生产为重点的科技联合攻关。加快集成构建清洁生产、节水农业、农业面源污染控制、耕地重金属污染修复等资源节约型、环境友好型技术体系，加强有机肥、生物农药、生态型饲料等农业生产投入品的研发与应用。大力推广水稻优质高产主推品种和粮油绿色高效主推技术，着力打造一批主要农作物高产创建示范田、农业科技试验示范基地、现代农业示范园。围绕农业绿色发展，开展新型职业农民培育，每年规范化培育新型职业农民1万人。创新基层农技推广人员培养工作，到2020年培养2 000名左右扎根农村、献身农业、服务农民的新型农业技术人才。健全生态管护员制度，在生态环境脆弱地区因地制宜增加护林员、草管员等公益岗位。

（三）健全绿色生态农业地方法规。加大《江西省农业生态环境保护条例》宣传贯彻力度，研究制定农业生态环境保护协调机制、农业生态补偿制度等相关配套政策制度，加大执法监管力度，依法打击破坏农业资源环境的违法行为。推动江西省生猪屠宰管理条例、江西省耕地质量管理条例等地方立法，开展农业节约用水立法研究工作。

（四）实施农业绿色发展全民行动。大力推行绿色生产方式、工艺技术和设备应用，引领农业生产经营主体主动开展技术改造，改善经营管理，推行畜禽粪污资源化利用、有机肥替代化肥、生物农药和物理防治、秸秆综合利用、农膜和农药废弃包装物回收处置、水生生物保护，以及投入品绿色生产、种养结合、加工流通绿色循环、营销包装低耗低碳等。大力倡导绿色生活方式，从国民教育、新闻宣传、科学普及、思想文化等方面入手，持续开展"光盘行动"，推动形成厉行节约、反对浪费、抵制奢侈、低碳循环的良好社会氛围。

（五）建立考核奖惩制度。将农业绿色发展纳入各级政府绩效考核范围和领导干部生态资源环境离任审计重要内容。各地要抓紧研究制定具体实施方案，明确目标任务、职责分工和具体要求，建立农业绿色发展推进机制。省农业厅要会同有关部门，依据国家和全省绿色发展指标体系，完善全省农业绿色发展评价指标；结合生态文明建设目标评价考核工作，出台考核细则，对全省农业绿色发展情况进行评价和考核；建立奖惩机制，对农业绿色发展中取得显著成绩的单位和个人，按照有关规定给予表彰，对落实不力的进行问责。

江西省人民政府办公厅
《关于推进绿色生态农业"十大行动"的意见》①

赣府厅发〔2016〕17号

各市、县（区）人民政府，省政府各部门：

为贯彻落实习近平总书记视察我省重要讲话精神，推动农业发展方式转变，促进农业产业转型升级，加快建设现代农业强省，经省政府同意，现就推进绿色生态农业"十大行动"提出如下实施意见：

一、明确总体要求

（一）主要内容。绿色生态农业是集资源高效利用、生态系统稳定、产品质量安全、综合经济高效为一体的具有江西特色的现代农业，是绿色生态基地、绿色生态产业、绿色生态产品、绿色生态品牌、绿色生态家园和绿色生态制度的集聚。我省绿色生态农业"十大行动"主要包括：绿色生态产业标准化建设、"三品一标"农产品推进、绿色生态品牌建设、化肥零增长、农药零增长、养殖污染防治、农田残膜污染治理、耕地重金属污染修复、秸秆综合利用、农业资源保护等十个方面。

（二）总体思路。以五大发展理念为引领，以绿色生态农业"十大行动"为抓手，加快转变农业发展方式，创新发展绿色生态基地，做大做强绿色生态产业，积极开发绿色生态产品，加快创建绿色生态品牌，全面建设绿色生态家园，大力倡导绿色生态制度，打造具有江西特色的绿色生态农业样板，走出一条产出高效、产品安全、资源节约、环境友好的现代农业强省道路。

（三）基本原则。

——创新强农增动力。深入实施创新驱动发展战略，推进体制机制创新，着力破解绿色生态农业发展的体制机制障碍；推进农业科技体制机制创新和发展模式创新，为绿色生态农业发展注入强劲科技动力。

——协调惠农补短板。妥善处理好产业发展与资源保护、生态治理的关系，补农业可持续发展的短板；妥善处理好一、二、三产业的关系，补农民持续增收的短板；妥善处理好稳定粮食生产与调整优化结构的关系，补农业产业结构调整的短板。

——绿色兴农定方向。坚持把"绿色"作为现代农业发展的方向，树牢保护生态环境就是保护生产力、改善生态环境就是发展生产力的理念。以绿色引领现代农业技术措施、工作措施和政策措施创

---

① 原载江西省人民政府网（http://www.jiangxi.gov.cn/）2016年8月11日。

设，以绿色发展理念引领农业农村发展方向。

——开放助农拓空间。充分利用国内国外"两个市场"和"两种资源"，坚持"引进来"与"走出去"有机结合，加快构筑绿色生态农业发展新平台，将生态优势转化为发展优势，不断提高农业对外开放的层次和水平，拓展农业发展空间，提升农业竞争力。

——共享富农谋福祉。坚持以人为本，让绿色生态农业发展惠及农民，大力提升农业公共服务水平，为农民提供全方位的农业公共服务；积极探索农民增收致富新途径和新措施，围绕特色农业精准扶贫，让农民在共建共享中朝着共同富裕的方向阔步前行。

（四）目标任务。打造全国绿色食品产业基地，率先在全国实现农业绿色崛起，实现江西与全国同步全面建成小康社会。力争到 2020 年实现以下具体目标：

——农业生态环境质量全国一流。化肥、农药利用率 45% 以上；畜禽养殖废弃物、农作物秸秆、农膜基本实现无害化处理和资源化利用，规模畜禽养殖场（小区）配套建设废弃物处理设施比例 80%以上，病死畜禽无害化处理率 95% 以上，秸秆综合利用率 90% 以上，农膜回收率 80% 以上；农田灌溉水有效利用系数 0.55，农产品产地达到生产绿色生态农产品的环境要求。

——农业标准化建设全国一流。建设高标准农田 2 825 万亩，促进粮食生产综合能力稳步提升，全国粮食主产省地位进一步巩固；全省农业标准化实施率 65% 以上，基本实现主要农产品生产有标可依；农产品质量安全合格率持续稳定在 96% 以上。

——绿色有机农产品全国一流。新发展无公害农产品 1 000 个以上、绿色食品 600 个以上、有机食品 400 个以上，"三品一标"农产品总量占全省农产品商品量比例 60% 以上，绿色有机农产品基地面积占耕地面积比例 50% 以上。打造出一批带动力强、影响力大的核心品牌，力争更多的江西农业品牌进入全国农产品区域公用品牌价值榜前 100 位。

——绿色生态农业效益跨入全国一流。全省绿色生态农业总产值突破 10 000 亿元，绿色有机认证的农产品产值占农业总产值的 50% 以上。农村居民人均可支配收入保持较快增长。

——绿色生态农业发展机制建立健全。建立健全科学化的考核评价机制，合理化的生态补偿机制，市场化的投入交易机制，法制化的监督问效机制。

二、全力推进绿色生态农业"十大行动"

（一）绿色生态产业标准化建设行动。紧扣我省粮食、油料、蔬菜、柑橘、茶叶、猕猴桃、生猪、水禽、大宗淡水鱼、特种水产十大主导及特色产业，加快制修订符合江西实际的绿色生态农产品生产标准，示范推广一批简明易懂的生产技术操作规程，推进农业生产规范化。继续创建一批标准化农产品生产基地，实现生产设施、生产过程标准化，绿色做强，特色做优，产业做大。推动农产品加工标准体系建设，提高我省农产品加工标准化和质量安全水平。积极探索农产品分等分级，促进一、二、三产业融合，拉长产业链、提升创新链、提高价值链。

（二）"三品一标"农产品推进行动。创建一批全省绿色有机农产品示范县和绿色有机示范基地。加大"三品一标"认证力度，建立健全"三品一标"农产品信息管理数据库，推进农产品质量标识制度。落实农产品质量安全属地管理，建立完善全省农产品质量安全可追溯体系，"三品一标"认证产品100%纳入可追溯范围。

（三）绿色生态品牌建设行动。实施"生态鄱阳湖、绿色农产品"品牌培育计划，挖掘一批老字号、"贡"字号农产品品牌、做大做强一批产业优势品牌、培育壮大一批企业自主品牌、整合扶强一批区域公用品牌，重点打造"四绿一红"茶叶、鄱阳湖品牌水产品、"泰和乌鸡、崇仁麻鸡、宁都黄鸡"优质地方鸡等品牌。鼓励种养大户、家庭农场、合作社、龙头企业等开展紧密合作，建立基地，注册商标。引导各类市场主体申请中国驰名商标、江西著名商标认定。加大知识产权保护力度，重点维护好农产品老字号、"贡"字号和区域性公共品牌价值，提升品牌社会公信力。充分利用国内外展示展销平台，集中推介一批知名农产品品牌。

（四）化肥零增长行动。深入推进测土配方施肥，力争每年推广面积稳定在 6 500 万亩以上，技术覆盖率90%以上。实施耕地保护与质量提升行动，鼓励和支持应用土壤改良和地力培肥技术，力争每年绿肥种植面积稳定在 600 万亩以上。严格控制化学肥料总施用量。

（五）农药零增长行动。构建现代化病虫监测预警和应急防控体系，健全重大病虫害疫情应急机制。着力打造一批现代化的病虫害专业防治服务组织，建设病虫害绿色防控与统防统治融合示范区，力争主要农作物病虫害绿色防控覆盖率35%以上，专业化统防统治覆盖率45%以上。鼓励和支持使用高效低毒低残留农药和高效植保机械，严格控制农药用量，实现农药减量控害，最大限度地减少病虫危害损失。

（六）养殖污染防治行动。认真落实畜禽养殖"三区"规划。创建一批畜禽养殖标准化示范场和水产健康养殖示范场。开展生猪高床养殖试点示范。加快畜禽规模养殖场粪污贮存处理设施建设，重点推广漏缝地板、凹墙"碗式"饮水等新技术新工艺。加快病死畜禽无害化集中处理场和配套暂存站点建设，建立病死畜禽无害化处理市场化运行机制。推进农村沼气工程建设。

（七）农田残膜污染治理行动。严禁使用厚度为 0.01 毫米以下地膜，加快推广使用加厚地膜和可降解农膜，推广使用地膜残留捡拾与加工农机。建设废旧地膜回收网点和再利用加工厂，开展农田残膜回收区域性示范，创新地膜回收与再利用机制。加快生态友好型可降解地膜及地膜残留捡拾与加工机械的研发，建立健全可降解地膜评估评价体系。

（八）耕地重金属污染修复行动。加快推进农产品产地土壤重金属污染普查，加大土壤重金属污染加密调查和农作物与土壤的协同监测覆盖面。加强重金属污染源头治理，严控污染源的排放和农业投入品的乱施滥用，依法建立土壤污染责任终身追究机制。实行农产品产地土壤污染分级分类管控制度，加强土壤修复技术集成配套攻关。

（九）秸秆综合利用行动。依法严禁秸秆露天焚烧。启动秸秆综合利用示范建设，大力开展秸秆还田和秸秆肥料化、饲料化、基料化、原料化和能源化利用，基本形成秸秆发电、秸秆炭化、秸秆还田、秸秆代木等综合利用模式。建设秸秆收贮点、秸秆固化成型燃料点，建立健全政府推动、秸秆利用企业和收储组织为轴心、经纪人参与、市场化运作的秸秆收储运体系。

（十）农业资源保护行动。严守 4 300 万亩耕地保护红线，进一步落实水资源开发利用控制、用水效率控制和水功能区限制纳污控制红线。开展农作物种质资源普查收集与保护利用，加强畜禽遗传资源保护利用开发工作。加快建设重点农业野生植物原生境保护区（点）。实施水生生物资源养护工程，加快水生生物保护区（自然保护区、水产种质资源保护区）规范化建设；加大渔业资源增殖放流力度，每年放流鱼苗 2 亿尾以上；坚持禁渔期制度，逐步在"五河"干流推行禁渔期制度；提升长江江豚救护和保护能力。

三、强化保障措施

（一）加大支持力度。健全绿色生态农业"十大行动"发展投入机制，推动投资方向由生产领域向生产和生态并重转变。统筹相关财政专项资金，在农业生产废弃物处置及利用、新型肥料农药推广、重金属污染治理等实施绿色补贴政策和生态补偿政策。进一步推动扩大农业保险范围，创新绿色生态农业保险品种。大力发展农业担保体系，加大绿色生态农业发展金融支持力度。充分发挥市场配置资源的决定性作用，引导社会资本、金融资本支持绿色生态农业"十大行动"的推进。

（二）加强科技支撑。谋划绿色生态农业"十大行动"重点科研项目和重大科技工程，开展绿色生态农业关键技术联合协作攻关。依托全省智慧农业建设，推动"互联网+现代农业科技服务"，实现信息技术与"十大行动"生产过程、生产管理、品牌建设等环节相融合，农业公益性和经营性服务相融合、农机农艺相融合。创新科技成果评价机制，对在绿色生态农业发展中有贡献的技术人才给予奖励。

（三）强化试点示范。2016 年，各市、县（区）政府要结合当地实际，积极开展绿色生态农业"十大行动"试点示范，尽快制定试点方案，明确任务和时间节点，及时上报工作进展情况。省农业厅要建立试点台账，对试点情况进行跟踪问效。各地要在今年试点示范取得成效的基础上，探索和总结成功的做法，形成可复制推广的经验，从 2017 年开始逐步推广，用 5～10 年的时间实现全省绿色生态农业大发展。

（四）强化绩效考核。将绿色生态农业"十大行动"纳入各级政府绩效考核范围，明确考核目标，加强工作调度，通报进展情况，切实推动"十大行动"的有效落实。对发生重特大突发农业环境事件，任期内农业环境质量明显恶化，将依法依纪严肃追究地方政府及相关部门负责人的责任。

（五）加强宣传引导。充分利用各种媒体，大力宣传"十大行动"推进过程中的好做法、好经验，凝聚社会共识，营造良好氛围。加强对新型职业农民、种养大户、家庭农场、农民合作社等新型经营主体的培训，帮助农民树立绿色生态农业的理念，提高农民素质，让广大农民理解、支持、参与"十大行动"，推动绿色生态农业的深入发展。

江西省人民政府办公厅

2016 年 4 月 8 日